U0304020

# Einstein's War

*How Relativity Conquered the World*

# 爱因斯坦的战争

## 相对论如何征服世界

[美国]

马修·斯坦利

—著—

孙天

—译—

译林出版社

**图书在版编目（CIP）数据**

爱因斯坦的战争：相对论如何征服世界／（美）马修·斯坦利
（Matthew Stanley）著；孙天译 . —南京：译林出版社，2024.10
（译林思想史）
书名原文：Einstein's War: How Relativity Conquered the World
ISBN 978-7-5753-0071-1

Ⅰ.①爱⋯ Ⅱ.①马⋯ ②孙⋯ Ⅲ.①相对论－普及读物 Ⅳ.①O412.1-49

中国国家版本馆 CIP 数据核字（2024）第 046923 号

著作权合同登记号　图字：10-2019-445号

爱因斯坦的战争：相对论如何征服世界　[美国] 马修·斯坦利／著 孙 天／译

责任编辑　陶泽慧
装帧设计　韦 枫
校　对　戴小娥
责任印制　董 虎

原文出版　Viking, 2019
出版发行　译林出版社
地　址　南京市湖南路 1 号 A 楼
邮　箱　yilin@yilin.com
网　址　www.yilin.com
市场热线　025-86633278
排　版　南京展望文化发展有限公司
印　刷　徐州绪权印刷有限公司
开　本　718 毫米 ×1000 毫米 1/16
印　张　27.25
插　页　4
版　次　2024 年 10 月第 1 版
印　次　2024 年 10 月第 1 次印刷
书　号　ISBN 978-7-5753-0071-1
定　价　88.00 元

# 目 录

# 序　曲

## "恶魔在咆哮，'吼！……'"

　　并肩作战五年后，两位亲密战友终于要第一次见面了。那是 1921 年 6 月，伦敦一个星期五的下午，一位科学家衣着寒酸，光脚穿着鞋子，拖着脚步走进了一栋建筑物的走廊。这位科学家说自己"面色苍白，留着长发，而且将军肚已经隐约可见"。[1]但在别人看来，他"步态怪异，嘴里叼着一根雪茄，一支钢笔不是拿在手里就是插在口袋里。不过，他并没有罗圈儿腿，皮肤上也没有瘊子，所以还是相当英俊的"。在我们所居住的这颗星球上，这位科学家无人不知、无人不晓：那张扬的鬓角、浓密的八字胡都明明白白地告诉人们这就是阿尔伯特·爱因斯坦，这世界上最著名的思想家。

　　等待着他的是一位衣着整洁、宽下巴的英国绅士。这位绅士体格如运动员般清瘦而结实，目光深邃而有穿透力。此时，亚瑟·斯坦利·爱丁顿刚刚当选英国皇家天文学会主席，他本人的研究领域是恒星内部和星系运动。但爱丁顿并不是因此才与爱因斯坦建立起紧密联系的，他是真真切切

1　　地跨越了整个世界、遭受了谴责和入狱的威胁、与已有数百年历史的科学传统进行了抗争后，才帮助这位来自柏林的不羁访客变身成了科学偶像。爱丁顿证明了爱因斯坦的相对论是正确的，他把这个福音传遍了世界。

　　这两人在伦敦伯林顿府见面、握手，那是一个宏伟的帕拉第奥风格建筑，坐落在英国科学的核心地带。就在不久前，还很难想象一个说着德语、被称为"教授先生"（Herr Professor）的人可以踏足这里，因为就在这栋建筑物里，关于用德语进行的研究是否算是真正的科学，以及当第一次世界大战所带来的恐惧散去后，德国人是否可以回归科学世界，都曾发生过激烈的争论。然而现在，这里的主厅挤满了英国科学家，人人都热切盼望着聆听爱因斯坦讲述的字字句句。

　　这是一个关于理论的故事，而这个理论就是广义相对论。广义相对论自诞生之初就被称赞为"人类思想史上最伟大的成就之一，或者也许就是**最伟大的成就，没有之一**"。[2] 直到一个世纪后的今天，它仍然是一个至关重要的支柱，支撑着我们对宇宙的理解。相对论不仅解释了星系在宇宙中的运动、预言了黑洞、定义了宇宙的宏大规模，还迫使我们对体验周遭世界的最基本方式产生了质疑。爱因斯坦提出，时间和空间并非其表面看起来那样，我们在理解这个现实世界时所运用的最基础的工具都是**扭曲的**。事实上，重力会让光线弯曲，双胞胎会以不同的速度老去，恒星在天空中都是歪斜的，物质和能量互为彼此奇特的阴影。这个宇宙是一个真正的四维宇宙，我们所看到的只是它扭曲了的一部分。只有那些能够掌握复杂数学和哲学矛盾的人才能理解事物的真相。

　　1919 年，爱因斯坦那超乎想象的论断和他本人一起闯入了大众视野。他的理论其实早在 4 年前就已经完成，而在那之前他已经为这个理论进行了近 10 年的辛勤研究。然而，除了一小部分理论物理学家，几乎没有人

知道他的研究,这又是为什么?所以这也是一个关于科学界的故事,讲述
科学从和平陷入战争又重新迎来和平的历程。

2

自1914年到1918年,第一次世界大战这场工业化的谋杀肆虐了整个
欧洲,而这几年也恰巧是爱因斯坦最为高产的一段时间(共计59份出版
物)。爱因斯坦为完成自己的理论而苦苦斗争,这段经历又与当时人们口
中的**"世界大战"**的进程难解难分。有科学家试图证实爱因斯坦的想法,
却被当作间谍而被捕;学术期刊因被判定为敌人的政治宣传而出版遭禁;
一个又一个昔日的同事在战壕中死去。最令人沮丧的是,带刺的铁丝网和
U型潜艇一直将爱因斯坦与他最重要的战友分隔在两个世界。这位战友就
是爱丁顿,后来他一直在努力让全世界相信相对论是正确的。

尽管与爱因斯坦从未谋面,爱丁顿仍加入了这位德国科学家的科学
事业,他要让人们看到科学是如何战胜民族主义和仇恨的。在战争的摧残
下,国际科学网络已经支离破碎,爱因斯坦变成了一座孤岛,但爱丁顿却
意识到相对论可以成为重建国际科学网络的那把钥匙。1919年,欧洲还
没有摆脱战争造成的混乱局面,爱丁顿就进行了一场足迹遍布全球的远
征,来观测稍纵即逝的日全食。爱因斯坦曾大胆预言**光线有重量**,日全食
就是验证这一预言的宝贵机会。很多人都认为这次远征的结果证实了相对
论,正是这个结果让爱因斯坦登上了世界各地的封面。这位新科圣人诞生
于第一次世界大战遗留的一片混乱之中,他引发的科学革命既有学术上的
较量,也有政治上的斗争,整个战场从柏林延伸到伦敦,直至宇宙遥远的
边界。

爱因斯坦的相对论故事是一个体现深刻人性的故事。这远不是通过纯
理性思考来建立某些抽象的观点,也不是某个人脑海中的灵光乍现。这是
一段将友谊、仇恨和政治交织在一起的探索旅程。尽管爱因斯坦从来没有
开过枪,甚至从来没有拿过枪,但多年的战争仍然深刻塑造了他的生活与

工作。爱因斯坦曾由于战时的饥饿而生病，曾无法与自己最重要的同事保持简单的书信联系，这些都让他不断地意识到自己生活在一种被围困的状态中。战争让爱因斯坦举步维艰，但也为他的理论取得累累硕果创造了条件。这场战争破坏力巨大，带来的压力促使某些人和某些想法刚好在机缘巧合之际走到了一起，创造了相对论革命。爱因斯坦是一个创造历史的人物，他的出现其实可以有一条不同的轨迹，因为此时科学研究以及诸如**做一个科学家**意味着什么的命题，都已深深陷入了政治和帝国的难题中。这一切不仅对相对论的诞生产生了影响，还塑造了这个世界与爱因斯坦的初次相见。

在爱因斯坦如太阳般冉冉升起的过程中，最非同寻常的一点是与科学不沾边的普通人同相对论谜题之间的互动。普通人几乎无法理解相对论涉及的数学和概念，尽管如此，像爱丁顿这样的传道者仍然成功地让普通大众意识到自己应该深切关注相对论的影响。当时的一家报纸曾尝试描述一个通常意义上的"路人"是如何面对这场科学革命的：相对论"从根本上扰乱了他对宇宙的基本概念，甚至是扰乱了他对自己思维的基本认知。就他所秉持的观点而言，相对论几乎挑战了它们的绝对本质"。[3] 如果宇宙中的一切都是"相对的"，那么生活在这样一个宇宙中意味着什么？对于我们的日常体验，科学会作何解释？关于这个世界，我们能真正了解的是什么？相对论的影响是离奇古怪的，它给出的解释通常也是晦涩难懂的。坎特伯雷大主教曾抱怨，关于相对论，他读的越多，懂的就越少。这个理论是很难一口吞下的。不过，在这个故事里，我们不需要一下子就理解相对论的全部，而是会从爱因斯坦构建相对论的起点开始，沿着爱因斯坦的脚步前行，会看到相对论从思想实验到激进的理论再到经过实验验证，一点一点成形。

除了内容本身会带来许多困惑之外，相对论还面临更多阻碍。在科学

第一次会面前后的爱因斯坦和爱丁顿
埃米利奥·塞格雷视觉档案馆

领域，已经有了一个可以解释宇宙本质的理论，也就是由艾萨克·牛顿爵士在两个多世纪前提出的那个理论。牛顿的思想几乎回答了所有对于其自身的疑问，并且在 20 世纪初成了当时一切已知事物的基础。遵循牛顿的体系就是做科学研究的全部意义。英国诗人亚历山大·蒲柏的著名诗句反映了这种对牛顿的尊崇：

> 自然和自然的法则隐藏在黑夜之中，
>
> 上帝说："让牛顿去吧！"于是，一切都步入光明。

4

现在，这个不修边幅的德国人想取代牛顿？英国诗人约翰·斯夸尔续写了蒲柏的诗句：

> 这一切并未持久，恶魔在咆哮："吼！
>
> 让爱因斯坦去吧！"于是，一切又重新隐于黑夜。[4]

因此，爱因斯坦和爱丁顿不仅要让整个世界相信相对论是正确的，还必须证明相对论比牛顿的理论**更加正确**，因为这个理论是如此非凡，就算要把牛顿踢下神坛，也值得。

这是爱因斯坦自己的战争。这场战争不仅关乎爱因斯坦广义相对论的创立，还关乎为了让世界了解广义相对论而进行的斗争，以及为了让朋友、让敌人明白广义相对论的重要意义而做出的努力。爱因斯坦一路走来，从一个科学世界的局外人成了一个解释这个现实世界的新科叙述者，这个转变过程发生在第一次世界大战这一善恶大决战的背景之中，又与这个背景深切交织在一起。如果没有第一次世界大战，广义相对论就不会是我们现在所知的样子，爱因斯坦这个名字也就不会是天才的同义词。两场战争，彼此纠缠，世界因此而改变。

# 第一章

## 第一次世界大战前的科学世界

"谢谢你,我已经把问题彻底解决了。"

爱因斯坦家族都是乐于尝鲜的。雅各布和赫尔曼兄弟二人经营着一家小公司,主营业务是当时最前沿的革新技术:电气化。他们让德国南部的大街小巷都亮起了电灯,成了这个国家在 19 世纪末最超乎想象的进步之一。1871 年,普鲁士在普法战争中大获全胜,随后建立了统一的德意志帝国。因此,此时的德意志还是一个非常年轻的国家。统一前的 25 个公国和王国现在变成了一个世界级帝国,拥有一支庞大的陆军、迅速发展的国民经济,以及引领整个欧洲大陆发展的学术和文化机构。这样的德国似乎已经是"现代性"的最佳范例了。马克·吐温曾在 1878 年访问德国,他写道:"这真是一座天堂,人们的衣着是那么整洁,面容是那么友善,洋溢着那么安静的满足感,这里是那么繁荣,有真正的自由和一流的政府。而且我很高兴,因为我不需要对这一切负责,我来到这里只是为了享受这一切。"[1]

在马克·吐温到访德国一年后，赫尔曼的妻子波琳生下了两人的第一个孩子阿尔伯特。当时他们一家住在多瑙河畔一个规模不算太大的城市乌尔姆（这里的城市格言是"乌尔姆人都是数学家"）。没过多久，爱因斯坦一家就从乌尔姆举家搬到了位于德国南部的大都市慕尼黑。幼年时的阿尔伯特很晚才开口说话。他习惯于先把要说的话反复讲给自己听，确定正确无误后才开口讲出来。他发脾气的样子也很出名，整张脸会变得蜡黄，鼻尖变得雪白。[2]据阿尔伯特的妹妹回忆，有一次哥哥生气了，就用花园里的锄头砸了她的头。

爱因斯坦一家是犹太人，但已几乎完全世俗化了。德意志帝国对犹太人几乎已经没有任何法律上的限制，但很多反犹太人的传统仍然存在。与大多数同化主义家庭相同，爱因斯坦一家也深深融入了德国的世俗文化。赫尔曼会在晚上给孩子们大声朗读席勒和海涅。[3]波琳是一位技艺精湛的钢琴师，她希望阿尔伯特能成为自己的音乐伙伴，因此在他六岁时便开始教他拉小提琴。此时，小男孩阿尔伯特非常讨厌这种机械而又重复的训练，因此只是很不情愿地学习音乐，这也仿佛是对未来的一种预兆。直到多年以后，阿尔伯特发现了自己对莫扎特奏鸣曲的热情，才开始全心全意地学习小提琴。他在多年以后曾回忆道："我完全相信，相比于责任感，爱是更好的老师，至少对我来说是这样的。"[4]

然而，对他来说很不幸的是，那时的德国教育更强调责任而非爱。阿尔伯特就读于离家最近的一所学校，刚好是一所天主教学校。学校纪律严明，崇尚军国主义。阿尔伯特不喜欢总是有人告诉自己该做什么，于是几乎与所有老师都对着干。他曾经用椅子砸自己的家庭教师，还总喜欢用"你"而不是"您"来称呼老师，让人非常恼火。[5]根据爱因斯坦的家族故事记录，有一位老师曾严厉训斥阿尔伯特说："就算你只是出现在这里，也已经是整个班级对我的不尊敬了。"[6]但这些言语对阿尔伯特并没有产生什么影响。

　　阿尔伯特几乎没有朋友，而且从很小的时候开始就很独立了（四岁时就可以独自走在慕尼黑最繁华的街道上）。他最喜欢的游戏是用纸牌搭房子。[7]与那些广为流传的故事所描述的不同，阿尔伯特的成绩其实并不差。学校总是强调对经典语言的学习，这并不合阿尔伯特的胃口。因此，阿尔伯特所接受的持续性教育大多来自家庭。老年阿尔伯特曾经忆起那个点燃了自己对科学之热爱的瞬间。那是在他四五岁的时候，他那喜欢小物件的父亲把一个罗盘当作礼物送给了他。罗盘里的指针总是指向北，这个简单的现象深深吸引了年幼的阿尔伯特。在现象的背后，那些看不见的力始终保持不变，也绝不会出现差错，阿尔伯特为此而着迷。这些是什么？是不是还有更多这样的事物？可以去理解它们吗？如果可以，应该怎么做？

　　十一岁那年，阿尔伯特开始严格恪守犹太教规（这既不是家人的要求，也没得到家人的支持），不过只持续了很短的一段时间。很快，到了第二年，阿尔伯特就发现了自己心目中"神圣的几何学小书"[8]。爱因斯坦一家会定期邀请一位名叫马克斯·塔木德的医学院穷学生到家里来吃晚饭。塔木德和雅各布叔叔给阿尔伯特带来了大众科学和数学领域的书籍。在阿尔伯特看来正是这些书促使他开始了自由的思考。在这些书籍中，最为关键的几何学内容便是欧几里得的《几何原本》，这是2 000多年来欧洲数学教育的基础。整本书以几个不容置疑的前提（比如两点确定一条直线）为起点，经过缜密有力的论证，发展出多个复杂的推论（比如毕达哥拉斯定理）。这个从简单到复杂的过程让阿尔伯特感到震惊。阿尔伯特曾这样描述这种感受："对这些结论的证明是如此确定，不容有任何质疑。这种明晰和确定给我留下了一种难以形容的印象。"[9]这成了阿尔伯特思考自然世界时的一个范本：从一个明确而又有力的想法出发，通过推演得出结论，而在推演过程中也有可能会得到一些有用的想法。

8

对阿尔伯特来说，尤为重要的一点是这本书中的知识似乎是超越人类个体的，是一种深刻而超验的真理。于是，数学和科学成了阿尔伯特逃离人与人之间琐事束缚的一种方式。[10] 十几岁的时候，阿尔伯特宣布自己将来想成为理论物理学家，恰恰是因为理论物理学可以让他独立自主，独立于社会与常规，独立于传统与权威。他也承认自己缺乏实用主义意识，这意味着理论物理学比应用物理学更适合自己。[11]

尽管学校体系僵化，但爱因斯坦完全愿意为了达到学校的期待而坚持应付下去，但毕业后所面临的出路却让他深感恐惧。所有德国男性在毕业后都需要进入陆军服役，爱因斯坦也不能例外。学校生活已经够糟糕了，他不认为自己能活着过完实打实的军中生活。于是，1894 年，他稍稍动了动脑筋，找到了自己家的一位世交，说服他给自己开了一张诊断证明，上面写着自己"极度神经衰弱"。在 19 世纪，这种病症极为常见，特征是用脑过度、神经系统极度疲劳。爱因斯坦用这张诊断证明让自己没能毕业，并提前从学校退学。[12] 后来，他甚至更进一步，正式放弃了德国国籍。这样一来，德意志帝国就再也无法约束他了。

不出所料，面对这样一个突然没了文凭也没有工作的儿子，爱因斯坦一家一点都不开心。幸运的是，有一所优秀的学校并不要求学生在入学前必须取得高中文凭，这就是苏黎世联邦理工学院。阿尔伯特说服家人让他通过自学来参加这所学校的入学考试。他第一年没考上，又准备了一年后就成功被录取了。他发现与慕尼黑相比，瑞士（特别是苏黎世）是个更加自由的地方，他在这个新环境中如鱼得水。

不过，爱因斯坦的学习习惯并没有明显改善。如果他觉得某一门课没什么意思，就常常会逃课。这其中常常会有数学课，哪怕当时多位欧洲中部最优秀的数学家都在这所学校执教，其中就包括赫尔曼·闵可夫斯基，他把爱因斯坦形容为"一条懒狗"[13]。幸运的是，爱因斯坦与勤于做笔记的数学系学生马赛尔·格罗斯曼成了朋友。爱因斯坦会研究格罗斯曼的笔记，然后参加考试，尽管考试成绩不错，但也会因为不重视学习而收到学校的正式训诫。[14] 后来，在回忆这段生活时，爱因斯坦对格罗斯曼充满感激，他说："我都不敢想象如果没有那些笔记我会落得什么下场。"[15]

即使是对物理课，爱因斯坦也只是勉强花点精力。这些物理课总是聚焦于已经相当成熟的主流物理学领域，避开电动力学和热学领域中那些尚未取得定论而又令人兴奋的新研究。这与今天的科学教育并没有太大差别。这样的课程并不是要培养学生去进行新的科学研究，而是确保他们能掌握已知的知识。因此，学生们要记忆一个又一个概念，解开一道又一道典型习题，再现一个又一个经典实验。爱因斯坦和朋友们只能自发阅读当代物理学的最新发展。

物理学可以大致分为两类：实验物理学和理论物理学。尽管大多数物理学家对两个领域都会有所涉足，但像爱因斯坦这样的物理系学生则必须证明自己对两个领域都很精通。实验通常都在实验室里完成，所谓实验室就是在一个专门为做实验而设计的空间，里面（但愿）会有各种特殊工具，可以用来测量电流、金属热特性或气体黏度。实验的目的可能是要寻找一个新现象，可能是要寻找某个已知现象的不同表现形式，也可能是要得出更好的数据，比方说，想要更准确地测定声音在玻璃中的传播速度。要得到想要的结果，就需要有耐心，需要一双能够进行各种精准操作的手，还需要能够与各种机器和谐相处。

做理论则几乎不需要什么设备，有黑板、墨水和演算纸就够了，仅此而已。所涉及的工作基本都是概念性的，比如找规律，这些规律通常都以数学形式出现，也正是这些规律塑造了这个自然世界。这个找规律的过程会创造出方程式，这些方程式反过来（但愿）会通过几个像重力和惯性这样的优雅概念来解释这个实实在在的世界。理论物理学家所寻找的是自然

10

法则，是永远都无法伸手碰触得到的抽象事物。做这样的研究就需要与那些看不见、摸不着的事物建立和谐的关系，比如想法、数字，比如数学之美。与实验物理学相比，爱因斯坦明显更偏爱理论物理学。他渴望了解那些让宇宙运转，那些可以解释一切**为何**会发生的法则。不过，爱因斯坦也仍然很享受实验室里的工作，因为他喜欢看到概念以一种看得见、摸得着的形式呈现出来。

尽管爱因斯坦既可以做实验，又能够推导出方程式，但似乎他还并没有走上一条能让自己在科学领域取得成功的道路。最要命的是，爱因斯坦并不怎么尊重权威，这种态度此时开始成为阻碍他在科学道路上前进的绊脚石。爱因斯坦曾为了设计一个全新的实验而找到了自己的物理学老师韦伯教授。韦伯教授没等他把话说完就对他说："你很聪明，但最大的问题在于一点都听不进去别人的话。"[16] 阿尔伯特总体来说不是一个特别出众的学生，他那洪亮、友好而又包容一切的笑声倒是比他的科研技能更为出名，而且这种情况未来似乎也不会改变。[17]

当初，爱因斯坦选择离开德国，原因在于他已无法忍受帝国的勃勃野心。在德意志帝国心中有一个明确的对手，那便是被称为"大不列颠帝国"的英国。当时，英国以繁荣的大都会伦敦为中心，将版图延伸到了世界各地。由于建立了广阔的殖民地网络，英国获得了充足的资源、广阔的市场，以及巨大的声望，这无疑是最为重要的一点。德国，或者更确切地说是德意志帝国的皇帝威廉二世对此深感嫉妒。讽刺的是，威廉其实是英国维多利亚女王的外孙，说着一口流利的英语。他会开心地回忆起自己年幼时在外祖母的海边城堡里玩耍的光景。尽管如此（也许是正因如此），威廉把英国当成了自己的主要对手。事实上，德国与法国和俄国之间都有长长的陆上边界，而且这两个讨厌的邻国都拥有强大的军队，但威廉仍然

11

将大部分精力都聚焦在位于北海之中的那几个岛屿上。

英国当时全称为大不列颠及爱尔兰联合王国，是一个由英格兰王室统治的多民族（包括苏格兰人、威尔士人和爱尔兰人）国家。然而，外国人或爱国人士常常会用英格兰来指代整个国家，这个做法一直延续到今天。英国自认为是一个自由的国度，这主要是基于对"自由"的传统定义，也就是说英国拥有一个有限的中央政府和基本上无政府干涉的自由市场经济。然而，英国也同样在试水现代意义上的自由主义，也就是宽容并接受不同的信仰和行为。在 19 世纪，已有几百年历史的英国国教的影响力逐渐衰落，然而只有公开身份的英国国教圣公会教徒才能在政府中任职、进入大学学习，才能完全融入英国的社会生活。

罗马天主教和其他各新教派别，包括浸礼会、一神普救派、贵格会等的教徒，一直以来在英国都是二等公民。特别是贵格会教徒，他们为了应对这种状况仅与教会外部的英国社会保持有限的互动，并将大部分精力用来维系内部紧密交织在一起的社区群体。在这个过程中，他们也并没有感到不满。很多贵格会家庭都可以把家族历史追溯到动荡起伏的 17 世纪。那时，贵格会创始人乔治·福克斯和他的追随者时常被抓进监狱，也经常因为相信自己与上帝之间具有某种神秘的直接联系并秉持一种激进的平等主义态度而遭到攻击。"贵格"这个名字最初是个侮辱性词语，指的是由于宗教上的虔诚而颤抖，贵格会的正式名称为"公谊会"，教徒之间会随意地称彼此为"朋友"。

12

爱丁顿一家就是这样一个贵格会家庭。1882 年，这个家庭迎来了一个新生儿，取名亚瑟·斯坦利。仅仅两年后，这个小男孩的父亲、中学校长亚瑟·亨利·爱丁顿就在一场伤寒大流行中去世了。年幼的爱丁顿和姐姐威尼弗雷德一起跟着母亲萨拉·安在美丽的英格兰西南部长大。那里有翠绿的山川河谷，关于亚瑟王的美丽传说就发生在那里，那也成为小男孩爱丁顿无尽探险的好去处。

这个在家被唤作斯坦利的小男孩很早就表现出了数学天赋，在能够识字读书之前，就先学会了 24×24 乘法表。他曾试图数《圣经》一共有多少字（成功数出了《创世记》的字数），也曾想数清楚天上一共有几颗星星。[18] 可能就是因为经常这样导致用眼过度，斯坦利从十二岁起就戴上了眼镜。戴上眼镜后，整个世界变得十分清晰，这让斯坦利非常高兴，于是在戴上眼镜后的第一年里，他把大部分时间都用来观察树木和石墙。为自然世界所着迷的斯坦利撰写了有关木星的文章，并投稿给学校报纸，还在阁楼里给一群女佣讲月亮。在他少年时期撰写的文章中，有一篇讨论了日全食，讲述了"世界上最棒的一群天文学家"如何转战各地观测日全食。[19]

萨拉·安这一代贵格会教徒以对一切都持保守态度而著称。饮酒、看戏或吸烟都是禁忌行为。贵格会教徒的朴素也非常出名，他们没有神父，没有宗教仪式，会堂里没有随处可见的耶稣受难像。他们在静默中做礼拜，只是偶尔会被神的启示所打断。不过，他们中大多数人都走得更远，专注于自己内在的宗教信仰，不屑于参与政治或融入现代世界。

到了亚瑟·斯坦利这一代，贵格会教徒开始摒弃这些传统。贵格会复兴对这一教派的神学进行了重新解读。贵格会教徒一直认为每个人都有"内心灵光"，也就是人与上帝之间的直接联系。每个人都可以与圣灵亲密交流，而不需要借助教会或神父的力量。内心灵光的存在很好地解释了贵格会教徒的和平主义态度。他们认为对他人使用暴力就是对上帝使用暴力。对贵格会中年长一些的"朋友"来说，这种态度就意味着拒绝打斗，而对年轻一代的贵格会教徒来说，这意味着他们有责任**践行和平**。

因此，当爱丁顿在曼彻斯特以及后来在剑桥修习科学的时候，一直有种说法，那就是爱丁顿所秉持的宗教信仰在现代世界中扮演着重要角色。

成为贵格会所说的"朋友"是一种有意识的选择。爱丁顿的多位导师都公开声称科学和宗教对这个世界的现代性都很重要，两者之间不存在内在冲突。在英国，特别是在剑桥，科学与宗教的相互支持是长期以来一直存在的传统。贵格会教徒的独特之处就在于他们认为在即将到来的20世纪，整个世界会变成一个社会多元、技术复杂的世界，对这样一个世界来说，这种传统至关重要。

尽管爱丁顿决意融入现代英国的社会生活，但仍然有些格格不入。他保留了母亲的许多清教徒习惯，比如在当时那个圆顶硬呢帽随处可见的年代，他仍然戴着一顶朴素的软帽去上课。大家都知道他谦虚、有礼貌，又总是很沉默，符合人们对贵格会教徒的刻板印象。爱丁顿家境相当贫寒，这意味着如果要接受高等教育，他只能依靠各种奖学金、补助金和竞赛奖金。爱丁顿首先在曼彻斯特大学学习物理。在那里，他遇到了从德国移民而来、从事前沿实验室研究的何图尔·舒斯特，并与他一起做研究。这个时期，爱丁顿取得了良好发展，当地活跃而又现代化的贵格会社区帮助他找到了自己在世界中的位置。

1901年12月，一切都变了。此时，爱丁顿得知未来一年，他将可以进入曾诞生了牛顿、麦克斯韦和丁尼生的剑桥三一学院学习，并得到75英镑的奖学金。这个改变意义重大，意味着一个秉持和平主义态度的异教徒，离开了工业化的、下层阶级聚集的曼彻斯特，来到了优雅的、为国教圣公会所把持的帝国中心。爱丁顿是最早实现这种转换的贵格会教徒之一，这在上一代人所处的社会是无法想象的。

在剑桥，爱丁顿展现出了强大的专注力，全身心地投入了物理学和数学的学习。不过，尽管如此，他也渐渐开始放松下来。一开始，他总是孤身一人，比如一个人骑自行车。后来，爱丁顿逐渐对文学，不管是严肃文学，还是不那么严肃的文学，都产生了热情。不管是《鲁拜集》，还 14

"高级牧马人"亚瑟·斯坦利·爱丁顿先生是肯德尔镇已故亚瑟·亨利·爱丁顿先生的儿子。他于 1882 年出生于肯德尔镇，先后就读于滨海韦斯顿的布莱恩梅林小学和曼彻斯特欧文斯学院（曼彻斯特大学前身）。他的家庭教师是 R. A. 赫尔曼。这幅肖像照的摄影师是滨海韦斯顿的 A. H. 莱格。

年轻的爱丁顿
由作者提供

是《爱丽丝漫游奇境》，都可以让爱丁顿得到同样多的启发（也许正是在这两者共同的影响下，爱丁顿才对古怪的韵律产生了兴趣）。后来，爱丁顿加入了国际象棋俱乐部，参加了莎士比亚协会的读书活动，还学习了网球和高尔夫球，不过在这些领域，他大都是热情多过技巧。爱丁顿在曲棍球队的一位队友曾回忆起一场比赛，说爱丁顿在场上始终疯狂而又毫无策略地追着球横冲直撞，不管是对手还是队友，都被他撞青了小腿。[20]爱丁顿身体特别健康，身材清瘦，身高5 英尺 8 英寸（大约 172.7 厘米），体重129 磅（大约 58.5 kg，我们能够掌握这个数据完全是因为爱丁顿在学校期间始终坚持记录体重）。爱丁顿相貌帅气、五官立体，衣着打扮干净整洁，去追求身边那些条件相当的女孩其实是相当有资本的，然而爱丁顿对此却并没有兴趣，只是把那些女孩当作同行和同事。

甚至在交到了几个朋友后，爱丁顿与他们在一起时仍然安静而羞怯。只有一人让他例外。爱丁顿来到剑桥后不久就遇到了数学系的特林布，两人一见如故。跟他在一起时，爱丁顿就像变了一个人。根据爱丁顿传记作者的描述："爱丁顿用犹豫不决的羞怯给自己打造了一副几乎无法穿透的铠甲，从而避免与别人建立亲密关系。但是，当与这个朋友在一起时，爱丁顿可以卸下这副铠甲。"[21]与特林布在一起时，爱丁顿可以无忧无虑，可以变成一个很有意思的人。他们两人会一起去远足，还会一起用大把的空闲时间去乡村探索。

我们并不了解爱丁顿与特林布之间到底是什么样的关系。如果放在今天，他们的关系一定会被解读成一种浪漫关系，很有可能是同性之恋。在过去的维多利亚时代，两位男士之间可以保持特别亲密但又无关乎性爱的关系。然而，到了爱丁顿与特林布相遇的年代，这种维多利亚时代的浪漫关系传统已经逐渐衰落了。剑桥和牛津在促成此类关系方面一度特别有名。这种旧时代的同性亲密关系，经受住了当时社会风俗和法律的考验而维持了下来，如果要放在当下来进行精准解读，其难度是众所周知的。爱丁顿的书信在他去世时都被销毁了，所以我们没有足够多的材料来理解爱丁顿的浪漫关系。

不管爱丁顿与特林布之间有没有肉体上的浪漫关系，他们在有生之年始终关系密切。他们不同的背景偶尔会带来摩擦。有一次，他们来到一家小旅店，特林布提议喝点加了杜松子酒的姜汁甜酒，爱丁顿则仍然固守从小到大所接受的严格教育，把饮酒当作禁忌，因而感到十分愤怒，并拒绝了这个提议。不过，差不多也是在这个时期，爱丁顿打破了贵格会禁烟的教规，开始吸烟。一开始，他吸烟只是为了缓解牙痛或者在考试前舒缓神经，但很快这就变成了一个伴随他一生的习惯。[22]

在传说中的数学荣誉学位考试即将到来之际，像烟这样能够让人感到慰藉的东西是很有帮助的。这场残酷的考试为期四天，目的是筛选出剑桥大学里最优秀的学者。对剑桥的学生来说，这场考试就是他们在剑桥求学生涯的最高潮。这是英国一代代物理学家都曾经历过的一个仪式，会对年轻科学家的职业轨迹产生巨大影响。爱丁顿取得了最高分，获得了"高级牧马人"称号（得分最低的学生会被称为"木勺子"）。这是第一次由二年级学生拔得头筹，爱丁顿因而得到了广泛称赞，特别是在他小时候生活过的海边小城滨海韦斯顿，当地贵格会教徒们也对他广为称赞。

15

年轻的爱因斯坦
埃米利奥·塞格雷视觉档案馆

想到爱因斯坦时，我们脑海中出现的通常都是老年的爱因斯坦：身形消瘦，手里端着烟斗，如圣贤一般。但 1900 年的爱因斯坦可不是这个样子，那时的他年轻又活泼。一位朋友这样描述他："他的短额头看起来宽得非同寻常，浅棕色的皮肤有些粗糙，大嘴巴很性感，嘴巴上面留着不那么浓密的黑色小胡子，鼻子有些像鹰钩鼻。一双棕色的眼睛，目光深邃而温柔，令人印象深刻。他的声音很有磁性，像是大提琴上跳跃的音符。"[23] 尽管爱因斯坦总是喜欢穿旧衣服（还总是不穿袜子），女性们还是会觉得他有让人无法抗拒的魅力，爱因斯坦也会回应女性们的这些情感。"爱因斯坦具有一种男性之美，这造成了巨大的骚动，尤其是在 20 世纪初

16

期。"一位朋友评价爱因斯坦时表示。他"对于女性们，就像磁铁之于铁屑一样，充满了吸引力"。[24]

爱因斯坦对一位女性特别展现出魅力。米列娃·玛里奇是开创了女性在苏黎世联邦理工学院学习物理之先河的女性之一。她出身于匈牙利的一个塞尔维亚家庭，走起路来明显有些跛脚。爱因斯坦为她着迷，对她发起了猛烈的追求攻势。他们在婚前就度过了一段充满激情的生活。在给米列娃的书信中，爱因斯坦将她称为"我亲爱的小妖精"，喋喋不休地与她探讨物理问题，还给她送上了一个个吻。

除了米列娃和格罗斯曼，爱因斯坦的朋友圈也在逐渐扩大，比如一位名叫米歇尔·贝索的朋友。他是一位工程师，比爱因斯坦年长一些，爱因斯坦喜欢与他一起弹奏音乐。最终，莫里斯·索洛文和康拉德·哈比希特也走进了这个圈子，成了爱因斯坦的朋友。他们给自己取了一个宏大的名字："奥林匹亚科学院"。他们会聚在一起，一边喝茶吃香肠，一边讨论物理和哲学，或者一边吃着水果和奶酪，一边演奏音乐。他们聚会时总会有啤酒，但因为爱因斯坦一直都不太喜欢喝酒，所以总会拒绝。有时，他们会读亨利·庞加莱关于时间性质的论文，有时会读《堂吉诃德》。年轻的爱因斯坦是波希米亚主义的追随者。在19、20世纪之交，艺术家和作家占据了一家家咖啡馆，掀起了一场倡导波希米亚主义的社会运动，爱因斯坦对科学的追求也是这场社会运动的一部分。美、真理和爱，与能量守恒和牛顿力学都是和谐一致的。

在那个时代，物理学的关切是爱因斯坦童年时感兴趣的那些力，也就是电和磁所产生的力。在19世纪，发电机使这些力得到了最初的应用，随后一代代物理学家对它们展开了潜心研究。除了把它们应用于实际，比如电报和电灯，科学家们还致力于创造出相应理论，从而让人们可以理解并解释机器内部的工作原理。电力和磁力都可以被看作是在不进行接触的情况下对电荷的推拉，想一想年幼的爱因斯坦所看到的罗盘指针就能理解这一点了。对很多物理学家来说，"即使没有任何看得见的物理接触，也可以触发物理效应（这是个概念问题，就是通常所说的'超距作用'）"的观点一直没有得到合理解释。为了解决这个问题，从图书装订学徒成长为实验物理学家的迈克尔·法拉第提出了场的概念。场是种看不见的实体，在能产生电力和磁力的电源和磁源周围，到处都布满了场。

即使是引入场的概念来解释前面所提到的有关"超距作用"的观点，也并不是非常令人满意。最终得到广泛认可的观点是，一定存在某种实实在在的物质支撑着这些场，这种物质就是**以太**。以太是一种看不见，又几乎摸不着的物质，存在于一切宇宙空间中，还可以穿透物质。

我们所观察到的电场或磁场实际上是这种微妙物质内部出现的拉伸或扭转状态。这就解释了超距作用（也就是说磁铁扭转了以太，以太又扭转了罗盘指针），但代价是要接受宇宙中充满了一种看不见的奇特物质。这看起来很激进，其实不然。那时，人们已经普遍接受了"存在着一种可以传播光波的光学以太"的观点。通过与只能存在于空气中的声波进行类比，科学家们得出结论，认为一定同样存在某种介质来支撑光波。因此，以太既是一种解释（告诉了我们某些现象是如何发生的、原因是什么），也是一个假说（也就是一种想法，我们可以对它所能带来的种种结果进行推演、预言和探索）。

以太兼具这两种性质，确实极为引人注目。苏格兰物理学家詹姆斯·克拉克·麦克斯韦运用以太概念构建了一个完备的**电磁学**理论，在深层次上将电和磁联系到了一起。这个理论中的方程式（现在都被称为麦克斯韦方程式，尽管麦克斯韦本人所写出的方程式与我们现在看到的方程式并不相同）是19世纪最成功的科学成就之一，时至今日，从手机到光纤互联网，一切也都是以此为基础的。

　　麦克斯韦的理论相当强大。在其众多重要的功能中，有一项就是解释了感应现象，这可能是对现代文明来说最重要的一个物理现象。当你把一个磁场移动到一个导体上方，比如一根导线上方（或者让导线穿过磁场），导线中就会出现一股电流。这实际上就是当今的发电原理。除非你家由太阳能供电，或者你身在户外，否则你现在读这本书时所用的灯光几乎可以肯定是靠电磁感应现象供电的。一切发电机，不管是用煤、天然气还是核能，以及一切电动马达，说到底不是磁铁在导线旁运动，就是导线在磁铁旁运动。麦克斯韦不仅解释了感应现象，还预言了一个奇特的新现象。麦克斯韦的理论认为，电荷和磁铁本身并没有那么重要，实际上是**电场和磁场**（不要忘了场被认为是以太的某种状态）实现了感应现象。当某个地点的磁场发生了改变，比如拿一块磁铁靠近这个地点，那么磁场就会激发出一个电场。当一个电场发生了改变，比方说额外连接了一块电池，那么电场就会激发出一个磁场。因此，在某些特定情境下，电场和磁场可以与各自的源头相分离，并且相互激发。如果用显微镜观察，会看到能量像跳舞一样在电场与磁场之间往复运动。麦克斯韦用数学表明了这样一团做着往复运动的能量可以以波的形式在以太中运动，运动速度可以高达令人震惊的每秒 186 292 英里（约合 299 807 公里）。

　　麦克斯韦注意到这恰好是光速，并认为这绝不是巧合，因此得出光其实就是电磁波的结论。我们用眼睛所看到的，仅仅是以太中的一种特殊振动。以太中可能还有许多其他种类的振动，比如我们现在所说的无线电波就是由德国物理学家海因里希·赫兹于 1888 年在实验室中发现的。

　　因此，在 1900 年前后做物理研究就意味着踏着麦克斯韦的脚印前进。一位优秀的理论物理学家就要对麦克斯韦方程式进行深入研究，并思考以太在某种特定情境中（比如当处在无线电发报机内部时）的物理行为。针对这样的特定情境，理论物理学家要建立特定的方程式来进行分析，找出

19

可以在实验室或工程领域看到的可能结果。

当时的科学书籍里写满了这样的内容。还处在青春期的爱因斯坦常常躺在家里的长沙发上聚精会神地阅读此类科学书籍。他会陷入关于以太行为的深沉思考，对以太的各种属性感到疑惑。大约十六岁的时候，爱因斯坦有一次又陷入了沉思，接着突然就想到了一个问题：如果自己跟随一条电磁波以光速奔跑，会发生什么？如果自己以 10 英里每小时的速度奔跑，身边有一列火车也在以同样的速度前进，那么，火车最终看起来会是静止的。这是伽利略提出的伟大洞见（尽管伽利略使用的是船而不是火车），并常常被称为相对性原理。从本质上说，这个原理表明运动是相对的，也就是说，对于站在站台上的人来说，坐在火车上的人看起来是在运动的，但是如果火车上的乘客说自己是静止的，而站台上的人在运动，也完全是有道理的。

爱因斯坦想要知道，如何可以把这个原理运用到在以太中运动的电磁波上。麦克斯韦方程式描述了磁场或电场交替在以太这种普遍存在的物质中以光速运动时所产生的一条电磁波。因此，如果爱因斯坦跟随这条电磁波以相对于静止的以太为光速的速度来运动，那么这条电磁波看起来就不应该是在运动。就像跟火车一起奔跑的那个人一样，这个跑步速度不输电磁波的人会看到电磁波静止在了原地。毕竟这似乎是伽利略的思想实验会得出的结论。但是，爱因斯坦意识到麦克斯韦理论无法解释这样一条静止不动的电磁波。这个理论中的方程式都无法描述静止的电磁波。正是那些不断变换的场的性质决定了电磁波必须是运动的。因此，伽利略的论断，也就是运动总是相对的、任何一个观察者都不能说自己是"真的"在运动，而别人没有运动，是不能直接拿来套用到电磁世界的。以太似乎成了一种**绝对**参照物。如果有人在以太中运动，那么根据身边电磁波的飞速移动他就可以确定自己是**真的**在运动。爱因斯坦意识到物理学对以太中运动的理解存在问题。

　　爱因斯坦当然并不是唯一一个意识到这一点的人，很多伟大的物理学家也都在进行相关研究，想要找到解决这些问题的方案。爱因斯坦最欣赏荷兰物理学家亨德里克·安顿·洛伦兹的研究。洛伦兹从理论层面对麦克斯韦物理学进行了精湛的延伸，把其中的方程式与刚刚被发现的电子联系了起来。爱因斯坦和他的朋友们会热切讨论洛伦兹和其他物理学家的研究，仔细研读发表在权威期刊中的论文，比如声誉极高的德国期刊《物理年鉴》中的论文。

　　像《物理年鉴》这样的期刊是科学赖以生存的血液。如果有人做了新的实验或找到了新的理论解释，那么只有他与别人分享后，这些成果才真正有意义。有时，这样的分享可以通过诸如会议一类的活动面对面地进行。组织这些活动的科学机构通常都按国别建立，比如德国物理学会、法国科学院，或者英国皇家学会。然而，并不是人人都有机会参加这样的活动，以及谁又愿意为了参加这样一次活动而等上一年呢？因此，这些科学组织通常都会出版期刊，让科学家们有机会发布最新研究成果。这样一来，像爱因斯坦这样的学生，或者远离科学研究中心的人们都可以通过订阅期刊来了解最新科研成果。从很大程度上说，这些期刊覆盖了科学的全部疆域。有了这些期刊，法国科学家会感觉自己好像也参与了在德国进行的研究，他们会看到最新的科学发展，并贡献自己的想法。

　　发表在这些期刊中的论文给爱因斯坦创造了很多与米列娃和贝索进行争论的话题，比如电磁光学方程式、数学变换的有效性，以及如何对使用巨型电线圈所进行的实验进行正确解读。很多论文都是对以太理论的有益拓展和变形。洛伦兹尝试对整个系统进行全面审视和修改，并提炼出其中最为基础有效的原理。在整个研究过程中，洛伦兹展现出了精湛的技艺，几乎没有科学家可以与他相媲美。尽管并没有人真正质疑以太理论，但随

21

着科学的发展，逐渐出现了许多与以太理论有关的谜题。是以太假说造就了物理学领域中最大的成就，让物理学从电气化时代进入了无线电时代，这个假说怎么可能是错的呢？不过，即使是洛伦兹，有时也会感到失意沮丧。他写下了一系列现在被称为"洛伦兹变换"的方程式，如果运用这些方程式，同时又接受"当人在以太中运动时，对时间和空间的测量会发生变化"的可笑假说，那么很多谜题就迎刃而解了。但洛伦兹向读者保证这个想法只是为了方便数学计算并最终得到正确计算结果，因此不应该太当回事。

爱因斯坦常常整日沉浸在这样的研究中。他甚至设计了一个实验来测量地球在以太中的运动（也就是所谓的以太漂移）。然而，为了进行这样前沿的物理学研究，这位年轻的科学家需要首先满足科学世界的常规要求，那就是必须获得学位。爱因斯坦常常和米列娃一起专心学习。他经常因为不跟米列娃打招呼就把她的物理书带走而道歉，但他又有忘带公寓钥匙的习惯，所以想把被带走的书再找回来就变得非常困难了。到了毕业考试，满分 6 分，爱因斯坦得了 4.91 分，在所有顺利毕业的人中是最低分。米列娃只得了 4 分，没有得到文凭。她虽然很沮丧，但并没有被打败，1901 年春天，米列娃继续学习，而爱因斯坦则用这段时间来思考自己要过什么样的生活。[25]

他曾希望到某个物理实验室去做助理。大多数苏黎世联邦理工学院的毕业生都可以得到这样一份工作，爱因斯坦却不行。要取得这样一个职位，最主要的一个条件是一封由学校导师写的推荐信，导师通常都会在信中对申请者的职业操守和责任心进行一番赞扬。对爱因斯坦的导师们来说，"这条懒狗"逃课的事迹都还历历在目，因此他们都拒绝帮爱因斯坦写推荐信。看着信箱渐渐塞满了拒信，爱因斯坦开始怀疑这是自己的主要推荐人韦伯教授故意从中作梗。

刚刚走出大学校园的毕业生在找工作时本就会产生一些焦虑情绪，然而，爱因斯坦还承受着额外的压力。当时，米列娃已经怀孕了，但他们还没结婚。爱因斯坦的母亲一想到儿子要娶一个塞尔维亚女人，而且这个女人还没有工作，就深感痛苦，还把这种痛苦明明白白地表现了出来。就在爱因斯坦忙着安抚家人情绪时，米列娃回到了诺维萨德，生下了她和爱因斯坦的女儿，取名莉赛尔。爱因斯坦定期给母女二人写信，告诉她们他一个人在各地奔波时忘了带睡衣、牙刷、梳子等等。[26]

爱因斯坦从来没有见过这个女儿。我们也不知道她后来命运如何。她曾得过一次猩红热[27]，可能因此去世了，或是被别人领养了，也有可能是送给家里其他亲戚去抚养了。米列娃独自一人回到了瑞士，与爱因斯坦在1903年1月6日登记结婚。婚礼结束后，他们两人回到爱因斯坦租住的公寓，结果爱因斯坦发现忘带钥匙了，于是，他们不得不叫醒了房东。[28]

幸运的是，尽管爱因斯坦没能在物理学领域找到一份工作，但还是找到了养活新婚妻子的办法。在朋友格罗斯曼的父亲的帮助下，爱因斯坦在位于伯尔尼的瑞士联邦专利局获得了一个三级技术专家的职位。这个职位主要是处理发明和工业领域的日常琐事，专利局长对于这个顶着一头乱发的理论学者能否做好这份工作多少有些心存疑虑。不过，爱因斯坦从小到大身边从来不缺电表和发电机，因此十分喜欢与机器打交道。他喜欢站在办公桌前，对复杂的发明申请文书抽丝剥茧，最后简化成一个问题：这个机器的根基是不是一个行得通的基本原理？多年以后，当爱因斯坦饶有兴趣地回忆专利局的时光时，他说这份工作对塑造他解决科学问题的独特方法很有帮助："这段经历加强了我多方位思考的能力，也是激励我进行物理思考的重要因素。"[29]

进入瑞士的联邦官僚体系工作只是爱因斯坦融入新家园的动作之一。此时，他已经加入了瑞士国籍，甚至申请在瑞士服兵役，因而参加了体格

23

检查。考虑到爱因斯坦对德皇威廉二世的军队非常厌恶，这个举动着实出人意料。不过，体格检查显示他有静脉曲张、扁平足、汗脚，因而被判定为不适合入伍，必须支付一小笔补偿金。[30] 此后，爱因斯坦一生都在坚持按时缴纳这笔补偿金。

爱因斯坦发现伯尔尼这座城市非常迷人。在写给米列娃的一封信里，爱因斯坦对其充满了赞美之情："这是一座古老而又精致的城市，让人感到非常安逸，这里的生活可以与在苏黎世完全一样。街道两侧绵延着古老的拱廊，这样即使是下大雨，你也可以从城市的一端走到另一端而不被明显淋湿。这里居民的家中也都干净得不同寻常。"[31] 1903 年夏天，爱因斯坦和米列娃搬进了一套位于一条美丽老街上的公寓。第二年，他们的第一个儿子汉斯·阿尔伯特便在这里出生了。

对爱丁顿来说，他的未来似乎不会有婚姻和孩子，这让他的家人非常担心。爱丁顿与家人进行了多次气氛紧张的对话，明确拒绝了与一位名叫艾米琳·叶茨的姑娘（她的哥哥莱克斯经常与爱丁顿一起游泳）结婚，然后就重新专注于科学研究了。因为在数学荣誉学位考试中取得了令人瞩目的名次，爱丁顿收到了第八任皇家天文学家威廉·克里斯蒂的邀约，担任皇家格林尼治天文台首席助理。

格林尼治天文台是不列颠帝国的中心，它定义了地球上的子午线，也就是测量一切距离和时间的基准线。这个天文台对恒星运动所进行的精确测量成为绘制航海图的基础。正是在这些航海图的指引下，帝国的舰船才得以扬帆起航、乘风破浪。格林尼治天文台是全世界存在感最强、最为重要的一家天文学机构。天文学对于经济、政治、军事实力的重要意义也是毋庸置疑的。

按照传统，首席助理应由剑桥大学数学荣誉学位考试中的一位高级牧马人来担任，目的是把他们的数学技巧运用起来，为国家做贡献。奇怪的是，在**观测**天文学领域，也就是用精密望远镜观测恒星和行星并进行精确测量的领域，这些剑桥学子几乎都没有多少经验。事实上，他们所接受的教育通常更关注数学天文学和物理学，也就是用自然法则来计算作用在恒星和行星上的力，并对它们的运动进行预测。

从本质上说，这一类计算的基础是同样从剑桥大学走出来的艾萨克·牛顿爵士的研究。17 世纪晚期，牛顿用一整套全新的概念和方法带来了物理学和天文学领域的革命。牛顿世界观的核心是运动定律和引力理论。运动定律描述了力与质量之间的基本关系，包括物体通常会保持现有运动状态（惯性），除非有外力作用于物体；施加的力越大，产生的加速度就越大；每个力都有一个相等的反作用力。万有引力定律从概念上来说相当简单，但产生的影响却相当丰富，包括宇宙中每一个有质量的物体都会对另一个物体施加某种吸引力，这种力会随质量增大而增大，随着两个物体间距离平方的增大而大幅减小（也就是说，两个物体间距离翻倍时，两者之间的引力会变成原来的 1/4）。除了这些概念，牛顿还引入了新的数学工具，从而既可以解释和预言地球上高尔夫球的运动，也可以解释和预言天体的运动。牛顿用引力把整个宇宙都绑在了一起。

对牛顿思想的一个基本应用就是行星轨道。一个像地球这样的行星会试图在宇宙中沿直线运动，但是太阳的引力将那条直线拉成了一条椭圆形曲线，行星就在这条曲线上年复一年地运动着。仅用高中所学的物理知识就已经足以解释地球的运动了。不过，如果把太阳系中其他天体也考虑进来，那么整个计算就会变得更为复杂。为了准确预言地球的运动，不仅要计算太阳所施加的力，还要计算月球、金星、水星、火星、木星、土星等天体所施加的力，而这些天体本身也在运动，也同样会受到引力影响。这样的方程式会复杂到令人震惊，只有具备最高超技巧的人才能驾驭。要求

25

出这种方程式的精确解实际上是不可能的，最多只能越来越精确，越来越接近那个精确解。

后来事实证明，牛顿本人所引入的数学工具基本无法胜任这样的计算，日常研究中更常用到的是由法国天文学家皮埃尔-西蒙·拉普拉斯所创造的数学工具。这个细节通常都会被忽略，因为英国科学家们总会自豪地宣称是英国人创立了成为整个宇宙根基的物理学。牛顿的理论是人类历史上最成功的一套理论，爱丁顿要想胜任在天文台的新工作，就必须绝对精通这一理论。他接受了这个挑战，并着手将引力方程式运用于一个全新的领域，也就是把银河看作一个整体，研究这个整体的运动。爱丁顿提出了"星流"概念，也就是数十亿颗在宇宙中旋转的恒星仅靠牛顿所发现的引力相互吸引，形成了状如水流一般的事物，爱丁顿试图分析这些"星流"的运动。

也许，爱丁顿专注于遥远的恒星海洋，恰恰是为了不去关注那些发生在家门口的海洋事务。与皇家天文台关系紧密的英国皇家海军，此时越来越担心海洋上会出现新的竞争对手。德国为了取得帝国霸权进行了一系列部署，其中一个步骤便是在 1898 年，德国海军上将阿尔弗雷德·冯·提尔皮茨提出要打造一支可以与英国匹敌的舰队。几十年来，英国的政策一直是要保持不容挑战的海上优势，因为如果控制不了海洋，整个帝国就会衰落消亡。因此，德国的造船项目被看作是一个直接而又关乎帝国存亡的威胁。这些年来，英国工业能力的增长不仅体现在数量上，在质量上也有所体现。第一海务大臣约翰·费舍尔爵士引入了更新、更强大的装备，包括"无畏号"战列舰和战斗巡洋舰。德国和英国都在这场军备竞赛中倾注了大量资源，期望获得更大、更快、武器更为精良的舰船。世界上其他大国力量也都开始紧跟两国的步伐。

除了海上力量，德国也在发展陆上军力。德国陆军装备精良、训练有素，尽管已经颇具一定体量，但如果卷入任何欧洲国家间的冲突，在人数上预计仍会处于劣势。

如果俄国和法国遵守彼此之间的共同防御条约，那么若有战争爆发，德国就要同时在两条战线上作战。雪上加霜的是，俄国正在逐渐推进陆军现代化，只要一代人的时间，就会变成一个真正的威胁。德国最高指挥部评估后认为如果战争全面铺开，那么德国将毫无胜算，但同时也赌自己可以在任何战斗初期就运用突出的作战能力将可能的敌人击败。最终，阿尔弗雷德·冯·施里芬将军确定了入侵计划。根据这个计划，德国需要快速集结军力（德国高效的铁路系统让这样的军力运输变为可能）来支持从侧面对比利时发起的进攻，然后一路推进至法国北部。一旦利用机动性优势击败了法国，所有火力即可转而向东移动，迎战集结速度更慢的俄国军队。这一计划的实施有赖于精准的时机选择和精心制订的后勤保障计划。在 1871 年，尽管战事艰难，但德国人还是依靠错综复杂的进攻计划取得了最终的胜利。从那时起，德国人在这方面不但没有松懈，反而更加精进了。

爱因斯坦在躲过了德国的兵役后几乎从未关注过这些军备竞赛。瑞士在外交上奉行中立政策，这意味着爱因斯坦可以全神贯注于物理学研究。他把部分精力花在了通常所说的统计力学上，也就是对原子和分子在微观层面的运动进行分析。有关分子运动的假说（当时，普通物体都是由微小粒子组成的观点还并没有深入人心）在理解热的行为方面取得了丰硕成果。爱因斯坦发现自己在进行这类分析研究所需的统计方法方面有那么一些天赋，便准备了一篇足以当博士毕业论文的分子运动论文，并且坚持不断地修改和完善。

尽管如此，爱因斯坦的科学热情仍聚焦于电磁学领域的未解之谜。有一个论断尤其萦绕在他脑海中，让他难以释怀。这个论断同样以感应现象为基础，在爱因斯坦的世界里有太多事物都以这个现象为基础。具体来说，假设有一个导线圈和一块磁铁，这是每个发电机都必不可少的两样材料。先把导线圈静止放置在看不见的以太中。然后移动磁铁，让磁铁经过导线圈。随着磁铁不断靠近，导线圈周围以太的磁场就会增强。根据麦克斯韦方程式，这个变化的磁场会创造出一个电场，电场又会推动一股电流在导线中流过。然而，如果把磁铁静止放置在以太中，移动导线圈，让导线圈经过磁铁，麦克斯韦方程式所预测的就会是一股不依赖于任何电场的电流。这两个情境之间存在一种不对称，这让爱因斯坦很有挫败感。在两个情境中，可以观察到的现象是一样的，都是导线圈和磁铁移动经过彼此，但现象背后的物理学解释却不同，一个是电场，另一个则是磁场。也就是说，就"是什么"而言，这两个情境是相同的，但就"为什么"而言，它们又是不同的。

爱因斯坦对于对称这一**美学**标准的运用具有十分重要的意义。这意味着让爱因斯坦最终发现相对论的那个推理链条并不是从某个特定实验或数学计算开始的。它其实是从一种对于宇宙应该是什么样子，科学解释应该看起来是什么样子的感觉开始的。如果在可以看到的现象与用来解释现象的概念之间存在这种背离，那看起来似乎是不对的。爱因斯坦并不是自然而然地就提出了这些反对意见，而是经过多年反复仔细琢磨思考的结果。不过，现在我们已经了解了是什么触发了这场推理雪崩。关键点在于两位哲学家。

爱因斯坦热爱阅读哲学，也喜欢跟朋友们就哲学问题进行论辩。尽管他们所关注的是科学，但对他们这代人来说，学术训练仍然是一个宽泛的概念，而且人们通常认为专业技术知识应该是根植于人文学科的。对他们来说，认识论，也就是有关我们是如何获取知识的学问，似乎是物理学的基础之一。他们读牛顿，也读康德。他们阅读的哲学书籍中就有大卫·休谟的一本经典著作。休谟是 18 世纪苏格兰哲学家，以反传统而著称，他最著名之处在于极为激进地质疑一切，从神迹到因果律无一例外。休谟认为我们的一切想法、观点都来自感官印象，而对于任何无法被直接体验的实体，我们都需要进行严密审视。

在休谟的影响下，爱因斯坦有一段时间对恩斯特·马赫的著作很感兴趣。留着浓密络腮胡子的马赫是奥地利物理学家、哲学家，提出了通常所说的"实证主义"。马赫认为，科学概念不但应该以直接经验为基础，还尤其应该以测量为基础。举个例子，就"力"而言，不应该仅仅谈论力本身，事实上，应该具体谈论力是如何**被测量的**（通过运用弹簧秤、天平等等）。他提醒人们，科学家在坚持某个观点时通常并不是出于找到了充分理由，而仅仅是出于传统和习惯，因此很有必要用批判的眼光来审视我们所有基础概念的根基。爱因斯坦记住了这一点。我们一旦忘记了这些想法、观点的起源，未来的一切进步可能都会构建在一个危险而不稳定的基础之上。爱因斯坦曾对贝索说，他位于马赫和休谟之间，首要任务是把隐藏在物理学中的害虫全部消灭。[32]

因此，爱因斯坦之所以觉得前面两个情境中的不对称是不合理的，根源其实是一个马赫式的问题：我们如何测量这些电磁现象？或者，如果是休谟，那么问题会是：我们对感应的实际**体验**是什么？爱因斯坦这个发电机制造商的儿子给出的回答是：我们可以测量电流。我们看不见以太，但可以看到磁铁和导线圈彼此靠近，接下来，如果此时有一个测量电流的仪器，那么仪器中的指针就会移动，如果还有一盏电灯，那么灯泡就会亮起来。我们甚至不可能确定磁铁和导线圈到底是哪一个真正在移动，因为根据伽利略的相对性原则，两者中的任意一个都可以被看作是在移动的，就像分别坐在火车上和站在站台上的两个观察者一样。如果我们仅考虑运用电气设备可以测量什么，情况确实如此。不管是磁铁在运动还是导线圈在

28

运动，我们都会看到相同的电流。但我们要判断到底是磁铁在运动还是导线圈在运动，就必须详细分析我们是如何对这个运动进行测量的。爱因斯坦意识到自己需要一种新的思考方式来解释这些模糊之处，让物理学贴近那些可以直接观察到的结果。

这一想法所激起的火花持续了几个星期，爱因斯坦将这段时间称为"一场斗争"[33]。1905 年 5 月中旬的一个夜晚，关键的时刻来了。那天晚上，爱因斯坦先与贝索就这些问题进行了疯狂讨论，然后就陷入了思考。到了第二天，爱因斯坦见到贝索时，只说了一句话："谢谢你，我已经把问题彻底解决了。"他表示关键是对时间的分析。[34] 历史学家彼得·伽里森已经用丰富的证据证明了这个关键时刻并不是侥幸的结果。在 1905 年，居住在瑞士就意味着沉浸在当时的尖端技术之中。在公共场所的建筑物里，钟表随处可见。火车的运行由电气时间信号来协调控制。爱因斯坦每天都要从公寓走到专利局办公室。在路上，他总会从伯尔尼最著名的钟表下经过。在办公桌旁，爱因斯坦每天所要做的就是检查一个又一个用来测量时间、标记时间或是调整对时的仪器。

因此，当爱因斯坦指出时间是关键所在时，他的意思其实很明确。坐在专利局办公室里的爱因斯坦，处在休谟和马赫的交会之处，他所说的"时间"指的就是一个特定的事物：钟表。如果把时间当作一个抽象或形而上的概念，是无法得到接受的。一个科学的、实证主义者的时间概念需要以测量时间的方式为基础来构建，仅此而已。

爱因斯坦相对论的核心就是这样一只非常奇怪的钟表。而依据任意一种不断循环的物理过程，比如太阳的运动、钟摆的摆动，或是数字手表中石英石的振动，我们都可以制作一只钟表。为了理解相对论，我们可以假设有一只**光子钟**，它所依据的循环过程就是光子脉冲在两面镜子之间的往返运动。每当脉冲完成一次循环，钟表就会嘀嗒走一下，表示一秒钟过去了。重点是要注意这并不是一只真正的钟表（如果是真正的钟表，那会比地球还要大得多）。爱因斯坦提出的是一个"思想实验"。这里的**思想**是指整个实验完全发生在人的脑海中。**实验**意味着在开始之前你并不知道会有怎样的结果。这是一个严密而谨慎的思考过程，从某个最初的想法或假设开始，一直持续到得出最终结果，这与爱因斯坦那本"神圣的几何学小书"的风格颇为相似。做这个实验，你不需要实验室或设备，只需要想象力和有序的思维。

爱因斯坦的科学论文《论动体的电动力学》发表于 1905 年 6 月，是我们现在所说的狭义相对论的首次亮相。如果爱因斯坦想用这篇论文来激怒其他物理学家，那么他的目的达到了。这篇文章里没有脚注，没有参考其他论文，仅用一个简短的注释对他的朋友贝索表示了感谢，感谢他与自己聊天，给了自己很多帮助。整篇论文不以实验为起点，也不以某个现有理论为基础，而是从爱因斯坦对磁铁-导线圈情境中不对称现象的不满开始。接下来，爱因斯坦提出了两个假设，其后续的思想实验将依据这两个假设展开。第一个假设是，对任意惯性参考系（"惯性参考系"是一种专业的说法，指的就是保持静止或以匀速进行惯性滑行）中的观察者来说，自然法则应该是相同的。爱因斯坦认为这其实就是对伽利略相对性原理的一个简单延伸，如果坐在火车上的观察者与站在站台上的观察者确实是等价的，那么这个假设就应该成立。确实，在 1905 年，几乎没有科学家会反对这一点。这其实就是说并不存在某个人能适用正确的自然法则，而其他人不能的情况。如果用物理学的语言来描述，那就是不存在"享有特殊地位的参考系"。说得更简单一点，这个假设是说每个人都必须认可自然的基本运转方式。

第二个假设是说，对于处在惯性参考系中的所有观察者来说，光速应该是相同的。这似乎恰恰与我们的日常经验相矛盾。举个例子，如果我从

30

一列飞驰的火车上抛出一个球，那么火车的速度与我抛球时给球的速度将叠加在一起，因此在这种情况下，球的运动速度就会比我在站台上把它抛出时的运动速度更快。同样的，如果我在火车上打开手电筒，那么火车的速度当然应该与光束的速度相叠加？这就回到了少年爱因斯坦曾经想象的那个场景，也就是他在一束电磁波旁以相同的速度奔跑，然后看到电磁波静止了。如果第二个假设是成立的，那么不管爱因斯坦如何奔跑，旁边的这条电磁波总会看起来是以每秒 186 292 英里的速度在运动。尽管这很奇怪，但爱因斯坦请读者保持耐心，继续跟随他向下推理。

现在，有了两个假设后，让我们再来看一看光子钟。假设有爱丽丝和鲍勃两位朋友，我们给他们每人一只光子钟。作为合格的瑞士公民，他们两人首先对了对表，也就是说，两人的光子钟总会在同一时刻嘀嗒响起。具体来说，他们对光子脉冲进行了一段时间的观察来确定二人事实上是同步的。然而如果我们让爱丽丝坐上一列飞驰的火车（火车在做惯性滑行，所以爱丽丝仍然在一个惯性参考系中），奇怪的事情就开始发生了。当火车经过鲍勃所在的站台时，爱丽丝与鲍勃会对比两人的光子钟。鲍勃看到自己的光子脉冲在运动时是直上直下的（光子钟在上方），但是当他通过火车上的镜子观察爱丽丝的光子钟时，却看到她的光子脉冲**在运动时是有夹角的**（光子钟在下方）。

这就意味着，就鲍勃的观察而言，爱丽丝的光子脉冲所运动的距离要**大于**他自己的。这个现象的自然解释很简单，那就是火车的运动改变了光的运动速度，与前面所举的那个在火车上抛球的例子一样。这样一来，多出来的距离就得到了解释，两只光子钟仍然会在同一时刻嘀嗒响起。然而，此时爱因斯坦的第二个假设突然出现了，鲍勃想起光的运动速度是**不变的**，甚至在运动着的火车上也不能改变，也就是说，爱丽丝的光子脉冲要用相同的速度运动更远的距离，因此，鲍勃的光子脉冲首先结束了一个

31

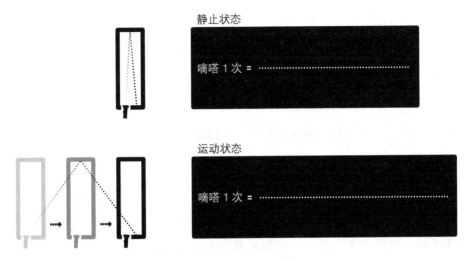

静止状态

嘀嗒 1 次 = ·····································································

运动状态

嘀嗒 1 次 = ·······················································

爱因斯坦假设的光子钟
雅各布·福特绘

循环，他的光子钟会先于爱丽丝的光子钟嘀嗒响起。鲍勃意识到在此之前，爱丽丝的光子钟已经与自己的光子钟调整到完全同步的状态了，现在却走得慢了，这让鲍勃非常震惊。

对此，鲍勃会本能地表示自己的钟是准确的，是爱丽丝的钟不准。他认为爱丽丝的钟走得不准是因为她在运动。此时，爱因斯坦的第一个假设就要发挥作用了，根据这个假设，不管是鲍勃还是爱丽丝，都不能说自己才是真正在"运动"的那一方。根据伽利略的相对性原理，爱丽丝完全可以说自己所在的火车是静止的，是站台在运动。接下来，爱丽丝就会按照与鲍勃刚刚完全相同的链条往下推理，最终得出结论，是**鲍勃的**表走慢了。现在，根据相对论，两人都是对的，而这就是相对论不合常理的核心之所在了。就观察光子钟而言，不存在某一个特定正确的位置。任何一个观察者都会发现运动中的钟表会比他们自己的钟表走得慢。鉴于时间不过就是钟表的嘀嗒，仅此而已，那么时间本身就随运动发生了变化。

如果时间真的发生了变化，那么我们就处于一个奇怪的境地了。对于两个事件是否是同时发生，人们可以有不同的意见。两个相同的双胞胎会发现彼此年龄不同。我们对周围世界最基本的体验，也就是对时间流逝的体验，突然变成了相对的。

32　　结束了对时间的分析，爱因斯坦接下来对空间进行了完全相同的实证主义分析。人们如何测量空间？运用测量杆，比如尺子等。就像我们在前面用光子钟测量时间的推理过程一样，现在用一根测量杆对空间进行测量，并进行后续一系列推理，最后得到的结论会是测量杆的长度随着运动速度的加快而**缩短**。因此，就如同时间的流逝似乎变得更慢，长度则似乎被压缩了。前一个现象被称为时间膨胀效应，后一个被称为长度收缩效应。如果针对质量进行更进一步的马赫式分析，那么得到的结论会是质量也随观察者运动速度的变化而变化（这一计算有一个有趣的结果，可以用一个简单的方程式 $m = L/c^2$ 来表示，今天这个方程式通常被写作 $E = mc^2$）。

从表面上看，爱因斯坦的两个假设是对于科学之普遍性的基本表述。它们保证了所有科学家，不管秉持怎样的态度，都有能力发现麦克斯韦方程式或是牛顿引力定律。但是，爱因斯坦用光子钟所做的思想实验则表明，要保证这个普遍性，就要付出一定代价，那便是尽管科学定律始终保持不变，但我们所做的测量，包括对时间、空间和质量的测量，全都会被影响。运动会让它们都发生改变。鉴于运动是相对的（这一点要归功于伽利略），时间、空间和质量本身就都是相对的了。自牛顿以来，这些范畴一直被认为是不可变而又绝对的（被康德所证明），但现在，已经不再如此了。

要反驳爱因斯坦这些离谱的观点，有一个完全合理的说法，那就是我们从没见到这些现象发生过。当我坐地铁经过站台时，站台看起来并没有缩短。我也没有办法说服我老板，让他相信时间膨胀意味着我应该早点回家。不过，简单看一下这些公式，就可以发现为什么会这样。这些效应只有在运动速度非常非常接近光速时才能被观察到。如果我们能以光速 90%的速度运动，那就能看到钟表以原本速度的 50% 往前走。为了让你能有个概念，我可以告诉你，人类有史以来达成的相对于地球最快的运动速度是光速的 0.000 4%（那就是阿波罗 10 号登月舱）。甚至是今天，时间膨胀也只能用超精原子钟展示出来。在 1905 年，相对论是无法被验证的。

我们要意识到这些全部都是思想实验的结果，而不是在现实世界中的任何操作，这一点十分重要。爱因斯坦没有可以实际进行的试验，也没有可以得到有效验证的预言。他所能做的最多就是表示自己的理论可以与某些实验的怪异结果相**一致**。这些实验包括旨在测量地球在电磁以太中运动的一系列以太漂移实验，其中在今天最为著名的是迈克尔逊-莫雷干涉仪实验。这类实验总会返回通常所说的"零结果"，也就是地球在以太中没有明显运动。这一点一直都解释不通。由于地球年复一年围绕太阳运动，地球在以太中运动的方向应该始终在变化才对。

这类实验的零结果才是真正的谜题。然而，爱因斯坦的新理论给出了一个解释。以太漂移实验把以太当作绝对参考系，是这个宇宙中真正静止的一个地方，所有运动都可以在这个参考系中被测量。爱因斯坦认为这是不可能的，因为如果我们想让自然法则具有真正的普遍性，那就不可能存在这样一个地方。根据狭义相对论，任何以测量绝对静止为目标的努力都将以失败告终。在实证主义者看来，以太本身就不是个科学的概念，因为它不能被测量。正因如此，瑞士伯尔尼专利局这位从未从事过任何科研学术工作的二十六岁职员不再理会这个在 19 世纪物理学中具有基础性地位的假说了，并认为它完全是多余的。以太不是错误的，也没有被推翻，只是多余的，不再被需要了，而这正是出于爱因斯坦对宇宙对称的执着追求。

33

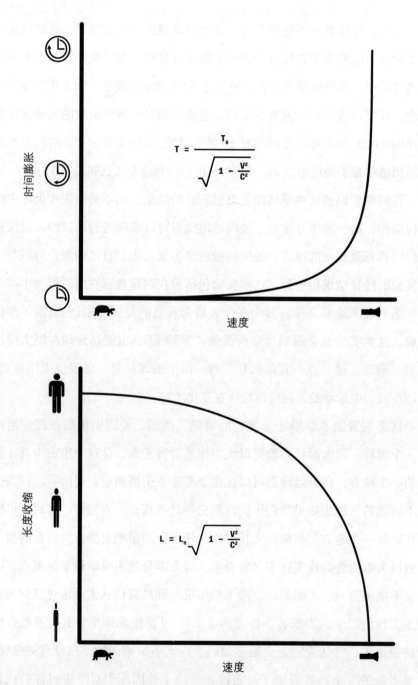

时间膨胀和长度收缩。请注意，只有接近光速时，这些效果才能明显显现出来

雅各布·福特绘制

爱因斯坦能够独自得出这样的结论，是非同寻常的，也有人对此表示了怀疑。毫无疑问，米歇尔·贝索不可能是爱因斯坦唯一的伙伴。协助者中会有米列娃吗？毕竟她自己也是物理学家。在最初发现相对论的过程中，她一定扮演了某些角色。甚至，也许最初爱因斯坦就是窃取了米列娃的理论，然后逐步发展成了自己的理论？支持这种观点的证据说到底只是爱因斯坦曾在书信中使用过"我们"一词。有一次，爱因斯坦在给米列娃的信中提到"我们关于相对运动的研究"[35]。而在其他信中，他曾提到过"我们关于分子力的理论"[36]。但除此之外，也就没有其他证据了。似乎很明显，在这里，"我们"就像"我们当时讨论的那个理论"中的"我们"一样。米列娃从来没有表示过爱因斯坦的某个研究成果应该是属于她的。她当然是爱因斯坦各种想法的一块回音板，就像贝索和格罗斯曼一样，如果这三人中有任何一人缺席，狭义相对论毫无疑问会是另一种面貌，因为爱因斯坦需要朋友，而接下来我们会一次又一次地看到这一点。不过，尽管贝索对狭义相对论的诞生有至关重要的作用，但如果说是贝索创造了狭义相对论，那会让人觉得很奇怪。说是米列娃也会很奇怪。确实没有任何理由去把爱因斯坦的任何研究成果归功于她（在离开她后的几十年里，爱因斯坦也同样成果卓著，因此他基本不可能是个骗子）。毫无疑问，米列娃作为女性身处于1900年前后的物理学界，几乎不可能取得成功。事实上，不管她自身能力如何，她所处的社会环境都不允许她有优秀的表现。但这并不意味着她的工作成果遭到了窃取。这只能说明她像当时许许多多女性一样，在一个高度男权的社会中无法获得机会。

　　爱因斯坦在前面提到过的分子理论是一个很重要的线索，让我们知道在这一时期，相对论只是爱因斯坦科研工作的一个方面。1905年有时被称为爱因斯坦的"奇迹年"，是这位年轻人科研成果高产到令人惊奇的一年。在这一年里，他在颇有威望的《物理年鉴》发表了6篇论文，每一篇都改变了世界。3 月，他发表了一篇有关光电效应的论文，当时他对朋友们说这篇论文是"非常革命性的"。他在论文中提出了"光可以被当作粒子，也就是被称为量子的一小包能量"的概念。这实际上迅速开启了量子物理学这一全新的领域。4 月，爱因斯坦的博士毕业论文带来了一种全新的方法来判断分子的大小与运动。在此之后，不到两周，他就把这些分析判断结果初步运用到了对布朗运动（也就是当时已观察到的悬浮在液体中微小粒子所进行的之字形运动）的一项分析上，并在 12 月运用这些判断结果进行了更为完整的分析。爱因斯坦用分子的碰撞来解释布朗运动，并预测分子的行为，准确程度令人震惊。这对那些对分子世界仍持怀疑态度的人来说，实际上是最后的致命一击。6 月，爱因斯坦发表了第一篇论述相对论的论文。9 月，他发表了有关相对论的第二篇论文，提出了 $E = mc^2$。

通常，在一篇论文发表后，人们会产生一种一切好像是在一夜之间就被发现的错觉。但事实上，每一篇论文都是多年勤奋研究的结果。尽管如此，这些论文的集体亮相仍然吸引了学术界的关注，尤其是引起了《物理年鉴》主编马克斯·普朗克的深切关注，当时，正是普朗克批准《物理年鉴》中发表这些论文。1905 年，普朗克已经是德国物理学界中最重要的人物了。年轻时的普朗克曾有一头浓密蓬乱的头发，现在都已经变成了大片秃顶，不过他那深邃的目光却并没有消失。他的理论水平容不得质疑，尤其是因为他解决了通常所说的黑体辐射（也就是热的物体是如何发出光）这一基础问题。解决这个问题的理论正是爱因斯坦进行量子计算的基础，也是我们现在所说的现代物理学的开端。

普朗克道德情操高尚，精于官场运作，且秉持保守主义的政治态度，堪称是标准的德国教授。同事们对他的"责任感和习惯于三思而后行的做法"[37] 记忆深刻。普朗克是无数年轻科学家的导师，而且作为物理学会的三届主席，他实际上掌控着德国物理学界。爱因斯坦的论文之所以能发表，从很大程度上来说是普朗克个人的决定，因为在那个年代，同行评审这种做法还没有诞生。尽管爱因斯坦的论文在风格上并不符合常规学术论文规范，但普朗克看到了它们的重要意义，并让物理学家们开始关注这个名不见经传的专利局职员。因此，爱因斯坦有时被称为普朗克的第二个伟大发现。[38]

当普朗克发声，人们就会认真聆听。爱因斯坦有关分子运动和光量子的论文与当时正在进行的其他研究相一致，也帮助解决了多个科学领域中长期悬而未决的问题。因此，它们的重要意义显而易见。不那么显而易见的是该如何对待《论动体的电动力学》。这篇文章发表后，关于爱因斯坦提出的时间膨胀和长度收缩概念，最开始几乎没有任何回应。爱因斯坦甚至给他认为可能会感兴趣的物理学家寄去了这篇文章的复印件，其中包括剑桥的物理学家乔治·瑟尔。但是瑟尔读不懂这篇论文。读过爱因斯坦这些论文的人通常都认为它们只是为以太相关的物理学做出了一点点贡献，而并没有从整体上重新构建我们对于经验的基本分类。[39]

然而，激发出普朗克兴趣的是这个理论"绝对又不变的特点"[40]，也就是说这个理论让物理法则变成普遍通用的了。这可能听起来很奇怪，因为我们都习惯于称这个理论为**相对论**。爱因斯坦其实从来都不喜欢这个名字，直到 1911 年才开始用它来称呼这个理论。[41]普朗克撰写了第一篇分析相对论的论文。那年冬天，在柏林举行的物理学研讨会上，普朗克介绍了爱因斯坦有关相对论的论文，并让他的助手马克斯·冯·劳厄去研究相对论，同时搞清楚这个名不见经传的专利局职员究竟是何许人也。

37

# 第二章

## 跨越国界的科学

"无法在实验室中构建又无法让人亲眼所见的霸道观点。"

就在普朗克试图让同事们对相对论产生兴趣的那个冬天，爱丁顿在剑桥与特林布最后一次共进早餐，然后就搬去了伦敦旁边的布莱克希斯，地址就在天文台的南边。尽管他是因数学思维敏捷才得到了这份工作，但实际的工作职责基本都是一些具体的、与观测相关的琐事。爱丁顿开始学习工作中所需的一切技巧，而这些都是他在剑桥大学从来没有学过的技巧。皇家天文学家曾在署名信函中称赞爱丁顿熟练使用各种天文学设备，但实际上爱丁顿把在剑桥的最后两个星期都用来疯狂学习基本工具的使用方法了。

皇家天文台当时最重要的项目是整理新恒星目录，目录中记录了超过 12 000 颗恒星的确切位置。爱丁顿的第一项任务是对这些恒星的位置进行复查。要完成这项工作，必须在一个个漫长的夜晚坚守在望远镜前，进行微小的测量。这项工作不允许有任何错误或粗心大意。总的来说，为了这个目录，爱丁顿一共在望远镜前工作了上千个小时。[1] 这个职位所承担的社会责任则更具有挑战性。在与皇家天文台高层委员会会见时，爱丁顿必须穿上老式的双排扣长礼服，戴上大礼帽。而当他被安排参加皇家天文学会俱乐部晚宴时，有人向他敬酒，祝他身体健康，尽管爱丁顿秉持禁酒主义，但仍觉得必须喝下这杯酒。[2] 母亲和姐姐（她们游览了伦敦所有的常规旅游景点）以及特林布（他们两人一起看了《驯悍记》，还一同去威斯敏斯特泳池游泳）都来伦敦看望了爱丁顿，这让爱丁顿在伦敦生活的调试期变得不那么艰难了。

　　在爱德华七世陛下所需要的测量中，并不是所有都可以在格林尼治完成。爱丁顿的工作任务之一就是前往世界各地，对不列颠帝国各遥远边疆地区的经度和纬度进行测定。这些结果将体现在官方地图中，一艘艘商船将根据这些地图去寻找财富，皇家海军也将根据这些地图来维护帝国秩序。最重要的边疆地区之一是马耳他，那是一个面积非常小的岛国，但对维持英国在地中海地区的战略控制有着至关重要的作用。在英国对马耳他进行的两次测量中，所测的经度出现了 1 秒的偏差，可以想象这可能会给某些任性的护卫舰带来危险；更重要的是，这意味着在不列颠帝国的疆域内，还有尚未标定确切位置的国土，这是无法让人接受的。

　　爱丁顿紧张地把需要用到的设备准备齐全。最终，他准备了总重量达一吨的昂贵设备，而且为了熟练使用这些设备，他进行了几个月的练习。此后，爱丁顿乘坐"日本号"邮轮开启了海上旅行。这是爱丁顿生平第一次进行长途航行，《项狄传》和《堂吉诃德》成了他在旅途中打发时间的读物。经过了 9 天的航行，爱丁顿来到了马耳他的圣乔治湾。爱丁顿将要在当地电报站展开工作，从那里望出去，下面就是柔软细腻的海滩，特别适合游泳。但他有大量工作要完成，必须保持专注，几乎没有机会在岛上四处游览，因此认为这是个糟糕的地方。

　　爱丁顿的第一项任务是搭建一座"小屋"，用来暂时存放设备。这座临时天文台里有一架望远镜、一只钟表和精密的电气仪器。测定经度的过程相当直接明了，爱丁顿会用望远镜来测定马耳他的确切时间（这个时间由某颗特定恒星在地平线之上的高度来确定），然后通过电报给格林尼治发个信号。在格林尼治，工作人员会在考虑这个信号传输时间的基础上，通过测量同一个天体的高度来确定伦敦在那个时刻的时间。因为格林尼治远在西边，所以在同一个时刻，这里显示的时间会比马耳他早（这是时区的基础）。接下来，时间上的差异会被精确转换成距离。

39

在电报可及的世界里，这是测定任何地点经度的标准方法。这种方法很准确，但前提是两个观测点在测定时都必须天气情况良好。爱丁顿的工作先后因英格兰东南部的一场暴风雪和几个乌云密布的夜晚而中断。爱丁顿每天大约有 10 个小时都窝在临时搭建的小屋里，一位来自海军基地的海军士官给他做助手。经过整整三个星期的工作，爱丁顿实现了出发时的目标，测定了马耳他的位置：马耳他位于东经 0 时 58 分 2.595 秒。正如大家所预计的，他的测量精度是大约 11 英寸。在估算测量误差时，爱丁顿可以快速完成一系列复杂的计算，因为渐渐有了名气。[3] 有一次，在晚餐时，因为同桌有人提到了需要一条计算公式，他便在菜单背面迅速推导出了这条公式。

在返回英国的航行中，爱丁顿经停了突尼斯，第一次踏上了非洲大地。当时，突尼斯仍然是法国殖民地，只需要从这里乘蒸汽船，就可以到法国马赛游玩。爱丁顿非常享受到世界各地旅行（只有为数不多的几个地方是例外，比如马耳他），经常选择欧洲大陆作为度假的目的地。他带母亲游览了挪威，带姐姐去了德国，通常也会在旅行期间与这些国家的天文学家会面交流，并一起工作。在荷兰度假时，爱丁顿到访了位于莱顿的天文台，在格罗宁根与天文学家雅克布斯·卡普坦进行了交流。正是卡普坦的研究让爱丁顿对银河系自转的问题产生了兴趣，两人还建立了深厚的私人友谊。第二年，爱丁顿作为东道主，邀请了卡普坦到伦敦来游玩。

　　国际旅行成了爱丁顿职业生涯的标配。1909年，英国科学促进会在加拿大召开年会。在英国的科学组织中，通过举办此类旅行来增强帝国的团结是非常普遍的做法。爱丁顿很高兴随行前往。他从利物浦出发，登上了皇家邮轮"爱尔兰皇后号"。6天的海上航行让爱丁顿有许多机会去认识其他科学家。爱丁顿一点都不关心夏天的温尼伯是什么样子（他说这座城市的平原"没什么可看的"），但是落基山脉和尼亚加拉瀑布却给他留下了长久的印象。[4]在返回英国途中，他经过了波士顿，见到了哈佛天文学家爱德华·查尔斯·皮克林。最终，爱丁顿以科学旅行的方式走遍了除南极洲以外的每一个大洲。

　　爱丁顿在旅行中的另一个焦点在于贵格教师协会。这是一个贵格会组织，旨在进行各种教育实验，并运用贵格会的宗教理念来应对现代社会中的问题。这个协会每年都会在英国的某个地方召开年会，爱丁顿几乎每一次都会参加（经常是跟姐姐一起）。他坚定地致力于教育事业，认为这会是一种强有力的工具，可以让这个世界变得更好。爱丁顿一生都积极参与教育协会，甚至曾多年担任协会主席。

　　爱丁顿通常会把这些需要外出的年会恰巧安排在与特林布一起度假的时候，这样他们两人就可以花一周或两周时间一起旅行。在这些旅行途中发生了许多故事，比如连续六天被大雨淋透；比如一起去看电影，结果却发现观察当地人的行为比电影本身更有趣；再比如特林布坚持在旅行中对每一个有趣的地质特征都进行详细研究。爱丁顿喜欢滑降（也就是顺着山坡滑下去），有一次他们在威尔士探险，爱丁顿因此把裤裆扯破了。他们两人要走去最近的村庄，一路上，特林布一直紧紧地跟在爱丁顿身后，帮他挡住被扯破了的裤子。村子里的孩子们看到这一幕，都发出了"惊声尖叫"，爱丁顿说："也许幸亏我们听不懂威尔士语。"最终抵达目的地后，他们借到了针和线。爱丁顿坚持不用脱裤子就让特林布帮忙缝好。特林布说他在完全没有扎到爱丁顿的情况下缝好了裤子，最后还补充了一句："我想我把他和衬衣缝在了一起。"[5]

除了这些旅行，爱丁顿还会定期去剑桥看望特林布。自行车骑行是他们在剑桥最喜欢的消遣。爱丁顿一直痴迷于记录，把每一次骑行都详细记录下来。后来单纯的记录已经不能满足他的胃口，爱丁顿就开始用他那出了名的讨人厌的数字 n 模式进行记录，比如记录自己第 n 次骑行距离大于 n 英里（也就是说，当 n 等于 37 时，他已经进行了 37 次距离大于 37 英里的骑行）。每次给朋友们写信，爱丁顿总会向朋友们介绍 n 的最新数值。特林布完成在剑桥的学业后，便来到了伦敦，断断续续地与爱丁顿共同生活了近两年。

除了测量和观察的工作，在空闲的时候，爱丁顿一直在对银河系的理论进行研究。此时，我们的银河系究竟尺寸如何或形状如何，甚至是它在宇宙中是个独特的存在还是只是许多类似实体中的一个，都仍然不甚明朗。爱丁顿和卡普坦的研究让人们对太空中邻近几颗恒星的结构和运动有了最初的认识。爱丁顿可以用在格林尼治所进行的测量来证实他们的计算。不过，这其中涉及的数学很有挑战性，爱丁顿也与德国天文学家卡尔·史瓦西取得了联系，向他寻求建议。爱丁顿写出了一篇完整的有关恒星运动的论文，准备以此来参加剑桥大学教师队伍的入职考试，这也是他与皇家天文学会的第一次接触。这篇论文使他赢得了极具声望的史密斯奖。他甚至收到了母校曼彻斯特大学发来的邀约，请他回校担任物理学教授。然而，爱丁顿回绝了这份邀约，因为他发现自己更喜欢天文学家的生活。天上的星星已经把他深深地吸引住。

爱因斯坦仍然在专利局工作。尽管奇迹年让他得到了一些关注，但是这份公务员工作与当时可以选择的科研工作相比，薪水还是要高一些。除了被晋升为二级专家，爱因斯坦在伯尔尼的日常生活并没有太多变化。不过，尽管爱因斯坦的社交能力堪忧（在 1909 年以前，他甚至连一个物理学术会议都没有参加过），但在物理学界，他显然是一颗正在冉冉升起的新星。在法国巴黎勤奋工作的实验主义物理学家让·巴蒂斯特·佩兰证实了爱因斯坦有关分子运动的预言，尤其是证明了原子的存在。诺贝尔奖得主菲利普·莱纳德和威廉·伦琴都针对爱因斯坦提出的光量子理论给他写了信。[6]

不过，对爱因斯坦来说最为重要的其实是与亨德里克·洛伦兹建立了书信往来。多年来，爱因斯坦一直都很敬佩这位比他年长一些的物理学家，甚至觉得洛伦兹从多个方面为自己的研究打下了基础。狭义相对论中的许多方程式其实都是洛伦兹早在 1905 年之前就已经写出来了，只是由爱因斯坦赋予它们不同的物理学含义。这位荷兰物理学家还不确定相对论到底会有何影响，但仍认为与爱因斯坦志趣相投，便把他纳入自己门下。他们的关系很快就发展到了如父子一般，爱因斯坦曾写道："我对他的赞赏、钦佩之情超越对其他任何人，我恐怕得说我爱他。"[7]

然而，真正注意到相对论的科学家仍然只有少数几位。普朗克继续像传教士一般推广相对论。爱因斯坦昔日的数学老师赫尔曼·闵可夫斯基对自己这名懒惰学生所取得的成果感到惊奇，并向爱因斯坦索要了一份论文单行本。慕尼黑大学物理系主任阿诺德·索末菲对爱因斯坦表示赞赏，同时也流露出了一丝反犹太人情绪：

> 尽管这些确实是天才的成果，但在我看来，这些是无法在实验室中构建又无法让人亲眼所见的霸道观点，其中似乎包含某些几乎算是不健康的东西。一个英国人几乎不可能创立这样的理论；也许这反映

了……闪米特人那喜欢抽象概念的特点。[8]

不过，无论如何，索末菲仍然将相对论称为一个"优秀的概念骨架"，表示希望洛伦兹可以赋予它"真正的物理学生命"。

1907 年 9 月，在德国汉诺威的著名物理学家约翰尼斯·斯塔克向爱因斯坦索要了一份相对论概要，准备收入他正在编纂的一本科学年鉴。这让爱因斯坦第一次有机会反思相对论的现状，并思考自己想要如何进一步扩展。如何才能将狭义相对论与经典物理学王冠上的宝石——牛顿引力理论联系起来，这是一个大问题，伴随这个问题，出现了另一个命题。通常认为引力具有瞬时性，也就是说，如果把太阳摧毁，地球的轨道马上就会受到影响。但是，狭义相对论把光速设为一切物理效果的速度上限，因此，如果太阳被摧毁了，那么地球在大约八分钟后才会体会到这一点。这两个事件之间的时间差是不可能逾越的。爱因斯坦只需要对牛顿的方程式做一下微调，使它们与相对论中的方程式相匹配。

然而，不凑巧的是，爱因斯坦并不喜欢进行微小的调整。他把理论分为"构建理论"（以很多微小细节和事实为基础逐渐累积构建而来的理论）和"原理理论"（以普遍适用于一切可能情况的论断或观点为指引的理论）。前者会很有效，也很有用，但只有后者才能确保逻辑正确，并且具有哲学高度。对牛顿引力定律做微小调整只能创造一个构建理论。爱因斯坦在这个问题上付出了一些努力，尽管有些看起来很有希望成功，但到目前为止的这些努力还是让他觉得"令人高度怀疑"[9]。他需要一些新的基础性原理，这样就可以以此为基础发展一套全新的引力理论。

牛顿的引力概念自诞生之日起就成为理解科学的框架，也是学校科学教育传授的内容。这种状况已经持续了几个世纪。因此，对引力的任何改变都会造成巨大影响。然而，如果要把牛顿的理论和相对论结合在一起，确实存在特殊的问题。在爱因斯坦的理论中，两个运动中的观察者对于一个给定物体的质量会有不同的意见。由于引力与质量成正比，那么两个观察者就会因各自不同的运动而体会到大小不同的引力。这就产生了一个意义深远的可能性：引力作为把整个宇宙捆绑在一起的黏合剂，会是相对的、具有延展性的吗？爱因斯坦认为对引力进行详细研究对构建自己的理论至关重要。

爱因斯坦继续选择了马赫的框架，摆在他面前的第一个问题还是与直接感官体验有关。我们如何体验引力？如何可以知道此时此刻自己正在为引力所牵引？引力作用在自己身上会是怎样的感觉？多年以后，爱因斯坦回忆起找到谜底的关键一刻时，将这个谜底称为自己"一生中最幸福的想法"[10]。


> 我在伯尔尼专利局的办公室里，坐在椅子上，突然就冒出了一个想法："如果一个人自由落体，他不会感受到自己的重量。"我当时吓了一跳。这个简单的想法给我留下了深刻印象，并促使我想要构建一套引力理论。[11]


产生这个想法时，爱因斯坦正坐在椅子上，这个细节其实非常重要。现在，也许你也正坐在某个地方。仔细想一想你从哪能感受到引力对你产生的效果。你感受不到向下的拉力，能感受到的是椅子向上的支撑力，让你保持坐在椅子上的状态。爱因斯坦意识到，正是因为这个让你保持稳定的力，你才感受到了引力。如果淘气的室友突然从你屁股下面把椅子拉走，你就感受不到这个让你保持稳定的力了。你会有很短暂的一瞬间（在屁股着地之前）感受不到引力正在把自己往下拉。你对引力的感受会消失（这与宇航员进入轨道后的体验是相同的）。也许，引力真的可以是相对

44

的，也就是说引力不是绝对真理，而是依赖于你所处的情境和环境，就像时间依赖于运动一样。

爱因斯坦仔细思考了我们是如何感知引力的，以及在怎样的情境中我们对引力的感知会发生变化。与光子钟实验一样，这也是一个思想实验。假设有一位物理学家，在外出尽情放松了一整晚上后，第二天早上醉醺醺地醒来，发现自己身处一个没有窗户的密室里。科学家从来不会连任何基本实验设备都不带就出门，因此这位物理学家开始用随身携带的设备来研究这个房间。她拿出了一个砝码，把它扔了出去，发现它飞快地向脚下的地板移动。对于这个现象，一个解释是这个房间是在一个类似地球的行星表面，这颗行星的引力拉着这个砝码向下移动。然而，她也意识到还有另一种解释。如果这个房间是在宇宙深处，远离任何一个引力源，但其底部绑着一个火箭，这样会如何？火箭一直燃烧着，推着整个房间沿一个方向加速运动。在这个情境中，当物理学家把砝码抛出去，砝码还是会朝地板运动，但原因是**地板在加速向砝码运动**。然而，如果从科学家的角度来看，这两个情境是完全相同的。这位物理学家在这间密室里无论如何都无法通过做实验来判断这个密室到底处于两个情境中的哪一个。

爱因斯坦说，这个思想实验表明引力与加速度是**等效的**。这也是只有实证主义者才会秉持的观点。有人可能会反对，认为两个情境从物理条件上来说其实有所不同。但实证主义者会说你**无法判断**，因此它们也有可能是相同的。此时此刻，你坐在椅子上，感受到椅子支撑着你的臀大肌，这可能是由于引力，也可能是椅子底部绑着一个火箭。爱因斯坦说，你不能判断是这两个原因中的哪一个，而且不管是哪一个，都无所谓。对做物理学研究的人来说，这两个原因是相同的，或者至少"具有完全相同的本质"[12]。爱因斯坦将此称为**"等效原理"**：引力和加速度是无法区分的。

这个原理除了可以解释爱因斯坦本人所关注的这些问题，还会有助于

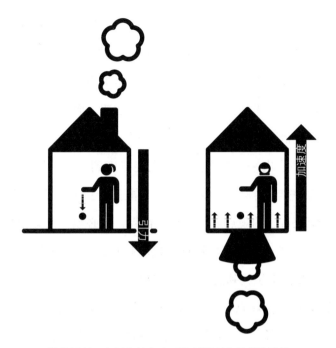

等效原理。房间中的实验不能判断到底是哪种情境
雅各布·福特绘制

解释物理学的另一个奇特特点。在牛顿运动方程式中和引力方程式中，m 都用来表示质量（在前者中被称为惯性质量，指示的是给物体加速的难度有多大；而在后者中则被称为引力质量，指示的是物体创造的万有引力有多大）。通常认为，这两个方程式中 m 的值是相等的（实验室中的测量结果也确实如此），尽管两个方程式本身并没有要求两个 m 的值相等。因此，既然从数学计算的角度来看，宇宙中的两种质量可以大小不同，那么为什么在我们实际居住的宇宙中，这两种质量却大小相同呢？爱因斯坦最终找到了答案：它们是相同的，因为你无法把两者区分开来。

　　爱因斯坦决定不管将来如何进一步发展相对论，等效原理都必须是其中的一个核心原理，因为这个原理不仅为解决引力的问题指明了途径，还给爱因斯坦就如何填补其理论中另一大问题带来了启发。这就是加速度的

45

问题。回忆一下，狭义相对论中"狭义"的部分是提醒人们这个理论仅适用于某些特定情境，也就是观察者保持静止或进行匀速惯性滑行的情境。然而，大多数运动都不是这个样子。通常，运动中都会包含加速度，也就是速度的变化。你乘坐的火车需要慢慢起步加速，而要停下来时也需要按下刹车。当这些情况发生时，你会有所感受。那是轻轻的一推，你杯子里的咖啡因此而洒了出来，或者旁边的人突然撞到了你手里正在阅读的报纸。这轻轻的一推就意味着狭义相对论不能适用于这个情境。因此，爱因斯坦如果希望把自己的观点适用于整个世界，就必须在狭义相对论的基础上继续前行，构建一套**具有广泛适用性**的相对论理论。至于该如何去做，等效原理就是爱因斯坦找到的第一个突破口。

甚至那个有关等效原理的基础思想实验都可以带来更多重要的启迪。让我们再来想一想那个被关在密室里的科学家。这时，她在墙上发现了一个小洞，差不多与她的肩膀同高。一束光线通过这个小洞射了进来。如果这个密室在宇宙深处静止或进行惯性滑行（也就是没有捆绑的火箭提供加速度，也没有引力），那么光线会水平直射进来，最后落在对面墙上与科学家肩膀同高的位置。现在，在密室下面捆绑一个火箭，并点火。这样一来，在光线穿过密室的时候，密室本身在加速向上运动。在光线从有小洞的这堵墙运动到对面那堵墙的时间里，密室的地面已经向上移动了，因此光线落到对面那堵墙上时，其高度就会低于科学家肩膀的高度。从科学家的角度来看，光线由于加速度而向下弯折了。接下来，她运用了等效原理。如果加速度可以让光线弯折，那么引力一定也可以。一个足够强大的引力场应该会对光路产生明显影响。

等效原理还提供了另一个可能的验证方法。数学家们认为，就像惯性运动会造成时间膨胀一样，加速度从很大程度上来说也会造成时间膨胀。爱因斯坦意识到这个时间膨胀会带来另一个可以观察到的结果，那便是一

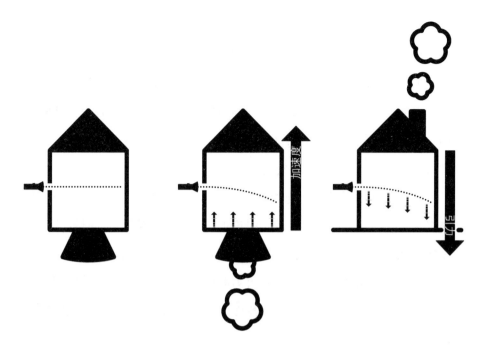

加速度会让光线弯曲，如果等效原理是正确的，那么引力一定会产生相同效果

雅各布·福特绘制

个加速的物体所发出的光线会发生扭曲。光的色彩由电磁波的摆动频率决定，时间膨胀又会让电磁波的摆动频率下降。这种情况反映在我们的视觉中，就是光线与其应有的样子相比变得更红了。同样地，根据等效原理，不管加速度产生了怎样的效果，引力一定也会产生相同效果。那么，引力就应该会让光线看起来稍微偏红一点，这个现象被称为"**引力红移**"。现在，爱因斯坦的理论就拥有了两个尽管还很粗糙但很有可能的预言。

最后，还有第三种可能性。在过去两个世纪里，天文学家们一直在运用牛顿定律计算行星的运动，而且计算结果非常准确。运用这位英国绅士的理论，几乎每一处实际情况与计算结果之间的差异都得到了解释，只有一个例外，那就是水星轨道的微小摆动（学名是近日点进动）。在过去几十年间，这个现象一直存在，而且一直无法得到一个简单明了的解释。[13]

47

天文学家们认为在水星轨道上有一个还未被发现的行星，并将它称为祝融星，水星轨道的微小摆动正是祝融星所产生的万有引力作用的结果。对于一直致力于寻找其他理论来替代牛顿理论的人们来说，成功解释这个异常现象就像耶稣在最后的晚餐中所使用的圣杯一样，是他们一直以来梦寐以求的。此时的爱因斯坦意识到自己已经进入了一个梦幻般的境地，可以与人类文明史上最伟大的头脑一较高下了。

爱因斯坦开始思考引力与相对论之间的关系。只用了几个月的时间，他便发现这个适用范围更广泛的相对论可以带来三种结果，而且这些结果至少在原则上是可以得到验证的。这样一来，如果爱因斯坦可以成功把相对论变成一个适用范围更广、更强有力的理论，那么它就可以从猜想一跃成为得到证实的科学理论。抽象的想法可以变得实在，换句话说它们既可以被测量，又是真实存在的。

然而，这一切基本上并没有占据爱因斯坦的主要精力。当时，在其他物理学家的鼓励下，爱因斯坦把大部分时间都用于对分子与量子理论的研究。对那些不认识爱因斯坦的同行来说，值得支持的应该是这类研究，而不是前面那个把物理学家锁在宇宙深处某个密室里的古怪故事。正是在这样的鼓励下，爱因斯坦展开了研究，并有史以来第一次对自己的想法得到了真正专业的物理学家的支持而心存感激。于是，1909 年，当苏黎世大学出现了一个理论物理学教授的职缺时，终于有人愿意为爱因斯坦写推荐信了。然而，赢得这个职位却一点都不容易。爱因斯坦的一位主要竞争对手是昔日的大学老友弗里德里希·阿德勒。讽刺的是，这位对手日后成为相对论为数不多的拥趸之一。最后，爱因斯坦赢得了这个职位，不过这只是因为第一候选人得了肺结核，不得不退出竞争。不过，即使赢得了这个职位，爱因斯坦也没有马上接受它，而是坚持让校方提供与他在专利局工作相当的薪水。校方同意了，爱因斯坦终于成为一名物理学教授，成为自己曾经非常抵触的权威人士。对于这一点，爱因斯坦心情复杂，他在给朋友的一封信中写道："所以，现在我也成了妓女协会中的正式一员了。"[14]

为了过上更符合大学教授中产阶级身份的生活，爱因斯坦一家搬到了苏黎世。他们在阿德勒一家居住的大楼里租了一套公寓，爱因斯坦很高兴有这样既可以聊物理又可以一起拉小提琴的朋友住在附近。爱因斯坦喜欢陪儿子玩耍，还会用琴弦和火柴盒给儿子制作玩具。不过，尽管爱因斯坦如此用心良苦，但儿子汉斯·阿尔伯特始终都对音乐不感兴趣。[15]与伯尔尼相比，苏黎世的学术氛围更浓厚，爱因斯坦的社交圈应该会更上档次（他曾与卡尔·荣格偶遇过一两次）。然而，爱因斯坦穿衣打扮的风格却一点也没有改善，同事们仍然会议论他那"多少有些破旧的衣服"和"始终不够长的裤子"[16]。

在来到苏黎世将近一年后，爱因斯坦得到了两个惊喜。一个是小儿子在这一年的 7 月降生，爱因斯坦给他取名爱德华，小名泰特。另一个惊喜是位于布拉格的查理大学给爱因斯坦提供了一个薪酬丰厚的正教授职位。这个职位邀约非常诱人，但要接受它，爱因斯坦也面临巨大困难。布拉格是奥匈帝国的一部分，当时这个帝国疆域广阔，统治着 11 个主要民族，从德意志人到塞尔维亚人再到乌克兰人，是欧洲大陆上最大的政治实体。统治一个如此巨大的奥匈帝国是高度复杂的，因此帝国内的官僚主义风气也臭名远扬。在爱因斯坦要发誓效忠帝国的时候，发生了奇怪的一幕。为了宣读加入帝国的誓言，爱因斯坦需要表明自己的宗教信仰。他试图回答"无"，但这个答案无法被接受。于是，爱因斯坦在这一生中头一次正式承认了自己犹太人的身份。因此，他经常开玩笑说是帝国的皇帝把自己变成了犹太人。[17]

爱因斯坦很享受布拉格的沙龙文化，在布拉格的那一年也是他职业

49

发展的关键一年。爱因斯坦收留了物理学家保罗·埃伦费斯特，与他建立了亲密而炽热的友谊。埃伦费斯特是一位奥地利侨民，留着蓬乱的头发和浓密的八字胡，一副线框眼镜仿佛浮动在毛发之间，镜片后面是一双清澈的眼睛。他对量子物理学做出了重要贡献。尽管埃伦费斯特常常微笑，但他其实患有抑郁症，并最终死于此症。在布拉格期间，他留下了疯狂的日记，其中连续几天的记录都是没完没了而又亲切友好的争论。与埃伦费斯特在一起，爱因斯坦完美实现了物理学研究、尖锐论辩和享受音乐之间的平衡。

在这一时期，爱因斯坦游览了欧洲中部的许多地方，包括第一次来到了柏林。他见到了化学家弗里茨·哈伯。哈伯是固氮作用过程的发现者，这个发现使人造肥料的大规模生产成为可能，也使养活数十亿人不再是奢望。哈伯曾经因为与人决斗而在脸上留下了疤痕，他还非常喜欢穿军装。爱因斯坦则秉承国际主义，喜欢穿到处都是破洞的大衣。两人站在一起时看起来有些奇特，不过这并没影响他们成为彼此可靠的朋友。尽管他们政见不同，但对彼此科研工作的深深敬意很好地掩盖了这一点。爱因斯坦在柏林还遇到了一位不太知名的天文学家埃尔温·芬利·弗劳德里希，他对相对论很有兴趣。实际上，在见面之前，弗劳德里希和爱因斯坦就已经进行了一段时间的书信往来。弗劳德里希感兴趣的是爱因斯坦在对相对论进行扩展后所提出的预言，也就是光线的引力偏折和引力红移。如果要验证这些预言，天文学家会比物理学家更适合。[18] 爱因斯坦意识到自己的新想法有可能得到验证，为此感到非常兴奋。

这次柏林之行还让爱因斯坦见到了堂姐爱尔莎，这是他们两人成年以后第一次见面（事实上爱尔莎既是爱因斯坦的表姐，也是他的堂姐）。再次见到爱尔莎，爱因斯坦仿佛着了迷。爱尔莎比爱因斯坦大三岁，刚刚离婚，带着两个孩子，是一个充满活力又有趣的伴侣。爱因斯坦与米列娃的婚姻关系已经日益紧张，尤其是在他们搬家到布拉格以后，米列娃几乎完全被爱因斯坦冷落了。米列娃认为事业上的成就让爱因斯坦一步一步远离了家庭，对此充满怨恨；但爱尔莎却认为这位年轻教授的成就非常了不起。爱尔莎和爱因斯坦开始定期书信往来，而且信中言辞热情而浪漫。在爱因斯坦最初给爱尔莎的一封信中，他写道："我认为自己已经是个完全成熟的男子汉了，或许某一天我会有机会向你证明这一点。"[19]

爱因斯坦还参加了首届索尔维会议，当时一共有 24 名优秀物理学家和化学家与会。索尔维会议由比利时实业家欧内斯特·索尔维出资创立，旨在探索量子理论的种种谜题及其对辐射问题可能产生的影响。这次会议在布鲁塞尔举行。在那个年代，举办学术会议标志着一个国家的发展和进步，而参与国际学术生活对显示一个现代国家及其公民的地位来说则至关重要。[20]

在这次会议中，只有一位与会者比爱因斯坦还年轻，其他与会者大多是领域内的杰出人物，包括玛丽·居里、欧内斯特·卢瑟福，以及对爱因斯坦来说最为重要的人物洛伦兹。能有机会与自己的偶像一起工作，爱因斯坦感到无比兴奋。他赞美洛伦兹，称他那稀疏的白发既高贵又富有魅力，称他是自己的良师，"是自己人生旅途中最重要的一个人"[21]。他曾在给一位朋友的信中写道："洛伦兹是一个聪明才智的奇迹，是一件活的艺术品！在我看来，在当今理论学者中，洛伦兹是最有智慧的那一位。"[22] 爱因斯坦还给洛伦兹本人写了一封满是溢美讨好之词的信，感谢他对待自己"如父亲般亲切"[23]。

在欧洲物理学界，爱因斯坦只是刚刚崭露头角，因此能与众多重量级人物同时受到邀请，实属难得的成就。会议期间，大家都认为爱因斯坦对量子理论做出了划时代的贡献，尽管他的那些观点似乎是"人类思想史上最奇特的想法"[24]。居里夫人对爱因斯坦印象深刻，她说："完全有理由将

51

最大的希望寄托于爱因斯坦身上，也有理由相信未来他会成为一位重要的理论学者。"[25] 对这些卓越的科学家来说，他们中的许多人都是第一次有机会与爱因斯坦本人面对面，而不是仅仅通过论文来认识他。爱因斯坦通过这次会议赢得了颇多尊敬，尽管他那像"海豹吠叫"[26] 一般的笑声让他高贵的形象打了些折扣。

随着爱因斯坦在物理学界的地位越来越高，他分别收到了来自荷兰乌得勒支大学和苏黎世的职位邀约。最终，苏黎世给出的薪水达到了他的预期，他便回到了瑞士，试图更为专注地进行研究。确切地说，爱因斯坦想回到对相对论的研究，希望进一步扩展等效原理和其他自 1907 年以来一直还没有被认真考虑的想法。在这一时期，尽管相对论还相当不知名，但已经有人开始对它进行思考了。普朗克写了几篇观点温和的论文。爱因斯坦昔日的老师赫尔曼·闵可夫斯基对相对论进行了整体上的概念重构，这产生了更为重要的影响。闵可夫斯基组织了一次有关电动力学的研讨会，其中收录了 1905 年发表的有关狭义相对论的论文。作为数学家，闵可夫斯基的主要关注点是相对论中暗含的数学结构，而不是它本身的物理学意义。

与普朗克一样，闵可夫斯基对相对论中不那么相对的部分更为感兴趣。他注意到，尽管两个观察者在对时间和空间的测量上可以产生分歧，但总有一些方面是他们绝对不会出现分歧的，那就是对**时空**的测量。时空是一个新的数学混合概念，将空间的三维和时间的一维结合了起来。尽管时间和空间是相对的，但是时间和空间的**混合体**是绝对的。这就好比是有两个人，面向相反的方向，那么如果要求他们向左转或向右转，他们就会转向不同的方向，但如果指令是向南或向北转，他们就总是会转向同一个方向。闵可夫斯基在狭义相对论方程式中发现了一种新的隐藏着的测量，这种测量可以不受运动或观察点的影响。

根据这一想法，闵可夫斯基构建出一套全新而优雅的数学形式体系。

对闵可夫斯基来说，宇宙的基础不再是三维空间加时间，而是一个四维连　　52
续统，时间和空间在其中相互交织。我们关于"时间和空间相互分离"的
感知从根本上就是错误的。我们可以循着不同的轨迹穿越这四个维度，每
一条轨迹都会带来狭义相对论所指出的对空间和时间的不同体验。闵可夫
斯基认为这个新概念非常"激进"，而且从不吝于描述它的影响。"自此，
单是空间或是时间将隐没入阴影之中，只有它们二者形成的结合体才能保
持独立性。"[27] 我们就像柏拉图洞穴之喻中的囚徒，只能看到现实的影子，
唯有数学可以揭示事物的真正性质。闵可夫斯基创造了一门新的四维几何
学，可能比我们的日常感知更接近这个世界的真实。

爱因斯坦并没有把这个理论放在眼里。四维时空的概念正是爱因斯
坦希望相对论能避免的那种愚蠢的形而上学。事实上，就像他用轻蔑的态
度对待以太一样，爱因斯坦用同样轻蔑的态度不去理会闵可夫斯基的理
论，认为这个理论是"多余的"。优雅的数学所带来的兴奋不过与闵可夫
斯基过去在瑞士苏黎世联邦科技大学开设的课程相当，仅此而已。据说爱
因斯坦曾经抱怨："自从数学家们瞄准了相对论，我自己都不理解这个理
论了。"[28] 闵可夫斯基把爱因斯坦那精妙而强大的理论简化成了单纯的几
何学。

然而爱因斯坦本人也并无太多建树。自得到生命中最幸福的思想后，
三年间，爱因斯坦没有发表过任何有关相对论或引力的论文或著作。后
来，到了布拉格后，他终于写出了一篇相关的论文。这篇论文就像是一份
宣言，表明爱因斯坦想要创造一个包含引力的广义相对论。在论文中，他
提出了等效原理和这个原理所得到的结论，并针对光线的引力偏折和引力
红移，给出了几个大致的数值上的预言，其中引力红移的数值小到不可思
议，似乎完全不可能实际测量出来。

不过，对光线偏折的测量也许是可以实现的。如果地球上的一名观

察者去观察位于太阳边缘的一颗恒星，就会发现太阳引力让这颗恒星所发出的光线产生了轻微弯折。这种光线弯折会使观察者看到的恒星图像稍稍偏离其真实位置，就像是在透过一块厚玻璃进行观察。当然，太阳如此耀眼，要直接观察它旁边的恒星是不可能的，只有等到发生日食，太阳圆面被遮住时，才能观察，也只有在这样少有的时刻才能验证爱因斯坦的激进想法。爱因斯坦预言，日食发生时，太阳旁边恒星的观测位置与其实际位置相比会有 0.83 角秒的偏离。这个偏离数值非常微小，就好比在几英里外去观察一枚硬币。不过，天文学家经常会测量更微小的效果，因此对这样微小的偏离进行测量完全是可能的。爱因斯坦对此抱有热切希望，但需要一位天文学家将这个测量项目付诸实践。他担心现实的天文学家不会对自己的理论感兴趣（他们有充分的理由如此），因此在寻找伙伴的过程中，爱因斯坦一边试着弱化他们可能终将无功而返的担忧，一边渲染出此行的令人兴奋之处："热切希望天文学家可以开始研究这里提出的问题，尽管呈现在这里的思考可能还没有得到充分的证实，或者甚至有些大胆而冒险。"[29]

爱因斯坦只找到了一位天文学家，就是那位充满热情但多少有点倒霉的天文学家弗劳德里希。1911 年 9 月，爱因斯坦表示弗劳德里希的加入让他"极其满意"。在一封热情洋溢的书信中，爱因斯坦解释了这次测量的重要性。对相对论来说，这次测量生死攸关："无论如何，有一点可以肯定，如果这样的偏折不存在，那么这个理论（相对论）的假设就是不正确的。"[30]

很不幸，日全食非常罕见，弗劳德里希也没有足够的资源长途跋涉到很远的地方去观察日全食。在这种情况下，弗劳德里希开始研究过去在日食期间拍摄的照片底片（精确的天文学照片都需要玻璃底片），仔细查找是否有恒星表现出任何偏离。然而，通常拍摄日食照片都是要捕捉日冕或壮观的日珥，拍照所需的条件及设备配置恰好与弗劳德里希所需的完全相反。因此，弗劳德里希没有观察到任何偏离现象。[31] 于是，他开始联系世

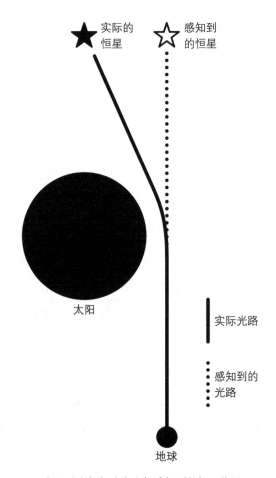

太阳引力如何改变人们感知到的恒星位置
雅各布·福特绘制

界各地的天文学家，看看是否有人可以就他们对恒星光线偏折所进行的探索提供帮助。

此时，爱丁顿已经成为调动这些国际科学网络的专家。1912 年，爱丁顿成为皇家天文学会秘书以及英国科学促进会的分会主席，在英国科学界 54 的上流阶层稳稳地占据了一席之地。在时任皇家天文学家威廉·克里斯蒂生病后，爱丁顿就承担了他在格林尼治的大部分工作。克里斯蒂退休后，弗兰克·戴森接任了皇家天文学家职位。戴森也曾担任过爱丁顿当时担任的首席助理一职，两人成了很好的朋友。他们都对精确测量充满了热情。除此之外，爱丁顿十分欣赏戴森的"无私真诚和社交能力"[32]。他们在天文台是密切合作的工作伙伴，结下了深厚情谊，不过这份情谊很快就将接受严酷的考验。

皇家天文台的任务之一是研究日食。日全食可以让天文学家们观察到许多在非日全食情况下不可能看到的现象，比如日冕和日珥。尽管对日食出现的时间和位置可以进行非常精确的预测，但对日食的观测通常并不容易。事实上，全食带可能会在海洋或其他无法到达的地方上空。想要看到日全食的天文学家需要准备大量资金，进行周密计划，经过长途跋涉，才能在正确的时间到达正确的地方。然而，即使经过了数月的计划与奔波，到了日食那一天，仍然有可能会遇到阴天，最终无功而返。

在 19 世纪末，随着帝国主义的发展，欧洲人想要踏足像非洲大陆深处这样遥远的地方变得越来越容易了，这让以观测日食为目的的远征成为可能。海军基地的建立和铁路网络的不断扩大让天文学家可以穿过过去完全无法通行的地区。观测日食的远征要依赖于帝国的基础设施，但同时，就像历史学家亚历克斯·索勇-金·庞（Alex Soojung-Kim Pang）所描述的那样，这样的远行本身也是对帝国力量的展示。比方说，英国人组织了一支队伍去印度观测日全食，这其实也是对殖民地臣民进行的一次力量展示。这些远征都由政府出资，是帝国优越性、先进性和雄厚财力的象征。即使是殖民版图并不辽阔的国家也常常会组织这样的远征，来证明本国"科学发展成熟、有活力"[33]。

这样的远征对身体是个残酷的挑战，同时要耗费相当长的时间，因此皇家天文学家通常会派首席助理来代替自己参加远征。在戴森还是首席助理的时候，他在日食观测方面拥有出了名的好运气，一共外出进行了六次观测，六次全都遇到了好天气。然而，现在他已经成为皇家天文学家，因此观测 1912 年日食的任务就落到了爱丁顿的肩膀上。自 1894 年起，英国日食观测项目开始由皇家学会和皇家天文学会共同设立的日食联合常设委员会组织。它负责申请政府许可，组织人员，筹备必要的设备。戴森和日食联合常设委员会认为，观测 1912 年日食的最佳地点在巴西。爱丁顿被告知了远征细节，并得到了两个助理查尔斯·戴维森和 J. J. 阿特金森——因为通常日食的拍照设备需要由三位熟练工作人员来共同操作。他还把达尔文的《小猎犬号航海记》塞进了背包里，准备航行时在船上读一读。一切准备就绪，8 月 31 日，爱丁顿离开了南安普敦。尽管在马耳他的那段经历让爱丁顿在设备准备和海上运输方面积累了一些经验，但他还是常常担心那些精密的设备会因码头装卸工人的野蛮操作而损坏。除此之外，海关官员也是这次远征所面临的问题之一，他们通常对那些精密的科学工具感到困惑，进而产生怀疑。

56

英国皇家邮政蒸汽船运公司给爱丁顿的远征队和设备提供了免费的旅行。他们乘坐的船经过了里斯本，爱丁顿很高兴能在这里探索一番。他给母亲的信中写到自己参观了一座大教堂，在里面看到了"一个小女孩木乃伊"[34]。9 月 16 日，远征队在里约热内卢登陆。在巴西，随着大量新种植园的不断涌现，大量铁路为保证对物资供给而新建起来。正因如此，巴西的很多内陆地区也都变成了可以到达的地方。这里的火车虽然是用来运输棉花、咖啡、牛肉的，但也可以运送天文学家和他们的望远镜。[35] 巴西政府给爱丁顿的远征队免除了乘坐火车的一切费用。

爱丁顿一行花了六天时间到达了距离里约热内卢大概 180 英里的小村庄帕萨夸特鲁。在旅途中看住所有设备和行李是一件非常困难的事情。有一次，爱丁顿为了确保大家不错过火车，不得不睡在车站站台里。观测地点（由巴西当地天文学家提前标记出来）距离铁路 1 英里，设备要用牛车拉过去。当地工人在观测点地面上用砖块砌了一个地基，来支撑沉重的设备。远征队从格林尼治带来了三间防水帆布小屋，望远镜和光谱仪在小屋里水平一字排开。一面由发条控制的镜子，也就是定天镜，摆在望远镜和光谱仪的前面，可以把太阳的画面反射出来，通过镜头传递到摄影底片上。在日食期间，太阳在天空中的移动会很明显，因此需要用定天镜来保持太阳照片上的图像稳定。三间小屋中有一间是不透光的，用来冲洗照片。远征队大约花了两个星期才把一切安排妥当，在这个过程中，当地的油腻食物和劣质茶饮让他们抱怨颇多。

57　　　天文学家们计划在日食短短几分钟的时间里用准备好的四台设备拍摄一系列精心调试的照片。这就需要进行一系列操作，包括把玻璃底板从木制存储盒中取出，精准放入望远镜中，然后曝光、移走、再运入黑色帆布小屋，这一切都要在月亮划过太阳表面的短暂过程中完成。因此，这些操作需要经过精心协调规划，然后像军队一般精确执行，一气呵成。远征队连续花了三天来一遍又一遍地排练这些动作，最终整个队伍配合默契，仿佛变成了一台经过了精心调试的机器。其中一面定天镜给爱丁顿带来了不少麻烦。定天镜原本应该能够平稳顺滑地转动，实际上却磕磕绊绊，还会出现卡顿。最后，他们把所有设备都调试完毕，可以正常工作了，结果发现巴西人算错了经度，他们所在的地点距离全食带有大约 7 英里。但此时已经来不及转移观测地点了，而且即使是日偏食，也是非常珍贵的。

　　然而，让人懊恼的是，日食前一天，当地开始下大雨，持续了整整一周。远征队的几位观察者对自己要求十分严格，就算是除了云层其他什么都看不到，他们也始终守在设备旁边，时刻等待着哪怕有一刻晴朗的天空。日食发生的那一刻，周围突然就开始黑下来，但仍然无法看到太阳。

58 大家都非常沮丧，因为尽管经过了几个月的精心筹划，这次远征还是完全失败了。[36] 虽然日食期间下了雨，但是巴西总统、外交部长，以及几位驻

安置在田野中的日食观测设备。望远镜水平放置在保护屋内。望远镜左侧可以看到定天镜
科学与社会图片库

巴西的大使还是来到了观测点，带来了乐队和烟花。观测结束后是一场宴
会，其间多位重要人士用葡萄牙语致辞，但爱丁顿连一个字都听不懂。

尽管这次远征是一场科研灾难，却带来了其他方面的收益。爱丁顿认
识了阿根廷天文学家查尔斯·狄龙·珀赖因。珀赖因在美国出生，侨居于
阿根廷，此时已被任命为阿根廷国家天文台台长。像位于格林尼治的英国
皇家天文台一样，阿根廷国家天文台也计划在日食期间进行多种不同的观
测。大多数观测要拍摄日冕的照片或者对日冕进行光谱分析。不过，除此
之外，珀赖因接受了远在柏林的熟人埃尔温·弗劳德里希之托，还想进行
另一项试验。这项试验的目的是验证新近提出的一个预言，也就是太阳引
力会让恒星光线发生偏折，从而让观测到的恒星图像产生偏移。爱丁顿肯
定与珀赖因聊过这个试验，珀赖因也应该向爱丁顿解释了这个试验所要验

证的预言是由一位名叫爱因斯坦的德国物理学家提出的，而这很有可能就是爱丁顿第一次听说爱因斯坦的名字。这个预言听起来很有趣，尽管其实并不属于爱丁顿的研究领域。同时，这次观测因天气原因而以失败告终，所以爱丁顿也就没有理由去更深入地研究这个预言了。于是，爱丁顿便把它埋在了记忆深处。

巴西本身也让爱丁顿有所收获。爱丁顿喜欢滑降，决定在这里过把瘾。他坐着雪橇从 3 000 多英尺的高山上滑降下来，整个过程只花了半小时。爱丁顿还骑着马探索了当地雨林，叹服于海湾里的飞鱼，还观看了两群蚂蚁之间的一场大战。更让人感到惊奇的是，爱丁顿在电闪雷鸣的风暴中看到了萤火虫，"这个画面就像是仙境"[37]。离开的时候，当地伙伴给爱丁顿举行了一场巴西式的送别仪式，爱丁顿将它描述为一个拥抱加拍背三下。1912 年 10 月 23 日，爱丁顿一行乘坐"多瑙河号"踏上了归途。

第二年 4 月，爱丁顿和特林布照例在复活节一起徒步旅行。两人都认为尽管一直在下雨，但这仍是他们最棒的旅行之一。正是在这次假期中，爱丁顿得知了一些非同寻常的消息，包括剑桥大学邀请他担任布卢米安天文学与实验哲学教授。这是英国国内天文学领域中最有分量的职位之一，其历史可以追溯到 1704 年，最初的职位章程由艾萨克·牛顿制定。伴随这个教职邀约而来的还有剑桥大学天文台台长的职位邀约。在皇家天文台工作的这些年让爱丁顿逐渐变成了英国科学界的领军人物之一，台长职位的邀约就是对这一点的官方认可。爱丁顿提前结束了与特林布的假期，开始处理至关重要的文书工作。

爱丁顿在伦敦一直待到 7 月，然后就搬回了剑桥。他很高兴能重新回到学生时代所处的贵格会社区。那间位于耶稣巷的低调议事堂一点都没有改变。在这里做礼拜时，爱丁顿是出了名的低调，因此虽然本来作为教授他可以坐在议事堂大厅里靠前的位置，但他并没有接受这样的安排。[38] 后来，在其有生之年，爱丁顿一直活跃于不同的贵格会委员会，而且作为一位水平高超的数学家，一直负责打理这些委员会的财务账户。

在接下来的整个夏天，爱丁顿已经没有其他科研任务了，于是前往波恩参加了太阳天文联合会会议，随后又去了汉堡，出席德国天文学会（相当于德国的皇家天文学会）的会议。这次来到德国，爱丁顿对德国物理学家卡尔·史瓦西有了深入了解。他们一起徒步十英里来到了龙岩堡，在一头木头驴旁边摆出奇怪的姿势，拍了一张滑稽的照片。除了他们俩，照片里还有戴森和其他几人，爱丁顿将这个美妙的组合称为"史瓦西和五个疯狂的英国佬"[39]。在回英国途中，爱丁顿在哥本哈根与天文学家埃希纳·赫茨普龙一家一起度过了几天。在为期一个月的高强度学术交流之旅中，刚刚收获新职位的爱丁顿在所到之处都收获了大家的祝贺，因此回到剑桥时，他感到非常高兴。

回到剑桥后，爱丁顿需要先居住在临时居所内。剑桥大学天文台在其东翼安排了台长寓所，从而方便台长上下班，只是此时爱丁顿还不能马上搬进去。从技术上来说，剑桥大学天文台台长和卢米安教授是两个相互独立的职位，因此，在经历了一番官僚斗争后，爱丁顿才得以正式上任台长。1914 年 3 月 25 日，爱丁顿正式搬入剑桥大学天文台。剑桥成了爱丁顿的家，尽管他仍会定期去伦敦参加科研会议，并与同事们展开讨论。 60

剑桥大学天文台台长通常都是已婚人士，因此台长夫人通常都会负责管理天文台的日常生活事务，并在重要科学活动中扮演女主人的角色。未婚的爱丁顿让姐姐威尼弗雷德跟他一起搬进了天文台，承担台长夫人的这些责任。在爱丁顿的一生之中，此类角色一直都由姐姐来承担。正如爱丁顿的传记作家爱丽斯·韦伯特·道格拉斯写道："爱丁顿对女人的兴趣很简单，完全停留在认识的程度而已，或者就为数不多的几位别国女天文学家而言，他也只是把她们当作关系友好的同事。"[40]爱丁顿还带来了一只猫，名叫芒蒂，还有一条在天文台不怎么招人喜爱的亚伯丁梗，名叫庞奇。[41]

天文台坐落在剑桥大学西边一英里处，前门入口处有着低调的古典建筑风格。走进天文台后，右转是图书馆，再穿过图书馆里的一道门，就来到了爱丁顿的书房。在这个对每处细节都要求苛刻的家中，书房是唯一一个凌乱的空间。地面和长沙发上堆着一摞摞科学论文，书架上塞着的既有天体物理学著作，也有英国幽默小说家佩勒姆·格伦维尔·伍德豪斯的小说。爱丁顿会在书房里与学生们见面，也会一边抚摸着爱犬一边做着各种计算。[42] 他特别喜欢天文台的花园和附近的树林。有客人来访时，爱丁顿总会带着他们沿着花园里的步道走一走，看一看姐姐养的蜂巢。

就这样，爱丁顿逐渐在剑桥平静的环境中安顿下来。然而，此时的英国却开启了一段动荡时期，多场产业工人骚乱接连爆发，包括 1911 年的码头工人大罢工和 1912 年的煤矿工人大罢工。从地缘政治上来说，紧张态势尽管只是零星出现，但也在以稳定的节奏持续恶化。对于正在变得越来越强大的德国，英国的恐惧是相当真切的。[43]《每日邮报》甚至连载了一部小说，里面虚构了普鲁士对英国的入侵，其中各种细节描写十分详尽。作家厄斯金·柴德斯的畅销惊险小说《沙岸之谜》就与德国即将对英国发动的一场袭击有关。在经过了 1912 年的一次外交斡旋后，两国之间的军备竞赛出现了短暂缓和。[44] 德国皇帝也决定把精力放在陆军，而非海军上（海军才是英国唯一真正在意的）。

相较于与德国发生直接的正面对抗，更有可能出现的情况是英国被盟友法国和俄国拉入困难境地。1907 年，这三个国家缔结了"三国协约"，形成了一个松散的同盟，意在对抗由德国、奥匈帝国和意大利组成的"三国同盟"。三国协约只是成员之间的一种宽泛的共识，而不是共同防御协议，因此每个国家都可以自行制定外交政策。当时的俄国还处在专制统治之下，通过三国协约却与欧洲的两个主要民主国家联系在了一起，这让很

61

多人感到无法接受。

因此，此时的欧洲分裂成两个力量阵营，这是十分危险的。就一国的外交政策而言，究竟由谁制定？国王？首相？立法机构？这个问题的答案并不总是显而易见的。当德皇威廉二世在晚宴上威胁比利时国王时[45]，他是在代表德意志帝国宣布政策？还是仅仅是一位以不按常理出牌而著称的醉酒君主？无论如何，欧洲此时的体系已经经受了多次危机的洗礼。[46]欧洲各帝国在非洲的冲突大多通过运用某些程度的外交技巧而得以平息。每个人都相当谨慎。两个阵营在军事力量上旗鼓相当，如果发生冲突，很难说哪一方会获胜。

两个阵营间的紧张局势在巴尔干地区持续上演。奥匈帝国自1878年起就占领了波斯尼亚和黑塞哥维那，随后在1908年正式将两个地区吞并。这一地区聚集了大量东正教徒，由于在几个世纪内接连遭到入侵，这些人已经陷入孤立无援的处境。俄国人觉得自己是这些东正教徒的传统庇护者，因此对奥匈帝国对这一地区的控制非常不满。塞尔维亚发起的独立运动让这里的局势长期动荡，冲突与杀戮持续不断。1912年11月，俄国与奥匈帝国的争端进入白热化，不过外交官们再次运用外交技巧给局势降了温。

为了显示对这一地区的控制，奥匈帝国皇储弗朗茨·斐迪南大公计划于1914年夏天访问萨拉热窝。对于由塞尔维亚民族主义者组织的黑手会来说，这是给予压迫者一记重击的好机会。他们找到了三个家境悲惨的十九岁年轻人，给了他们四把左轮手枪和六枚炸弹。就在这三个年轻人被偷运过国境线时，护送他们的人喝醉了，吹嘘道："你知道他们是谁吗？他们要去萨拉热窝扔炸弹，炸死去那里访问的大公。"[47]三人中看起来最弱不禁风的加夫里洛·普林西普点了点头，信心满满地挥了挥自己手中的左轮手枪。他是个出色的射手。

62

# 第三章

## 战争爆发

"对人类文明犯下的一宗罪。"

在爱因斯坦一生中，人们一直追问他的问题，不仅有他提出的科学理论到底是**什么意思**，还有他是如何**进行**科学研究的。他是如何创立相对论的？一个常常为人们所引用的答案来自爱因斯坦本人的一个论断：进行理论物理学研究只是寻找"最简单又可信的数学观点"，然后用经验来验证。"因此，从某种意义上来说，我认为仅靠思考就可以理解现实是正确的，正如古人所梦想的那样。"[1]这就是我们眼中爱因斯坦通常的形象：一个拥有极致理性的天才，坐在书桌前，丝滑地推演出宇宙的本质。

然而，爱因斯坦也提醒我们不要轻信他。他曾极其诚恳地表示："如果你想搞清楚一个理论物理学家运用了什么样的方法，那么我建议你坚持一个原则：不要听他们说了什么，而要关注他们做了什么。"[2]按照这个建议，我们将沿着爱因斯坦走过的那条复杂的路，去看看他提出的广义相对论。这远不是一段只有单纯思考的宁静旅程，而是一条从一场战斗蜿蜒前进到另一场战斗的路。在这个过程中，爱因斯坦必须披荆斩棘，解决各种各样的难题，从数学难题到概念难题，再到个人生活难题，最终到战争提出的难题。

当爱因斯坦终于可以重新聚焦于相对论和引力时，他在这一领域中已经落后了很多，需要迎头赶上。闵可夫斯基对狭义相对论的二次阐述吸引了相当多的关注。亨利·庞加莱又进行了进一步发展，因此这两位学者实际上携手为探索相对论建立了数学基础。1911 年，普朗克的助手马克斯·冯·劳厄编写了第一本有关相对论的教科书，其中采用的就是闵可夫斯基而非爱因斯坦的阐述。

另外两位物理学家，马克斯·亚伯拉罕和贡纳尔·努德斯特伦，也运用闵可夫斯基提出的框架，基于爱因斯坦 1907 年论文中"相对论可能与引力有关"的简要论述，进行了后续研究发展。他们并不是提出牛顿替代理论的第一人。在刚刚进入 20 世纪的那几年，已经有人提出了几个替代方案，通常都试图把引力解释为一种特殊的电磁力，而在那时电磁力就意味着以太理论，正如洛伦兹曾表示，以太理论在解释电与磁方面太成功了，以至于也会被自然而然地用来理解其他的力。[3]

1911 年，曾师从马克斯·普朗克，当时供职于哥廷根大学的理论学家马克斯·亚伯拉罕开始构建引力的相对论性理论。尽管这个理论公开表明以等效原理为基础，但爱因斯坦对此并不满意。在这个理论中，光速可以发生变化，从而打破了狭义相对论的基本假设。这个理论也很接近闵可夫斯基的框架，正因如此，爱因斯坦认为这个理论虽有数学价值但缺乏物理学意义，也就说它并没有告诉我们这个物质世界里真实存在的物体都发生了什么。爱因斯坦的不满还在于亚伯拉罕几乎没有给出可以通过观察来验证其理论的方法，尤其是亚伯拉罕并没有预言光的引力偏折。[4]

爱因斯坦与亚伯拉罕就这些不同意见进行了书信交流，1912 年，两人之间的争论开始走入大众视野。爱因斯坦认为亚伯拉罕的理论已经严重威胁到相对论赖以生存的基础。在爱因斯坦看来，亚伯拉罕因为追求数学上的优雅而走上了错误的道路。"当一个人完全按公式行事，而不关注现实世界，就会变成这个样子！"[5] 他决定不再理会这个理论，认为它是"一个缺了三条腿的高贵野兽"[6]。

芬兰物理学家贡纳尔·努德斯特伦作为局外人远远地目睹了两人的争论，然后发表了自己的理论。努德斯特伦试图让自己的理论尽可能地类似于牛顿理论，因此只采纳了狭义相对论的核心内容。他保留了光速不变，但没有预言水星轨道的异常进动和光线的偏折。不过，除此之外，努德斯特伦的理论是很强有力的，满足了当时普遍认为牛顿替代理论应符合的大多数条件。[7]

有了亚伯拉罕和努德斯特伦的竞争，爱因斯坦必须赶快拿出成果。在过去三年中，他一直在"持续无休止地"思考引力，但没有发表任何成果。爱因斯坦不愿意选择闵可夫斯基指出的数学路径，因此仍然在尝试从物理的角度去理解自己提出的等效原理。当说出"加速度和引力等效"时，这句话真正的含义是什么？爱因斯坦最初的思想实验所涉及的是线性加速度，也就是实验中的物体仅在一个方向上受力。此时，爱因斯坦开始思考一种特殊情况下的加速度，那就是旋转。加速度指的是运动速度在大小或方向上的任意变化，如果沿着一个圆圈转动，那么运动方向就在持续发生变化。因此，旋转或转动被认为是施加了一种持续的加速度。

爱因斯坦因而认为，根据等效原理，旋转与加速度之间就应该存在某种关联。然而，他不太确定在这种情境中该如何运用这个原理。他向贝索抱怨自己一直没能取得进展，说"每走一步都极其艰难"。[8] 1912 年 2 月，爱因斯坦极为反常地以初步论文稿形式发表了有关旋转最初的研究成果。

爱因斯坦仍然没有放弃从物理学角度去理解在相对论所描述的情境中到底发生了什么。在思考自己的思想实验所预言的光线偏折时，他想知道是什么**造成**了这种偏折。**为什么会发生偏折？**也许原因就是旋转。圆周运动会产生科里奥利力，也就是对在一个旋转物体上做运动的物体产生侧向推力（飓风正是因此而旋转起来）。也许一个旋转着的实验室会产生可以让光线偏折的科里奥利力？然而这个想法到这里也就无路可走了。

接下来，爱因斯坦想到了与另一个会出现光线偏折的现象进行类比。光线在穿过玻璃或进入水中时会发生弯折，因为光线在玻璃或水中的传播速度要小于其在空气中的传播速度。这是光学的一个基本原理，也是镜头和眼镜的工作原理。事实上，只要在相对论中允许光速发生变化，那么爱因斯坦就可以解释光线偏折。然而，光速可变正是爱因斯坦在攻击竞争对手亚伯拉罕时所抓住的一点。亚伯拉罕也立即进行了反击，他幸灾乐祸地宣布爱因斯坦给相对论带来了致命一击："对于那些像我一样反复提醒自己不要被相对论那美妙而又魅惑的塞壬之歌所诱惑的人来说，唯一可以感到满足的是，相对论的创立者现在已经说服了自己，认为这个理论是站不住脚的。"[9]

爱因斯坦摆脱这个陷阱的关键在于另一个思想实验。这个实验的情境建立在一个旋转的圆盘上，就像是游乐场里的旋转木马。假设爱丽丝坐在旋转木马上，鲍勃站在旋转木马旁边的地面上。旋转木马以非常非常快的速度旋转，以至于坐在旋转木马外边缘的爱丽丝可能正以近似于光速的速度在运动（假设游乐场有非常完备的安全设施），接下来爱丽丝将体会到狭义相对论所预言一切效果，也就是说，与站在旁边地面上的鲍勃相比，爱丽丝会看到时钟变慢、质量增加、距离缩短。

爱丽丝和鲍勃非常喜欢圆圈，因此和所有圆圈爱好者一样，他们决定要测量一下旋转木马的周长（也就是圆周的长度）和直径（也就是圆上

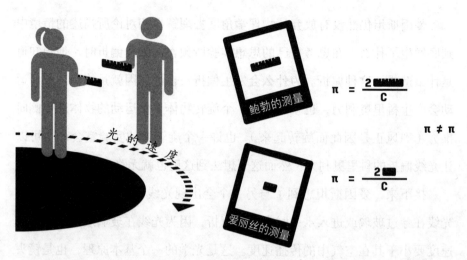

爱因斯坦的旋转圆盘思想实验。爱丽丝和鲍勃因为他们的相对运动而在测量圆周长时得到了不同的结果

雅各布·福特绘制

任意两点之间的最大距离）。有了这两个值，他们就可以计算两者的比值，也就是美妙的数字 π 了。事实上，测量任意一个圆，他们计算得出的比值都肯定是一个相同的数字（大致为 3.141 59……）。π 值的不变恰恰标志了几何学的完美，而且是自古希腊时期起就已知的事实。π 值的不变，保证了几何学是广义通用的，（正如爱因斯坦喜欢说的）不因某个人而发生变化。

因此，他们认为整个测量不存在任何难度。两人会对相同的直径进行测量，由于他们都在原地没动，既没有靠近圆心，也没有远离，因此在这个测量中就不会出现相对论预言的那些效果。然而，他们相对于彼此是在沿着旋转木马的边缘运动。这个运动就意味着长度会缩短，也就是说，当两人把米尺沿着圆周放下，爱丽丝的米尺会比鲍勃的缩短一些。由于使用了长度不同的尺子来测量圆周，爱丽丝和鲍勃二人对于旋转木马的周长也会得出不同的结论。接下来，当两人计算 π 的时候，相信毕达哥拉斯都会在坟墓里咆哮，因为他们会得到不同的答案。

相对论破坏了几何学的灵魂。那些不可撼动的数学基础曾经让十二岁的爱因斯坦印象深刻，此时却都已经崩塌了。在一个遵循相对论的宇宙中，欧几里得几何学已经站不住脚了。运动中的观察者们会发现彼此在很多问题上会出现意见分歧，比如对圆所代表的形状，比如三角形三个角的度数之和。爱因斯坦推翻了那些最初引导自己走上这条道路的神圣真理。尽管如此，他也必须在自己所选择的道路上继续走下去。与推翻了心目中的神圣文字相比，更糟糕的是，爱因斯坦意识到几何学似乎是扩展相对论的那把钥匙，也就是说，尽管极为不情愿，但他还是接受了现实，认可也许闵可夫斯基的理论终究还是有些重要意义。

1912 年夏天，爱因斯坦来到苏黎世，意识到自己有点走过头了。那几个思想实验让自己隐约觉得欧几里得几何学并不能适用于相对论了。然而，说相对论需要一种全新的几何学是一回事，而要创造一种数学来描述这个理论就完全是另一回事了。爱因斯坦确信相对论物理学是正确的，但他需要简洁而又固定的方程式，他不确定该如何把这种物理学转化成方程式。

爱因斯坦知道除了欧几里得几何学，还有别的不同的几何学，也就是所谓非欧几里得几何学，它们可以应对诸如 π 的数值不断变化的问题。爱因斯坦也清楚尽管自己在大学里所有数学考试都合格了，但这并不是自己擅长的领域。因此，他再次向老朋友马赛尔·格罗斯曼求助。在大学里，正是格罗斯曼帮助爱因斯坦顺利度过了一堂堂数学课。现在，格罗斯曼也在苏黎世，已经成为一名数学教授。

搬进新公寓之后，爱因斯坦立马杀到了马赛尔·格罗斯曼家中。他破门而入，嘴里大喊着："格罗斯曼，你必须得帮帮我，不然我会发疯的。"[10] 就让爱因斯坦冷静下来而言，格罗斯曼在经过多年实践后已经有了丰富的经验。于是，他开始向爱因斯坦解释他所需要的数学。这种数学的基础早在 19 世纪早期就由卡尔·弗里德里希·高斯建立起来了。高斯是技艺高超的数学家，发明了许多对现代科学来说至关重要的定量计算方法。高斯有众多创新之举，其中之一就是思考非欧几里得几何学可能的样子。在欧几里得几何学中，你通常会想象自己是站在一张平平的桌子上，然后在桌面上画出三角形、圆形。高斯想知道如果你是站在一个起伏的表面上，比如站在山顶上或者管道里面，会出现什么样的结果。答案是，此时奇怪的事情就会发生了，比如，在一个球面上画出一个三角形，那么三角形的内角之和就变成了 270 度，而不再是欧几里得规定的 180 度了。

于是，高斯和他的学生波恩哈德·黎曼创立了一个完备的数学体系，可以描述存在于任意表面之上的几何学。这些几何学都以某个表面特定某一点的曲率为基础。举个例子，平平的桌子没有曲率，水管有一定曲率，吸管的曲率更大。甚至是同一表面上不同的点，其曲率也会各不相同，我们可以想象一张卷了一半的毯子来理解这一点。如果在上述这些表面分别画出三角形，那么每一个三角形都会遵循不同的规则，非欧几里得数学的作用就是理解这些不同的规则。

因此，如果爱因斯坦要把这些数学工具应用于闵可夫斯基的四维时空，那就必须明确时空有"曲率"是什么意思。如果你想象有人在一片时空中行走，当你弯曲或折叠这片时空，那些人对其周围世界中时间和空间的测量就会被扭曲。这些扭曲的测量结果恰恰组成了时间膨胀、长度压缩等相对论所预言的效果，换句话说，这些奇特现象正是人类对弯曲的四维时空的感知。我们那不完美的感觉喜欢把事物分成空间和时间，宇宙却把事物视为二者的连续统，拉长时间就会压缩空间。就像闵可夫斯基所说的，我们看到的只有阴影。

旋转圆盘的思想实验让爱因斯坦确信产生这种曲率的原因是加速度

（因为旋转只是一种特殊的加速度）。骑在旋转木马上的爱丽丝会感受到时空在自己周围扭曲。根据等效原理，加速度和引力无法相互区别。如果加速度会让时空扭曲，那么引力也会让时空扭曲。这样一来，引力会让光线弯折，就不是因为引力是一种拉力，而是因为光线只是在沿着时空的自然弯曲来运动。

要探讨诸如时空中的光路的问题，爱因斯坦需要有一种方法来定义四维中的距离。闵可夫斯基找到了"**时空间隔**"的概念，非常适合于没有任何弯曲的时空。时空间隔是一个不变量，意思是对所有的惯性观察者来说，时空间隔的值总是相同的。然而，在弯曲的时空中，爱因斯坦意识到自己需要一种被称为"**张量**"的数学实体。这是一个复杂的数学实体，具有对爱因斯坦来说至关重要的属性，那便是"**广义协变性**"，它的意思是说，对于不同的观察者来说，不管他们处在怎样奇怪的运动中，这个数学实体的值总是相同的。这实际上是对狭义相对论中第一个假设的一种拓展。在明确了不存在任何具有特殊地位的惯性参考系的基础上，协变性更进了一步，认为无论如何都不存在任何具有特殊地位的观察者。这个被写作"张量"的实体对任何人来说都是恒定不变的。它的这种协变性可以创造出一种真正具有普遍适用性、可以不受观察视角和个体差异所干扰的物理学。

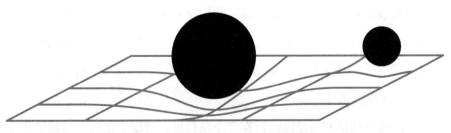

引力造成的时空弯曲。质量越大，曲率越大

雅各布·福特绘制

　　这种具有普遍适用性的物理学必须通过张量来描述，这样一来，不管观察者位于何处、如何运动，这种物理学都会被分辨出来。然而，对爱因斯坦来说，不幸的是，有关张量的数学太复杂了。这么说一点都不夸张，因为仅一个四维张量就具有十个相互独立、又需要持续跟踪的元素，其中每一个元素都有可能持续发生变化。更糟糕的是，爱因斯坦所需的张量是非线性的，也就是说，一个方程式的结果实际上会改变最初代入该方程式的那些数字的值，进而创造出一种反馈环，使整个计算过程变得非常困难。

　　格罗斯曼告诉爱因斯坦，张量有许多不同的种类，比如黎曼张量、里奇张量等等。各类理论数学家，比如意大利的图利奥·列维-奇维塔，已经花了数十年以这些张量为基础去构建详尽而周密的数学体系，也就是通常所说的绝对微分学。这些体系是数学家为了满足自己的需要而构建出来的，连一丁点儿投入实际应用的可能性都没有。看到自己要对付如此复杂的方程式，爱因斯坦感到非常震惊。物理学家几乎都懒得去学习这些只有数学家才能完全理解的东西。爱因斯坦常常抱怨自己的数学不够好（这让一代代饱受数学折磨的高中生得到了慰藉），但这只是与那些长期与他并肩的数学家比较而言。爱因斯坦的数学其实很好。然而，如果你整日与像格罗斯曼这样世界一流的数学家泡在一起，那么只是很好就让人觉得不太够用了。爱因斯坦曾写道："我这一辈子从没有像这样折磨过自己……我内心里对数学充满了无比崇敬之情，特别是对那些非常微妙的部分，过去我认为它们都只是些奢侈无用的东西。跟这个数学问题相比，最初的相对论简直是小孩子的把戏。"[11] 爱因斯坦感谢格罗斯曼"救了"自己，一如他在大学里所做的那样。[12]

　　爱因斯坦让格罗斯曼继续留在这个项目里，帮助自己解决与数学相关的难题。格罗斯曼小心翼翼地避开一切与物理学有关的内容。到了1912

70

年年中，他们已经清晰认识到需要寻找的是什么。要构建一个具有广泛适用性的相对论，他们需要找到几个满足以下前提条件的方程式：

- 它们必须具有广义协变性，必须是对自然法则的表达，且所采取的表达方式（很有可能是张量）必须让宇宙中以任意方式运动的任意观察者都可以理解。狭义相对论的所有奇怪特性也必须包含其中。
- 它们必须包括等效原理，必须让引力和加速度二者不可区分，必须预言像光线的引力偏折和引力红移这样的现象。
- 它们必须包含物理学中两个伟大的经典定律：动量守恒定律和能量守恒定律。对爱因斯坦来说，这一点没有可商量的余地。不管广义相对论最后会是什么样子，必须保留那些我们已知的真理。
- 它们必须能解释为什么牛顿的引力定律可以如此成功。牛顿的理论几乎适用于一切情境，爱因斯坦必须解释为什么我们在过去几百年中都认为它是对的。在爱因斯坦的新定律中，很明显，引力的作用是相当弱的，如果要用物理学术语来描述，我们会说牛顿定律是爱因斯坦新定律的一个**极限**或**近似**。广义相对论的方程式有望适用于一切情境，不过，在其中某些情境中，这些方程式一定看起来与牛顿理论中的方程式极为相似，我们几乎无法看出两者之间的区别。我们说我们应该能够把爱因斯坦的定律**简化归纳**成牛顿定律。

71

上述这些前提条件可以天然地划分为两组，代表着寻找广义相对论的两种策略。最后三个是物理学问题，是物理世界如何运转的问题，涉及让各种现象发生的实际过程。什么样的定律可以把牛顿定律、能量守恒定律与等效原理结合在一起？以及当这些定律都组合在一起，这个自然世界看起来会是什么样子？

然而，第一个前提条件却是一个数学问题。数学家们对张量和非欧几里得几何学非常了解。爱因斯坦和格罗斯曼可以仅通过运用各种符号并遵循数学中简洁而又优雅的抽象原理就找到他们所需要的东西吗？对爱因斯坦这段时期的笔记进行过研究的学者（比较著名的包括米歇尔·詹森、于尔根·雷恩、约翰·诺顿、约翰·施塔赫尔、蒂尔曼·绍尔）将这两组前提条件分别称为寻找广义相对论的物理路线和数学路线。爱因斯坦和格罗斯曼对两条路线都进行了深入探究，常常是在一条路线上遇到困难时就转向另一条路线。

两人在 1912 年冬天到 1913 年春天之间一直疯狂地工作。格罗斯曼可能会建议某个具体张量，爱因斯坦会用物理学的要求来对它进行验证。这个不符合等效原理，那个看起来又与牛顿定律不够相像。或者，爱因斯坦会提出一个符合一切物理要求的方程式，然后问格罗斯曼是否存在看起来与这个方程式相像的张量。这就像是在玩拼图游戏，似乎每一次总有一块拼板对不上。张量是非常复杂的事物，爱因斯坦与格罗斯曼两人常常会把张量分解成不同的部分，再重新组合，因为他们总是会想如果把这个张量起头的部分与另一个张量最后的部分组合在一起，结果会如何？他们不断地修修补补，努力在数学之美与物理世界的严格要求之间寻找平衡。

爱因斯坦在那个冬天写下的笔记读起来就像是一部数学传奇剧。[13] 我们可以看到他不止一次从错误的起点出发，看到他写给自己的批注以及匆忙但又满怀希望的记录，感受到他把整整一页纸的计算全都画掉时的挫败感。出现在 1912 年年末的一组方程式看起来特别有希望成功，但是爱因斯坦不知道如何对这组方程式取极限从而使它们变成牛顿理论所描述的情况。围绕这组方程式进行的计算冗长、乏味又复杂，都不值得花时间去全部完成。爱因斯坦抱怨自己"头脑不够强大"，驾驭不了这样的计算。[14] 于是，他便放弃了，转而去探究另一个可能性。

可以满足爱因斯坦全部要求的方程式看起来似乎并不存在。有些东西必须妥协。到了 1913 年 5 月，爱因斯坦认为已经找到了自己所能找到的**最佳场方程**（也就是描述任意引力场的方程式）。这一组方程式体现了等效原理，满足了动量守恒定律和能量守恒定律，也可以取极限，变成牛顿理论的近似。然而，爱因斯坦无法让这组方程式具有广义协变性，这样一来，这组方程式就无法构造真正广义的相对论，因为其中的观察者并不都是平等的。这让人非常恼火，因为所有观察者之间相互平等是整个相对论最初的前提。这就是说，爱因斯坦计算得出的结论与他的出发点之间出现了矛盾。爱因斯坦向洛伦兹抱怨，在没有协变性的情况下，"这个理论把自己的源头都推翻了，成了飘浮在空中的楼阁"[15]。

一栋房子可以在建好后又压垮自己的地基吗？爱因斯坦既懊恼又自豪。这组方程式非常强大，几乎可以满足爱因斯坦的一切要求。"在内心深处，我现在确信自己找到了正确的答案，但是也知道当我的论文发表以后，各位同行都会愤怒地窃窃私语。"爱因斯坦和格罗斯曼将这个版本的理论称为"**广义相对论和引力场理论纲要**"，意思是它类似"提纲"或"草稿"。爱因斯坦承认这个纲要"从性质上说更像是一个科学信条，而不是一个完备的基础"[16]。爱因斯坦可以感觉到这个纲要还不完整，但不知道该如何推进。他曾试图向一位朋友表达自己的不安："大自然只让我们看到了狮子的尾巴，但我坚信，狮子就在大自然之中，就算由于体形巨大，它无法把自己直接展示在我们这些观察者面前。我们在看这只狮子时，就像是趴在狮子身上的一只虱子。"

大自然并不总是乐于配合人类。这份纲要所需方程式的复杂程度相当之高，爱因斯坦对此表示了歉意。他的一位同事马克斯·玻恩看到了这个理论令人震惊的抽象性，也就是说，这个理论把引力、光、时间、空间和运动全都一一分解，然后重新组合成了无法在视觉上呈现又很反直觉的符号，塞满了整整一页纸，他对此表示了赞叹。大多数物理学家对如此宏大的抽象都持怀疑态度。这难道不是单纯的猜测吗？

73

爱因斯坦明白对于这样的批评意见，自己必须反击，必须表明自己的想法是如何与实实在在的物理世界相联系的。最好的反击就是过去思考过的那些实验。爱因斯坦找到贝索来帮忙进行计算，来验证自己与格罗斯曼所提出的纲要能否解释水星轨道的异常变化。进行精确计算是不现实的，甚至是求近似的方法也都乏味冗长。然而，他们最终确实通过计算得到了一个数字。根据爱因斯坦提出的这组方程式，水星轨道上的近日点应该每100年进动18角秒，然而实际观察到的数值为43角秒，比理论值多出了不止一倍。这个实验结果虽然不太让人满意，不过，还有另外两个实验。[17]

其一是红移，但纲要所预言的红移值太小了，无法观测得到。其二是光线偏折，这将具有决定性作用（同时光线偏折也将有助于把相对论和与其竞争的努德斯特伦的理论区别开来）。爱因斯坦不断地向弗劳德里希施加压力，看是否有可能在白天观测到光线偏折，他甚至写信给当时在规模巨大的美国加州威尔逊山天文台担任台长的乔治·埃勒里·海耳，询问白天观测的可能性。海耳回信表示这完全不可能。爱因斯坦需要等到下一次日食发生的时候。

事实证明，苏黎世对爱因斯坦来说就意味着高产。他每周都有教学任务，但根本没有花费很多心思来好好备课，因此教学并没有占用他很多时间。爱因斯坦的办公室成了系里老师们相互交流的中心，不过这并不是因为他的人际交往能力有多强，而是因为在学校办公楼禁烟的政策之下，喜欢叼着雪茄吞云吐雾的爱因斯坦把自己的办公室变成了最后一个堡垒[18]，于是，无论是哪位同事，只要是想要赶紧抽上两口，都会发现突然自己有些问题想要听听爱因斯坦的意见。

玛丽·居里也带着两个女儿到苏黎世拜访了爱因斯坦，两家人还一起去了瑞士，在阿尔卑斯山中的恩加丁山谷深处徒步旅行。居里夫人几乎不会说德语，法语又是爱因斯坦读书时成绩最差的科目。尽管如此，他们似乎仍然交流得很顺畅。居里夫人最感兴趣的是量子理论，爱因斯坦则深深陷入了相对论的种种问题。居里夫人的一个女儿曾回忆道："爱因斯坦一边全神贯注地思考，一边沿着一条裂缝往前走，完全没有注意到脚下都是陡峭的石缝。突然，他停了下来，抓住我母亲的胳膊，激动地大喊：'你明白吧，我需要知道的恰恰是当电梯厢坠入虚空之中时，里面究竟发生了什么。'"[19]

普朗克也想与爱因斯坦进行交流，于是便想要利用他的地位和权力让爱因斯坦来到柏林。普朗克手握大量可以实现这一点的资源。不管是德国政府，还是德国国内的工业领域，都想把柏林打造成一个学术中心。作为一个年轻的帝国，德意志仍然急切地想要让世界看到自己与其他大国力量相当。要展示自己具有先进的现代性，有一种方式便是为科学研究和学者的学术生涯提供广泛支持赞助。[20]普朗克提出了一个条件丰厚到让人无法拒绝的职位邀约：邀请爱因斯坦到普鲁士科学院担任教授，但又无须承担任何教学任务。如果接受这个职位，爱因斯坦将成为这个久负盛名的科学院历史上最年轻的院士。这个职位的薪水将是 12 000 德国马克，是法律所允许的薪水最高限额，其中一半将由普鲁士科学院来支付，另一半则将由实业家莱奥纳多·科佩尔来支付。[21]

德国工业部门还将出资建立全新的威廉皇帝理论物理研究所，由爱因斯坦担任负责人。在那些年，德国科学界的诸多快速发展都依托于威廉皇帝研究所，这些研究所都是半自治组织，运营资金大多来自私人捐助。很多捐资者都是犹太人，因为这样特别高调的慈善活动可以很好地证明他们的德国身份。[22]每一个威廉皇帝研究所都专注于一个特定的科学领域，目

74

标是在该领域中开展尖端研究。爱因斯坦的朋友弗里茨·哈伯已于 1912
年成为化学研究所的负责人。他运用自己可调动的深厚资源把柏林变成了
世界物理化学领域内无可匹敌的领头羊。当听说普朗克正在努力把爱因
斯坦吸引到柏林来，哈伯马上与普朗克携手，一起说服政府来迎接这位
朋友。

　　普朗克一方面要以自己的身份地位做担保，来保证给爱因斯坦优厚的
邀约，另一方面仍然要说服这位年轻的权威挑战者接受这份邀约。普朗克
和同事瓦尔特·能斯特专程前往苏黎世劝说爱因斯坦。在他们到达苏黎世
时，爱因斯坦请求他们多给自己一点时间来做决策。他鼓动两人在苏黎世
转一转看看风景，到晚上再回到火车站来。尽管完全没有必要，但爱因斯
坦还是像演电影一般告诉两人，他会在火车站等他们，如果不接受邀约，
他就会戴一朵白花，如果接受了，那就会是一朵红花。最终，爱因斯坦身
上的那朵花是红色的。[23]

75

　　爱因斯坦的同事们都不太明白他为什么会同意去柏林。爱因斯坦在德
国的生活并不是一段美妙的记忆，苏黎世却待他很好，他在这里有很多朋
友和同事。柏林的大多数教授都很保守，又很富有，认为自己是德意志帝
国不可或缺的一部分。著名生理学家埃米尔·杜布瓦-雷蒙宣称由各大学
组成的社群是德意志帝国的"精神部队"。[24]爱因斯坦几乎不可能与这样的
人和谐相处。

　　那么，爱因斯坦为什么决定去柏林？没有教学任务当然是非常吸引人
的一个条件；爱因斯坦曾给洛伦兹写信表达对于可以"完全沉浸在自己的
沉思默想之中"感到非常激动。[25]除此之外，普朗克、哈伯、能斯特则意
味着爱因斯坦将加入一个尤其让人感到兴奋的学术群体。然而，最主要的
原因几乎可以肯定是与爱情有关：去了柏林就有机会继续发展与爱尔莎的
婚外情。[26]二人的书信往来越来越密切，爱因斯坦向爱尔莎保证米列娃不

会成为两人关系中的障碍。

1914年春天，爱因斯坦一家搬到了位于德国首都柏林市郊的达勒姆。米列娃发现丈夫变得疏远、冷漠。当得知爱尔莎的存在时，她肯定一点都不惊讶（这并不是她第一次怀疑爱因斯坦出轨）。很快，爱因斯坦的家就成为让所有人都不舒心的地方。在来到柏林几个月后，米列娃就带着两个儿子搬了出来，住进了哈伯的房子里[27]（他们发现哈伯家里装饰用的照片都只有哈伯本人）。哈伯的妻子克拉拉·伊梅瓦尔是一位很有天赋的化学家，她对于要花时间来收拾爱因斯坦夫妇婚姻生活的烂摊子感到非常不满。

哈伯表示可以在关系紧张的爱因斯坦夫妇二人中做个中间人，帮他们传话，并为二人提出妥协的方案。在这件事的整个过程中，哈伯是爱因斯坦为数不多的心腹密友之一（他几乎是最早知道有爱尔莎存在的人），并且一直在找机会让二人都冷静下来。爱因斯坦只同意以一种"忠诚的商业关系"继续与米列娃生活居住在一起，他说之所以愿意这样做，完全是出于对孩子们的考虑。[28]爱因斯坦以其一贯直言不讳的方式，用一种居高临下的姿态草拟了一份充满侮辱意味的文件，其中列出了他为保持不离婚而向米列娃提出的要求。米列娃必须帮他洗衣服、准备餐食，帮他打扫卧室和书房，保持室内干净整洁。不管是在公开场合还是在私下，她都不能期待与爱因斯坦产生任何互动。她不能再与爱因斯坦交谈，并且如果爱因斯坦提出要求，她就必须从爱因斯坦的房间里出去。[29]

米列娃接受了这份协议，但是对她来说继续留在柏林有点太令人痛苦了。她计划带着孩子们回到苏黎世。哈伯最后与爱因斯坦进行了一次长达三小时的会面来敲定协议的所有细节。7月底，爱因斯坦一家最值得信赖的朋友贝索来到了柏林，他要把米列娃和两个孩子送回苏黎世。哈伯陪着爱因斯坦来到火车站跟他们道别。当火车载着他的两个孩子缓缓启动的时

76

候，爱因斯坦倚着哈伯哭了起来。[30] 他给爱尔莎写了一张字条："现在你有证据证明我可以为你做出牺牲了。"[31]

爱因斯坦认为，鉴于现在一切都处在动荡之中，他和爱尔莎必须"表现得非常纯洁"[32]，以免成为流言蜚语的焦点，因此他们有一个月没有见面。突然变成了单身一人，爱因斯坦发现自己可以专注于工作了。柏林的繁华喧闹反倒让爱因斯坦可以躲避家庭的闹剧："与待在一个更安静的地方相比，当你身处繁华的地方，面对大量来自外界的刺激，就不会觉得自己是如此空虚。"[33] 柏林的学术圈让人惊叹，爱因斯坦表达了赞赏之情："你会发现这是一个学术素养极高、迸发着对科学浓厚兴趣的氛围！……你问这里的人怎么样？他们总的来说与其他地方的人都一样。在苏黎世，人们装出一副共和国公民诚实高尚的模样，在这里，他们就像军人般僵硬和克制。"[34]

爱因斯坦每周都会到普鲁士科学院参加例会，会看到这里有大量军事力量的集结展示。爱因斯坦抱怨自己在科学院的同事"像孔雀一般"，对于科学院要求他"在着装等方面遵守一定规则"也感到非常不满。[35] 科学院的大楼位于柏林市中心的菩提树大街，非常惹人注目。这里的生活讲究排场，充斥着各种仪式。毫无疑问，这勾起了爱因斯坦有关德国礼仪形式那令人不快的儿时记忆（这当然也让爱因斯坦又变回了那种认为这一切都是自以为是因而喜欢嘲笑这一切的样子）。尽管如此，普朗克仍然努力让一切都很完美，甚至于爱因斯坦都向他提出了抗议，表示自己并不是一只靠下蛋获了奖的母鸡。[36] 尽管普鲁士科学院所承诺的一切条件都已就位，但这个机构对爱因斯坦有关相对论的研究顶多是不冷不热的态度，爱因斯坦表示相对论"得到了多少尊敬，就遭遇了多少质疑"[37]。

1914 年 7 月，爱因斯坦的个人生活已完全崩溃，然而直到此时，他才第一次在普鲁士科学院与 50 多个同事正式见面并致辞。他感谢同事们让自己得以全身心地投入科学研究。他还提醒大家自己是一个理论学家，不是实验主义者，这就意味着摆在他面前的任务是努力找到在自然界中可以广泛通用的原理。这是一项艰难的任务，现在还没有一个现成路线图或已知可行的方法可以用来完成这项任务。爱因斯坦说他所寻求的将无异于对整个物理学基石的全面重塑。[38]

爱因斯坦在致辞结尾提醒大家，即使他找到了这样的原理，也并不能保证可以在实验或观测中验证它们。他说，相对论就是这种情况。不过，在告知了科学院不要期待很快就可以在现实中验证相对论后，爱因斯坦就马上开始尝试去取得他口中的那个验证了。现在，既然他已经可以享受德意志帝国的资源了，便可以让弗劳德里希去寻找光线的引力偏折了。最近的一次日食将于 1914 年 8 月 21 日在位于俄国的克里米亚半岛发生，这将是验证相对论的一个绝佳机会。弗劳德里希满怀热情地组织这次远行，盼望亲自进行观测。他安排了四部天体照相机来拍摄日食，同时规划了前往俄国的路线行程。

在普朗克的帮助下，爱因斯坦为这次远行筹集到了非常重要的 5 000 德国马克[39]，其中 2 000 马克来自普鲁士科学院，剩余的部分由克虏伯集团提供，这家公司凭借多年来向德意志帝国陆军出售重型大炮而积累了大量财富。[40]7月 19 日，弗劳德里希带着他的队伍在柏林登上了火车，一路向东驶去。

就在这支德国天文学家队伍进入俄国领土的时候，爱丁顿在南非为期一周的情谊之旅也接近了尾声。英国科学促进会的这支队伍只是路过南非，他们要去澳大利亚参加一场大型国际科学会议。会议对外宣布的目的是在南北半球之间"搭建起一个科学交流的体系"[41]。英国科学促进会的官员（爱丁顿刚刚成为其中一员）于 6 月离开英国，花了整整四个月才结束这次长途旅行回到英国。

78

爱丁顿很高兴可以在旅途中与朋友戴森和遗传学家威廉·贝特森保持密切关系。即使是与朋友在一起，爱丁顿也并不健谈。周围很多人都曾表示"在聊天的时候，爱丁顿有时会表现得很犹豫，甚至不善言辞"。爱丁顿不喜欢闲聊，但如果选对话题，比如悬疑小说，他也可以聊得起劲，还会说出些双关语或狡猾的文字游戏。运动是另一个不会出错的话题。有一次，在一场天文学会议中，大家还在讨论巨星星族，爱丁顿突兀地结束了讨论，然后就赶去板球场上驰骋得分了。[42]

当英国科学促进会的这支队伍乘船跨越赤道时，队伍中的所有官员都遭受了跨赤道仪式的捉弄，无一幸免。这是一种传统仪式，专门为第一次跨越赤道的人准备，经过这个仪式就表示他们已被海洋王国所接纳。我们并不知道这些官员都被迫做了哪些仪式（每条船的仪式内容都有所不同），不过通常这些仪式都不涉及人身安全，只是会让人很尴尬难堪，比如吃下生鸡蛋、反着穿衣服等等。爱丁顿在写给母亲的家书中提到自己清晰地看到了南十字星座，还看到了银河"最美丽的部分"，因而深感欣喜。[43]

离开开普敦后，这支队伍就来到了澳大利亚珀斯，这是他们第一次踏上这片土地。爱丁顿和戴森游览了这里的地质奇迹卡尔古利金矿，与几位植物学家一起徒步前往景色壮丽的莱斯莫迪瀑布，欣赏那里的桉树林和斑克木林。爱丁顿进行了一次以星体运动为主题的公开课，吸引了将近400名观众。[44] 参加这次会议的其他科学家都在澳大利亚与英国科学促进会的队伍会合。他们从欧洲带来的消息将整个会议都笼罩在阴沉的气氛中。

弗朗茨·斐迪南大公和妻子苏菲在结婚纪念日那天来到了萨拉热窝。他们从不喜欢在大量安保人员的簇拥下外出旅行，这次也同样希望拥有一段轻松的旅程。他们的车队从火车站前往市政厅的路线已经被大肆宣扬，因此黑手会的杀手们早就在路上等着他们了。其中一个杀手扔了一枚炸弹，大公的几名随行人员在爆炸中受伤，苏菲的面部也被划伤。其他几个杀手不是原地不动，就是因为听到了爆炸声以为任务已完成而安静地等待下一步指示。不可思议的是，车队继续前进，并抵达了目的地。斐迪南大公在那里发表简短讲话后便要求去看望一名在爆炸中受伤的随员。当时现场指挥混乱，大公的车又恰巧无法倒车，这就意味着这些奥地利人需要在拥挤的大街上停留一段时间。站在人行道上的一个年轻人不敢相信自己居然能有如此好运。于是，这个名叫加夫里洛·普林西普的人举起枪瞄准，尽管他在看到大公夫人的瞬间差点犹豫起来，但还是扣动了两下扳机。苏菲和斐迪南都被击中。当时的旁观者回忆看到大公装饰着鸵鸟羽毛的帽子倒了下去。[45] 最终，这位奥匈帝国王位继承人于当天上午 11 点左右身亡。

参与这场刺杀行动的几个人很快就被捕了，调查发现他们所使用的武器都是塞尔维亚制造。奥匈帝国政府明白这并不能作为认定责任的决定性证据，但他们也注意到了塞尔维亚媒体对于刺杀事件都表现得非常兴奋激动。[46] 于是，维也纳启动了一项全面调查，尽管其实调查的结论早就已经毋庸置疑，唯一的问题就在于该如何做出回应。多年来，对于应该如何对待塞尔维亚，是强硬还是怀柔，奥匈帝国一直犹豫不决。讽刺的是，斐迪南大公本人多年来一直支持采取和平措施，但他的死让这一切都变得不可能了。[47]

奥匈帝国深知其决策所牵动的将不只是这一片地区。1913 年也曾爆发塞尔维亚危机，当时差点引发俄国的入侵。因此，他们一方面清楚这一次的代价可能会很高，另一方面，他们度过了上一次危机，没有给自己带来灾难。德意志帝国给这位盟友的意见是俄国很有可能不会出手保护塞尔维亚，因为他们肯定不会想支持一次对王室家庭发起的袭击。[48] 不过，柏林还是建议如果要采取行动，那就必须趁公众愤怒情绪还很高涨的时候迅速出手。

　　然而，对德国人来说非常不幸的是，奥匈帝国的政治文化行动如蜗牛般缓慢，需要遵循各种规则，完成各种程序。他们决定首先发出最后通牒，收到回复后才能采取下一步行动。最后通牒一共包含十点内容，要求由奥匈帝国主导塞尔维亚的内部调查以及镇压塞尔维亚国内反奥匈帝国的宣传。奥匈人在设计这份文件时就没想过它能被接受（也许爱因斯坦在设计给米列娃的协议时也是这样的情况）。当时担任英国第一海军大臣的温斯顿·丘吉尔称这份文件"是此类文书历史上最为傲慢无礼的一份"[49]。俄国人则表示支持塞尔维亚人。尽管如此，贝尔格莱德的答复仍是尽可能地满足要求。这份答复文书写得很不讲究，因为塞尔维亚人赶着要在48小时的时限内给出答复，他们的打字员专业能力又很有限。最终，这份答复文书恰好在截止时间前送到了奥匈帝国。[50]

　　塞尔维亚人唯一明确拒绝的要求就是由奥匈帝国主导对此事的调查与起诉。塞尔维亚人已料到奥匈帝国不会接受这样的回复，便开始调动陆军，并撤离贝尔格莱德。1914年7月28日早上，奥匈帝国皇帝弗朗茨·约瑟夫宣战。俄国开始调动陆军来保护塞尔维亚朋友。德国则派出间谍假扮成游客进入法国和俄国，时刻关注两国的军事动向。[51]

　　如果俄国加入战争，那么德国参战的压力将陡然增加。就德国此前制订的施里芬计划而言，成功的关键在于东西两条战线都对敌人先发制人。如果等得太久，那么就没有获胜机会了。在德国国内，军事大臣都在向德皇威廉施加压力，要求立即采取行动，但德皇仍举棋不定，他觉得塞尔维亚对最后通牒的答复已经足以让奥匈人满意。于是，跟往年夏天一样，德皇威廉踏上了斯堪的纳维亚的巡游之旅，并在一年一度的德国基尔帆船赛上露面。在此期间，他还与英国皇家海军的代表进行了交流，他的英语让英国人印象深刻。

　　接下来，一切变得明了。德皇已经无法劝阻维也纳的盟友了，奥匈人必将采取下一步行动。此时，他想也许自己还能够让俄国人发发慈悲。于是，他与沙皇尼古拉通过电报你来我往，希望二人可以达成共识。重点是，不要忘记，当时欧洲的几位君主，包括英国的乔治五世、俄国的尼古拉二世、德国的威廉二世，几乎不可能成为无法调解的敌人。毕竟，他们都是表兄弟。同为维多利亚女王的孙辈，他们肯定能相互协调找到某种解决方案，不是吗？

　　此时此刻，危险与机会完美并存。在欧洲大陆，德国仍然是军事力量 81 最为强大的国家，但俄国和法国的军事力量也在稳定发展。因此，如果此时爆发冲突，那德国将占据优势。除此之外，由于俄国已经动员起来了，柏林可以说他们所采取的行动只是为了防御。德皇威廉此时也很有信心不让英国人加入战争。1914 年 7 月 31 日，威廉宣布德国面临即将爆发战争的危险，进入紧急状态。战争动员已经启动，施里芬计划开始实施。如果德国支持奥匈帝国，那就必须攻击俄国。如果德国攻击俄国，那同时也需要应对法国。德国展开了精心编制的军队部署，开始依计划行事。一小股军力将开赴东线，拖住俄国人，与此同时，大规模行动将在西线展开，德国人希望这些行动可以让法国在战争中出局。

　　法国总统雷蒙·普恩加莱访问了俄国，提议两国履行双方协议所规定的义务，对德国发起攻击。法国外交官也在向英国施加压力，要求他们做出决策。根据 1839 年的一份条约，英国有责任在比利时遭到攻击时出兵保护，保持其中立国地位。此时，比利时很有可能会被攻击了。英国始终都在不顾一切地避免给出正式承诺。这一方面是出于政策考虑，没有人会想被拖进一场自己并不想参与的战争，另一方面也是由于内阁内部还没有就该采取怎样的措施达成一致意见。法国人想的是如果英国人可以发表声明支持自己，那么也许德国人就会被劝阻。然而，让人沮丧的是，英国宣布可以"出于道义考虑"进行干预，但并不肩负任何"同盟义务"。[52] 英国首相赫伯特·亨利·阿斯奎斯无法正式调动军队。事实上，当丘吉尔询问是否要让海军舰队进入战时状态时，首相"似乎只是嘟囔了一下"，就当作确认了。[53]

历史学家艾伦·约翰·珀西瓦尔·泰勒把战争的爆发归咎于火车时刻表。这其实离真相不远。所有大国的战略都难以避免规划僵化的弊病。让德国有望获胜的施里芬计划是一个复杂的计划，核心就是要依靠德国先进的铁路网来把军队运送到东线战场和西线战场。其中每一个环节都必须按计划实施，不管是让士兵上火车还是下火车，每一次都要精确按照计划中的时间点来进行。整个计划都是有机联动的，也就是说去掉计划中的任意环节，都会令整个计划以失败告终。这个计划的结果只能是大获全胜，或者一败涂地，不存在任何中间地带。因此，到了最后一刻，当德皇威廉思虑再三而下令中止对法国的进攻时，他得到的答复是**不行**。已经不可能中止了。整个计划一旦开启，就不能再中断了。

同样地，要想让施里芬计划奏效，德国陆军就必须穿过比利时。比利时的中立地位是受到相关条约正式保护的。然而，施里芬计划的要求也摆在眼前。此时，军事上的需求战胜了美好的外交意愿。柏林希望比利时人和英国人能够理解这一点，不会阻止德国军队的步伐。然而，比利时却认为自己的主权受到了威胁，并开始不惜一切代价地捍卫国界线。

当第一枚德国炮弹落入位于比利时列日的要塞后，英国的政治意愿紧绷了起来。内阁同意出兵保护比利时的中立地位，英国远征军已做好准备开赴欧洲大陆。过了一个月，随着紧张局势不断升级，欧洲已进入全面战争状态。几个主要参战国都感觉某种不同寻常的事情已经开始了。在英国向德国宣战前一晚，英国外交大臣爱德华·格雷写道："整个欧洲的灯火正在熄灭。在我们有生之年将不会再看到它们重新燃起。"在德国，即使是更为乐观的冯·毛奇将军都在担心这场战争可能"会摧毁几乎整个欧洲的文明，而且未来几十年内都无法恢复"。[54]

　　爱因斯坦并没有特别关注这些政治军事动向。进入 8 月以后，他开始焦急地等待从俄国传来的消息，不过这消息是有关日食的，而非军队的部署。此前，弗劳德里希和他的队伍已开始在克里米亚乡村地区搭建望远镜和照相机，为验证爱因斯坦的预言做好准备。然而，克里米亚是俄国主要海军基地之一，随着国际外交调停努力以失败而告终，当地政府开始密切关注弗劳德里希和他的队伍。战争爆发后，当地政府认为这群来自敌国又带着精密光学仪器的人与其说是科学家，不如说更像是间谍。于是，弗劳德里希被俄国人拿枪顶着逮捕了，他们的仪器也全被扣留了。突然间，弗劳德里希对验证广义相对论就不那么在意了，他更关心的是自己如何能活着走出俘虏拘留营。他被带到了敖德萨，并在那里接受了审讯。[55]

83

　　1914 年 8 月 3 日，爱丁顿收到了德国与俄国已开战的确切消息。四天后，英国军队进入了法国。英国科学促进会必须就是否继续举行会议进行决策。参战各国都派出了代表参加这次会议。因为这次会议本身的性质无论如何都是国际科学交流，那么是否就应该按计划举行，而不去理会那些还在欧洲各国国内争吵不休的政客？最终，英国科学促进会决定此次会议日程将按计划进行。会议期间，在一次全体参会人员出席的晚宴上，即将卸任英国科学促进会主席的英国物理学家奥利弗·洛奇爵士起身致辞，说科学不问政治，然后提议大家为在场德国科学家的健康而共同举杯。这一席话赢得了短暂的掌声与喝彩。为了让参会的德国和奥地利科学家仍然觉得受到欢迎，澳大利亚主办方按计划组织了到甘蔗种植园等当地景点的游玩活动。有些爱说笑的人还试图用一种轻松幽默的方式来描述欧洲的战事，改写了著名的军歌《不列颠掷弹兵行进曲》，来歌颂科学家的英勇。

当英国科学促进会的队伍登上船准备返回英国时，已经出现了许多新情况。船上所有甲板灯都被遮住了，所有船舱窗户也都用木板盖了起来，这些都是为了尽可能减少暴露在敌船面前的目标。随着祖国越来越近，船上弥漫的爱国主义情绪变得越来越浓重。化学家威廉·赫德曼在船上进行了实验，做出了可以在战斗中使用的致命气体。[56] 他们乘坐的这条船偏离既定航线来到了新加坡，这让爱丁顿得以一睹巴厘岛上火山的美景。准备上前线的士兵也在这里登上了船。爱丁顿在日记中沮丧地写道，他们所乘坐的这条船现在已经变成了运兵船，对像"埃姆登号"这样的德国巡洋舰来说，他们的船会成为一份"美妙的奖赏"[57]。这种可能性是真切存在的，"埃姆登号"在印度洋上已经拦截了 24 条船，甚至一度有假消息在伦敦流传，说英国科学促进会的船已经被击沉，船上的所有科学家无一生还。[58]

英国科学促进会的队伍乘船通过了重兵把守的苏伊士运河，绕过了爱丁顿年轻时在马耳他工作过的地方，最后在战争开始后三个月回到了英格兰。整个国家已经变了副模样。整个 7 月，随着局势日益紧张，英国民众和媒体对于他们的国家是否应该牵涉其中普遍持怀疑态度，在他们看来这只是又一次无关痛痒的巴尔干危机，他们更担心的是很有可能发生的爱尔兰内战。

然而，随着英国加入战争的可能性变得越来越高，自由派和保守派人士都开始发出不要被卷入其中的警告。《曼彻斯特卫报》刊发了一系列反战专题文章；《约克郡邮报》呼吁采取孤立政策；《剑桥日报》认为英国在整个局势中的利益"相当微不足道"[59]。英国人对于第二次布尔战争还记忆犹新，当时正是由于英国陆军过于自信，才身陷残酷的游击战争长达三年之久。英国人对战争的经济后果也表示担忧，因为战争会破坏现代国际贸易网络，将会带来无法预估的结果。女权主义者与社会党人士举行了和平示威。在英国最重要的科学家中，有两位（化学家威廉·拉姆齐和物理学家约瑟夫·约翰·汤姆森）在《泰晤士报》上发表了一封公开信，认为英国不应该加入战争，因为德国是艺术和科学的圣地，与德国开战将是"对人类文明犯下的一宗罪"[60]。

英国对德国宣战的前几天恰逢法定假日。大多数英国人都努力不去理会国家政事，而专注于享受假期。政客们则继续在白厅争论，这对正在享受假期的人们来说，倒成了某种娱乐活动。人们成群结队想尽办法来到白厅外，就为了"在各位大臣抵达时一睹他们的风采。围观的人都很安静，也很有秩序，是典型的英国人……并不存在狂热兴奋的情绪"，当地警察这样描述这群冷静的围观者。[61]

然而，在宣战的那一刻，整个国家的氛围几乎马上就发生了转变。三万人聚集到白金汉宫外，高唱国歌《天佑国王》。德国驻英国大使馆的窗户很快就被砸破了。[62]英格兰国教会号召男人们都加入陆军："国家需要它的儿子们都站出来了。我羡慕那些能够站出来的人。对于那些在这样的时刻还选择拒绝的人，我为他们感到惋惜。"[63]比利时被比作《圣经》中的以色列，一个面对实力悬殊的强敌仍坚持斗争的小国。包括安立甘宗、浸礼宗、天主教在内的各个教派都在相互竞争，看谁能号召更多的人加入陆军。

随着军事准备的推进，民众的情绪也变得越来越高涨，当然，至少从某种程度上来说这是为了让部队可以带着高涨的士气踏上征程。一直以来，英国的军事传统都是维持一支规模很小的常备陆军，主要靠皇家海军来保护整个国家。因此，当不列颠远征军要被派往欧洲大陆来协助阻击德国人时，这支队伍一共才25万人。此时，德国陆军已达到了其历史最大规模，是英国陆军的8倍。有传闻说德皇已下达命令，要求德国士兵们将英国这支"小得令人不齿的陆军"一举击溃。英国远征军欣然接受了德国人的羞辱，也开始把自己称为"老不齿"。[64]

爱因斯坦依然对时局毫不关心。在战争爆发时，爱因斯坦所关注的只有自己破裂的婚姻：他要给米列娃汇钱，两人还要为蓝色沙发归谁所有而争吵。爱因斯坦第一次在书信中提及战争已经是交战开始后两周，那时他开始担心远在俄国的弗劳德里希。他写道："我那天文学家老朋友弗劳德里希在俄国不但没有看到日食，还遭受了牢狱之灾。我非常担心他。"爱因斯坦还向身在中立国荷兰的朋友保罗·埃伦费斯特悲痛地表示这场战争表明了欧洲人"是一群多么残忍可悲的畜生"。尽管如此，他一直保持与外界隔绝，努力专注于自己的计算。"我在自己平和的冥想中安详地沉思着，只觉得既惋惜又厌恶。"[65]

马克斯·普朗克也感到了安宁，但原因非常不同。普朗克内心充满喜悦，并不是因为战争本身，而是因为战争让这个国家终于统一了起来："德意志民族重新发现了自己。"[66]战争让德国人有了共同的意愿，冲淡了他们内部的各种分歧。战争爆发之时恰逢柏林大学校庆日活动，普朗克在活动中发表了演讲。他的演讲名义上以科学为主题，但开篇第一句就是庆祝"整个国家从精神上到物质上的力量都已经融为一体，燃着神圣的怒火，冲向天堂"。[67]

普朗克的两个儿子正值兵役年龄，便应征入伍奔赴前线；他的女儿们也都加入了战地医院。普朗克感到非常自豪。柏林的大多数科学家都表现出了类似的热情，不过没有多少人能比得上瓦尔特·能斯特。他本人以五十岁高龄加入了德国陆军（他的两个儿子此前已经加入了陆军）。爱因斯坦的朋友哈伯申请成为一名军士，并将自己的研究所进行重组以便开展军事研究项目。

尽管爱因斯坦让自己与外界隔绝，但并没能躲过周围涌动的爱国热

86

情。此时，柏林宣布进入了被围困的状态，军国主义行为在城中随处可见。大街上挤满了等待战事新闻的人们。激动兴奋的情绪笼罩着整个人群。一位记者写道："独立的个体已经消失了。那些原本理性的、有不同文化传统的人都已无法控制个人情感，变成了大众的一部分。"[68] 在爱因斯坦看来，这正是周围同事的写照。他认识的那些最优雅、最有学识的人突然就开始支持"愚蠢的屠杀"。民族主义替代了理性主义。这是"非常令人恐惧的"，爱因斯坦说，"文化已经无处可寻，不管在哪里，人们都已经失去了正常的人类情感，只剩下仇恨和对权力的渴望！"[69]

军队的调遣以及聚集在各个火车站围观军队出征的人群甚至阻断了爱因斯坦在达勒姆居所与柏林办公室之间的往返交通。因此，有一段时间，爱因斯坦干脆在家办公。8 月 15 日，通勤火车再次中断，因为第一列运送伤员的列车抵达了柏林。一周以后，各个火车站里都挤满了成千上万的难民，他们都是为了躲避东普鲁士的战事而逃到了这里。[70]

在接下来的几个星期，火车一直在德国各地之间穿梭，把士兵和武器装备运送到预定的出发地点。以当时的陆军科技水平来看，士兵们一旦离开了铁路，所能依赖的基本上也就只有自己的肌肉了。每一名士兵都要靠自己蹬着铁靴的双脚向前挺近；沉重的武器依然要靠马车来拉动，一辆马车所需的马匹数量也创下了人类历史之最。在施里芬的设想中应该快速推进的军队，其实只能以双脚所能实现的速度前进。

在这样的前进过程中，德军遇到的第一个障碍是重兵把守的比利时边境。列日市是比利时的一个主要工业和文化中心，刚好盘踞在毛奇将军入侵法国的路线上。这座城市的周围有 12 个坚固的要塞和将它们连接在一起的城墙，城墙里面是守卫这座城市的 400 架重型机枪和 4 万人的军队。德国人不仅要拿下这些要塞，还必须动作迅速，因为整个进攻计划的成功 87

都有赖于战争初始阶段的快速推进。[71]

克虏伯集团，也就是为弗劳德里希的日食观测远征队提供资助的赞助商，制造了特殊的榴弹炮，可以击穿抵抗德军的防御工事。德军花了几天时间架起了多门可以在四公里外击中目标的火炮。由于这些火炮威力强大，负责操作的士兵为防止被致命的压力波所伤，必须先向后倒退300米才能点燃引信。这些大炮的炮弹重约2 000磅，远远超过了比利时要塞建筑者们的想象，于是守城的军队很快就不堪重击，屈服投降了。[72]

到了8月20日，德国人已经占领了比利时首都布鲁塞尔。他们在比利时的前进迅速而残忍，每到一个村庄，只要有人反击，就会把整个村庄都烧毁。为了震慑游击队和其他零星反抗力量，德国人抓了很多平民作为人质，这些人通常都被杀害了。德国人发疯一般地按计划前进，因此不允许出现任何阻碍。甚至毛奇本人都表示德军在比利时的进攻"确实凶残"。[73]

当德皇的军队逼近比利时和法国的边境时，英国人也在争分夺秒，赶来与法国盟友会合。英国远征军将驻守法军防线的最左翼，对于阻止德军实现施里芬所设想的巨大包围圈将起到至关重要的作用。8月23日，英国远征军接到命令，要求他们守住非常适宜防守的工业矿区蒙斯-孔代运河地区。这支英军规模不大，但是已经在殖民地的战场上积累了丰富的经验。他们把在布尔战争中学到的堑壕战战术运用在了蒙斯的战场上，这也是这一战术在第一次世界大战中的首次亮相。在此之前，法国人和比利时人都没有挖过战壕，德国人对于临时形成的阵地上冒出的强大火力感到震惊。在蒙斯，精确的步枪火力、机枪和可以精确瞄准的火炮向不断推进的德军发起了猛烈攻击，这一切都成了这场战争未来局势的一个缩影。尽管英军在火枪（英国人依然使用这个称呼）方面占据优势，但由于弹药补给短缺，指挥也不连贯，这一优势未能充分发挥出来。德国人打掉了英国人的右翼，迫使他们选择撤退。在接下的一片混乱中，隶属于英国皇家第四燧发枪团的金莱克·托尔中尉跑去寻找他的朋友莫里斯·迪斯中尉，他之前在战斗中负责操作机枪。托尔说："我顺着掩体一直找，最后只看到了迪斯的尸体。他大概被刺刀刺了 12 下。我记得我当时就在那里躺下了，想象刺刀刺进身体里的感觉，我承认自己一辈子都没有如此恐惧过。"[74] 在这场战斗中，英军死伤约 1 600 人，德军的死伤人数约是英军的三倍。[75]

英军和法军虽然在某些战斗中取得了胜利，但面对强势进攻的德军，仍不得不持续后撤。不管是进攻还是撤退，行军都非常消耗体力，因为两方步兵都需要冒着夏日的高温每天靠双脚行进 15 到 20 英里。德军前进的速度似乎足以让他们在战争中获胜，于是德皇宣布战争会在"叶落之前"结束。[76] 在毛奇实现对巴黎的包围之前，法军总司令约瑟夫·雅克·塞泽尔·霞飞就已开始孤注一掷地筹划对德军的反击。幸运的是，此前的撤退意味着法军的补给线变短了，因此后勤保障变得更加容易，德军的补给线则每天都在加长。

比利时的战事仍在继续，因为德国人想要巩固已取得的战果。他们仍然非常担心由当地人和非正规军发起的进攻，认为平民的抵抗与正规战争的态势完全相反。在普法战争中，所谓自由枪手造成了无穷无尽的问题，因此德国人已下定决心绝不让这种情况再次发生，而这基本上就意味着德国人会对平民进行迅速而猛烈的报复式攻击。

1914 年 8 月 25 日的晚上就发生了这样一幕。鲁汶城是一座起源于中世纪的美丽小城，欧洲这一区域内最古老的大学就坐落于此。一支约 10 000 人的德军部队占领了这里，他们被自己人的夜间行动所迷惑，主动发起了开枪射击。为了清除所有可疑的狙击手，侵略者烧毁了所有建筑物，让所有人都从家中跑了出来。就在这一片混乱中，那座最古老大学的图书馆也被点燃了，将近 25 万本书籍被毁，其中包括很多中世纪的珍贵手稿和印刷品。[77] 最终，1 000 多幢建筑物被烧毁，将近 300 名平民被杀害，另外有大约 42 000 人流离失所。在制造了这场灾难的德军部队中，有一个由 85 人组成的步兵排，长官是化学家奥托·哈恩，他原本在柏林大学担任教职，但在战争爆发之初，便迅速离职，加入了德国军队。[78] 他后来因为发现了核裂变而于 1944 年获得了诺贝尔奖。不过，至少在这场战争中，令人恐惧的核裂变还是未知的事物。

1914 年 8 月底，一架德军飞机出现在巴黎上空。从飞机上抛下的炸弹并没有造成多大伤害，却让人们意识到侵略军已经多么接近这座首都城市了。9 月 2 日，法国政府撤退到波尔多，并制订了拆除埃菲尔铁塔及铁塔上强大的无线电发射装置的计划。[79] 三天后，德军距离巴黎就只有不到十英里了。和德军一起向巴黎进军的还有瓦尔特·能斯特，就是那位帮助爱因斯坦来到柏林就职的科学家，他在军中充当司机。当时他们的部队已经非常接近巴黎了，能斯特说他都已经能看到巴黎市内那些大名鼎鼎的霓虹灯的光辉了。[80] 就在同一天，英国皇家海军轻巡洋舰"探路者号"被击沉，成了第一艘被潜艇击毁的英国战舰。随着陆上和海上冲突的持续，英国、法国和俄国签署了《伦敦协定》，约定任何一方都不会单独与德国求和，直到分出胜负，战争才会结束。

法军和英军顺着马恩河发起了最后的巴黎保卫战。增援部队匆匆忙忙地赶往前线（其中包括被出租车运到前线的传奇部队），加入这场决定性的战役。此时的德军因为长时间行军已经精疲力尽，队形分散，于是在这个本该夺取决定性胜利的时刻，却招来了对手的反击。法军总司令霞飞集结队伍，并命令所有士兵"宁死也不能放弃阵地"。[81] 经过连续几天激烈的交战，毛奇认为德军所在的位置不易于己方防守，便下令撤退到更容易防守的埃纳河。伴随着这次撤退，不管是对施里芬计划而言，还是就迅速赢得战争胜利的目标而言，最后的一丝希望都已经不复存在了。毛奇被免除了职务，在此之前，他的最后一道命令是要求部队开始挖掘战壕、修建防御工事。

因此，所谓"奔向大海"行动开启，交战双方竞相向北推进，试图通过不断延伸的战壕实现对敌方侧翼的包抄。在这种情况下，位于法国和比利时交界处、平坦而又泥泞的佛兰德斯（意为"被洪水淹没的地方"）地区很快成了取得突破的唯一机会。[82] 英国远征军的剩余力量全部投入了在这里的战斗，他们重要的增援部队是印度远征军，这是出现在战场上的第一支殖民地部队。印度人几乎没有什么装备（很多人在到达法国时才第一次拿到步枪），而且在投入战斗后也几乎没有后备支持。

在这次冲突中，德国人不顾一切地想要取得突破，英国人则不惜一切代价阻止他们，后来这次冲突就被称为第一次伊珀尔战役。不管是英国人还是德国人，对于堑壕战这种新型战法都还处于摸索阶段，因此这场战役的伤亡人数巨大。英国陆军在这次战役开始前所拥有的全部资源都被耗尽了。德军则有 5 万人死亡，几乎都来自德国自愿军，他们大都很年轻，战争爆发时都还是在大学里读书的学生。后来，由于众多年轻学生丧生，这次战役也被称为"伊珀尔无辜者大屠杀"。[83] 整个战役最终在深秋时节结束，此时德国人已经占领了战线沿线的所有高地。[84] 双方在战役中挖出的战壕连成了一条线，仿佛一条伤疤，在欧洲大陆的乡村地区绵延 475 英里。战壕外，到处都布置着当时威力最强的致命武器。等到战壕最终成形、不再扩大延伸时，法国已经有 30 万人丧生，德国的死亡人数则是 24.1 万。

巨大的死亡人数让人感到恐惧，但爱因斯坦的朋友埃尔温·弗劳德里希却是一个令人惊叹的例外。在俘虏拘留营待了几个星期后，弗劳德里希和他的队员成了这次战争中第一批战俘交换的对象，帮助俄国人换回了几名军官。由于天文学设备已被俄国人没收，他们已经不可能再进行一次观测来验证爱因斯坦的预言（甚至是那些来自美国的天文学家也未

90

能幸免，虽然当时他们的祖国还保持中立没有参战，但他们的设备也都被没收了）。[85] 尽管到了 9 月底，整个战争已经出现了会发展成为世界大战的不祥征兆，弗劳德里希仍然安全地回到了柏林。然而，爱因斯坦对于是否有机会验证自己的理论已经感到绝望了："对于我在科学探索之中取得的最为重要的发现来说，对日食的观测结果具有决定性意义，但这次观测显然被俄国暴徒破坏了。因此，在有生之年，我将无法看到这些结果了。"[86]

后来，他的绝望逐渐从单纯的科学层面上升到了广义的人道主义层面。在他身边，军国主义现象越来越普遍，他越来越感到厌恶："在命令之下做出的英雄主义行为、毫无理智可言的暴力行为，以及那些以爱国主义为名的令人作呕的荒谬之词，都让我深恶痛绝！"[87] 但在爱因斯坦的同事中，几乎没有人与他有相同的感受。于是，爱因斯坦只有转向国外，在保持中立的国家里寻找朋友。在给埃伦费斯特的信中，爱因斯坦思考到底有没有一个地方能让自己有家的感觉：

> 作为一个国际人，这场国际灾难对我来说非常沉重。生活在这个"伟大的时代"，很难想象我们居然属于这样一个疯狂、堕落的物种，将自由意志归咎于自由意志本身。如果在某个地方有那么一座小岛，岛上都是仁慈而谨慎的人，那该有多好！那样的话，我也会很愿意成为一名激情澎湃的爱国者。[88]

然而，这样一座理性的小岛并不存在。于是，爱因斯坦最多只能让身在德意志帝国中心的自己与外界相隔绝。他专注于自己的计算，探索自己的方程式还能包含些什么。

# 第四章

## 越发孤立

"直到真理和德意志的荣耀最终得到整个世界的认可。"

爱因斯坦与世隔绝的愿望并没能维持很久。在被烧毁的中世纪图书馆，灰烬仍然温热，一场熊熊大火将因此而燃起，毁掉整个科学世界，爱因斯坦自然无处可逃。鲁汶本是一座不起眼的小城，像其他许多城镇一样因战乱而满目疮痍，此时却拥有了特殊的意义。城中那座古老大学的毁灭成了一个象征，昭示着德国文明已经失去了理智，而科学正是这一文明的一根重要支柱。

在鲁汶城，大约六分之一的建筑在德国士兵追赶假想的平民狙击手时遭到了破坏。那座古老大学的图书馆完全化为瓦砾和灰烬。不可替代的文化财富被彻底摧残。[1]当这场浩劫的消息传到英国后，英国政府以此为契机进行了战前动员，获取国人对参战的支持。伦敦《每日邮报》态度尖锐，称之为**鲁汶灾难**[2]，一场骇人听闻的大屠杀。被烧毁的建筑物和死于刺刀之下的尸体遍布欧洲各地，然而对于欧洲共享的文化遗产所发动的攻击，似乎只发生在鲁汶。本应该由各国学者共同拥有的书籍和古代卷轴也都永远消失了。

德国花了数十年时间来把自己打造成一个学术中心，那所吸引爱因斯坦来到柏林的德皇威廉研究所就是这方面的一大成果。然而现在，德国看起来是要牺牲这一切，只想取得赤裸裸的军事优势。全世界的知识分子和艺术家都控诉德国退化到野蛮人的样子。英国首相阿斯奎斯声称在鲁汶发生的一切只能被认为是"盲目的野蛮人才能做出的"行为。[3] 鲁汶这个名字很快就成了残忍野蛮对待文化和知识的代名词了。

看到自己的国家被描绘成知识与艺术的野蛮敌人，德国学者们感到被深深地冒犯了。10 月，法兰克福著名剧作家路德维格·富尔达决定在世界舞台上为德意志的荣耀进行辩护。他草拟了一份言辞有力、充满愤怒之情的宣言，题目是《告文明世界书》。这篇宣言在德国知识分子和文化精英间传播，以获得他们的签名支持，最终有 93 人在宣言上签了名。签名结束后，这份宣言被翻译成十种语言，发表在德国各大报纸上，还有几千份以书信的形式寄往海外。

这份宣言对德国陆军的行为和德意志人对文化的热爱进行了炽烈的辩护。它否认了针对德国罪行的一切指控：

> 我们的军队在鲁汶有着残忍野蛮的行径，这是谎言。[4] 他们迫于无奈，带着沉重的心情，对愤怒的人群进行报复，因为这些人闯入他们的驻地，发动了危险的攻击。正因如此，他们才点燃了城市里的某些地方。但是，鲁汶城中大部分地区都没有被破坏，著名的市政厅也完好无损，正是因为我们的士兵做出了自我牺牲，这座建筑物才免遭大火吞噬。每一个德意志人都会为在这场战争中已经被毁灭或是将要被毁灭的艺术品扼腕叹息。然而，我们不会承认有人比我们更热爱艺

术，尽管如此，我们也坚决不会以德意志的失败为代价来保护一件艺术品。

很多对德军在鲁汶城中的破坏行为持批评态度的人所指责的并不是整个德国，而是德国的"军国主义"，也就是德皇对军事力量和帝国权力的追求。宣言特地对两者之间的区别进行了驳斥：

> 我们的敌人虚伪地宣称与我们所谓军国主义为敌并不是与我们的文明为敌，这是谎言。[5] 如果没有德意志的军国主义，德意志文明也会被从地球表面抹去。前者起源于后者，又保护了后者，两者都植根于同一个国家，而这个国家几百年来饱受侵略之苦，这是其他任何国家都未曾经历过的。德意志陆军与德意志人民是一体的……

这些知识分子将自己与军队紧紧联系在一起，说自己不可能对艺术和科学犯下罪行，因此德国陆军也不可能对艺术和科学犯下罪行。这份宣言认为知识分子的学术活动与他们国家的行为之间没有任何区别。也就是说，国家的团结已经高于他们与同行之间的学术联系了。

这份宣言后来被称为《九三宣言》，签署这份宣言的人可以充分代表德意志科学界，其中包括六位诺贝尔奖获得者，分别是物理学家威廉·伦琴、物理学家菲利普·莱纳德、物理学家威廉·维恩、化学家阿道夫·冯·贝耶尔、化学家埃米尔·费雪、化学家威廉·奥斯特瓦尔德。还有另外 12 位科学家也签了名字，其中包括爱因斯坦的朋友哈伯、克莱因、能斯特，以及普朗克。[6] 普朗克在这份宣言上的签名最让爱因斯坦感到心痛。普朗克和克莱因后来曾表示，自己在签名之前并没有详细阅读宣言内容，会签名只是因为之前已经签名的人士都颇有声望。[7] 然而不到两周后，

94

普朗克就公开表示："因为我们是这所大学的一员[8]，因此不管敌人如何诽谤中伤，我们都要以自己的道德情感和在科学领域的成就团结在一起，直到真理和德意志的荣耀最终得到整个世界的认可。"

《九三宣言》似乎代表了整个德意志知识分子的精英阶层。有观察人士评论说，宣言签名者实际上包含了所有"真正享有名望"的德意志思想家。[9] 宣言所针对的是尚未加入战争的中立国，意在让他们认可德国在战争中是占据道德优势的一方，并着重驳斥鲁汶城战事所引发的指控。然而宣言发表后，效果却适得其反。

95    宣言本想利用德国知识分子的道德权威来给德国陆军贴金，然而实际上的效果却是把这些知识分子拉下水，使他们沦为施暴者的同党。其他国家的学者对于德国同行如此煞费苦心地将自己与发生在鲁汶城的残忍暴行联系在一起，都感到非常震惊。很多在宣言上签了名的学者随后又单独给身在中立国的同行朋友写了信。威廉·维恩写信给洛伦兹，进一步否认对德国军队在比利时暴行的指控。对于公开的宣言和自己收到的私下来信，洛伦兹产生了一种被深深地冒犯了的感觉。他曾抱怨说维恩和其他在宣言上署名的人都已经没有了科学家该有的样子，因为他们对于并非亲眼所见之事表现出十分了解的样子。相比于"这是谎言"，他们应该说"我们不相信这一切"。[10] 更糟糕的是，他们似乎是一边否认某些事情的存在，一边却又在为相同的事情欢呼雀跃。

10月底，伦敦《泰晤士报》发表了一篇针对宣言的正式回应，117位英国学者在这篇回应中署了名，其中包括多位著名科学家，比如物理学家约瑟夫·约翰·汤姆森、物理学家奥利弗·洛奇，以及当时担任英国皇家学会会长的化学家、物理学家威廉·克鲁克斯。他们对于自己昔日的同行被德皇拉下水表示难过："那些我们曾经尊敬、珍视的人，受到了一个军事化体系以及这个体系想要征服他国的不法欲望的影响，现在不仅成了整个欧洲的敌人，对于全世界所有尊重法律的国家来说，他们也成了人民公敌，这样的情形让我们深感悲痛。"[11] 这些学者宣布将与英国政府团结一致，并且有决心将战争进行到底。大量英国科学家公开表示与德国同行决裂，并放弃各自学科中的国际基础。在这篇回应的署名者清单中，其中两个名字尤其让爱丁顿感到焦虑，分别是他过去在曼彻斯特大学的老师、物理学家阿图尔·舒斯特教授和他的好朋友皇家天文学家弗兰克·戴森。

这篇公开发表的回应并不是学者们自发表达观点的结果，而是由英国国家宣传总部"战时宣传局"威灵顿馆（著名作家鲁德亚德·吉卜林和赫伯特·乔治·威尔斯都为这个机构撰写文章）所组织的。[12]《九三宣言》并没有增强德国在学术领域的领导地位，反而起到了削弱作用，英国政府则利用了这个机会。这并不是说这份公开回应所表达的不是各位英国科学家的立场，事实上，他们确实感到被《九三宣言》侮辱了，因此乐于把自己对德国同行的愤怒表达出来。

爱因斯坦与身在伦敦的英国科学家一样，认为《九三宣言》骇人听闻。那些思维缜密的朋友突然间都变成了爱国的小绵羊，这让爱因斯坦非常震惊。他向洛伦兹抱怨自己被"一群疯狂的人"所包围，整个世界似乎"就像一所疯人院"。他说，尽管这种"集体疯狂"其实已经影响了所有参战国，但在德国尤其严重。[13] 他在思考这种疯狂是不是从某种程度上说与"男性的性别角色"有关。[14]

爱因斯坦很同情柏林的朋友乔治·弗里德里希·尼古拉。尼古拉是一位医生，同时也是一位生理学教授，在爱因斯坦搬到柏林之前，他就已经是爱尔莎的朋友了。因为相同的政治见解，爱因斯坦与他成了朋友。尼古拉性格古怪，早年因为决斗在身上留下了一道道伤痕。他一方面是坚定的和平主义者，另一方面又娶了一个武器制造商的女儿做妻子。他外表英

96

俊，戴着一副时髦的单片眼镜。战争爆发时，尼古拉正在法国，差点被当成间谍击毙，幸亏他与多位法国教授关系密切才得以释放。[15]

尼古拉为《九三宣言》而愤怒，特别是为那些在宣言上签名的杰出科学家而愤怒。科学本应该高于爱国主义。这让尼古拉"第一次意识到会不会是德国科学的大厦只是外表看起来如此坚固可靠，其内部却早已腐朽不堪"。[16]

为了驳斥宣言，尼古拉起草了一份题为《告欧洲人书》的反宣言。这份反宣言为战争对国际学术网络造成的破坏大声疾呼，并号召知识分子为和平而战：

> 过去从来没有任何一场战争，对存在于文明国家之间的合作造成过如此彻底的破坏……每一个国家里受过教育的人都有责任，更有义务发挥全部力量来阻止和平的环境成为未来战争的起因。[17]

尼古拉在柏林四处分发这份反宣言，希望找到支持者，也就是像他一样感到自己因《九三宣言》而变成异类的人。然而迎接他的却是刺耳的沉默。爱因斯坦非常热情地签上了名字。"尽管我明白小部分有良知的人所发出的声音与权贵阶层对权力的渴望和大众的狂热相比，几乎可以忽略不计，但我仍然很高兴看到你的宣言，也为可以在宣言中署名而感到荣幸。"[18]除了他们两人，另外只有两个人在这份反宣言上签了名。[19]

结果，这份反宣言变成了一场灾难。它并没有引发争议，而是几乎没有任何反响，这比引发争议还要糟糕。事实上，这篇反宣言的传播范围刚好足以毁掉尼古拉的学术生涯。接下来，尼古拉自发为德国陆军开设一所专注于心脏疾病的诊所，这至少在短期内安抚了德国当局，使尼古拉得以继续工作。

爱因斯坦对此感到失望至极。这是他第一次以书面形式公开表达政治观点。他在《九三宣言》的刺激下采取了行动，但事实证明这个行动完全是徒劳的。同事们确实注意到爱因斯坦对抗民族主义潮流的意愿，于是爱因斯坦便被当作一个政治怪咖。此前爱因斯坦已经因为多少有些行为古怪而出名了，所以并没有人特别在意这个政治怪咖的名声。

柏林的科学界此时被一种战时的疯狂所笼罩。著名动物学家恩斯特·海克尔，也就是达尔文在德国最忠实的追随者，公开放弃了所有英国荣誉学位。[20] 威廉·维恩撰写了一大批以不同个人的名义对于英国科学家那篇回应的答复信件，无一不充斥着愤怒的情绪。维恩通过美国领事馆递出了这些信件。在这些信件中，维恩宣布他不再认为德国科学界与英国科学界之间的裂痕可以"在可预见的未来内得到修复"[21]。

在双眼可及之处，爱因斯坦所看到的全都是盲目的爱国主义。学校里，老师禁止学生使用来自英语和法语的外来词，比如 intéressant（e）（意为有趣的）。学生们通过与战争相关的计算来学习算术。[22] 尽管尼古拉的倡议失败了，但在此之后，爱因斯坦开始寻求各种机会来推开包裹在自己周围的疯狂。在寻找与自己想法相同的知识分子的过程中，爱因斯坦听说了1914 年 11 月成立的"新祖国同盟"。这是一个兼容并蓄的组织，包括了各类反战人士，有自由派、保守派，也有社会主义者和国际主义者。这也是一个规模很小的精英组织，成员人数从来都没有超过 200 人。每周一晚上，所有成员都会聚在一起召开同盟会议。他们的目标是尽早实现和平，并最终成立一个覆盖整个欧洲的组织，来阻止未来再次爆发战争。爱因斯坦是这个同盟的第 29 号成员。[23]

令人惊讶的是，爱因斯坦似乎并没有考虑离开柏林。他对于自己隔绝干扰、保持专注的能力非常有信心："为什么人不能像收容所里的侍从一样高高兴兴地生活呢？……总有那么一刻，人们可以选择属于自己的疯人院。"爱因斯坦继续尽己所能地致力于相对论的研究。他分别在 10 月 19 日和 29 日在普鲁士科学院举行了公开课，告诉大家他的理论已经接近完成。同样是在 10 月 29 日 [24]，德国陆军李斯特突击团加入了伊珀尔的战斗，其中有一名年轻的战士名叫阿道夫·希特勒。

爱因斯坦这两次公开课的内容都聚焦于"广义相对论和引力场理论纲要"理论（以下简称"纲要理论"），而他对于理论的正确性相当有信心。然而，这个理论仍然有一个不可忽视的缺陷，那就是它不是广义协变的，也就是说，这个理论中的公式并没有使所有观察者得到平等的地位。爱因斯坦必须确定这是不是一个致命缺陷。他可以说协变性至关重要，因此无法不考虑（从某种意义上说，协变性是相对论的核心原理）。这样一来，他就必须从头开始了。或者，他也可以接受协变性的缺失，也许甚至可以解释为什么这并不是个问题。最终，爱因斯坦选择了后者。

爱因斯坦从一个思想实验开始，这个实验是由被爱因斯坦奉为知识教父的恩斯特·马赫提出的，并且借鉴了被所有人都奉为知识教父的艾萨克·牛顿在几百年前所提出的一个思想实验。牛顿认为可以用下列步骤来证明绝对运动是存在的。首先，他承认伽利略的相对性原理有时确实会让人难以判断到底哪个物体在运动，比如你和你的朋友，一个在火车上，一个在站台上，那么到底是你在运动，还是你的朋友在运动？不过，现在，不要再纠结这个火车的例子了，而是假设你把一只木桶里装满了水。当你旋转木桶，就会看到边缘的水向上往桶边移动。水的这种晃动是向心力的结果，向心力则由于旋转作用于水的惯性而产生。牛顿说，这就是一个证据，证明你**真**的在旋转。相对运动不管怎么组合都不可能创造出这样的假象。因此，绝对空间中的绝对运动一定存在。

马赫却说，等一下。他提醒我们思考的格局过于狭小了。边缘水面的上升其实也是相对的，**与整个宇宙中的一切相对**。整个宇宙，也就是我们眼中那些遥远的恒星，只是另一个参考系而已。当然，这是一个非常巨大的参考系，但也不过就是另一个参考系而已。马赫认为，在这种情况下，使水晃动起来的惯性其实只是在以那些遥远的恒星为参照后才确定下来，也就是说，惯性并不是那一桶水**本身固有的**性质，而是一个依赖于观察者所在位置的效果。爱因斯坦将惯性的这种相对性称为"马赫原理"。

爱因斯坦下定决心要在广义相对论中加入马赫的这种观点。这就带来了爱因斯坦所说的"空穴佯谬"[25]，它让爱因斯坦觉得协变性缺失的问题不那么令人困扰了。假设宇宙中大部分区域都布满了恒星，只有一块区域非常空旷（也就是空穴）。接下来，我们在这块空旷区域的中心进行水桶实验，并得到一些有关空间和时间的测量结果。这些测量结果会让我们确信惯性以某种特定方式发挥了作用。我们对时间和空间的测量是马赫式的，也就是通过时钟的嘀嗒和尺子的首尾相接来测量。因此，这些结果是通过各种清晰明确的物理测量方法得来的，并通过一系列数字来表达。

接下来，我们假设自己变成了空穴中另一个位置上的观察者，并对空间和时间再次进行相同的测量，也就是要再次使用时钟和尺子。由于我们移动到了一个新的位置，因此所使用的参考系也发生了变化，物理学家将这种转变称为**"坐标转换"**。这种坐标转换改变了我们所要进行的测量（举个例子，假如我在一个房间里，要测量我与一把椅子之间的距离，当我的位置从房间一端变到另一端时，测量所得的结果可能会从一步变成十步）。现在，由于我们对空间和时间的测量结果变成了一系列不同的数字，那么我们对惯性就会形成不同的理解。

接下来，爱因斯坦让我们不要忘了还有等效原理，这一原理告诉我们惯性是理解引力的关键所在。因此，当我们的坐标转换时，也就是从空穴中的一个位置移动到另一位置时，我们理解引力的方法就发生了变化，也

100

就是说，数字上的变化一定会具有某些物理学上的意义。这没问题，它在马赫式宇宙中已经被预见了。然而很不幸的是，这一点与爱因斯坦对于广义协变性的热切期盼并不一致。在一个具有广义协变性的宇宙中，每个人对引力的性质必须有统一的理解，也就是说，引力应该与我们运动的方式无关。但空穴佯谬则表明这是不可能的，由于伴随坐标的转换产生了测量结果的变化，协变性就不可能存在了。

这样一来，有关惯性相对性的马赫原理就无法与协变性并存了。那么，广义相对论就必须放弃二者之一。由于爱因斯坦在纲要理论的方程式中已经无法实现协变性了，这种局面其实对他来说倒是一种解脱。根据空穴佯谬和马赫原理，广义协变性显然是**不能存在的**。因此，广义协变性的缺失本来看似是纲要理论的一个重大缺陷，如今便得到了完美的解释，爱因斯坦也可以继续放心大胆地使用纲要理论中的方程式了。

爱因斯坦本有可能会把空穴佯谬理论发表在《德国物理》期刊上。如果爱因斯坦拿起战时任意一期《德国物理》读一下，就会看到以下各种名单：上了前线的物理学家名单；勇气可嘉的物理学家名单；受伤或被杀害的物理学家名单。期刊编辑马克斯·玻恩宣布这么做是为了表明"在这个艰难而又危险的时期，物理学也与祖国（德国）同在"。[26] 另一份重量级科学期刊的编辑约翰尼斯·斯塔克决定做得更进一步，把期刊中所有英国科学家的名字都删除了。后来，有人劝说他对待"敌对的外国人"应一视同仁，于是，玛丽·居里与欧内斯特·卢瑟福的名字也都消失了。[27]

诺贝尔奖得主物理学家威廉·维恩认为即使这样做也仍然不够。维恩说，为了真正证明物理学界已完全投入战争，科学的语言本身也必须改变。他提出德国物理学家除非绝对必需，否则不要参考英国物理学家的研究成果，也就是不引用也绝不在论文中提到。通常用外语原文来表述的外

101

来术语（比如通常用英文"equipartition theorem"来表示的"均分定理"）也必须变成用德文来表示。[28] 甚至是英文书的德文译本都不应该再出版了。

维恩在 1914 年 12 月公布了这一提议，希望能说服同事们，让他们相信英国科学所带来的危险：

> 英国和英语已经渗透进德国物理学领域，从今往后，这种无端的影响将被放在一边。自然，这并不意味着放弃来自英国的科学想法和观点，但是接受外国习惯的做法已经极为不祥地出现在我们的科学领域中。就这一点而言，有很多重要的例子，其中一个就是在我们的物理学出版物中，很多科学成果通常都会被归功于英国人，然而，实际上，它们最初都来自我们国人。[29]

针对最后一点，也就是敌国科学家一直把德国人的发现据为己有，声称是自己的发现，物理学家菲利普·莱纳德也表达了自己的看法。他说，因为这一点，对英国的战争是"一场为了让诚信得到肯定的十字军东征"。[30] 物理学的生命线，也就是用于交流想法的论文和期刊，现在已经变成了爱国主义的阵地。

物理学领域的日常工作也步履维艰。随着教授和学生都纷纷被派往前线，各家科研机构都已被掏空。德国当时实行的是全民兵役制度，这就意味着实际上每一个四肢健全的男子都接受过良好的军事训练，随时可以上战场打仗（爱因斯坦因为持瑞士国籍而躲过了这一切）。因此，德国社会上普遍存在着一种参军的预期，同时，政府已经建立了一个庞大的官僚机构来把不断增多的军人编排成一个个战斗单位。

在英国，情况则相当不同。欧洲大陆各国所实行的全民兵役制度在英国被认为是对个人自由的严重践踏，因此从未在英国实行过。在维多利亚

时代，英国社会的主流观点是政府应该几乎是隐身的，整个社会生活都在
此基础上铺开，英国在这一时期所取得的巨大经济成就通常都被归功于这
一点。如果一个政府连禁止儿童在矿井中工作都不情不愿，那它怎么可能
强迫大人们都穿上军装。

102

因此，在1914年8月，英国国内的普遍预期是，他们会以最初规模
很小的常备陆军来应对整场战争。然而，在战争最初的几个月，伤亡人数
就已经令人震惊，这表明英国最初的想法是无法维持的。这个国家必须像
法国和德国一样，建立起一支人数超百万的陆军，这在英国历史上还是第
一次。

为了实现这一点，一个明显的做法就是像法国和德国一样，建立一种
大规模征兵制度。然而，从政治角度来看，这其实是不可能实现的。批评
人士认为这是为了打败普鲁士的军国主义而采取了普鲁士的军事政策，让
人无法接受。[31] 在英国政府中，只有一小部分人认为战争不会在短时间内
结束，陆军大臣基奇纳勋爵便是其中之一。他立刻着手通过自愿登记的方
式来招募军队。在他的请求下，在战争爆发后的几天之内，议会便批准可
招募10万人加入军队。[32]

以基奇纳为主角的征兵海报变得无处不在。在海报中，他冷峻的目光
和瘦削的颧骨格外引人注目。在战争结束前，许许多多的人急急忙忙登记
入伍，最开始陆军可以毫不费力就填满军队编制。一家玩具公司甚至推出
了一款关于登记入伍的棋盘游戏，名叫"加入基奇纳的陆军"。在游戏中，
玩家要努力通过医疗体检从而加入陆军服役。自愿入伍的人数众多，让英
国军队的官僚机构完全无力应对。征兵站的入伍申请表供不应求，给登记
入伍者做医疗体检的医生人数也出现了缺口，有一位医生说自己已经连续
10天，每天给400名登记入伍者体检。[33] 军官的需求尤其急迫，因此几乎
每一名有寄宿制中学或大学教育背景的登记入伍者都会收到一份委任状，

成为一名军官。剑桥和牛津很快就没有本科生了。爱丁顿在天文台的两个助理也都登记入伍了，他们后来一个都没有回来。[34]

尽管人们自愿参军的热情高涨，但无论如何都无法满足陆军的需求，因为每天都有大约 7 000 名士兵丧生。8 月底，议会又批准了招募 10 万军队的计划。[35] 两周以后，一个招募 50 万人的计划也得到了批准。军队在招募新人方面面临越来越大的压力，这一点在很多细节上都可以体会得出。比如在战争开始的时候，对志愿参军者的身高要求为 5 英尺 8 英寸（约 1.73 米）以上，然而到了 10 月，对身高的最低要求已经放宽到 5 英尺 5 英寸（约 1.65 米），到了 11 月，则变成了 5 英尺 3 英寸（约为 1.60 米）。[36]

到了 1915 年，自愿登记入伍的人数明显下降，因此军方需要采取些行动了。当时的征兵总干事德比伯爵提出了一种新颖的方式来替代原有的征兵模式。按照这种新的方式，男子必须"宣誓"在被招募的时候愿意入伍服役。已经宣誓的人会得到一条臂章，表明他们不会逃避责任。除此之外还有一些非正式手段，让人觉得登记入伍虽然应该是个人选择问题，但如果不登记则会面临巨大的社会压力。海军上将查尔斯·彭罗斯·菲茨杰拉德号召女人们给没有服兵役的男人们送出白色羽毛，好让他们感到羞愧，促使他们登记入伍。[37]

随着人们对有关德国的一切变得越来越仇恨，征兵也取得了进展。德国戏剧演出被取消了。作家格雷厄姆·格林说，曾见到腊肠犬在大街上被石头砸死。[38] 历史悠久的格雷舍姆学院收到了愤怒的来信，质问为什么学院还在教授德语（原因在于要深入了解敌人）。位列海军最高级军官之一的巴腾堡的路易斯王子被迫退出海军，只因为他的名字是典型的德国人名字。[39]

然而，这项后来被称为"德比计划"的志愿征兵计划效果非常有限。

103

一共有 220 万男子被要求宣誓，但其中只有不到一半的人真正宣誓了。[40]
在这些宣誓者中，只有四分之一真正适合入伍服役。根据这个计划，英国
还建立了第一个特别豁免法庭，用以裁决某些重点岗位的工人是否可以免
受该计划约束。因此，尽管很多兵工厂老板面临输送士兵的压力，但他们
可能还是想要把熟练工人都留下来。[41] 不过，由于整个计划是基于自愿原
则，因此特别法庭也起不到多大作用。

爱丁顿刚好就是德比伯爵想要招募的那种人：在战争开始的时候，爱
丁顿三十一岁，未婚，正是身体条件最好的时候。然而，作为一个贵格会
教徒，爱丁顿恰好是那种会拒绝这种征兵计划的人。贵格会教徒最著名的
就是和平主义态度。他们为反对暴力所进行的辩护被称为《反战宣言》，
也叫《和平宣言》：

这来源于我们相信存在于每个人身上的圣人之心都有潜力，我
们把这种圣人之心称为"内心灵光"，它存在于每个人心中，尽管有
时也许会隐藏得很深，也许会十分黯淡……仇恨和暴力只会点燃邪恶
的火焰……如果人与人之间的关系如此，那么我们认为地域与地域之
间、国家与国家之间的关系也是如此。[42]

104

在英国，几乎每一个贵格会教徒都在此宣言的指引下选择不加入军
队。至于《反战宣言》还禁止了哪些行为或允许采取哪些行动，仍存在某
些不确定性。贵格会建立了"兄弟会救护车组织"，这是一个志愿医疗组
织，目标是让成员不用亲自拿起武器也能为减轻战场上的痛苦贡献一份力
量。这对很多贵格会教徒来说是一个非常受欢迎的选项，因为这是让他们
运用自身勇气和能量来保护存在于每个参战者心中的神圣火花，而不是让
他们去杀戮或伤害他人。

对这些贵格会教徒来说，在英国国内，他们被各种反德暴力行为所包围，而在英吉利海峡对岸，他们看到的是政府组织的暴力行为，这些都让他们清晰地感受到自己身上的责任。他们都动员起来维护和平，表明是宗教信仰要求自己采取这样的行动。像爱丁顿这样的现代贵格会教徒不仅拒绝参与暴力行为，还想采取各种积极措施来中止一切暴力行为。英国的贵格会教徒在战争爆发之时召开了一次大会，探讨他们可以做出怎样的选择。大会结束之时，他们形成了一份公开声明，其中部分内容如下：

> 今天，我们发现自己置身于一场可能是人类历史上最为惨烈的冲突之中。［我们再次申明］使用暴力无法解决任何问题，就身在神之大家庭里的人们而言，他们之间最基本的团结是永恒不变的现实。我们的责任很清晰，那就是要因为爱而勇敢，因为讨厌仇恨而勇敢。[43]

贵格会教徒认为相较于民族主义带来的威胁，战争的威胁只是次要的：“不管一个国家可能犯下了怎样的罪行，真正应该受到指责的其实是体制。”[44] 而他们的和平主义正是以这个观点为基础。也就是说，尽管军国主义在德国肆虐，但这个国家并不是敌人；由一切战争所导致的人类苦难才是贵格会真正的敌人。爱丁顿是一位天文学家，他的研究对象都在很遥远的远方。那么他如何可以用自己的专业技能来抵制战争呢？爱丁顿开始思考自己如何可以用方程式和星图来表达对军国主义的抗议。他必须等待合适的时机。

105

很多贵格会教徒都全身心致力于帮助那些从欧洲大陆拥入英国的难民。大约有 20 万比利时难民进入了英国，但是英国政府对于他们的出现没有任何规划。他们中的大多数人只是单纯地来到了伦敦查令十字街车站或利物浦街车站，并不知道接下来该怎么办。宗教团体奔走在最前线，为这些难民寻找庇护之所，寻找衣物和食物。那些慈善家此时通常都会变得很多余，或是仅关注某些特定群体，比如专门照顾上流比利时难民的萨默塞特公爵夫人之家。[45]

1914 年 11 月，爱丁顿就在位于伦敦的英国皇家天文学会遇到了一名难民。在法国北部里尔天文台工作的天文学家罗伯特·约恩克海勒完全靠双脚来躲避德国人的炮火。鞋子在徒步行走的过程中磨破了，他就只穿着长裤继续走。[46] 走了五天之后，约恩克海勒来到了伦敦。他不知道自己工作的天文台是否在战火中幸免于难。约恩克海勒来到了英国皇家天文学会，就出现在那个通常用来讨论恒星光行差和行星岁差的讲台后面。他的现身让这块原本属于科学的空间变成了一块政治的空间。诸如此类的事件将一次又一次上演。

像约恩克海勒这样的故事把德国人刻画成了无视一切战争规则的野蛮的侵略者，在英国国内煽动起了焦虑不安的情绪。媒体（特别是《每日邮报》）的报道和英国对暴行进行的官方调查都更加渲染了这些情绪。官方的暴行调查报告内容耸人听闻，又极具煽动性，让那些原本是自由派的反战人士也都改变了心意，开始支持战争。德国人了解到这些调查报告后，便开始进行他们的战争罪行调查，调查的重点是平民对德国军人发起的攻击。发生在鲁汶城的一切再次被塑造成了一场违法的平民起义。[47] 这份报告并没有让多少来自中立国的观察人士感到信服。

英国人之所以如此痴迷于战争早期的暴行，部分原因当然在于他们与法国人和比利时人不同，他们没有在自己的国土上看到真刀实枪的战斗。然而，奇怪的是，战争对他们来说一点都不遥远，"国内战线"就是为这次战争而造出来的词。[48] 为了要在经济上动员起来应对总体战，几乎每个人都要参与到战时生产中去。男人们被源源不断地送进了战壕，随之而来的后果随处可见。比如，在铁路工人中，有一半人已经加入了军队，他们的位置便由女人们来替代。于是，女性铁路工人成为国内战线的一个标准形象。她们像军人一样穿着整齐的制服，提醒世人女性在为应对战争所做出的努力中占据了重要一环。[49] 每个人都因此而意识到女性对于战争的不容忽视的重要意义，这样的认识最终也让女性争取到选举权。支持妇女参政的团体认为两者之间的联系相当明显，因此成了积极的战争支持者。

爱丁顿无论如何都无法逃脱战争的影响。在剑桥，他的学生都去参军了。在伦敦，即使爱丁顿在肯辛顿花园悠闲地散步，他都可以看到挖在这里的战壕。这些整齐的土方工程仿佛一道道穿过绿草坪的伤疤，本意是要让城市里的人们放心，他们在战场上的儿子都得到了很好的照料。[50]

尽管英国在补充佛兰德斯战场上的军队时倍感吃力，但对自己在海上的控制权仍相当自信。因此，英国在战争中最初的应战措施之一就是利用海军对德国及其盟国进行封锁。由于陆地边界基本上已经被一条条战壕牢牢阻隔，因此，英国皇家海军的封锁事实上已经切断了德国的国际贸易。

在第一次世界大战前的 1914 年，德国已取得了巨大的工业成功，这意味着德国国内五分之一的粮食都可以通过海外采购来获取。除此之外，德国国内农业生产所需的化肥严重依赖于进口材料（另外，大量农业劳动力被军队征用赶赴前线，也是不利于农业生产的一个因素）。[51] 封锁的效果即刻显现了出来。甚至在战壕还没有完工时，面包就已经在德国国内成了稀缺品[52]。此时，愤怒的柏林居民却被政府告知这都是因为他们已经"养成了奢侈的暴食习惯"。[53]

甚至先不提由于封锁而无法获取的物资，就剩余的物资供给而言，政府很快就落下了管理混乱的名声。为了尽量减少动物饲料对粮食的消耗，政府针对猪下达了宰杀令，实质上是要把德国国内的每一头猪都杀掉，也就是德语中所谓 Schweinemord（意为"猪的大屠杀"）。这在一段时间内自

107　　然使猪肉出现了供过于求的情况，但随后马上就出现了严重的肉类短缺。于是，黑市很快就成为寻找食物的必要途径。[54]

德皇政府担心食物的匮乏会让他们在战场上的胜利黯然失色，这种担心并非没有道理。早在 1915 年 2 月，市场上就出现了为了区区几磅土豆而发生混乱哄抢的情况。柏林警察也对"黄油暴乱"有所预警。[55]他们已经接到上级命令，如出现暴乱迹象，可以鸣枪警示。

化肥的短缺反映了封锁的另一个严重后果。化肥生产依赖于从南美洲进口的硝酸盐（多年以来，制作硝酸盐最好的原料一直是从山洞墙壁上刮下来的蝙蝠粪便）。在战争爆发之时，全世界 80% 的硝酸盐都产自智利。硝酸盐不仅用于化肥，还是制造炸药必不可少的材料。战场上的每一名战士都要指望这种进口产品，因此对硝酸盐供给的控制权是在战争中获胜的关键，各方也立刻就意识到了这一点。然而，随着德国海军施佩伯爵上将的中队在福克兰群岛遭到英国战斗巡洋舰的伏击而全军覆没，德国海军夺取通往南美海路控制权的最后一次机会也消失了。自此，在整个战争期间，同盟国都再也没能与智利建立联系。

随着德国国内军工生产产能的不断上升，对硝酸盐供应的封锁就意味着德国无法长时间作战。德军的补给线绵延 8 000 英里，且无法得到有效补充，因此每一枚炮弹壳都代表着补给线上的一个终点。德国国内储备将在几个月内就消耗殆尽。幸运的是，这个世界上有一个人可以解决这个问题，他就住在柏林，他就是爱因斯坦的朋友弗里茨·哈伯。

哈伯的主要科研成果是找到了人工合成氨的方法。这种把四个氢原子和一个氮原子连接起来的技术可能看起来并不是特别激动人心，但它其实意味着人类第一次有能力创造出对于诸如农业化肥等化合物来说至关重要的化学键。在此之前，人类需要依赖缓慢而又变幻莫测的自然过程来创造这些化学键，现在人们可以自由创造了。

如果能够合成化肥，那么自然能够合成炸药。哈伯多年来一直担心德国的硝酸盐供应，因此制订了一个工业生产计划，涵盖了德国所需的各种化工品。这几乎完全是他自发的行为。哈伯早在任何一位政府官员有所意识之前，就意识到了硝酸盐危机，并要求自己所领导的威廉皇帝研究所聚焦于化解这一危机。哈伯本人与负责为战争准备而进行原材料采购的政府高官有很深厚的私人交情，这给他的研究工作带来了不少帮助。瓦尔特·能斯特从前线回来后，也开始着手研究爆炸物。人工合成硝酸盐的产量从零增加到每月上万吨。[56]

哈伯的研究所全力投入了这个领域。事实证明，哈伯是一名优秀的管理者，可以让下属不知疲倦地工作，他甚至还为研究所职员提供了托儿保育服务。爱因斯坦本应有一所由他自己领导的威廉皇帝研究所，但是在研究所办公楼建好之前，爱因斯坦的办公室实际上就在哈伯研究所的办公楼里。[57]我们不清楚爱因斯坦在这个办公室里工作的频次有多高（相对于在家办公的频次而言）。但当他在这里工作时，围绕在他身边的科学家都在全身心地致力于探究更新、更好的方法来消灭敌人。爱因斯坦是这座大楼里唯一一个没有为赢得战争而进行努力的人。

实际上，这些身在柏林的化学家几乎在军方意识到炸药生产所面临的问题之前就解决了炸药生产的难题。因此，在德国政府看来，科学家们在解决问题方面扮演着无与伦比的角色，而战争也变成了一系列可以通过直截了当的方案来解决的技术挑战。[58]哈伯让政府里的官员看到随着硝酸盐供给问题的解决，他的实验室已经开始研究可在战场上使用的新式武器了。1914 年 12 月 17 日，哈伯的实验室里发生了一次爆炸（这次爆炸可能把爱因斯坦办公桌上的铅笔震翻了）。哈伯躲过了爆炸，但是一位年轻而又才华横溢的科学家却在此次爆炸中丧生。这位科学家名叫奥托·萨克尔，与哈伯和他的夫人克拉拉都是朋友。哈伯和克拉拉都为他的死而感到震惊。为了走出这场悲剧，哈伯不断提醒自己这是为了一项更伟大的事业："他像一个战士一样战死沙场，因为他试图在我们这个学科的帮助下为战争找到更先进的技术手段。"[59]

在 1914 年，像哈伯的研究所这样的科研机构让德国科学界成了全世界的翘楚。这种状况的效果之一就是，许多留学生和年轻科学家都来到了德国，热切期望参与正在这里进行的各项研究。然而，当战争爆发，这种状况就引发了问题：许多留学生和外国科学家变成了"敌对的外国人"，不被允许在德国境内自由行动。威廉皇帝大学列出了一份清单，并根据这份清单开除了 7 位教授和 568 名学生。[60]

詹姆斯·查德威克是一位来自英国曼彻斯特的年轻物理学家，他后来成了中子的发现者，不过战争爆发时，他还在柏林，一直师从于德国物理学家汉斯·盖革。接下来，盖革离开实验室并加入了炮兵部队，查德威克则遭到了逮捕。他和其他所有年纪在十七岁至五十五岁之间的在德英国人一起，被拘禁在鲁赫本赛马场里。他和另外五个人一起睡在马厩里，提供给他们的食物既少又难吃，传染病也在他们中间不断蔓延。当查德威克要被驱逐的消息传出来时，有人询问盖革对自己这名从前的学生沦落到这个地步有什么看法，盖革的回应是查德威克正在为英国人犯下的罪行赎罪，而且无论如何他的日子都会比很多生活在封锁之下的德国人要好。[61]

在英吉利海峡的另一端，伦敦的某些学者则表现出了宽容的态度，比如国王学院和伦敦大学学院允许外国留学生继续留下来。[62] 然而，英国政府却有不同的打算。战争爆发后，英国议会立即通过了《外国人登记法案》。该法案包括了一系列针对英国境内德国或奥匈帝国公民的详细法规，来控制他们在英国的居住、工作和流动。他们必须到最近的警察局进行登记，活动范围不能超出这个警察局周围五英里。他们不能居住在军事要塞附近，这就包括了整个英国东海岸。德语报纸被禁止出版，通信工具也被禁止使用。移民也无法再改名字，因为改了名字他们就太容易隐藏起来。[63] 英国政府还引入了邮政审查制度，本来是为了抓德国间谍，但很快就变成了一个反战人员清单，任何表达反战观点的人都会出现在这个清单里。[64]

英国也开始了对可疑人员的拘禁。德国物理学家彼得·普林斯海姆只不过是参加了不列颠科学促进会在澳大利亚举行的会议，现场聆听了奥利弗·洛奇那番支持国际科学合作的讲话。然而在那之后，普林斯海姆在英国的集中营里度过了战争的大部分时间。[65] 德国地质学家阿尔布雷希特·彭克[66]也参加了在澳大利亚举行的会议，虽侥幸逃脱了在英格兰的拘禁，后来却被当成间谍而被捕了。

与外界的隔绝是一把双刃剑。爱因斯坦最初希望隔绝能让自己不去理会外面的疯狂，可以专注于自己的研究。然而，事实恰恰相反，随着同事们都与政府团结在一起，爱因斯坦意识到自己所追求的孤独可能会变成一种诅咒。当哈伯和普朗克都声称科学与德意志帝国团结一心时，他如何可以与这两人讨论科学问题呢？普鲁士科学院的军国主义外表竟出乎爱因斯坦的意料，变得更加真切了。

看到朋友们宣称英国科学只属于英国，而不属于全世界时，爱丁顿也感到非常震惊。戴森早已决定全心接受自己头衔中"皇家"的部分，天文学此时则被认为是公开为王权服务了。爱丁顿的贵格会教徒身份被一针见血地指了出来，让他不要忘记作为一名贵格会教徒，他应该置身事外。突然间，爱丁顿为挤进科学界的核心圈子而取得的一切职业成功变得没什么意义了。作为一个新晋军国主义国家中的一名和平主义者，爱丁顿感到越来越孤单了。

　　鲁汶城的毁灭引发了一系列事件，使得爱因斯坦和爱丁顿都分别与自己所在的学术圈子断了联系。随着战争的残酷持续升级，这种隔阂只会日益加剧。爱因斯坦和爱丁顿都开始寻找新的出路。爱因斯坦最开始试图寄希望于尼古拉，却以失败告终，不过也许"新祖国同盟"带来了些许希望。爱丁顿的"兄弟会"为了和平而动员起来，不过他们对于如何才能让这项事业取得最佳效果也还不甚明了。身在英国和德国的和平主义者都开始行动起来了，不过他们能够强大到抵御席卷整个欧洲的军国主义吗？科学又会在战争与和平之间选择一边来站队吗？

111

# 第五章

## 国际科学的瓦解

### 《绝不与野蛮的人种妥协》

1915 年 8 月 10 日，一名二十七岁的通信技术官在达达尼尔海峡被一名土耳其狙击手击穿头部而亡。当时，温斯顿·丘吉尔制订了一个大胆的或者说莽撞的计划，试图在战争中开辟新的前线，达达尼尔海峡就是这个计划的一部分。就在几个月前，奥斯曼帝国加入了德国和奥匈帝国的阵营，导致冲突的范围进一步扩大了。后来被称为加里波利之战的那场战役没能实现任何一个战前预计的战略目标，完全是一场灾难。数十万人在这场战役中丧命，包括前面提到的那位年轻的英国通信技术官亨利·莫塞莱，而他刚刚获得了诺贝尔物理学奖的提名。[1]

莫塞莱在短暂的一生中仅发表了八篇论文，却几乎给物理学和化学带来了革命性的变化。他找到了一种方法让人们可以通过一种看起来几乎是异想天开的方式，用 X 射线去探测原子的内部结构。1914 年夏天，莫塞莱本来马上就要得到一份极负声望的教授职位，然而战争突然爆发了。当时正与爱丁顿同在澳大利亚的莫塞莱赶紧提前结束了行程，返回英格兰，并自愿加入了英国陆军。

听到他的死讯，全世界的科学家都感到无比震惊。美国物理学家罗伯特·密立根悲痛地表示："就算这场欧洲大战除了夺走这条年轻的生命之外，再没有其他后果了，单这一后果就足以让它成为历史上最可怕、最无法挽回的罪行了。"[2] 甚至连德国人都将莫塞莱的死称为"科学界的严重损失"[3]。

莫塞莱的导师、著名实验物理学家欧内斯特·卢瑟福在权威期刊《自然》中为莫塞莱撰写了一篇讣告，向这位英年早逝的天才致敬。卢瑟福在讣告中描述了自己和同侪因像莫塞莱这样的人才应征入伍而产生的矛盾情绪："他们自愿而又全心全意地回应国家的呼唤，我们为此感到自豪，但又因科学界无法替代的损失而感到忧虑。"[4] 卢瑟福本人就是历史上最伟大的实验物理学家之一，他在莫塞莱身上看到了做物理学研究所需的一切特质。因此，卢瑟福所受到的打击是显而易见的。他认为政府把这位年轻人仅仅当作一名战士，这是一个国家的悲剧："我们不得不承认，如果莫塞莱投身任意一个因为战争而变得十分必要的科学领域，他所做出的贡献都将远远超过将自己暴露于土耳其子弹的威胁之下。"[5]

加里波利之战还夺走了多位英国科学家的生命，包括来自格拉斯哥的动物学家查尔斯·马丁、来自剑桥的生理学家基思·卢卡斯等，仅牛津的一个实验室就一次性失去了五个人。[6] 下一代科学家似乎都倒在了长长的刺刀下。《泰晤士报》发表了一篇文章表达对此状况的不满，认为这是"浪费才智"。文章写道，想象一下，如果这场战争发生在 80 年前，那么可能就会有一块墓碑上面写着："查尔斯·达尔文，死于佛兰德斯。"[7]

这些令人悲痛的警示表明了科学领域在第一次世界大战期间所面临的一大根本压力。尽管参战各国的大多数科学家都支持战争，但是支持战争到底意味着什么，其实一点都不明朗。他们应该用自己的智慧和科研技能来支持战争吗？还是应该用自己的身体或使用武器的技能来支持战争？

在伦敦，与这些问题息息相关的是人们对国内战线的意识越来越强烈。1915 年 1 月，德国的齐柏林飞艇在伦敦上空扔下了炸弹。尽管这种早期空袭几乎没有造成什么损失，却让人们真切地意识到战争已经打到了家门口，这种心理上的冲击是无法估量的。此后不久，德国人又将另一种新式武器对准了平民。为了报复英国对德国港口的封锁，德国人开始使用潜艇对一切前往不列颠群岛的船只发起攻击。潜艇这种新型船只几乎可以随意躲避英国皇家海军，它们可以发动攻击，并在强大火力对准自己之前就消失。与德国一样，英国的工业能力也依赖于来自世界各地的原材料和食品进口。换句话说，他们与德国人一样脆弱。每个月大约有 50 到 100 条商船被德国 U 型潜艇击沉。在剑桥和约克，商店的货架上已经看不到糖的影子了。于是，两个在地面战场上陷入胶着状态的帝国巨人开始用另一种方式彼此纠缠、相互制约。

一个决定性的时刻在 5 月来临，当时英国巨轮"卢西塔尼亚号"刚刚完成第 202 次跨大西洋航行，来到了潜伏在海下的 U-20 潜艇面前。在遭受了仅仅一枚鱼雷袭击后，"卢西塔尼亚号"就带着船上 1 201 名乘客和各种军火货物沉入了大洋深处。这次事件造成了巨大人员伤亡，引发了国际社会的愤怒。在这次事件中，128 名美国人丧生，美国这个沉睡的巨人差点因此而加入战争，德国人发挥了其高超的外交手段才得以暂时让美国置身事外。乔治五世国王则最终剥夺了表兄德皇威廉二世的嘉德骑士勋章，把他陈列在温莎城堡圣乔治礼拜堂中的旗帜撤了出去。事实上，自从英国向德国宣战以来，尽管面临来自公众的巨大压力，但乔治五世一直坚持没有采取这样的行动。然而此时，他已经顶不住压力了。[8]

113

"卢西塔尼亚号"的沉没在英国各地都引发了反德骚乱。商店被洗劫一空，无辜的人们被暴徒从自己家中拖走。一架属于德国移民家庭的钢琴被拖到了大街上，人们就地用它弹奏英国爱国歌曲。[9]当时还没有被拘禁的德国人很快都遭到了逮捕，其中有大约 32 000 人在 1915 年秋天就被投入了集中营。媒体的渲染也为这些暴民行为的持续提供了助力。广受欢迎的杂志《英国佬》发表了一篇社论，把英德之间的冲突称为所有英国人与德国人之间的宿仇。[10]诸如《绝不与野蛮的人种妥协》一类的文章标题已经变得司空见惯。[11]

在这个野蛮的人种里，有一个人在研究计算的过程中遇到了麻烦。从出生地和居住地的角度来说，爱因斯坦都是德国人，但每当有人说他是德国人时，爱因斯坦总会迅速纠正这一说法。他就像抓着一枚护身符一样紧紧抓住自己的瑞士公民身份。这一身份不仅让他躲过了德皇的征兵，也让他得到了某些心理上的慰藉，因为凭借这一身份，他可以远离身边那些打着爱国旗号的疯狂行为。尽管如此，他那些讨论科学问题的书信似乎都会透露出他的孤独：

> 在这样的时局之下，几乎我所有的同伴都存在情感误判，并带来了悲剧后果，我为此感到非常痛心，也发现自己对科学变得加倍热爱……就我们科学家而言，在这种情况下，必须更加努力地搭建国际间的联系，必须远离暴民们的粗俗情感；然而很不幸，在这一方面，即使是在科学家群体中，我们所感受到的也是深深的沮丧。[12]

爱因斯坦发现自己对为数不多的几位可以畅所欲言的同事变得越来越依赖。他写道，"在这个世界上，唯一真正值得努力的就是与那些卓越而又独立的人们建立友谊"[13]，这一点因战争而变得十分明显。

在爱因斯坦可依赖的朋友中，最重要的一位仍然是洛伦兹。没有人能像洛伦兹一样在科学专业技能与老练的人际交往能力之间达到完美的平衡。在面对批评时，爱因斯坦有时会表现得十分易怒，却总能接受洛伦兹的意见。有一次，在洛伦兹提出了修正意见后，爱因斯坦回信写道："理论学家误入歧途的方式有两种：1）魔鬼用一个虚妄的假设引诱他走上了花园小径（如果是这种情况，那么理论学家是值得惋惜的）；2）他的论证既不准确又马虎草率（如果是这种情况，那么他活该被痛打）。"[14]爱因斯坦谦虚地接受了这位荷兰良师的痛打。

爱因斯坦纲要理论的一大缺陷是不具备广义协变性，这一点只有爱因斯坦的知己密友才知道，洛伦兹便是其中一位。纲要的这个缺陷是不是一个真正的问题，爱因斯坦对此一直犹豫不决。空穴佯谬理论是不是让协变性消失了？抑或是协变性仍隐藏在现有的一系列方程式中？洛伦兹认为这一切都没有必要，他仍然对以太充满信心，而以太所提供的绝对参考系则让协变性变得不可能。洛伦兹委婉地向爱因斯坦暗示，也许，他对相对性原理的坚持只是一种"个人观点"[15]，而在别人看来这并没有像这位年轻人自己所希望的那样不言而喻。一代又一代科学家的研究都离不开以太，也许以太也可以重新进入爱因斯坦的引力理论中？

爱因斯坦不愿意走到这一步。不具备协变性是一个缺陷，但他可以与这样的缺陷共存，它也并没有堵住未来的研究之路。爱因斯坦可以沿着物理和数学两条不同的路径继续研究广义相对论，他把这称为"万花筒般的组合"[16]协变性是个物理问题，因此爱因斯坦决定暂时专注于数学路径。他开始与身在意大利的数学家图利奥·列维-奇维塔书信联系，因为奇维塔在绝对微分学的建立过程中发挥了一些作用，而绝对微分学恰好就是爱因斯坦构建其理论的基础。他们的交流富有成果，但后来，随着意大利加

115

入了协约国，两人之间的联系便被切断了。

爱因斯坦还定期与弗劳德里希联系，看看是否有机会对自己的理论进行验证，并仍然在努力尝试让弗劳德里希拿出些时间来研究相对论。但弗劳德里希的领导奥托·斯特鲁维却一直说不行，这次理由是在完成布置给自己的任务方面，这位年轻的天文学家已经是出了名的不可靠。[17]

爱因斯坦没有办法进行日食观测，他就只能寄希望于水星轨道的摆动了。该摆动（学术术语是"近日点的进动"）自19世纪50年代被发现起就一直存在，而且一切想要用牛顿引力理论来解释这一现象的努力都以失败告终了。如果太阳的腰线那里稍微胖一点，这个现象就可以得到解释了（但太阳并非如此）。一颗位于水星轨道以内、代号为祝融星的行星可以解释这个现象（然而尽管天文学家们已经很努力地进行观测了，但无论是这个行星还是它所起到的效果都没有被观测到），牛顿方程式在经过了一些特定调整后也可以解释这个现象（但是谁会愿意去改变那些神圣的文本呢？），还有一个长期存在的解释，那就是水星周围飘浮着一片由气体和尘土组成的扩散带，这片扩散带的厚度刚好足以造成水星轨道近日点的进动，同时又刚好不足以被人们观测到。爱因斯坦曾冒险地认为自己的纲要理论可以针对水星轨道近日点的进动进行准确的数学预测，从而让那些不相信这个理论的人都站到自己这边来。然而事实却并非如此。纲要理论计算得出的结果与实际情况相去甚远。

尽管遇到了问题，爱因斯坦还是相当乐观的。坐标转换所涉及的数学技巧用起来效果很好，等效原理经受住了一切挑战，而且牢固地植根于守恒定律。然而，整个过程却格外痛苦艰难。爱因斯坦曾写信给埃伦费斯特，抱怨说自己"有关引力的研究取得了进展，但代价是他付出了巨大的努力；引力真像个腼腆害羞又顽固不化的人！……有关引力的发现很简单，但得到这个发现的研究过程简直像在地狱里走了一遭！"[18]

1915 年 1 月，爱因斯坦还给另一位朋友写信，告诉他广义相对论"从某种意义上说马上就要完成了"。[19] 在另一封信中，他听起来甚是心满意足："尽管外面那可恶而令人痛苦的战争仍在继续，我却在自己的小房间里安静地工作。现在，广义相对论的大部分不明之处都已经解决了。"[20] 他抱怨说这个理论因其自身所涉及的数学而变得难以研究，这一点让人感到遗憾。爱因斯坦搬出了麦克斯韦理论的例子来安慰自己，那个理论也曾一度面临相同的问题，后来才得到了简化。然而，在结束了有关相对论研究进展的交流后，爱因斯坦在这封信中突然话锋一转，写道：

> 为什么你写信跟我说"上帝应该惩罚英国人"？我不管是与上帝还是与英国人，都没有任何特别亲近的关系。我只是非常沮丧地看到上帝惩罚了许多自己的孩子，因为他们做了太多蠢事。但很明显，只有上帝本人应该对此承担责任；在我看来，只有"上帝并不存在"这一个理由才能为他辩解。

即使在不涉及政治话题的交流中，这场战争也是不可避免的内容。

其他科学家对于相对论的支持先是逐渐增加然后又慢慢减少。有那么一周，爱因斯坦觉得曾经坚决反对相对论的普朗克终于站到了自己这一边。而到了另一周，他又不满地表示外界对于相对论的兴趣"目前极其有限"[21]。爱因斯坦在柏林其实已经没有朋友了，对外书信和电报又受制于英国皇家海军的封锁，他不知道在哪里可以为自己的事业找到新的志同合之人。

封锁是把双刃剑。当战争在 1914 年 8 月爆发，而爱丁顿还在从澳大利亚返回英国的途中时，英国天文学家们就发觉了某些异常。当时，每个

117　人手里最新一期德国天文学期刊《天文学通报》都是 7 月 22 日出版的。[22]
难道没有人手里有最新一期吗？并没有。战壕有效地切断了商业活动，也
同样有效地阻断了科学交流；英国的封锁挡住了普鲁士人的宣传攻势和私
人信件，也同样挡住了科学期刊。

　　纸质印刷品并不是唯一受到战争干扰的交流媒介。多年以来，像爱丁
顿这样国际化的天文学家都依赖于复杂的电报网络来传播各种观测结果和
新发现的详细信息。这种"科学观察者"系统通过一种特殊编码把大量天
文学数据压缩成一个高效的表格。这种做法不仅保证了时效性，在确定科
学成果的发现权方面也更加可靠。编码的电报会首先发往位于德国基尔的
一个中枢，然后再被发送到世界各地的天文台。

　　然而，在战争开始后，各条电报线路都被切断了。天文学家们原本运
转顺畅的系统被扼住了喉咙。不管是远在日本的观察者想要申报发现了一
颗新彗星，还是爱丁顿需要确认某些异常的恒星运动，都已经做不到了。
因为整个系统要经过德国，甚至是非交战国之间的沟通也都遭到了干扰。
中立国美国的哈佛天文台台长爱德华·查尔斯·皮克林向英国皇家天文学
家弗兰克·戴森抱怨说，天文学领域的国际项目已经逐渐停摆了。"由于
电缆被切断，现在已经不可能与位于基尔的中枢站联系了。因此，可以就
天文学发现进行相互沟通的正规渠道已经不复存在了。"[23]

　　两人急忙建立了一个替代系统。美国天文学家[24]会把电报发给皮克
林，再由皮克林发给戴森，戴森则分别单独发给位于协约国和欧洲中立国
的各个天文台。此时的形势尤其混乱。就在戴森建立这个替代系统的时
候，中立国丹麦的权威天文学家埃利斯·斯特龙根也在进行相同尝试。斯
特龙根认为让自己所在的机构来替代位于德国的那个被切断的中枢更为合
适。同盟国的天文学家都熟知斯特龙根，对于由他来做真正的国际中枢也
都有信任感。斯特龙根向战争的两个阵营中各国的天文学家保证不管战争

持续多长时间，他都会保证这个系统的运转。[25]

然而，英国的审查措施却让人觉得没那么乐观了。英国政府看到的是大量经过编码的电报在英国与敌国之间来回传送。邮政大臣对这种电报的传递表示反对，并宣布禁止这种做法。皇家天文学家本人亲自出面恳请单独对天文学领域的电报开绿灯，并向政府提交了电报的解码规则。然而，这个请求仍然遭到了拒绝，政府也没有给出任何解释。[26] 在战争早期，这类事务由邮局来负责，邮局在审查方面几乎没有经验，很多天文学信息还是送到了哥本哈根。然而，当英国通过了《国土防卫法》，并且英国陆军部接管了审查职责后，形势发生了突变。每一封电报都要接受审查，而且要提交解密版本。

即使相关电报信息都经过了解密、审查，但是与敌国进行科学交流本身仍然是非常值得怀疑的行为。利物浦天文台的普拉默只是从天文台发出了电报，结果被标记成了可能与敌人勾结的人。天文台董事会对他越来越怀疑，要求他停止一切此类交流。普拉默解释了发电报的目的，然而这些电报"看起来是在为敌人提供帮助"。[27] 罗伯特·托尔布恩·艾顿·因尼斯认为让中立国可以接触到帝国的数据并不是个好主意。他承认自己"更倾向于把这样的数据发送给英国的机构"。[28]

有关英国科研人员队伍中可能已经混入了德国特工的怀疑日益增长。人们很容易因为名字而遭到怀疑。著名电气工程师亚历山大·西蒙斯早在1878 年就已归化入籍，成了英国公民，但此时不得不被迫公开发表声明，表明自己忠于大英帝国。胡戈·穆勒自 1854 年起就一直居住在英格兰，曾在皇家化学学会担任主席，现在也迫于压力退出了学会。他的这个做法得到了称赞，称他是一位"考虑周到的德国人"。[29]

值得注意的是，皇家机构前不久辞退了两名来自英格兰的科学官员，随后用德国人替代了他们的位置。苏格兰场对此进行了调查，但没有发现任何问题。皇家学会院士巴塞特提出警告，认为皇家学会的名声因此受损了：学会秘书中的一位就出生在德国，另一位则拥有三个德语名字，而且说英语的时候也带有浓重的口音。[30]

119 巴塞特指的是阿图尔·舒斯特。舒斯特过去40年一直在曼彻斯特大学教授物理学（他也是爱丁顿在曼彻斯特大学求学时的导师之一），以目光温柔又时常微笑而出名。舒斯特虽然出生在德国，但在几十年间一直是英国科学的基石。舒斯特有一套为进行科研而准备的无线电设备，他常常用这套设备来收听身在欧洲大陆的科学家们所进行的气象和太阳观测情况。然而当警察听闻这些内容后，他马上遭到了怀疑，整套设备都被没收了。在英国科学促进会1915年大会上，舒斯特被选举为主席，这一结果引发了抗议的浪潮。[31] 媒体不断宣传造势，试图让他辞去主席之职，还有流言说科学家们会抵制英国科学促进会的会议。最终，舒斯特入驻了英国科学促进会主席的办公室，但与此同时，也收到了儿子在达达尼尔受伤的消息。

在此之后，以剥夺他主席职位为目标的运动愈演愈烈。头顶"皇家学会最年长院士"荣誉的化学家亨利·阿姆斯特朗持续用书信轰炸各大报纸。他担心英国科学界会落入舒斯特这样"毫无想象力可言的德国人之手"。[32] 牛津动物学家埃德温·雷·兰克斯特爵士呼吁舒斯特"为了他在英国科学促进会的各位同事而选择辞职，这样一来，那些因为他的存在而引发的不良情绪，以及可能造成的伤害或任何针对英国科学促进会的傲慢态度都会通通消失"。牛津天文学家赫伯特·霍尔·特纳则态度"友好"地要求舒斯特辞职。尽管如此，在战争大部分时间里，舒斯特始终都担任英国科学促进会主席。1918年，他拒绝了参加谋求连任的选举。[33]

对舒斯特的攻击并不仅出于对敌国间谍问题的担忧。当时还有一种普遍的感觉，那就是战争表明德国人**完全没有办法从事科学工作**。法国物理学家、科学史家、科学哲学家皮埃尔·迪昂认为德国科学是"抽象、厚重、模糊的"[34]，他对德国科学家也都极为轻蔑，认为他们都"听命于一种武断随意、愚蠢疯狂而又只懂代数的帝国主义"。因发现惰性气体而稀里糊涂地获得了诺贝尔奖的苏格兰化学家威廉·拉姆齐爵士宣称"德国人脑中理想的科学家形象与真正科学家的样子毫不沾边"。他认为德国过去在科学领域的声名都是靠利用其他人的研究和成果才取得的。在这场以推倒德国过去高大形象为目的的运动中，以在神经学领域的专业研究和与肩同宽的鬓角而闻名的詹姆斯·克莱顿·布朗爵士也贡献了一份力量。他表达了对战争的感激之情，感谢战争"把广泛存在于科学、文学和艺术领域中的德国超人的概念拉下了水，并把它们永久地撕成了碎片"。[35]柏林变成了一个只能产出贫瘠思想的地方，关于这个世界，不管它有什么想法需要表达，现在都已经无须再去聆听了。

120

　　在英国的科学期刊中，当前的战争成了经常出现的话题，比如关于科学家在战场上丧生或受伤的报道，或者科学家的亲属在战斗中失踪的新闻。[36]英国科学促进会的年度会议也从一个颂扬科学国际主义的盛会，变成了"一个符号，表明不列颠帝国上下一心、团结一致来面对共同的敌人，也不会因为敌人的侵犯而恐慌沮丧。[37]1915年的年会[38]召开时，空中时常会响起德军齐柏林飞艇来袭的警报声，会议不得不因此而数次中断。

　　爱丁顿的愿景是建立国际化的科学，但不管是在伦敦还是在剑桥，他都得不到支持。政治上陷入孤立的爱丁顿希望能从当时仍保持中立的美国找到认同。他写信给哈佛天文学家安妮·坎农寻求帮助。多年前，在国际太阳天文联合会在德国波恩召开的一次会议中，爱丁顿曾见过坎农，她因为对超过25万颗恒星进行了手工分类而成为当时最伟大的天文学家之一，也是历史上第一位获得牛津大学荣誉博士学位的女性。坎农不仅是女性，还是一位聋哑人，因此在当时那个科学领域存在严格性别壁垒的年代，坎农对被排除在外的处境颇有体会。爱丁顿痛心地表示：

> 在波恩，我们过得很愉快，然而在那之后，我们与德国同事之间就出现了裂痕，这非常令人难过。如果参战双方能彼此尊重那该多好，这样未来看起来就不至于那么灰暗；不过我认为，在过去三个月间，我们这里对德国人的蔑视与仇恨恐怕仍在与日俱增。[39]

爱丁顿想把正逐渐将德国科学界包围起来的层层壁垒击碎，他希望在这条道路上可以与美国天文学家成为盟友。此时，美国天文学家还没有被英国的战争宣传所渗透，还可以与德国的同事进行交流。一个没有参与战争的国家当然会持更为公正的态度，不是吗？

然而，站在爱丁顿一边的美国人并不多。美国加利福尼亚州利克天文台的天文学家威廉·华莱士·坎贝尔宣称德国人的双手沾满了鲜血。他还表示"科学浓于血"[40]的说法是不对的。德国"这个最崇尚科学的国家，已经把科学变成了娼妓，让它服务于军事力量最本能的需求"。就这样，在遥远的大西洋彼岸，爱丁顿依然没能找到能产生共鸣的人。

爱丁顿因为贵格会的信仰而没有成为爱国主义科学圈中的一员。对贵格会教徒而言，人与人关系中最重要的一个因素就是要理解每个人对自己神圣天性所具有的责任。一个群体可能会做出不道德的行为，但是要评判每一个个体则必须依据其本人的行为。在爱丁顿看来，德国科学家群体其实是战争的受害者，具体来说，他们是由军国主义和帝国主义所掌控的反常体制的受害者，需要把他们从反常体制中拯救出来，而不是指责他们。

贵格会在战争中所做的努力也都基于与爱丁顿相同的观点。对他们来说，正在战壕中受苦受难的人们究竟来自战争中的哪一方并不重要，因为每一个人都值得同情。因此，他们不在意国籍的界限，这让爱国人士非常不满。贵格会教徒在法国建起了难民营，但同时也为在俄国流离失所的德国人提供支持。[41] 在英国，贵格会教徒建立了"为处在困境中的德国人、奥地利人和匈牙利人提供支持的紧急委员会"，旨在帮助在战争爆发之时被驱逐的敌国公民。[42] 这个委员会的负责人都是爱丁顿的好朋友。

在英国，很多人认为建立这样的组织是同情敌人的表现，因此贵格会遭到了尖锐批评，甚至有声音说这个委员会违反了 1534 年通过的叛国法案。紧急委员会收到了死亡威胁，有三名成员最终被抓进了监狱，包括爱丁顿的朋友也是他在剑桥的同事、科学家欧内斯特·勒德拉姆。[43]

人们之所以对于像爱丁顿这样的和平主义者感到愤怒，其根源在于认为如果有人反对战争，那么他们就一定支持德国的侵略。于是贵格会马上做出了改变，无论如何，他们绝不是"亲德派"。他们并不认同德国的军事目标、政策或实际做法。[44] 事实上，贵格会教徒认为，相较于暴力，包容与容忍更有可能结束战争，认为与"敌人"建立桥梁纽带将有望创造一种新的国际主义，从而避免未来的战争。

哪怕让一位来自协约国的天文学家去想象那些已经沦为军国主义帮凶的卑鄙普鲁士科学家会是什么样子，他也无论如何想象不到弗里茨·哈伯所做的程度。哈伯每天都穿着军装、挂着军衔去实验室。他的脸上有年轻时与人决斗留下的伤疤，嘴巴里总会叼着一支雪茄。哈伯成了一名领导者，对此，他自己颇为享受。在他周围，总是围着一群工作人员，既有科研人员，也有军人。哈伯总是在狂热的行为和深深的抑郁情绪之间摇摆，这也是他的出名之处，哈伯之所以能够在化学领域取得成功，关键在于与妻子克拉拉·伊梅瓦尔的紧密合作。他们的婚姻就像当时典型的科学家之间的婚姻一样，克拉拉所付出的努力几乎都没有得到认可。因此，众所周

122

知，他们夫妻二人之间的关系非常紧张。

哈伯与爱因斯坦的成长背景相当相似，也是在自己家的工厂里长大，他家的工厂生产的是染料和油漆。哈伯很早就具备了化学专业才能。在还是个小伙子的时候，他就意识到了欧洲对于化肥的依赖，便开始专注于氮的研究。最初，他在合成氨上取得的突破极为有限，但还是在 1908 年把这一成果成功卖给了德国化工企业巴登苯胺纯碱公司（BASF，也就是今天的德国巴斯夫集团），从而获得了 10% 的股权，并为后续研究争取到了长期资金支持。[45] 然而，到了 1913 年，在天才化学家卡尔·博世（他后来创立了由多家公司组成的法本集团公司）的帮助下，合成氨才得以实现大规模工业生产。很快，哈伯就因为这 10% 的股权而变得出名又富有了。

哈伯也像爱因斯坦一样出身于一个犹太人家庭。成年后，他皈依了基督教，这完全只是出于对职业生涯和社会生活的考虑，因为犹太人是很难在学术领域获得职位的。[46] 他的儿子后来推测哈伯之所以表现出狂热的爱国热情，其实就是想以这种方式来弥补自己犹太人的身份。甚至连哈伯的同事有时也会惊讶于"哈伯对国家意志无条件的接受"。[47]

在解决德国军火生产所面临的硝酸盐危机（从而使他的祖国德国不必退出战争）的同时，哈伯已经开始思考自己的化学专业知识还能为这场战争做出哪些贡献了。大多数参战国并没有投入太多精力去研究在战场上使用的装满了催泪瓦斯的炮弹。哈伯的实验[48] 也表明装了催泪瓦斯的炮弹几乎一点用处都没有，但是他认为可能还有更好的选择，那便是使用氯气。

氯气是一种在常温环境中呈黄绿色的气体。吸入人体后，氯气会与人体中的水分结合，形成盐酸，开始腐蚀肺部。如果所吸入的氯气足够多，那么很容易就会导致残疾或死亡。对于哈伯来说，氯气的吸引力还来自另一个特点，那便是数量充足。氯气是合成染料工业的一个副产品，德国刚好在这一领域中占统治地位。事实上，巴登苯胺纯碱公司和拜耳已经建立了巨大的氯气生产线，并已投入使用。这两家公司在氯气的生产、储存、运输和使用方面都具有丰富的经验。因此，氯气是个完美的选择。

哈伯有直通德国陆军参谋部的私交，于是很快便得到了支持。他建议用许多聚集在一起的圆柱体容器来释放氯气，从而制造出毒气云。他们希望通过这种方法可以让毒气飘向敌人的阵地。氯气比空气重，因此可以落入战壕中，把步兵从他们的防御工事中逼出来。这个把工业垃圾变成武器的过程进展得相当顺利。协助哈伯的还有化学家奥托·哈恩。哈恩此前曾奔赴前线，然而他所在的部队在战斗中遭受了重创，无法再形成有效战斗力。在此之后，哈恩便回到了德国。哈伯和哈恩二人于4月2日进行了一次试验，结果特别成功，哈伯自己甚至稍稍吸入了一些毒气。在接下来的两个星期里，500多个一人来高、重达200磅的圆柱体容器被氯气填满，并运送到了前线。接下来，他们要做的就只是等待合适的风出现。[49]

哈伯的这项发明首先用在了伊珀尔突出部的战场上，因为在这里，英国军队自从移动战结束后就一直躲在战壕里。在氯气释放当天，150吨氯气在距离地面约30到100英尺高处形成了一片浅绿色云团，以大约每小时一英里的速度飘浮前进。[50]迎战毒气的是法国和阿尔及利亚的部队。他们最开始接触到氯气时会闻到一股辣椒和菠萝的气味，然后会突然开始咳嗽，并随着液体进入肺部而开始感到喘不过气来。这些士兵在陆地上出现了溺水状态，纷纷放弃了阵地，逃到了后方。德国人还没做好准备迎接这样的成功，因此仅将阵地稍稍向前推进了一点。[51]我们不知道化学武器在战场上的这次初次使用究竟造成了多少伤亡，可能大约有5 000人死亡，10 000人受伤。

毒气攻击给身体造成的实际损伤与其心理冲击相比都是次要的。哈伯本人对这种新式武器进行了赞美，说它"因为无法预知的后果而让人们产生了新的焦虑，进而扰乱了人们的心理，更在士兵恰好需要把全部精神都投入到战斗中的时刻破坏了他们的忍耐力"。[52] 不知是出于何种原因，人们对窒息的恐惧要远大于对子弹和炮弹碎片的恐惧。

德国陆军参谋部对此印象深刻。哈伯被歌颂为这一新式武器的最主要创造者，并实际成为德国政府在化学战方面的唯一顾问。他得到了晋升，成为一名陆军上尉，尽管他从来没有实际统领过任何部队。不过，哈伯手下的工作人员仍然迅速增多，最终他领导的队伍发展到了 2 000 多人。[53]

协约国面对这种新式武器表现得惊慌失措。由于这种状况完全出乎意料，因此他们没有现成的反击或防御措施。作为一个权宜之计，士兵被要求在毒气攻击期间用浸泡过尿液的袜子捂住口鼻来呼吸。[54] 甚至德国人自己也没有现成的氯气应对措施。哈伯匆匆忙忙地把氯气运到了前线，但在这个过程中却几乎没想过己方该如何应对氯气。讽刺的是，第一批因毒气攻击而伤亡的人员就是在 4 月 22 日发起首次毒气攻击的德国士兵：他们遭受了法军的持续炮轰，有些装着氯气的容器被炸裂了，导致氯气提前释放了出来。[55]

毒气很快就被当作一种独特的**科学**武器。不管是战壕内的一方还是战壕外的一方都把毒气描绘成一种完全由哈伯的聪明才智创造出来的产物。虽然事实并非如此，因为毒气只不过是化学染色工业所产生的副产品，但人们就是认定了毒气与哈伯之间的联系。因此，化学家要为此负责。在德国，这样的局面意味着哈伯将得到嘉奖；而在协约国，这引发了人们针对哈伯的愤怒。在这种情况下，法国和比利时的多家学术机构很快就把来自敌对国家的成员除名了。伦敦化学会把范围锁定得稍微小了一些，仅把从事武器研究的科学家都开除了，比如能斯特和奥斯特瓦尔德。[56] 该学会还发表声明："伦敦化学会有王室颁发的皇家宪章，因此忠诚于王室，并将这一宪章作为行为指南。在这一背景下，学会认为保留任何来自敌对国家的荣誉外籍成员都不符合我们的行动指南，也是对王室的不忠。"[57] 为了报

复，普鲁士科学院差点开除了所有外籍成员（普朗克在最后关头站出来阻　
止了这一切）。尽管如此，协约国的科学家们基本上都认为已经再也没有
可能与来自同盟国的同事合作了。像《九三宣言》一样，化学武器也具有
明显的科学属性，这样一来，很难想象在战场上对垒的两方如何可以在科
学领域内进行合作。国际科学界就这样瓦解了。

甚至是在柏林，也不是所有人都为哈伯的成功感到高兴。哈伯的妻子
克拉拉感到非常愤怒。她成为化学家不是为了杀戮和伤害。现在，她变成
了大屠杀的帮凶。5 月 1 日晚上，哈伯夫妇发生了激烈的争吵，之后，过
了午夜时分，克拉拉拿走了哈伯的手枪，对准自己的胸口开了枪。克拉拉
的死让哈伯非常震惊，他强迫自己全身心投入工作中。[58] 第二天清晨，哈
伯就离开了家，赶赴东线前线，去规划对俄国的首次毒气攻击。爱因斯
坦是在一段时间之后才听说了克拉拉自杀的消息，他没有进行任何解释或
铺垫，只是简短而又生硬地把这个消息告诉了正在分居中的妻子米列娃：
"哈伯夫人在两周前开枪自杀了。"[59]

对于许多想要为战争做贡献的德国科学家来说，哈伯在化学武器上取
得的成功成了一个典范。科学家通常会以自己在战争爆发之前从事的研究
为基础，进行适当调整来满足新的战场需求。比方说，如果在战前研究的
是电磁学，那么在战时就会设计电台天线；如果是运动学专家，那么此时
所进行的就会是弹道计算。天文学家经常需要预测何时可以得到晴朗的天
空，所以通常都进行过气象学方面的学习，因此，他们在战时会预测雨天
何时会出现间歇，从而让步兵可以发起进攻。所有这样的调整通常都由科
学家自发进行，就像哈伯这样，因为在战争早期，政府认为战争会速战速
决，因此完全没有机会大规模使用科学家们的专业知识。[60]

英国科学家也遇到了相同的问题。1914 年秋天，也就是战争爆发后

不久，英国政府并没有向科学家们寻求多少建议，对此，英国皇家学会感到非常不解，便成立了一个战争委员会，旨在运用科学来为战争**提供**协助。[61] 然而，在这个委员会成立最初的两个月里，英国陆军部都毫无回应，有一种未经证实的说法是陆军部有回应，只不过这一回应是告知委员会他们已经有一位化学家了。[62] 这并不是说战争中并不存在多少科学家可以提供建议的重大问题。事实上，英国与德国的情况一样，政府对因贸易受阻而出现的各种工业和技术问题完全没有任何思想准备。在化学工业中，德国一直占据着统治地位 [63]，这就意味着很多重要的化工品从未在英国生产过，而德国人在申请专利时也没有给出足够的信息来让别人可以自行复制生产。[64] 英国的麻醉剂和止痛药几乎全都依赖于德国进口，光学镜片和精密仪器就更不用说了。[65] 于是，英国的各个工厂开始匆忙寻找新的供应商，皇家学会的化学家则尽最大努力来提供帮助。在解决这些危机的过程中，我们几乎看不到英国政府的影子。在战争爆发前的英国，政府几乎不会直接参与科学活动；而在战争爆发后，政府也不认为这种模式需要因为战争而改变。

如果不是因为缺乏英国政府的支持，科学本可以为战争做出诸多贡献，皇家学会因此感到非常沮丧。于是，大约在"卢西塔尼亚号"事件发生的时候，皇家学会决定向公众募资。他们的首次正式募资请求带来了两年内 65 000 英镑的资金，并促使英国政府成立了一个科学与工业研究顾问委员会，后来这个委员会最终成为英国政府的科学与工业研究部。[66] 然而，这个机构却并没有多少作为，这一方面是受文化观念所累，毕竟人们普遍认为那些通常都顶着一头乱发的教授在战争中并没有什么用武之地；另一方面则是受到体制的影响。在英国，科学研究都是碎片化的，不同机构各自为政。海军部和军需部分别都有委员会来对新的想法进行探索，医疗研究则完全独立。英国军队虽有化工产品供应委员会和炸药供给委员会，但这两个委员会里根本没有化学家。[67]

英国科学界仍在继续自发创建专门为战争服务的委员会及其分支机构。他们竭尽全力，想要获得当权者的关注和支持。与身在敌国的同行相比，英国的科学家有种被冷落的感觉。想想哈伯的威廉皇帝研究所，任何协约国都没有类似的机构。在英国科学家看来，他们的同侪在德国和奥地利得到了尊重和珍惜，而在英国，情况截然不同。于是，一个由重量级科学家组成的委员会建立了起来，专门解决"忽视科学"的问题。[68]同样为解决这个问题，赫伯特·乔治·威尔斯通过报纸发起了一个运动，要求政府像德国人一样，充分利用科学家的优势。"在我方，我们至今没有拿出任何创新，除了一张很有创意的征兵海报。"[69]

尽管军方不怎么关注科学家，但科学家很关注军方。皇家学会理事会宣布在前线丧生的科学家都会获得晋升为皇家学会院士的非凡荣誉。[70]这是非凡成就的标志，通常只留给在各自领域中做出巨大贡献的科学家。此时，皇家学会理事会的新规则把服兵役与在科学领域中的杰出表现画上了等号。英国科学家们希望两者是可以互换的。

对那些希望用自身专业知识来为战争提供支持的科学家来说，他们通常需要自行寻找有关项目。同时获得诺贝尔奖的父子档物理学家威廉·亨利·布拉格与劳伦斯·布拉格就把研究方向从分析穿过晶体的 X 射线波谱（与莫塞莱的研究相似）转变成分析德国大炮发出的声波波谱。就数学而言，波和波没什么区别。布拉格父子二人研发了一种设备，可以通过大炮开火时发出的声音来定位处于阵地深处的敌军，从而使友军可以对其发起攻击。这种设备的效果非常理想，以至于最后德国禁止军队在某些特定时段内开火，以免引来敌人的反火炮攻击。[71]尽管布拉格父子非常成功，但他们仍然一直抱怨军方对科学思想非常抗拒。由于这种设备必须由布拉格父子亲自操作，因此他们实际上一直都待在靠近前线的地方。为了在表面上仍看上去像学者，他们每个月都定期组织科学研讨会。[72] 到战争结束时，近半数英国科学家都在做与战争有关的研究，尽管其中有些研究并没有直接与某个军事项目有关。[73]

战场上突然出现的化学武器让英国政府重新开始关注科学的重要性（当时的"炮弹危机"也起到了类似的效果，具体来说，当时在前线出现了弹药短缺问题，进而导致了英国国内政治的动荡）。一个个实验室在前线建立了起来，负责收集德国化学武器的样本，进而研制英国自己的化学武器。由于英国负责武器研发的体系管理无序且混乱，因此化学武器的研制进展非常缓慢。大部分毒气都产自小型学术性实验室。[74] 1915 年 7 月，英国也有了毒气部队，不过，直到 9 月的鲁斯战役，英国才首次派出毒气部队。然而，他们那装着毒气的圆柱形容器上都出现了裂纹，遭到了腐蚀，因此，这次毒气攻击并没有取得很好的效果。[75]

其实，当时最严重的问题还是新化学家的培养。英国的科学教育体系并不以在短时间内批量产出人才为目标。[76] 那些接受了科学训练的人通常都不具备将科学理论转化为大规模工业生产所必需的专业技能。澳大利亚本土约半数化学家（大约 100 人）都来到了伦敦，以扩充科学家队伍。[77] 玛格丽特·特纳是一位女科学家，在位于威尔士阿伯里斯特威斯的一个化学实验室里工作，她主动请缨为战争做贡献，却遭到拒绝。[78] 女性可以在军工厂里工作，但绝不是以科学家的身份。

这些壮大科学家队伍的尝试恰好与政府不断扩充军队的努力产生了冲突。就在科学家们的科学技能开始逐渐得到认可的时候，英国政府启动了一项国民登记工作，将全国年龄在十五岁到六十五岁之间的人都登记在案。这明显是向大规模征兵迈出了一步。由于在此之前，男人们都已经宣誓在被招募时愿意入伍服役，这时一种不常见的局面就出现了：如果一名男士曾宣誓愿意入伍服役，而他的雇主又不想让他去服役，比方说因为他

128

在军工厂中担任关键岗位，那会怎么样呢？很多特别法庭因此设立，来对这样的情况进行审查。据说只有收到"豁免状"的人才能让自己的名字从征兵名单中消失。通常对发放"豁免状"的判定标准是看这个人的工作"对国家是否具有重大意义"。很快，特别法庭就发现他们经常会面对一个非常棘手的问题，那就是科学家所做的科研工作"对国家是否具有重大意义"？对于这个问题，并没有一个清晰的指导原则，因此最终的判断决策都相当混乱和随意。一位专注于工业化学的化学家没有得到豁免，而另一位专注于药物化学的化学家却不必奔赴战场。[79] 在这整个系统都可以完善运行后，一共有 330 位化学家申请了豁免，其中有 94 位遭到了拒绝。[80]

无论按照什么样的标准去征兵，爱丁顿都是一个完美的目标，因此剑桥大学先发制人，为他申请了豁免。他们的理由是如果爱丁顿应征入伍，那么天文台就要关闭，这会对整个国家的科学研究造成损失。[81] 除了考虑爱丁顿所做工作的科学价值，剑桥大学显然也超前考虑了公共关系的因素。众所周知，爱丁顿秉持和平主义态度，剑桥大学自然不希望出现本校教授公开拒绝投身战斗的尴尬局面。

皇家学会收到了科学家们源源不断的求助请求，他们都想请皇家学会帮忙以各自的研究工作为由来寻求豁免。皇家学会决定对于这些请求，一律不提供任何支持。学会仍在试图让政府相信科学家们都是爱国的，因此不想流露出任何会让人觉得科学家们不愿意入伍服役的蛛丝马迹。[82] 对于科学在战时究竟是否具有重要意义，英国仍然持暧昧不明的态度。

德国科学家的生活其实也远不像赫伯特·乔治·威尔斯所想象的那般美好。[83] 德国一开始也没有有意识地动员科学家进行与战争有关的研究。在战争刚刚爆发之时，德国也没有明确的指导原则来免除科学家们服兵役的义务。[84] 像英国的情况一样，很多同盟国的科学家认为拿起来复枪才是对战争最大的贡献。能斯特和哈恩的经历我们已经耳熟能详了。奥地利物理学家弗雷德里希·哈瑟诺尔于 1915 年 10 月丧生，年仅四十岁。当时还是无名之辈的哲学家路德维希·维特根斯坦报名加入了奥地利陆军，希望"站在死亡面前同死亡对视"[85] 能给自己带来一些启发。失去了小猫的埃尔温·薛定谔则很享受观察圣艾尔摩之火的电火花在带刺铁丝网上跃动。[86]

在靠近前线的地方也有很多同科学相关的工作可以做，比如布拉格父子所做的那些。莉泽·迈特纳，也就是后来让这个世界见识核裂变的奥地利物理学家，离开了在柏林的工作岗位，来到一家战地医院成为一名放射科技师。当时，X 射线在医疗领域仍然是一项尖端技术，因此，熟练的操作员是非常紧缺的。在战地医院工作的一年里，迈特纳不仅拍了 200 张 X 光片，也曾在手术室里帮忙，还修理了医院的电气系统。[87]

迈特纳在战争中期回到了柏林。作为科学领域中的一名女性，她一路走来战胜了许多惊人的障碍（曾经有一个化学实验室拒绝让迈特纳进入，原因是她的头发是易燃物）。迈特纳也曾抱怨自己在战场上待得太久了，已经"不知道物理学是什么了"。[88] 她深刻地感到德国科学有责任为战争提供支持，也很高兴参加当时常见的教授们的爱国晚间聚会。[89]

有一次爱国晚间聚会在普朗克家中举行，爱因斯坦恰巧也参加了。爱因斯坦分享了自己对战争的看法，但迈特纳并没有当回事："爱因斯坦演奏了小提琴，顺便发表了对政治、军事的看法，都是些幼稚、独特的观点。居然还有像这样接受过教育，但在这样的时局下又完全不看报纸的人，这本身就很奇怪。"[90] 没有人把爱因斯坦的和平主义当回事。在他们看来，这种和平主义不是理想主义，而是愚蠢。

爱因斯坦在新祖国同盟中仍然很活跃。1915 年春天，他和爱尔莎都会定期参加同盟的聚会。这些聚会是爱因斯坦成名前寂寂无名生活的一个有趣注解。在一次聚会中，著名的和平主义人士瓦尔特·许金专门写了一个小纸条来记下这位古怪物理学家的名字，因为他显然发现了某些关于时间统一性的法则。[91]

新祖国同盟把一本禁书，也就是理查德·格雷林的《我控诉》，走私进了德国。这本书用极具煽动性的言论表明德国应该对战争负责。新祖国同盟对这本书建立了借阅制度，同盟的成员可以把这本书借走，并在48小时内归还。爱因斯坦把这本书借了出来，读完以后又迅速把它还了回去。[92] 那时，由于爱因斯坦邮寄了一张言辞不当的明信片，警察已经在对他的政治忠诚问题进行调查了。如果爱因斯坦当时知道自己的处境，也许在借书时就会三思。然而，事实是他对此一无所知。警察认为"在此之前，爱因斯坦在政治上一直不活跃"，但是现在"他已经变成了和平运动的支持者"。[93] 于是，对爱因斯坦的调查结束了，结论是他政治上不可靠，但也并不危险。

爱因斯坦与爱尔莎的关系越来越密切，尽管爱尔莎那中产阶级的生活方式仍然看起来不那么容易接受。在米列娃离开后，爱因斯坦搬到了一套位于维特尔斯巴赫大街的公寓里，距离表姐爱尔莎的住所不远。爱因斯坦知道爱尔莎想跟自己结婚，她对教授夫人身份的渴望远超过米列娃，但是刚刚结束了上一段婚姻的爱因斯坦还不想这么快就开始一段新的婚姻关系。尽管如此，爱尔莎还是承担起了妻子的责任，努力让爱因斯坦在因封锁而变得物资匮乏的环境中仍然能吃到健康的食物。在出门为爱因斯坦采购时，爱尔莎就像大街上的那些女人一样。随着男人们都被招募入伍奔赴前线，越来越多的女人走出了家门，承担起维持城市运转的各项日常工作。很多人认为这种突然增强的存在感是对女性的一种赋权，女演员玛琳·黛德丽就把战时的柏林称为"一个女性的世界"。[94]

131

在这座首都城市的大街上，获得解放的女人们并不是唯一不寻常的风景。还有大约 7 万名东欧犹太人为躲避战火而逃到柏林寻求庇护。[95]这些犹太人信奉东正教，而柏林本地的犹太人群体则已基本上被同化，与前者有很大差异，他们已经很少吃洁食，也不怎么去浸礼池了。很多这样世俗化了的犹太人，包括爱因斯坦，发现自己的同族看起来是如此陌生而不同，都感到非常震惊。同样让他们震惊的是，迎接这些难民的是不断高涨的反犹太主义（在每一个参战国中，反犹太主义都在不断增强）。右翼组织控诉难民不仅导致犯罪活动增多，还逃避上战场打仗的义务。[96]事实上，犹太人在德国军队中的比例已经超过了在德国人口中的占比，他们把战争当作一个机会，来证明自己全心全意地认同自己的德国公民身份。即使是在一个国家的国界之内，公民身份也可以是一个非常复杂的问题。

爱因斯坦的良师益友普朗克此时对战争的看法也变得更为复杂了。在普朗克思想发展变化的过程中，我们可以看到对爱因斯坦来说另一位如父亲般存在的人物洛伦兹也起到了重要作用。每个人都信任洛伦兹，因此，当他与普朗克联系，告诉普朗克比利时被德国占领后的情况时，他的描述引起了普朗克的思考。他们二人在 1915 年见了一面，洛伦兹劝说普朗克撇清与《九三宣言》的关系，后来普朗克确实写了这样一封公开信，由洛伦兹负责印制。在信中，普朗克表示在《九三宣言》上签名只是为了维护德国，而没有为任何德国人的任何具体行为辩护的意思。他还诚恳地表示国际价值与一个人对祖国的热爱是可以并存的，也许科学界可以再一次团结起来。然而，这样的表态不应该被错误地理解成普朗克转向了和平主义，毕竟他还写道，科学家们应该撤出前线，让炮弹而不是宣言去在战争中发声。[97]

洛伦兹也同样试图安抚愤怒的威廉·维恩，却没有像劝说普朗克这么成功。基于在普朗克身上取得的小小成功，洛伦兹试图更进一步，他把普朗克撇清与《九三宣言》关系的声明寄给了多位与德国敌对的英国物理学家，包括老布拉格、约瑟夫·拉莫尔、奥利弗·洛奇，以帮助安抚他们的愤怒。然而效果却不尽如人意。[98] 许多像莫塞莱这样的奇才正在命丧前线，随着他们的遗体被接连运送回英国本土，现在还远不是和解的时候。

132

# 第六章

## 一次关键的胜利

"一个肆无忌惮的机会主义者。"

爱丁顿喜欢玩有意思的益智游戏。尽管他的兴趣并不局限于填字游戏，但他对填字游戏的痴迷可谓名声在外。爱丁顿认为益智游戏，或者说是谜题，才是科学的真正内核。科学不是要颂扬那些我们所知的，而是要探索那些我们所不知的；不是要确定自己是正确的，而是要找到新的谜题去解答。

因此，当他在1913年成为皇家天文学会期刊《天文台》的联合主编时，他创办了一个新的专栏，名叫"天文学中的问题"。在这个专栏中，每一期都会有一位天文学家介绍天文学中某个令人费解的问题，这些问题可能还没有为人们所完全理解，也可能还没有得到令人满意的解释。与我们已经充分理解了的问题相比，爱丁顿希望大家讨论令人兴奋的谜题，比如螺旋星云的性质如何、为什么某些卫星沿逆时针方向公转、银河中的黑点是否真的是空洞的间隙，以及地球究竟是什么形状等。

150

爱丁顿亲自为这个专栏写了几篇文章（爱丁顿是为这个专栏供稿数量最多的作者）。他曾对彗星轨道进行推测，曾思考恒星为什么会呈现某种特定颜色。在 1915 年 2 月刊中，他对引力的性质进行了讨论。[1] 他在文中评论说，引力基本上仍然像在牛顿时代一样，还是一个谜题。我们已经有了关于引力的公式，但仍然没有人对引力究竟是什么有那么一丁点概念。可能的解释出现了，很快又销声匿迹，包括不对等电流、粒子轰击以及以太喷泉。这些解释都未能带来进展，爱丁顿对此感到非常失望。引力仍然看起来与自然界中其他任意一种力之间没有任何关联。最让人感到沮丧的是，这些理论全都没有办法得到验证，也就没有办法确定是否值得对它们进行深入研究。

除此之外，在文章结尾处，爱丁顿指出有预言说在引力场中光传播的速度会发生变化，这个预言来自一位名叫爱因斯坦的德国教授。爱丁顿在 1912 年为观测日食而进行的远征途中了解到了这一点。当时查尔斯·狄龙·珀赖因想用那次日食来验证这个预言，但没有成功。爱丁顿在这篇文章中进行的简要讨论仅引用了爱因斯坦于 1911 年发表的论文，说明他对爱因斯坦在 1911 年以后所做的工作完全一无所知。自从 1912 年第一次听说爱因斯坦这个名字后，爱丁顿几乎再也没有了解过有关他的任何信息。

就算爱丁顿对于发生在柏林的一切一无所知，那也一点都不稀奇。今天的人们大都已经忘记了曾经有那么一个年代，爱因斯坦的名字并非家喻户晓。后来，在所有《天文学中的问题》专栏的文章中，爱因斯坦的名字仅仅又出现了一次，还是与洛伦兹的名字同时出现，是说两人的理论都没有得到由观察所得来的充足证据做支撑。专栏的一篇文章甚至专门讨论了太阳光谱中是否存在引力红移这个可以验证广义相对论的基本现象，但通篇完全没有提到爱因斯坦或他的理论。

少数几位在战前就知道爱因斯坦的英国科学家基本上都认为他的理论

是对已经成熟的电磁学理论所做的贡献，而不是会重塑人类知识根基的革命性理论。这其中就包括剑桥大学圣约翰学院的物理学家埃比尼泽·坎宁安。坎宁安主要专注于详细阐释爱因斯坦在 1905 年发表的理论，事实上，在战争爆发时，坎宁安正在编纂一本有关相对论的教科书。[2] 我们不知道坎宁安和爱丁顿在这一时期有没有讨论过相对论，但他们两人对相对论都很感兴趣，却出于不同的原因，产生兴趣的背景也不同，因此彼此之间应该没有什么交流。有趣的是，坎宁安也是一位和平主义者（尽管他并不是贵格会教徒）。像爱丁顿一样，战争让坎宁安的研究发生了彻底的变化。

因此，到了 1915 年年中，在大不列颠，已经有一小部分人对爱因斯坦有了非常模糊的概念。他们并不是真的知道爱因斯坦的理论讲了什么，他们知道的都是四到十年前的已经过时的信息。爱因斯坦对他们来说只是别人研究工作中的脚注罢了。爱丁顿之所以对相对论产生兴趣，是想看到相对论的经验证据如何"可以意味着万有引力将被推下神坛，从而不再独立于自然界中其他各种相互关联的力"。[3] 然而，就爱丁顿所知，围绕这个理论还没有发生任何有趣的事情。不管怎样，这毕竟是个战火肆虐的时代。

到了 1915 年夏天，爱因斯坦自同相对论的战争已然跟德国西线的战争有了几分相似，一度陷入僵持。爱因斯坦一开始大步前进，然后就像德国入侵法国时一样，被卡住了。虽然爱因斯坦守住了阵地，但没有迹象表明会出现突破。爱因斯坦不知道自己能不能取得全面胜利，会不会在迈出了绝妙的一步后走向最后的胜利？在纲要理论之外，还存在更完善的理论吗？

当一个领域的科学研究圆满完成时，并不是总会出现一个显而易见的标志。你在教科书里会看到清爽明晰的理论，但它们通常都是在这个理论诞生几十年后才出现的。你在学校实验室里会进行许多经典实验，这些实验的结果都有明确的正误之分，然而对于第一个设计并实践这些实验的人来说，实验结果其实是让人深感迷惑的。当你回头看，一切都能说得通，然而如果你现在无法确定自己的理论是否已经完整了，那你怎么能知道回头看一切都能说得通呢？

如果一个理论已然完整，那么你可以试着用它去解决问题。对于一个老问题，我们已有的理论已经给出了解释，那么这个新理论能给出更好的解释吗？对于现在还无解的问题，这个新理论能不能帮助我们找到答案？这个理论能不能让我们发现过去甚至都不知道的问题？爱因斯坦从以上各个角度都进行了尝试。这就很像是你在工厂里找到了一把新扳手，你试着用它拧开自己周围所有卡住的螺栓。运气好的话，在拧开这些螺栓的时候，这把新扳手会比那些旧扳手更好用。除此之外，如果要用这个新扳手处理一些老物件，它的效果会跟旧扳手一样好。最重要的是，它应该能让你完成一些过去不可能完成的工作。纲要理论做到新扳手所能实现的一切了吗？

在物理学中，水星轨道就是那个卡住的螺栓，是一个已为人们所知又无法用过去的工具来解决的问题。纲要理论并没能更好地解释这个问题。此类已知的问题表明，相对论与牛顿理论及能量和动量守恒定律都很相似。新出现的问题则包括协变性、等效原理（这两者有望通过爱因斯坦的方程式得到证明），以及光线的偏折及引力红移（这两者需要在实际生活中进行验证，但在战时的德国，这是不可能实现的）。因此，1915 年夏天，爱因斯坦的工作重心之一就是重新审视已有问题和新出现的问题。纲要理论实现了爱因斯坦预计的效果吗？

在回顾、审视的时候，爱因斯坦觉得最终结果只会再次确认在此之前的工作已经非常完备了，并没有想到会真的取得突破。不过，在那个夏天，他认识了一位新朋友，这次相识后来引发了一系列事件，最终完全重塑了爱因斯坦在过去十年间一直艰难推进的研究。这位新朋友名叫大卫·希尔伯特，是哥廷根大学的知名教授，也是 20 世纪最有影响力的数学家之一。希尔伯特有一双间距紧凑的眼睛，鼻子上总架着一副夹鼻眼镜，络腮胡子修剪得十分整洁。他的穿着（按照德国教授的标准）则多少有些随便，因此，在他早期的教学生涯中，学生们常常意识不到他是一位老师。

希尔伯特兜了一大圈才找到了相对论。他最初的研究领域是几何学，并认为几何学是对感官体验的一种巧妙阐述，比如毕达哥拉斯定理一定是对三角形进行了实际观察才得出的结果。他逐渐对"公理化"研究方法产生了兴趣，在这种研究方法中，几何学表述所涉及的实际物理对象都是不相关的，只有对象之间的逻辑关系才是最重要的。因此，当欧几里得说"两点确定一条直线"时，点和线其实都不重要，你甚至可以用随便编出来的词来替换这句话，比如"两条恶龙确定一个克伦慕斯"，但不管怎么改变，几何学定理的逻辑结构仍然是正确的。

希尔伯特感兴趣的是，是否有可能在不牵涉任何物理对象的情况下，用这些逻辑结构推导出一整门科学。希尔伯特的研究非常有野心，他自己也很乐观："有问题，那就去找解决方案。[4] 你可以通过纯粹理性来找到它，因为在数学中不存在 ignorabimus。"这句话中最后那个词语来自拉丁语，意思类似于"我们永远无法知道"，是有关科学局限性的著名论断，但希尔伯特断然否定了这一点，他对纯粹理性的力量有十足的信心，同时认为科学家应通过解决大量问题来挑战自我。他认为只要每个人都在大胆探索，那么即使科学的"基础不那么牢固"，也没有关系。

希尔伯特认为物质的电磁学理论非常适合进行"公理化"，也就是说，他可以通过纯逻辑和数学原理找出物质的基本属性。正是为了进行这样的研究，大约在 1912 年前后，希尔伯特得知了爱因斯坦的研究。爱因斯坦努力想把相对论构建在几个优雅的原理之上，希尔伯特很看好这种做法。像光线偏折这样由相对论所预言的现象意味着物质与电磁能量（光的本质）之间存在着某种引力的联系，而这有可能帮助希尔伯特在自己所感兴趣的物质的电磁学理论研究中开辟一条道路。希尔伯特决定在自己的物理专题课中加入爱因斯坦的部分论文，而这反过来让他对爱因斯坦的兴趣更加浓厚了。1915 年，希尔伯特与他的同事数学家菲利克斯·克莱因合作，共同邀请爱因斯坦来到哥廷根，在 6 月 28 日到 7 月 5 日的一周内进行了一系列"沃尔夫凯勒公开课"。

不管是哥廷根大学还是哥廷根城，都透露着古老而优雅的气息。哥廷根大学是欧洲到访人数最多的学校，吸引了来自世界各地的留学生。它培养的不仅有顶尖数学家，也有格林兄弟和奥托·冯·俾斯麦。在这里，不仅有尖端的研究，古老的传统也得到了保留，博士生在毕业时总会坐着手推车穿城而过，去亲吻牧鹅少女的雕塑。

在哥廷根的那一周，爱因斯坦一共讲了六场公开课，每场两小时，主题都是相对论（更确切地说，都是介绍纲要理论的现状）。想必爱因斯坦那毫无特色的讲课风格根本无法与希尔伯特出了名的清晰的授课风格相提并论。然而，这并不影响两人迅速建立密切关系。爱因斯坦说自己"着迷了"，还说希尔伯特是一个"伟大的人！"，"一个能量惊人又独立于一切的人"。希尔伯特高超的数学技巧让爱因斯坦钦佩，毕竟当时真正理解相对论研究的只有为数不多的几人，他便是其中之一。除此之外，希尔伯特的政治立场也同样令爱因斯坦印象深刻，此前他曾拒绝在《九三宣言》上签字，也很愿意公开发表对于战争的看法。[5] 因此，不管是在科学研究领域，还是在政治领域，希尔伯特都是爱因斯坦的同路人，这对爱因斯坦产生了深刻的影响。用爱因斯坦自己的话来说，他发现自己对希尔伯特的欣

137

赏在于，他不会受各种争论的影响。哥廷根之旅让爱因斯坦暂时逃离了无处不在的帝国主义，收获了不同寻常的效果："就学术兴趣的活力而言，柏林远不可与哥廷根同日而语。"[6]

爱因斯坦发现与希尔伯特的交流"在很大程度上厘清了"[7]相对论的状态。两人的大多数交流都有克莱因在场，他的说法与爱因斯坦有一点点不同：他说爱因斯坦和希尔伯特经常各说各话，并不太在意对方到底在说些什么。克莱因说这种情况在数学家中很常见。[8]重点是，从某种意义上来说，克莱因是正确的：希尔伯特对物质的电磁学理论感兴趣，爱因斯坦则对时间和空间的性质感兴趣。他们研究的是同一组方程式，但研究的出发点非常不同。

尽管如此，在争论结束时，爱因斯坦和希尔伯特都觉得很兴奋，也都获得了在解决相对论问题的作战计划中所需的一切武器，不过他们两人当时很有可能并没有意识到这一点。在此之后，两人都开始为形成一个更好、更全面完整的纲要理论而进行研究。在哥廷根分别后，两人一直保持联系，还成了好朋友，这为人类历史上的一次伟大科学竞赛埋下了伏笔。爱因斯坦和希尔伯特都拥有了创立广义相对论的钥匙，问题是，谁会率先意识到这一点？

哥廷根之旅让爱因斯坦开始反思自己因为战争而变得多么孤立。过去，他经常到各地同研究伙伴见面，但现在这变得更加困难了。他曾表示"真正有远见的"同行，也就是普朗克和希尔伯特，仍然想要与其他国家的科学家保持联系。"希尔伯特告诉我，他一直以来都未曾重视维护更好的国际联系，现在感到非常后悔。普朗克则想尽一切办法来约束［普鲁士科学院中］那些秉持大国沙文主义的大多数。"[9]

新祖国同盟的一次计划会议似乎促使爱因斯坦拿出了一个新方案，并联系了洛伦兹。[10] 在这个方案中，爱因斯坦本着包容一切的普世教会主义态度，表示学术界在战争中是无辜的（与他此前对《九三宣言》的态度相比是一个巨大的转变），科学家们团结起来比互相指责更为重要。他还写道，如果没有住在柏林，自己就会与英国、法国那些志趣相投的科学家联系，找一个中立国让大家相聚，维护彼此之间的私人关系。然而他确实是住在柏林，而且是处在封锁之中的柏林。更糟糕的是，他能联系的人并不多。最糟糕的是，这也是爱因斯坦自己意识到的，他并不是特别擅长与人交谈。他希望洛伦兹可以接受自己的计划，并在实际上组织支持这一计划的各国科学家之间的聚会。在其他国家，一定也有与"民族主义的盲从"做斗争的科学家，难道不是吗？[11]

洛伦兹拒绝将这一计划付诸实践，显然是因为他觉得英国和法国科学家的心态已经发生了巨大变化，即使举办这样的聚会，也没办法实现真正的改变。爱因斯坦感到非常沮丧，但也并没有特别惊讶。他试图解释柏林的政治氛围，说柏林的科学家基本上都还能保持头脑冷静，只有历史学家和哲学家被"大国沙文主义冲昏了头脑"。他还为普朗克辩护，说这位老人在签署《九三宣言》时根本没有阅读宣言内容。然而到最后，爱因斯坦说他意识到了，所谓先进的社会其实只是一个披了伪装的寡头政治体制。权贵阶级总是有办法让人们彼此仇视。[12]

爱因斯坦的悲观情绪可能受到了他当时阅读的各种材料的影响，比如托尔斯泰的《基督教与爱国主义》。他认为几乎没有机会说服普通大众不要为当权者而战。他对这种状况感到不满，写道："不管接受过怎样的教育或学术培养，人们似乎都没有办法不为这种讨厌的疯狂所左右。"他坦承自己前不久曾与士兵们同乘一列火车，"见识了他们的愚蠢和粗鲁"。[13]

139

爱因斯坦很有可能是在去哥廷根或从哥廷根返回的途中遇到了那些士兵。那年夏天，他曾希望再进行一次旅行。自从米列娃带着两个儿子回到苏黎世后，爱因斯坦与大儿子汉斯·阿尔伯特的关系就一直很紧张。他们近期的书信往来都情绪激烈，汉斯·阿尔伯特还赌气说不想与父亲见面。爱因斯坦就按照字面意思理解了这封信，取消了原计划的旅行，然后带着爱尔莎和她的两个女儿一起去波罗的海度假了。

只要能够离开柏林，哪怕只是很短的一段时间，他们都感到非常高兴。英国封锁的各种效果迅速变得明显起来，在帝国首都柏林，这些效果通常还都被放大了。1915 年 2 月，柏林开始实施物资配给制。每个柏林人每天可以得到一块半磅的面包，而肉、鸡蛋和食用油则根据配给卡来发放。很快，土豆的供应也开始实行配给制，并进而引发了"土豆骚乱"（Kartoffel-Krawalle）暴力抗议。到了秋天，政府开始推行周二、周五无肉无油日（对于酒吧和餐馆，周日也是无肉无油日）。[14] 爱因斯坦家的情况比大多数人家要好一些，因此爱尔莎想把一些物资分给别人，还一直定期为一群穷困妇女准备午饭。[15]

在大学里，纸、墨水和煤都严格受控。由于财务出现危机，图书馆的采购订单都被取消了。政府对大学的支持大幅削减，同时由于入学人数呈断崖式减少（到 1915 年夏天，已减少了 75%），学校来自学费的收入也成比例地下降。德国最高指挥部一度考虑干脆关闭所有大学。[16]

爱国主义得到了广泛鼓励，也常常在日常生活中有所体现。外国电影被禁止放映，取而代之的是民族主义影片。许多公园里都摆放着前线战壕的模型，这在各参战国的首都也都是常见的景象。[17] 不管是在死亡人数还是在经济投入上，战争的代价变得越来越大，也越来越明显，人们纷纷开始对战争的目标和最终结果窃窃私语。经过这一战，德国有没有可能变成可以与大不列颠匹敌的帝国力量？德国人分成了拥有不同政治诉求的两派，一派希望德国能够赢得战争并获取更多领土，而另一派则只是希望德国赢得胜利，而不需要吞并更多土地。爱因斯坦虽然希望德国战败，但还是在后者的一份请愿书上签了名（普朗克和希尔伯特也是这么做的）。[18] 回到战前的德国至少比一个重获生机又统治整个欧洲的德国要好一些。爱因斯坦签名的这份请愿书最终获得了 141 个签名，只有另一派的请愿书所获签名数量的十分之一。

然而，在战争进行了一年以后，人们普遍开始对战争的进程产生怀疑。令人震惊的死亡人数和西线战场毫无胜果可言的局面让人们很难保持乐观的情绪。甚至是爱因斯坦认识的民族主义者，都开始变得不那么情绪高昂了。能斯特的两个儿子都在战场上丧生了；普朗克的一个儿子丧生了，另一个儿子则成了战俘。

1915 年 9 月，爱因斯坦成功与两个儿子重新取得了联系。尽管之前父子关系紧张，但爱因斯坦还是决定去一趟苏黎世。在当时，哪怕是以中立国为目的地，跨国旅行都不是件容易的事情。除此之外，按照要求，爱因斯坦在离开柏林时必须向警察报备，但他总是（也许是故意的）忘记报备，这也让他的跨国旅行变得更加困难了 [19]。

坐火车抵达瑞士与德国的边界需要几天时间。当火车在海尔布隆停留时，爱因斯坦给爱尔莎写了封信，兴奋地告诉她这里的食物比柏林要好得多："牛奶和蜂蜜可能并不是敞开供应，但总归不会完全断供。这里虽然什么水果都没有，但是有蔬菜。" [20] 为了在旅途中打发时间，爱因斯坦读起了斯宾诺莎的《伦理学》。

来到苏黎世后，爱因斯坦立刻与汉斯·阿尔伯特一起去远足了。两人都非常开心。一直对爱因斯坦不离不弃的好友贝索，则帮忙在爱因斯坦和米列娃之间安排事务 [21]，制定了详细的日程安排，使两位已经疏远的家长完全不需要彼此交流。不过除了探望家人，爱因斯坦来到苏黎世还有另一项任务。新祖国同盟一直很有兴趣与诺贝尔文学奖得主、已定居瑞士的法国和平主义作家罗曼·罗兰联手。罗兰在欧洲各国的反战思想家中很有影响力，但过去一直拒绝加入任何组织。爱因斯坦之前曾写信给罗兰。这一次，他在处理完家务事后便与罗兰在苏黎世见了一面。

他们就战争进行了热烈的交流。罗兰说爱因斯坦既"活泼又宁静，说他总是会忍不住用一种诙谐的方式来探讨最严肃的话题"。[22] 他问爱因斯坦有没有向柏林的朋友表达自己对德国的反对意见。爱因斯坦回答说没有，说自己还反过来向那些朋友提出了许多苏格拉底式的问题以打破他们内心的平静。"人们不太喜欢这种做法。"

这次会面后，爱因斯坦继续在瑞士待了一段时间（因此远离了德国的审查），他给罗兰写了一封热情洋溢的信。爱因斯坦在信中描述了新祖国同盟正面临的严重困境："联盟被政府的监管机构搞得疲惫不堪，又面临媒体的声讨……很多时候，学者们已经完全无法保持沉着镇定了。"[23] 一场"口水战"已经在柏林学者之间打响。因此，能有这么几天来进行无拘无束的交流，爱因斯坦尽情沉浸其中。

在返回德国途中，爱因斯坦要在德国康斯坦茨入境。德国边境官员要求他返回瑞士，因为他在苏黎世时没能准备好与护照相匹配的文件。爱因斯坦很尴尬地被一名士兵押送回瑞士的克罗伊茨林根，必须在那里等着所有行政手续都办理完毕，而这需要几天时间。[24] 爱因斯坦发现自己陷入了一种不可思议的处境：被困在了一个自己喜欢又可以自由发表言论的地方，却努力想要得到许可回到那个自己一直仇视又充斥着爱国主义喧嚣的地方。

最后经过了20个小时的火车旅行，爱因斯坦终于在9月22日回到了家。一到家，他便看到书桌上摆放着一篇洛伦兹的新论文，一下子就忘掉了旅途的疲惫，兴致勃勃地读了起来。这篇文章探讨的是将通常所说的哈密顿原理运用于引力场和电磁场中的问题。哈密顿原理以令人敬畏的爱尔兰数学家威廉·卢云·哈密顿爵士（1805—1865）的名字命名，是分析物体运动的一个有力工具。在经典牛顿力学中，对一个给定物体，可以找出作用于这个物体的力并确定这些力是如何变化的，然后可以计算这个物体的运动轨迹。但这种算法很快就会让人觉得乏味厌烦。相比之下，哈密顿原理并不关注具体起作用的力，而是分析物体所具有的能量，包括分析能量如何在动能（运动的能量，相对容易观察）和势能（隐性能量，条件允许时即可释放出来）之间来回转换。这个原理主要是说物体总会用一种时间最短、能耗最小的方式来实现运动，正如一位著名物理学家所说的，<sup>142</sup>"自然总会用最简单的方式来实现其想达到的效果"。[25] "简单" 在这里的意思类似于 "节约"，也就是花最少的力气迅速完成。

因此，要使用哈密顿原理，就要有一个在特定环境中的物体，然后列出方程式来表达它所进行的时间最短、能耗最小的运动。接下来，就可以算出物体的轨道，也就是运动轨迹。这样一来，通过高度抽象，很多问题都变得非常非常简单了。在这种情况下，就不能再讨论推动物体的某个具体的力了，而只有广义的能量在发生变化。洛伦兹的论文以一种全新方式，把这个方法运用到受引力和电磁力作用的物体上。这个方式与某些被称为拉格朗日算符的方法相类似，爱因斯坦在纲要理论中也正是一直用这种算符方法来理解守恒定律。因此，他马上坐下来认真研读，看洛伦兹的方法是否会有所帮助，然后他还立即给洛伦兹写了一封信，描述自己对此感到多么 "开心"。[26]

对爱因斯坦来说，这是一把可以用来检查旧螺丝钉的新扳手。虽然爱因斯坦对纲要理论处理守恒定律的方法已经很满意了，但新扳手终究是新扳手，他还是**忍不住**要上手试一试。除了重新检视守恒定律，爱因斯坦似乎决定也用这把新扳手检查一下其他几个旧螺丝钉，尤其是旋转的问题。旋转如何能符合等效原理并获得协变性的问题，是爱因斯坦在尝试建立广义相对论的过程中迈出的最初几步，因此他认为自己不会出问题。然而，当他重新梳理这最初的几步时，他发现了一个不同寻常的问题，换句话说，他发现了一个错误。[27]

这其实并不是一个新出现的错误。早在 1913 年，当爱因斯坦和格罗斯曼还在忙着建立纲要理论的时候，格罗斯曼就指出了那些方程式对某些特定种类的旋转来说不具备协变性。那时，爱因斯坦提出了空穴佯谬理论来解释为什么格罗斯曼所指出的并不是个真正的问题。然而，在经过了两年的研究之后，当爱因斯坦再回过头去审视最初的那些问题时，有些东西看起来就不一样了。不过，爱因斯坦并不确定到底是什么看起来不一样了。是纲要理论错了吗？一方面，绝望的情绪开始慢慢笼罩爱因斯坦，难道长久以来他一直都走在一条错误的道路上？另一方面，爱因斯坦说某些

143　新东西可能即将出现，这"让他像触电般兴奋"。[28]

经过了几天的高强度思考，爱因斯坦给弗劳德里希，也就是那个与自己相距不远又熟悉相对论基础的人写了一封信。旋转问题并不是一个数学问题。它涉及的计算特别简单，只有几行，爱因斯坦之前已经把每一行都研究过了，现在也没有新东西出现。爱因斯坦意识到自己只需要换个方式来看待这个问题，但他同时也发现自己做不到这一点。他告诉弗劳德里希自己又被困在了"老路上"。他一直以来从某一个角度去看待这个问题，时间久了，已经没办法转换角度了。"我必须找一位头脑还没有被禁锢在这条老路上的同伴来发现问题。因此，如果有时间，请你一定研究一下这个问题。"[29]

我们不知道弗劳德里希是否给出了任何有帮助的意见。不过，爱因斯坦已然全身心地沉浸到这个问题中。1915 年 10 月初，他决定把整个纲要理论重新推导一遍，从而尝试找出造成困境的根源。[30] 爱因斯坦和格罗斯曼对纲要理论最初的推导是一种将数学推理和物理推理相结合的结果。这

一次，爱因斯坦决定试着单纯从数学的角度来推导，也许可以使用哈密顿原理相关的新工具。

这开启了爱因斯坦后来所说的，在他一生学术研究生涯中工作强度最大、压力也最大的一段时间。尽管如此，在 1915 年 10 月，爱因斯坦还是两度把相对论暂时放到了一边。一次是在成立于海牙的和平主义组织"持久和平中心组织"联系到他时。这个组织当时正在建立一个"大国际理事会"，想邀请爱因斯坦加入。爱因斯坦同意了，并给这个组织寄了一封明信片，表示已加入。[31]

第二次则是因为一封来自著名文化组织柏林歌德联盟的信。该联盟想出版一部爱国主义散文集，计划邀请多位知识分子撰写散文，协助打消公众对战争正义与否的疑虑。该联盟不可思议地向爱因斯坦提出了约稿请求。想必他们还以为会收到一篇以颇为传统的教授口吻对民族主义进行维护的文章，然而，他们事实上得到的是一篇三页纸的长文，通篇都在嘲讽爱国主义，且反对任何形式的战争。爱因斯坦把民族主义描述成一种工具，会触发人们身上"属于动物本能的那种仇恨，并鼓励大规模谋杀"。[32]他呼吁在欧洲建立一种新的政治秩序，从而避免未来的一切冲突。[33]毫不夸张地说，柏林歌德联盟对这篇文章感到非常震惊。

144

无论如何，尽管爱因斯坦正忙于重新打造广义相对论的基础，但他总归是撰写了这篇题目为《我对战争的看法》的文章。当时，爱因斯坦所面临的问题从本质上说是他重新发现了自己理论中存在的问题（也就是不具备广义协变性）。不过，爱因斯坦之前已经想出了一个合理的说辞来解释为什么不具备广义协变性并不真的是个问题（也就是空穴佯谬理论，根据这个解释，你就不应该认为存在广义协变性）。因此，他现在必须搞清楚为什么空穴佯谬理论是错误的，并且还要找到一个更好的办法来解决最初的问题。

读者诸君应该还记得，空穴佯谬理论的核心在于爱因斯坦是马赫的忠实追随者。他一直笃信坐标转换，也就是可以对两个观察者在不同地点做出的不同测量进行表达的做法，是具有看得见摸得着的物理学意义的，这也正是马赫实证主义的全部意义所在。也就是说，测量离不开使用有形测量工具所进行的具体行为。

然而，当回过头去看自己的早期论证时，爱因斯坦意识到，现在自己看问题的角度已经稍有不同。他不再认为数字应该具有物理意义了，也许坐标转换引发的只是单纯的数学层面的变化，只是一种假象。如果他愿意放弃前面提到的马赫实证主义范畴的概念，也就是所有测量都必须与某种实际有形的设备相关联，那么数字就可以只是单纯的数学表达。选择正确的方程式就可以轻松解释测量结果中的差异，每个观察者对于引力的性质就会有统一的意见了。爱因斯坦意识到如果他能摆脱自己所说的那种"命中注定的偏见"，也就是马赫所坚持的观点：每个数字代表的都是可以用长棒或钟表测量出的物理结果，那么他就终于可以拥有一个具有广义协变性的理论了。过去，爱因斯坦一直戴着一副马赫护目镜去看相对论，现在只需要把护目镜拿远一点，让视线模糊一些，相对论就可以重新变成他最初设想的那个理论了，也就是说它所描述的都是真正不依赖于人、位置和运动的自然法则。这个理论将超越个人的范畴。

145　　就爱因斯坦看待科学的角度而言，这是一个突然的转变。相对论最初萌芽于 1905 年，是对测量这一物理过程及其重要意义（也就是实证主义）进行深入思考的结果。爱因斯坦用这些思考的结果表明，像以太这样看不见的实体是超自然的，是多余的。然而，爱因斯坦现在愿意赋予方程式独立的生命，尽管它们所指代的是像时空这样看不见也没办法直接被测量的事物。要理解这个宇宙最深奥的真理，需要运用抽象的数学，而不是实证经验。到了 1915 年 11 月，我们已经可以将爱因斯坦称为理性的现实主义者了，因为他认为数学和逻辑的概念可以揭示事物的真正属性，超越人们所见。相较于马赫，现在的爱因斯坦更像是柏拉图了。

天才改变主意的故事并不常见，但我们所见证的恰恰就是这样一个故事。如果是在展示科学家如何做科学研究的漫画里，爱因斯坦此时之所以会改变主意，应该是因为得到了某些新的证据，比如进行了一次新的实验或者得到了一个更精确的计算结果。然而，事实并非如此。事实上，他只是换了个角度来看待已取得的成果。面对爱因斯坦的这种转变，人们忍不住会想要找到一个理性的解释或是某些实实在在、符合逻辑的理由。但这样的解释或理由都是不存在的。科学家其实跟普通人一样，他们有时候也找不到很好的理由来解释自己的决定。爱因斯坦凭直觉跨出了这一大步，也并没有一个特别好的理由来解释为什么要这么做。他发现有一个办法可以让广义相对论变成自己想要的理论，便运用了这个办法。用爱因斯坦的话来说，他是"一个肆无忌惮的机会主义者"[34]。

在爱因斯坦摆脱了自己"命中注定的偏见"后，一切难题都接连解开。现在，爱因斯坦已经确定广义协变性是可能的，便回过头去，把在 1912 年到 1913 年间曾丢弃的所有备选方程式都列了出来，一个一个地重新审视。自 1913 年以来，爱因斯坦已经积累了许多新工具，可以用来审视这些方程式，比如他已经可以从非马赫主义的角度来思考坐标了，也有了过去几年一直在用的拉格朗日算符。在推导纲要理论的过程中，爱因斯坦在很早期就对一个张量感到了绝望，因为他无法让它与牛顿物理学的极限值相等。这个张量具有协变性和等效性，但取极值将它变成牛顿定律的计算却异常复杂，所以爱因斯坦早就拱手认输了。但是现在，他又找出了这个张量，通过运用拉格朗日算符，之前那个复杂的计算变得简单多了，

146

而且爱因斯坦发现这个张量实际上与牛顿定律相符。这个张量行得通了。

爱因斯坦意识到希尔伯特应该从没犯过相同的错误，而且这位哥廷根的数学家可能也已经找到了这些方程式。对爱因斯坦来说，这个理论一直以来就像是只属于自己的宠物，因此他不顾一切地想要确保自己是创立这个理论的第一人，于是他迅速汇总了到目前为止的研究所得，于11月4日提交给了普鲁士科学院。就在这一天，爱因斯坦站在讲台上，讲述自己过去在哪里犯了错误，这对任何科学家来说，这都是少有的谦卑时刻。爱因斯坦公开摒弃了纲要理论，说它是"绝对不可能"的方式。他承认已经对纲要理论的方程式"失去了信心"，并尝试从零开始重新展开研究。爱因斯坦描述了自己如何在苏黎世错过了那个正确的解决方案，而且直到现在才意识到自己的错误。[35] 正如他对一位朋友所描述的："我在提交给普鲁士科学院的文稿中记录了这场斗争中最后的几个错误，它们将会被铭记。"[36]

爱因斯坦对普鲁士科学院所做的有关他对于广义相对论研究的描述并不是特别准确。他表示自己的研究是单纯的数学研究，基本上完全忽略了那些曾经为他指引过方向的物理学思考。这样的描述显然让整个故事更为清爽，更便于让读者密切关注后续发展。[37] 从事爱因斯坦研究的科学史教授米歇尔·詹森和于尔根·雷恩将此称为"拱门与脚手架"策略。纲要理论就像是个脚手架，融合了各种物理学推理和混乱而复杂的技巧，但爱因斯坦却可以用它来打造出场方程式这个拱门。接下来，爱因斯坦逐渐把脚手架都拆除或隐藏起来，只留下美丽的拱门。总的来说，自此以后，在讲述探索广义相对论的过程时，爱因斯坦一直都坚持用这个故事，这样可以让整个探索过程听起来比实际更清爽，也更直接。正如常常会发生的情况一样，曲折而又复杂的斗争经过了加工，呈现出一个更美妙的故事。

最后，爱因斯坦在普鲁士科学院的这次介绍以他的论文还不完整为结论而结束了，不过爱因斯坦还是觉得自己实现了巨大的飞跃。他怀着激动的心情给汉斯·阿尔伯特写了一封信，信中写道："在刚刚过去的几天中，我完成了这一生中最令我满意的论文之一。等你再长大一些，我会讲给你听。"[38] 三天以后，爱因斯坦把对新方程式的简要解释寄给了希尔伯特。爱因斯坦特意表明这些变化是基于自己在四周前所进行的研究，从而避免希尔伯特捷足先登。在此之前，索末菲曾向爱因斯坦透露希尔伯特在相对论这锅靓汤中发现了"一根头发"，爱因斯坦因而非常担心希尔伯特已经预见到自己所做的修正。"我很好奇你会不会喜欢这个新的研究方向。"他写道。[39]

与希尔伯特的竞赛让爱因斯坦打破了在相对论研究上无法前进的僵局，然而，不可思议的是，就在这场竞赛还没有决出胜负之时，爱因斯坦再一次把相对论的方程式放到了一边。他收到了来自柏林歌德联盟的一封信，内容关于他那篇谈论战争的文章。柏林歌德联盟表示非常有意愿发表这篇文章，但前提是需要删除其中几个段落。呼吁建立新的政治组织没问题，但攻击爱国主义本身也许就走得太远了。在回信中，爱因斯坦表示认为"每一位真正愿意看到人类进步的朋友"都必须反对"对战争的颂扬"。[40] 在回信结尾处，爱因斯坦同意发表经过编辑的文章。

爱因斯坦于 11 月 6 日完成了这封回信，也是在这一天，他继续向普鲁士科学院解释新广义相对论方程式。就这样，他把政治放到了一边，重新捡起了自己的方程式。这时他所做的第一件事就是修正了几个前一周所犯的错误。爱因斯坦仍然非常在意确立自己是广义相对论第一创立者的地位，一直强调这些所谓"新"结果真的是在 1912 年就被发现了，只是他当时没有意识到。爱因斯坦和希尔伯特开始频繁的书信交流，两人在信中都在努力告诉对方自己所取得的进展。爱因斯坦特别指出，对于希尔伯特尤为感兴趣的物质的电磁学理论，自己的某些发现也会有一定影响。[41] 这个进展虽然不起眼，但显然，希尔伯特也没有放过它。

希尔伯特不经意地向爱因斯坦透露，他计划在哥廷根举行的一次研讨会上发表自己在广义相对论上的全部研究成果，研讨会的时间定于 11 月 16 日，就是三天后的那个星期二。他邀请爱因斯坦也来参加研讨会，甚至还向他推荐了两趟可以让他按时抵达哥廷根的火车。希尔伯特很愿意让爱因斯坦住在自己家里，这样一来他们甚至都不用考虑预定酒店房间了。[42]爱因斯坦等到周一才回复了这封信，拒绝了希尔伯特的邀请，说自己十分疲惫，而且由于封锁对日常饮食的影响越来越明显，现在自己深受严重胃疼的困扰。不过，尽管如此，他还是要求希尔伯特继续把研究新成果寄给自己。[43]

现在，爱因斯坦已经对自己的方程式非常满意了，该用那些让自己备感困扰的卡住的旧螺栓来验证了。爱因斯坦坐了下来，用新工具来计算水星近日点位置的变动，结果螺栓被拧动了。他的计算表明近日点的位置变动应该是每一百年 43 角秒（大约为 1/100 度），天文学家测量的变动结果则是 45 ± 5 角秒。[44]爱因斯坦成功了，他为自己的理论找到了一个清晰的经验证据。就在拒绝希尔伯特邀请的这一天，爱因斯坦写信告诉朋友他解决了水星的问题。"想象一下我有多开心！"[45]接下来，他又写信给贝索，描述自己的胜利：

> 在过去几个月中，我的研究取得了巨大胜利。**广义协变的引力方程式、对近日点移动的定量解释**，以及引力在物质结构中所扮演的角色。你会感到非常震撼。我的工作强度高得惊人，奇怪的是这种高强度的工作方式居然可以一直持续。[46]

这是巨大的一步。他写了一封言辞急切的信寄给希尔伯特，告诉他自己取得的成果（并提醒他这些方程式其实早在三年前就已经存在了）："今天，我就一篇论文向普鲁士科学院进行了口头陈述。在这篇论文中，我用广义相对论，在没有任何假设前提的情况下，定量计算出了勒威耶发现的水星近日点的移动。至今为止，还没有其他任何一个引力理论做到了这一点。"[47] 爱因斯坦就这样不动声色地宣示了主权。希尔伯特对爱因斯坦"攻克近日点移动的难题表示了礼节性的祝贺"。他对于爱因斯坦能够如此迅速完成这项计算感到非常惊讶，因为那真的太复杂了。爱因斯坦比希尔伯特更有优势，因为他早在 1913 年就做过类似的计算，因此这一次可以算得非常快。[48]

爱因斯坦在信中提到的那次口头陈述是那年秋天他进行的第一次口头陈述。他之所以选择这种方式，很有可能是因为听众席中会有一位重要的天文学家，爱因斯坦非常希望引起他的注意。[49] 这位天文学家就是卡尔·史瓦西。史瓦西曾担任波茨坦天体物理天文台台长，并以强大的数学和物理学能力而著称。他因对恒星大气和运动的研究和开朗友好的个人性格在世界范围内享有极高声誉。史瓦西还是一位忠诚的法兰克福市民，因此在战争爆发后，尽管已经四十多岁，仍立刻报名加入了德国陆军。11 月 18 日，史瓦西恰好休假，因此得以坐在普鲁士科学院的听众席中。他与希尔伯特是好朋友，对于相对论早就不陌生了。如果爱因斯坦将来想得到天文学家的支持，那么此时他要做的正是让史瓦西留下深刻的印象，因此，爱因斯坦上演了一次个人历史上最佳的表演。

爱因斯坦需要更多的经验证据，这就意味着要说服天文学家针对有关引力红移和光线偏折的两个全新预言进行观测。爱因斯坦用新方程式重塑了这两个预言，所得结果多少让人有点吃惊。引力红移没有发生变化，但是过去的光线偏折却完全错了。通过运用新方法，爱因斯坦发现正确的偏折值应该是大约 1.7 角秒，是 1911 年计算值的两倍。因此，如果发生在巴西的日食没有被大雨遮住，或者如果弗劳德里希在克里米亚的日食观测没有因战争而终止，那么他们就都会以那个**错误的偏折值**为对照去进行观测。如果他们的观测结果都非常准确，那么爱因斯坦的理论当时就会被证明是错误的，而那时这个理论甚至还没有真正成形。我们完全可以想象，在意识到过去以为的悲剧都变成了最美妙的好运后，爱因斯坦舒了一口气的样子。

这短短几周是爱因斯坦一生中最高产也最兴奋的一段日子。事实上，这是他自进入专利局工作以来，整个职业生涯中的巅峰。他在给保罗·埃伦费斯特的信中写道："这些天来，我体会到了不能自已的喜悦和兴奋。"[50] 一切结果都如他过去所希望的那样："这个理论美得无与伦比。[51]"

然而，在爱因斯坦发表对水星近日点进动的计算之后，仅仅过了两天，希尔伯特就在哥廷根的皇家科学院公开了一整套正确的广义相对论方程式，爱因斯坦本人都还没有拿出这样一套方程式。希尔伯特感谢爱因斯坦为自己的研究提供了起点，尽管他的论文暗示爱因斯坦只是提出了正确的问题，他自己才是找到正确答案的人。[52] 无论如何，他只花了几个星期就来到了爱因斯坦花了几年时间才走到的终点。当然，这其中一大部分原因在于，当两人在 1915 年夏天见面时，爱因斯坦已经进行了大量研究工作，另一大原因[53]则在于，希尔伯特是一位更为优秀的数学家，从来没有像爱因斯坦曾经那样因为走入各种死胡同而束手无策。

150

五天后，爱因斯坦发表了最终的方程式。他对于被希尔伯特抢先感到非常不快。他把希尔伯特当作朋友，还说希尔伯特是这个世界上唯一真正理解相对论的人，结果这个人却把爱因斯坦的研究成果据为己有。爱因斯坦愤怒地写道："就我个人经历而言，没有什么比这个理论和与其相关的一切更让我深刻体会人性之恶的了，但这并没有让我觉得困扰。"[54] 希尔伯特很快就意识到自己走得太远了，于是便在 12 月 6 日修改了论文，把率先创立相对论的身份还给了爱因斯坦。[55] 他可能还直接给爱因斯坦写了一封道歉信。12 月 20 日，爱因斯坦写了一封简短的信，表示希望结束两人之间的这场竞赛。

　　这段时间，我们对彼此一直心存某种敌意，我不想分析造成这种感觉的原因。在我心中，伴随这种敌意产生了愤怒情绪，我一直在与它做斗争，现在已经取得了完全的胜利。我已经可以重新不带情绪地面对你了，并希望你也尝试这样对我。两个真正的伙伴，曾经可以说是在这个不堪的世界中拯救彼此，现在却不能让彼此都感到快乐，这种状况，客观来说，令人感到非常遗憾。[56]

　　能找到一个在政治见解和物理学研究方面都与自己想法契合的人是相当难得的，所以如果因一次先后之争就失去这样一位知己，那会非常不值得。爱因斯坦知道自己很难交到朋友，他一旦让别人走进自己的小圈子，就会很努力让他一直待在那里。既然他可以在伊珀尔战役后仍然与哈伯继续做朋友，那么就可以在哥廷根的公开陈述之后继续与希尔伯特做朋友。

　　在像这样的先后之争中，有两个主要焦点：一是独立性问题，也就是说，两个人是真的分别独立进行了研究吗？还是其中一人在没有通知另一人的情况下窃取了另一人的研究成果？在爱因斯坦和希尔伯特的这场争论中，这个问题很难判定。他们两人花了一个月来进行直接交流，把每一点小小的进展都告诉了对手，因此我们恐怕无法认为他们的研究工作是彼此独立的。尽管爱因斯坦可能会觉得很恼火，但不得不说这两人从某个意义上说是合作伙伴而不是竞争对手。另一个焦点就是等价问题，也就是说他们所发现的真的是同一个事物吗？在这场争论中，答案似乎是否定的，他们的发现"并不那么相同"。

151

　　希尔伯特意识到他的场方程在能量守恒方面存在一个问题。到了 1916

年，他觉得已经解决了这个问题，才正式出版了自己的研究结果。因此，希尔伯特是第一个冲过终点线的人，却给出了一个错误的结果。如果对我们来说，谁先创立了相对论是个重要的问题，那么我们仍然可以放心地说：相对论属于爱因斯坦。

在爱因斯坦公布自己对水星轨道计算的得意成果后，外界出现了不同的反应。史瓦西早些时候一直持怀疑态度，他一直说相对论的证据"非常可疑"。[57]但到了1915年12月，他在写给索末菲的信里表示水星轨道的计算让他印象深刻，他觉得这是真正的科学了："相比于那些最低限度的谱线移动和光线偏折，这才更能得到天文学家的青睐。"然而，这也很难算是一个有力证明。马克斯·冯·劳厄就没有特别受到震动。他说对水星的预言只是"两个数字刚好一致罢了"，不足以"从根本上改变整个物理世界的面貌"。[58]

爱因斯坦并没有因为这些质疑的声音而停止脚步。他在那个月写下的书信大都在描述自己迈出了胜利的一大步，并告诉老朋友和老同事，自己不仅成功推导出了具有广义协变性的方程式，还用水星找到了支撑这些方程式的经验证据。爱因斯坦把完整的论文寄给了索末菲，并在所附书信中写道："这是我有生以来最有价值的发现……对于水星近日点进动的计算结果给我带来了巨大的满足感。过去我常常在私下里嘲笑天文学总是迂腐地追求准确性，但在这里，这种对准确性的迂腐追求对我们来说是多么有帮助！"除此之外，让爱因斯坦感到高兴的是，他向普鲁士科学院提交的四篇论文像电影一样记录了相对论最终是如何一步一步成形的："在你阅读［这些论文］时，我与场方程战斗的最后阶段就生动地呈现在你的面前了！"[59]爱因斯坦说，在柏林的同事中，除了一人以外，其他所有人"都努力想在我的发现中寻找漏洞或是想要反驳我……然而，天文学家的表现则像是一个被捅了的蚂蚁窝"。[60]

　　除此之外，人们开始更认真地考虑相对论更深远的影响，这也让爱因斯坦感到心满意足。维也纳学派的创立者之一德国哲学家摩里兹·石里克不久前完成了针对相对论所具有的重要哲学意义的详细分析，是此类研究中的第一个。爱因斯坦很高兴石里克注意到马赫和休谟在相对论中的重要作用："如果没有这些哲学研究，我很有可能找不到正确的解决方案。"他强调相对论最重要的特点是，它既能与过去一切实验和理论（也就是牛顿定律）保持一致，又具有广义协变性。现在我们有了协变性，那么宇宙真正的性质就是时空真正的性质，而不是我们的日常体验了。爱因斯坦相当晦涩地宣称："因此，时间和空间失去了最后一丝物理现实的残余。除了把这个世界看成是一个由四个维度组成的四维连续统，我们别无选择。"时间和空间曾是我们在构建对宇宙的体验时最为基础的工具，此时却变成了幻象。替代它们的是一种全新的现实，一种挑战人类理解能力极限的现实。

　　在相对论所描绘的四维宇宙中，空间和时间融为一体，变成了一个统一体。然而，我们这些思维有局限性的人类都认为自己看到的是时间和空间不断变化的混合体，事实上，时间膨胀和长度收缩这两个看起来独立于彼此的现象，其实只是从一个不同的角度去观察时空这个统一实体的结果。不管是在哪里，不管是对谁来说，物理法则都是相同的。引力不再如牛顿所认知的那样，也就是说它不再是一个存在于物体之间的力了，而变成了一个更加奇特的事物。对爱因斯坦来说，物体会天然地在时空中沿两点之间最短的一条线（也就是被称为测地线的一条线）来运动。至于什么才算是最短的一条线，这有时会因为存在像行星和恒星这样大质量的物体而发生变化，这就像是你在一块布上画了一幅画，当你拉拽这块布时，这幅画所呈现出的扭转状态。这条"最短的"线在四维世界中其实还是直

152

线，尽管在像我们这样的三维生物看来，它会是条曲线（这就很像是国际航线，它在地球呈曲面的表面上是一条直线，但在平面的地图上却看起来是一条曲线）。我们的大脑认为这条曲线是一个物体被一种看不见的力，也就是我们所说的引力所推动或扭转后的结果。因此，引力只是我们对于物体在四维连续统中运动的局限性认知而顺带产生的结果。牛顿说，苹果会从树上落下来，是因为有一个大质量物体产生了一种看不见的拉力，把苹果拉了下来；爱因斯坦说，苹果会从树上落下来，是因为它试图找到一条最短路线来穿越一个因大质量物体而受到了扭转的时空。这个解释有没有让引力听起来不那么诡秘了？这样一来，在爱丁顿曾列出的令人困惑的现象清单中，引力现象是不是可以被画掉了？

153

这一切都通过一个简单而优雅的方程式表达了出来（注意这个方程式可以有几种不同的写法）：

$$G_{uv} = 8\pi t_{uv}$$

方程式的左边是时空曲率，也就是时空是如何拉伸或扭转的。方程式的右边是物质和能量。物质和能量的存在创造了曲率，曲率控制着物质和能量的运动。方程式的两边既分别决定了另一边，又依赖于另一边。就方程式而言，它不可思议地简明而又清晰，当然，能体会到这一点的前提是你非常熟悉非欧几里得几何学。这个简短的表达式其实代表了已经纠缠到一起的十个独立方程式。那些在爱因斯坦的世界里算是"简单"的事物其实对我们而言也会有点复杂。

要让自己的理论清晰而有说服力，爱因斯坦还有相当多的工作要做。虽然对于自然界而言广义通用的法则已经构建了起来，但受这个法则支配的新宇宙却看起来很奇怪，因此并不那么容易被理解或接受。要人们接受它就需要更多经验证据，也就是一些看得见的东西，一些与写在纸上的公式相比更能摸得着的东西。对水星轨道的计算是不错，但在爱因斯坦创造出完整的相对论之前，它就已经为人们所知了。爱因斯坦想要一些新的、让人意想不到的证据来说服像普朗克那样仍然态度摇摆的人，这样的证据不是红移就是光线偏折。[61] 但寻找这样的证据已经不是爱因斯坦凭一己之力就可以做到的了。

爱因斯坦知道自己总是可以依靠米歇尔·贝索，就是那位认识他时间最久的伙伴。他希望可以尽快去瑞士与贝索面对面地讨论自己的新理论。爱因斯坦虽在计划出行，但是德国和瑞士的边界几乎长期处于关闭状态。[62] 他并没有提到要去伯尔尼的原因是参加反战理事会的一次会议，此时的他已经通过选举成为理事会的一员。[63] "在这样的时局下，即使只是一份绵薄之力，即使不会产生显著效果，每个人也都必须尽己所能服务于整个社区。"爱因斯坦终于在同相对论的战争中取得了一次胜利，然而另一场战争的胜利却仍尚需等待时机。 154

# 第七章

## 跨越战壕

"你的理论在英国似乎仍然完全无人知晓。"

在战争年代，想在欧洲不同的地方之间往来移动是非常困难的。人的移动自然不用说，因为战壕从北海一直连绵延伸到瑞士的国界线。对思想来说，情况也同样艰难。登载着各种科学理论的论文都被带刺的铁丝网和海上的封锁所拦截，无法离开它们诞生的地方。我们认为方程式和假说是非物质的、超验的，不受国界线和检查站等寻常的恼人之事所限制。然而爱因斯坦却通过自己痛苦的经历意识到，这样的想法是多么错误。1915年，他在相对论上取得了巨大胜利，但在世界范围内，这一胜利却几乎无人知晓。机枪、大炮和各国不断向前挺进的陆军部队共同把那些公布爱因斯坦理论的文章牢牢阻断，让它们无法传播。为了让自己的理论走出德国，爱因斯坦需要找到盟友，还需要付出巨大努力。学习相对论是件困难的事，这不仅在于相对论中那些令人望而生畏的数学，还在于科学此时已经与战争深深地纠缠在一起。

无休止的战乱不仅切断了交流和沟通，还动摇了人们对科学家身份内涵的认知。科学家身份的核心内涵，包括科学家应该做什么、写什么、思考什么，然而新型的总体战给它带来了巨大的压力。爱因斯坦已经深陷政治问题和爱国主义冲突的泥潭，在这种情况下，他还可以去追求有关这个宇宙的真理吗？

155

到了1916年，爱因斯坦需要他人的帮助了，他自己也深知这一点。我们通常认为爱因斯坦是在1915年11月完成了相对论。从某种意义上说，这是对的。1915年11月，爱因斯坦已经找到了场方程，也就是说这时他已经找到了一种数学表达，来概括、描述相对论赖以为基础的原则和概念。但仅有方程式并不足以成为一个理论，还有许多与理解、提炼和应用有关的工作。到了1916年1月，爱因斯坦只想坐下来和朋友们聊聊相对论，除此之外别无他求。然而不幸的是，在爱因斯坦的同事中，没有一个人既懂他的研究，又让他觉得可以在当前战火肆虐的时局下毫无顾忌地进行交流，也许此时后者是更为重要的一个条件。

同时满足这两个条件的人少之又少，其中有两个人身在荷兰，也就是那个在这场肆虐欧洲大陆的大战中至今仍保持中立的孤岛。这两人都是教授，在荷兰城市莱顿工作。莱顿孕育了荷兰最古老的大学，也是几个世纪以来荷兰的科学与文化中心。这座充满生机的城市位于比利时与荷兰边界往北50英里处，几条小运河穿城而过，是爱因斯坦的朋友保罗·埃伦费斯特和亨德里克·洛伦兹的学术故乡。爱因斯坦与这两人密切的书信往来，把他多年来在科学研究上的成功与失败都一一记录了下来。正是在给埃伦费斯特的信中，爱因斯坦曾宣告在最终解决了协变性问题（也就是那个让相对论真正成为一个具有普遍适用性理论的关键问题）后的"那些天里，［我］体会到了不能自已的喜悦和兴奋"。对洛伦兹，爱因斯坦则坦承自己所有关于引力的论文到目前为止"一直都走错了方向"。[1] 莱顿天文台台长威廉·德西特也加入了爱因斯坦在莱顿的这个相对论小团体。德西特长相俊秀，蓄着尖尖的络腮胡，还有一对招风耳。他是一位技巧娴熟的数学天文学家，对引力相关的问题很感兴趣，因而被吸引进入了爱因斯坦的轨道。然而，爱因斯坦所要依赖的不仅仅是这位朋友在物理学领域的技艺，让爱因斯坦更为陶醉的是两人在政治见解上的志趣相投。在处于帝国中心的柏林，爱因斯坦从没觉得自己可以坦诚地发表意见。每次来到未参战的荷兰，最让爱因斯坦感到惬意的事情之一就是他在"四处走动的时候不会觉得像牲口一样戴着嘴笼"。[2]

1916 年 1 月，爱因斯坦开始努力研究相对论中的某些表达。他不止一次后悔上大学时逃掉了数学课。他希望洛伦兹可以帮助自己。爱因斯坦对基本公式充满了信心，但觉得对公式的表达和基于公式的推导都"糟透156 了"。[3] 他曾为洛伦兹解释协变性的能力所折服，因此希望能从这位年长一些的科学家身上汲取智慧。对于对相对论感兴趣的朋友们，爱因斯坦总是努力为他们提供支持，他甚至会将每一个计算步骤都呈现出来，从而保证他们能够充分理解关于相对论的一切。到了 1916 年 1 月初，爱因斯坦把一份相对论概要寄给了埃伦费斯特，这份概要包含几页纸，里面满是手写的公式。他向埃伦费斯特保证现在一切都已经优雅地表达了出来，自己在相对论方面不再有任何疑问。爱因斯坦请埃伦费斯特把这个概要给洛伦兹过目，然后再还给自己，因为他觉得这是到目前为止对相对论最为优秀的概括总结。他需要把这封信要回来，然后以此为基础准备用于发表的论文。

尽管面临诸多战时限制，爱因斯坦还是希望可以在 1916 年早些时候就前往莱顿与那里的朋友们会面。一位朋友开玩笑地问爱因斯坦，相对论有没有可能让莱顿来到爱因斯坦这里，这样爱因斯坦就不必去莱顿了。[4] 尽管荷兰在战争中保持中立，但国境线却常常关闭。荷兰人目睹了比利时遭受德皇军队的蹂躏，对于自己的中立身份能否得到尊重并没有十足的把握。他们感觉战斗离自己很近，因为在荷兰境内的很多地方都可以听到大炮开火的声音。[5]荷兰陆军为以防万一，在整个战争期间都时刻准备着。埃伦费斯特加入了一支保护本地安全的志愿部队，不过它在战争期间从没有集结过。德国和荷兰都对两国间的跨国交通进行着严格管控。

即使爱因斯坦手握瑞士护照，但他要规划前往荷兰的旅行仍然非常具有挑战性。更糟糕的是，警察一直把他当作一个政治上的可疑分子来进行调查。爱因斯坦曾愚蠢地把某些抒发和平主义观点的言辞写在明信片上寄出去，结果警觉的邮差直接通知了警察。警察的正式调查于1916年1月结束，结论是爱因斯坦虽然近期才开始在政治上活跃起来，但他肯定是"和平运动的一位支持者"。[6]他们决定暂时允许爱因斯坦自由行动（爱因斯坦的行动自由最终在1918年被剥夺）。不过，就算是在爱因斯坦不怎么自找麻烦的时候，德国政府当局仍然是个可怕的对手。他想过是不是应该等到战争结束以后再去荷兰。显然，他觉得战争不会再持续很久了。[7]

对大多数德国人来说，几乎没有迹象表明战争很快就会结束。那位恰好在休假时聆听了爱因斯坦有关相对论的论文通告的天文学家卡尔·史瓦西，早已回到了战场，走上了自己在这场战争中的第二个岗位。他的专业技能得到了应用，先是在比利时进行天气预报，后来在对俄前线上计算火炮弹道。他以前在波茨坦的研究所里工作时，周围都是宁静的公园和宫殿，相比之下，战场上这些防御工事和阵阵爆炸简直与过去有着天壤之别。

即便如此，对像史瓦西这样的理论学家来说，防御工事仍然是一个做科学研究的好地方。德国军队的战壕以装备齐全而名声在外。进攻的英国部队难以置信地发现敌人的战壕里面有坚实的地面、暖炉、自来水和电灯。这些深入地下的舒适地堡让德国士兵既可以几乎完全躲避敌人的炮

德国战壕，卡尔·史瓦西就在一个与此相似的战壕中完成了计算
布雷特·巴特沃斯收藏

击，又可以抵御欧洲东部的凛冽寒冬。史瓦西应该有很多机会来进行演算或计算。他不需要实验室，只需要足够的时间，并让自己保持专注。

史瓦西身处的战壕已经代表了广义相对论所能到达的最远疆域。对史瓦西来说，要跟上柏林的科学新发展倒不是特别困难。士兵们可以定期接收信件，史瓦西总会在自己所在队伍放假的时候亲自去取信件。他收到爱因斯坦有关广义相对论的论文副本后，马上就坐下来开始研究这个奇特的新理论了。史瓦西很快便发现了爱因斯坦自己所说的"糟透了"的推导，同时在想自己是否能做得更好。

核心问题在于对水星轨道的计算。爱因斯坦广义相对论的计算结果与实际观测结果完美地保持一致。然而，史瓦西立马就发现爱因斯坦对水星轨道只是进行了近似计算，这是很重要的一点。对于需要进行大量计算的物理学问题而言，进行近似计算是一种标准做法。如果得到一个问题的准确答案明显要耗费大量体力，那么寻找简便做法的意愿就会很强烈。通常来说，简便做法就是把真正想要解开的问题转化成另一个基本相同但更容易解决的问题，然后找出这个问题的答案。你只需要拿出一个**大致相同**的论证就**已经足够好了**，接下来你的同行通常会提出质疑，让你不断完善。这恰恰是爱因斯坦当时的状态。那时，对于水星运动的异常变化，爱因斯坦已经有了一个**足够好**的解释。史瓦西则下定决心，要从爱因斯坦的方程式出发，完全依靠自己的数学技巧和过人胆识来找到这个问题的准确答案。

很快，史瓦西就证明了水星轨道需要每一百年进动43角秒。整个推导过程不长，只有几页纸，这让史瓦西感到非常满意。同时，这样一个具体的、观测可得的预言居然来自爱因斯坦高度抽象的原理，史瓦西对此深感赞叹。史瓦西给这个理论的创立者写了封信，告诉他自己已经成功得到了精确计算值。这些计算真的是史瓦西在面对沙俄军队的前线上利用向敌人发射炮弹的间隔时间完成的。进入1916年后，德国军队逐渐把俄国人赶出了德国，因此当时的东线战场已经算是相当平静了。史瓦西在写给爱因斯坦的一封信中曾提到，他觉得数学物理学是一种令人愉快的消遣："正如你所看到的，战争对我还是偏爱有加的，尽管远处炮火猛烈，但还是让我走进了你的思想国度。"[8]爱因斯坦感到非常惊讶。整个计算过程如此简单，自己怎么会没想到呢？

让爱因斯坦更为震惊的是史瓦西一周以后的来信。这封在战壕里写下的来信很短，是广义相对论方程式的一个精确解，爱因斯坦本人其实都不确定是否有可能找到这样一个解。这件事意义重大，所以需要在这里解释一下。广义相对论是由一种被称为"**微分方程式**"的数学实体来描述的。这种方程式与你在高中代数课本里学到的那种方程式相比，会稍微奇怪一些。在像 x+3 = 7 这样的方程式中，我们说 x 的解为 4。但是对一个微分方

158

159

程式来说，其解则是另一个方程式，更确切地说，通常是一组方程式。如果有人随机塞给你一个微分方程式，要找到一个近似解，或者说一个**足够好**的解，是很容易的。然而，不幸的是，如果你想找到这个方程式的精确解，通常都非常不容易，甚至这样的解有可能根本就不存在。要找到复杂微分方程式的精确解是一项非常艰巨的工作。

因此，当爱因斯坦在 1915 年 11 月 "完成" 广义相对论时，他手里握着的其实是一个由十个微分方程式组成的方程式组。这个方程式组可能有解，也可能无解。如果有解，爱因斯坦也还并不知道这个解是什么。那么如果提出反对意见，说既然我们还需要继续求解，那么场方程有什么用? 这会是非常合理的质疑。这种情况在物理学中经常出现。当你写出一个以微分方程式的形式来呈现的通用原理（就像牛顿第二定律 $F = ma$），你其实是在描述这个世界会出现什么样的情形，比如大自然偏爱怎样的过程，而我们又会看到怎样的模式和规律。换句话说，这是对宇宙通常会如何运转的一种论断。但是，如果要探讨这个原理发挥作用的某个具体事例，你就需要找到解了。牛顿第二定律告诉我们做加速运动的物体通常会遵循怎样的规律，而这个方程式的一个解，则可以告诉我们某个特定物体在某个情境中的实际运动轨迹。

假设你是一位研究高速公路的科学家。你的微分方程式可能会是一个论断，比如 "休息区总会分布在高速公路沿线"，或者 "四叶式立体交叉道总会出现在高速公路交会处"。这些都是你需要知道的关于高速公路的重要信息，然而，它们并不等同于某条具体高速公路的地图。你知道具体的高速公路会遵循你所发现的规律，但还是需要有人去实地看一看，然后再画出地图。

爱因斯坦并不确定是否能为广义相对论画出地图。微分方程式所表达的是有关时空应该如何变化的广义原理，尽管爱因斯坦还不知道一个真正

160

具体的时空会是什么样子，但他确信这个原理是正确的。他在研究中使用的只是近似值，是已经**足够好**的答案。史瓦西是第一个找到爱因斯坦方程式精确解的人。他在爱因斯坦想象的宇宙中找到了可能存在的真实世界。如今，在 21 世纪，对于爱因斯坦方程式，我们已经手握许多精确解。史瓦西的解是其中第一个。

我们现在所说的史瓦西解适用于一个特定的物理情境，也就是一个球体在不借助任何外力的情况下保持静止。这个解精确描述了这样一个物体周围的时空会是怎样的形状，从而让我们可以找出在这一区域中运动的物体所呈现的精准轨迹。物理学家们都非常喜欢球体，因为它们可以让很多计算都大为简化。球体具有旋转对称的属性，也就是说，不管从哪个角度，球体看起来都是一样的。这个属性让物理学变得简单，物理学家也深爱这个属性，这两点无论如何强调都不会让人觉得过分。过去有个笑话，是说一位奶农向一位物理学家求助如何可以增加牛奶产量。于是，物理学家拉出了一块黑板，开始讲："假设奶牛是一个球体……"

对爱因斯坦和史瓦西来说，幸运的是天文学研究的大多数物体看起来非常类似于球体，因此这个简单的解极其有帮助。爱因斯坦因而深感钦佩（也心存感激）。在普鲁士科学院接下来的一次会议中，爱因斯坦一字不落地宣读了史瓦西的这封来信。在座观众中几乎没有人能理解这封信的重要意义。爱因斯坦知道自己还需要一个实例来验证这个解，才能赢得这些持怀疑态度的人。他希望身为天文物理学家的史瓦西也许可以帮忙找到一个实例。解决水星轨道的问题是很好，爱因斯坦写道，不过"光线偏折的问题才最重要"。[9] 他认为，这个问题，也就是引力是否会让光线偏折，会决定这个理论的生死。

为了给埃尔温·弗劳德里希赢得时间来再次观测光线偏折现象，爱

161 　因斯坦有无尽的工作要做，他试图让史瓦西跟自己一起进行这些工作。除了史瓦西和马克斯·普朗克（这两人对相对论多少有些兴趣），几乎没有人对相对论感兴趣。甚至是与爱因斯坦交情不错的马克斯·玻恩都表示相对论"很可怕"，最好"远远地欣赏与赞美"。[10] 大多数天文学家对这个奇特的理论尤其不感兴趣，认为它对自己的工作几乎没有什么意义。但是爱因斯坦知道他最终还是会需要这些天文学家来为相对论寻找经验证据。因此，弗劳德里希是一位重要的盟友。爱因斯坦一直在积极运作让弗劳德里希从天文台那些令人疲惫的日常工作中解放出来，从而专注于爱因斯坦的研究项目。

　　对于没能利用 1914 年日食来验证光线的偏折，弗劳德里希一直觉得非常沮丧和失望。作为替代方案，他认为也许可以测量由于木星引力而产生的光线偏折。但这个测量的难度将会超乎想象（比测量由于太阳而产生的光线偏折要难大约 100 倍）。尽管如此，日益焦虑的爱因斯坦向史瓦西宣布："**必须**想出个办法。"弗劳德里希的老板奥托·斯特鲁维一点都不想让这位助理去帮爱因斯坦验证他那奇怪的想法，因此阻止了一切与此相关的努力。爱因斯坦希望同为天文学家的史瓦西也许可以跟弗劳德里希这位以脾气暴躁而著称的领导讲讲道理，让他改变态度。爱因斯坦还是一如既往地直截了当，说弗劳德里希并不是一个"特别伟大的天才"，只是第一个意识到广义相对论重要性的天文学家。这"就是为什么如果剥夺了他在这一领域中开展工作的可能性，我会感到深深的遗憾"。[11] 史瓦西对于这种状况深表同情，但是仍然在给爱因斯坦的答复中表示弗劳德里希与斯特鲁维的关系实在是太疏远了，要说服后者是不可能完成的任务。同时，他还告诉爱因斯坦，在未来几年内，木星的位置都会特别靠南，因此无法获得精确的观测结果。为了能让弗劳德里希来给自己帮忙，爱因斯坦做了多次尝试，这只是其中一次。他向阿诺德·索末菲抱怨自己在天文学界基本没什么熟人。他还向大卫·希尔伯特描述了自己这些毫无成效的努力，说这就像是"对一个天文学堡垒发起了一次进攻，但是在堡垒外有人吐了一口痰，让人恶心，无法跨越，因此进攻失败了"。[12]

史瓦西在写给爱因斯坦的信中对他关于木星的设想泼了一盆冷水，也是在这封信中，史瓦西表示发现自己找到的场方程的解有一个特性很奇怪，那就是如果将足够大的质量塞进一个足够小的空间中，就会形成一小块类似"封闭"的时空区域。史瓦西认为这是一个数学上的怪现象，是方程式本身的奇怪特性，很有可能并没有什么物理学上的重要意义。后来的物理学家会发现，这个封闭的时空区域是真实存在的，并将它命名为黑洞。然而在当时，不管是写信的史瓦西还是收信的爱因斯坦都没有意识到这个发现的深远意义。

爱因斯坦当时正在为其他事务分心。就在给史瓦西回信的那一天，爱因斯坦也终于完成了寄给米列娃的那封残忍书信。在这封信中，他正式提出了离婚。他一直希望这一刻能拖则拖，这样就可以避免与米列娃有任何其他痛苦的私人交流。然而，爱因斯坦也很清楚，与爱尔莎谈婚论嫁的时刻很快就要到来了，在此之前他必须与米列娃离婚。无论如何，这场与米列娃的战争很快就会尘埃落定。

在英国方面，这个国家已经开始努力接受这将是场持久战争的现实了。对于这种态度的转变，有一个独特的信号，一直悬挂在剑桥天文台中。那是一幅 15 英寸高的海报，上面写着"保卫国家（团结）条例：年龄在十八至四十一岁之间的男性雇员名单。注：必须将这份名单悬挂在受雇单位办公地点的显眼位置"。爱丁顿的名字和地址赫然出现在名单中，下面有一段简短说明，解释爱丁顿为什么没有奔赴前线。每天，当爱丁顿在天文台古希腊式石柱下穿梭而过的时候，一定都会路过这幅海报。事实上，爱丁顿应该是唯一一个会看到这幅海报的人，因为天文台的其他所有工作人员都已经进入陆军服役了。爱丁顿在天文台孤独的身影既时刻提醒着人们大规模征兵在一个自由国家有多么格格不入，也让他们看到当一个国家陷入战争时，科学的处境会有多么艰难。

163　　由于半志愿性质的德比计划失败了，大规模征兵就变得不可避免了。1916 年 1 月底，《兵役法》正式通过。所有年龄在十八至四十一岁之间的未婚男性都被招入了武装部队。为了避免突发骚乱，这项法案没有在当时仍属于英国的爱尔兰实行。左翼人士对整个法案都感到十分愤怒。在两位下院议员、贵格会教徒阿诺德·朗特里和埃德蒙·哈维的努力下，法案最终包含了一个"道德条款"。根据这一条款，如果一名男子原则上反对在武装部队中服役，则可以申报成为"依从良心拒服兵役者"，并因此而免服兵役。这一条款的基础在于长期以来贵格会及其他类似宗教团体人士一直有免服兵役的传统（英国首相威廉·皮特在拿破仑战争期间开始允许这些群体免服兵役）。道德条款遭到了广泛谴责，通常被称为"为懒虫设计的法律空子"。

　　自战争爆发，像爱丁顿这样的贵格会教徒就一直在等待这一刻。毫无疑问，他们会拒绝奔赴前线加入战斗。不过，关于他们是否应该以其他形式来服兵役，仍然存在激烈的争论。贵格会教徒是否可以在武装部队里承担一些非战斗岗位？或者他们是否可以负责农活，因为这样也许可以把其他男性解放出来去前线打仗？爱丁顿在曼彻斯特时的良师、贵格会备受尊敬的领袖约翰·威廉·格雷厄姆指出，从某种意义上说，只要身为英国公民，就一定会以某种形式来为赢得战争做贡献。英国全国贵格会组织清晰地表明了立场："我们认为每一个有良知的个体都是人类进步的希望，但对他们来说，《兵役法》的核心概念危害了他们的自由；我们都渴望这个世界没有军国主义，但《兵役法》的核心概念却恰恰加深了这种军国主义。"[13]

在此前的征兵过程中，几个初步机构已经建立起来。现在，既然征兵已经正式立法，政府就必须把这些机构变成正规机构。其中最重要的一个动作就是将曾是德比计划组成部分的特别法庭系统进一步扩张。到战争结束时，一共有大约 2 000 个特别法庭，其中绝大多数都由五名成员组成。这些法庭一般以一个郡或一座城市为基础而建立，通常都会选出当地品格正直的公民或基层政府官员来义务承担这项工作（威斯敏斯特有一个中央特别法庭，负责处理高难度的案件）。[14]

在此之前，特别法庭需要处理零星出现的免除兵役申请，比如不想放弃生意的修鞋匠。但现在，这样的申请如洪水般涌入。法案通过后，大约 120 万名男性被即刻征召入伍。[15] 在这其中，75 万人申请免除兵役。《兵役法》允许免除兵役的情形包括从事对国家具有重要意义的工作、服兵役有严重困难（比如需要照顾体弱的家人）、身体不健康和依从良心拒服兵役。至于该如何实操，政府几乎没有给地方特别法庭任何指导原则。其基本理念是成为一名战士才最能体现出男性的价值；但除此之外，也就没有人知道该怎么办了。各地都出现了混乱局面，特别法庭的决策通常是出于对当地利益的考虑，而非对国家利益的考虑。有趣的是，大部分特别法庭的记录都在战争结束后就被销毁了，毕竟人们普遍认为整个机制并没有得到合理规划，让政府也很难堪。

特别法庭可以驳回免除兵役申请，并把申请人直接送入部队。有的申请人则可获得完全豁免或绝对豁免，从此以后不需要再为服兵役而烦恼（这种情况很少发生）。有的申请人会获得有条件的豁免或部分豁免，比如给他一定的豁免时间来结束手头的生意。提出免除兵役申请的贵格会教徒和其他宗教团体中反对服兵役的人士通常会被安排做其他工作来为战争做贡献，比如做农活或加入战时医疗队伍。如果拒绝承担这些工作，就会被

164

视为不服从命令的士兵，可能会面临牢狱之灾或肉体上的责罚。由于没有清晰的操作指南，特别法庭几乎可以完全掌控一个人的命运。如果特别法庭确实做出了某种免除兵役的裁决，派驻在特别法庭的军事代表可以对这个裁决提出质疑，并重启整个流程，进行二次裁决。

很多男性其实只是条件反射地提出免除兵役申请，因此导致特别法庭异常繁忙。以班伯里地方特别法庭为例，在其所面对的免除兵役申请中，40% 都是出于家庭原因而提出的（谁来照顾我的孩子？）；另外 40% 因为工作原因（要是没有我，我的杂货店就要关门了）；还有 10% 是既有家庭原因又有工作原因；最后 10% 是依从良心拒服兵役者。[16] 很多申请很快就被驳回了，原因很简单，用肥肉和猪血做黑皮香肠可不是什么对国家有重要意义的工作。而用多种原因申请免除兵役的人则很快就遭到了怀疑。他们显然只是在找借口。

爱丁顿就面临这样的困扰。剑桥大学已经为他填报了 R41 表格，理由是爱丁顿从事的科研工作对国家具有重要意义。他确实因此被免除了兵役，这一点都不令人惊讶，毕竟大学对当地特别法庭拥有巨大影响力。爱丁顿不需要进入陆军服役，至少在当时不需要。但这对他来说并不足够。爱丁顿拒绝参军打仗并不是因为自己的工作对国家来说很重要，而是因为宗教信仰让他坚决反对战争和暴力。爱丁顿自己也填写了一份 R41 表格，在理由那一栏勾选了依从良心拒服兵役。由于当时的记录支离破碎，我们并不知道接下来到底发生了什么。我们只知道当地特别法庭从来没有处理过爱丁顿自己填写的第二份表格，也找不到对于爱丁顿申请依从良心拒服兵役的官方记录。从政府的角度来看，爱丁顿的天文学工作也是为战争做贡献的一种方式。爱丁顿必须时刻带着给自己免除兵役的那些文件。毕竟前文提到的那幅海报就悬挂在他的办公室外面。

剑桥大学很有可能进行了干涉，才避免让爱丁顿勾选了依从良心拒服兵役的表格进入正常处理流程。校方很担心学校的老师或学生展现出任何一丝让人觉得他们对战争并非完全支持的迹象。因此，校方完全有理由为秉持和平主义态度的教授而感到担忧。1916 年 4 月（在此之前不久，征兵范围刚刚扩大到已婚男性），一本题目为《若不违背良心的指引，等待你的将是两年劳役》的匿名小册子开始发行。小册子描述了一位贵格会教徒因为拒绝接受征兵入伍而被投入监狱的经历。根据《国土防卫法》第 27 条的规定，一切对征兵和相关惩戒的干扰行为都是被禁止的，因此这个小册子本身是违法的。很快，小册子的作者就浮出了水面，是剑桥大学著名数学家、社会主义者伯特兰·罗素。这位面部轮廓棱角分明、在接下来几十年间将逐渐把研究领域转向哲学的学者在战争之初就已经开始厌恶战争。阿尔弗雷德·诺思·怀特海德是罗素多年的搭档，他的儿子就在英国皇家飞行队的一次行动中丧生，罗素的徒弟路德维希·维特根斯坦也被送去了前线（只不过是在敌人那一边）。后来，形势变得很明朗，因为这个小册子，政府一定要逮捕某个人，在这种情况下，罗素决定坦率承认自己就是小册子的作者。罗素是一位言辞精准而又有影响力的演讲者，因此在审判过程中，他非常优雅地论述了《兵役法》和征兵本身的不公正。罗素被判有罪，并被处以 100 英镑罚金。他拒绝缴纳这笔罚金，希望这样就可以被投入监狱。然而，结果并非如此，罗素没有进监狱，但他的图书收藏被没收充公了，里面的书籍被变卖，所得款项用来缴纳罚金。罗素被剥夺了大学教职，甚至都不能进入原本属于他的办公室。在战争后期，罗素因为进行了更多和平主义活动而被判入狱六个月。

　　罗素的这件事让剑桥大学尤其懊恼，整个英国知识分子群体也深受打击，事实上大多数知识分子仍在努力工作来证明自己在战争中并非毫无用处。剑桥大学被视作和平主义的温床（剑桥大学的和平组织数量在英国大学中是最多的）。为了改变外界的看法，剑桥大学封禁了某些学生和平

166

组织，并积极协助征兵。除了校方对于征兵的官方支持，很多在校学生和学者都在鲁汶城事件后深受召唤，感到自己作为人类文明的守护者需要奔赴战场。一位剑桥大学的教师这样称赞那些报名参军的学生："报名参军的人将背负着那座殉难城市的记忆走上战场。在德国佬那虚假文化造就并支持的暴行面前，那座殉难城市的灰烬仍在大声疾呼，呼喊着真正的文化是无罪的。"[17] 课堂上的学生人数每天都在减少。剑桥大学在校生人数在 1913 年达到顶峰，共 3 263 人，到了 1917 年，这一数字就已经减少到 398 人。

极具传奇色彩的卡文迪许实验室由物理学家詹姆斯·克拉克·麦克斯韦创立，物理学家约瑟夫·约翰·汤姆森也曾担任主任。然而此时，这个实验室的一部分也被改造成了士兵营房。仍可以进行科学研究的那部分实验室也将研究重点转向了信号发射、声音传输、无线传输、烈性炸药和其他有望对战争产生重要意义的项目。士兵们在写着"请勿踩踏"的草坪上穿行而过。罗素悲伤地描述了这样的场景："如今，这里的悲哀已经让人忍无可忍。剑桥大学已死，这里只有一些印度人，一些苍白无力的和平主义者，和几个血腥残忍的老家伙，在没有年轻人的校园里以胜利者的姿态前行。球场成了士兵们的临时驻扎地，草坪则成了他们的操练场。好斗的牧师在三一学院大厅外的台阶上用洪亮的声音向他们布道。"[18]

"和平主义者"变成了一个侮辱性词语，爱丁顿的日子开始变得艰难。三一学院的同事们开始对他有意躲避，其他物理学家也向他施加压力，让他开展与战争有关的工作。爱丁顿在耶稣巷贵格会议事堂的宁静中找到了庇护，尽管很多贵格会教徒都被拖去了特别法庭，然后被送去了劳动营或投入监狱。特别法庭认为自己的职责就是判定那些声称依从良心拒服兵役者是否真正如此。这通常意味着要让这些人面对一些越来越令人愤怒的场景，比如如果一个德国人袭击你的母亲，你还会拒绝服兵役吗？如果一个德国人"一定要用你亡妻妹妹的鲜血染红他的剑，才肯把剑收回剑鞘，你还会拒绝服兵役吗？"[19]在外界看来，贵格会教徒不再是坚持原则的卫道士，而只是一群耍滑偷懒的人了。

由于爱丁顿一边试图以一己之力扛起天文台的所有工作，另一边又继续进行自己的研究，他已经疲惫不堪。作为皇家天文学会秘书，他还肩负着重要的管理职责。正是由于担任这一职位，爱丁顿收到了莱顿天文台台长威廉·德西特的一封有趣来信。大约在1916年5月末或6月初（我们确实没能掌握原始信函），德西特尝试把有关爱因斯坦研究的消息传播到英吉利海峡对岸。5月中旬，爱因斯坦整理出了一份新的广义相对论概要，其中强调了这个理论在天文学上的预言。很有可能正是这份概要促使那位荷兰天文学家想要去寻找广义相对论的新信徒。有趣的是，德西特在信中并没有包含爱因斯坦的任何一篇论文，只是用自己的语言对整个理论及其影响进行了概述。由于这封信已经遗失，我们不知道他在信中到底写了什么。不过我们知道，这是广义相对论第一次出现在一个敌对国家。这个理论已经跨越了战壕。

打开德西特那封信的人恰好是爱丁顿，就这一点而言，爱因斯坦真的非常幸运。随着战争推进，那时已经几乎没有英国科学家愿意哪怕只是想一想某个来自德国的理论了。然而，身为和平主义者和国际主义者的爱丁顿却仍然愿意。除此之外，那时有能力理解广义相对论基础知识的人也并不多，爱丁顿就是其中之一。广义相对论那令人望而生畏的数学框架在爱丁顿看来是相当熟悉的。还在读大学的时候，为了参加考试（就是那个著名的数学大赛），爱丁顿曾师从于数学家罗伯特·阿尔弗雷德·赫尔曼。[20]赫尔曼醉心于微分几何，并通过教学让学生们也成为这一奇异数学领域中的能手，尽管在当时看来这一领域并没有多少实际应用意义。德西特选定

168 的这位收信人，也许就是唯一一个既有意愿又有能力去思考爱因斯坦的英国人了。

6月11日，爱丁顿给德西特回了信，表明"到目前为止，关于爱因斯坦的新研究，我只听到过一些模糊的传闻。我认为在英格兰没有人了解爱因斯坦论文的详情"。[21] 科学领域上的交流在交战国之间是被禁止的，这就意味着在海峡这一边，爱因斯坦关于广义相对论的研究几乎没有人能看得到。坦率地说，在那时的英国无论如何都应该没有人会读到爱因斯坦的论文。所以不管是广义相对论这个话题，还是爱因斯坦本人都是相当鲜为人知的。爱丁顿对爱因斯坦也只有此前的一些模糊印象，仅此而已。德西特主动提出要为皇家天文学会所属的某份期刊写一篇概述广义相对论的论文。爱丁顿建议他选择《皇家天文学会月报》，因为这份期刊的编辑流程更为简单，这样一来，德西特的论文可以更快出版。爱丁顿想更深入地了解相对论，越快越好："对于你跟我说的爱因斯坦的理论，我有非常浓厚的兴趣。"[22]

整个1916年夏天，德西特和爱丁顿一直保持通信往来，德西特答应为另一份非学术性期刊《天文台》再写一篇短文。英国科学促进会的年会将于9月份在英国城市纽卡斯尔举行，爱丁顿试图邀请德西特参加其中一场专门讨论引力的研讨会并发言。然而不走运的是，爱丁顿发现纽卡斯尔被划定为"限制区域"，非英国公民不能进入。在这种情况下，爱丁顿只能在研讨中阐述自己对相对论有限的理解："据我所知，目前在英国还没有人能读到爱因斯坦的论文，但是又有很多人非常想要了解这个新理论。因此，我打算在年会上介绍一下这个理论。"[23]

那年夏天和秋天，爱丁顿一直在努力理解相对论。他不得不把手头正在进行的有关恒星内部结构的研究放到一边，好让自己专注于这个奇特的新理论。德西特最开始接触广义相对论时，可以直接接触到爱因斯坦本人和其他已经理解了这个理论的人，这是德西特的优势。然而到了爱丁顿这里，这位英国天文学家只能依靠不那么频繁又常常迟到的信函。在爱丁顿所在的这个岛国，没有第二个人对广义相对论有任何了解，也没有教科书或爱因斯坦本人的指导。但爱丁顿并没有放弃，坚持与德西特联系，让他持续就广义相对论的基础与解读进行解释。爱丁顿就这样在这个错综复杂的二手理论中跟跟跄跄地前进，时常会因为某个特别难懂的数学难题或哲学障碍而陷入困境。爱丁顿在信中让那位远在荷兰的收信人放心，说自己不会因为这些困难而对整个理论产生厌恶情绪："毋庸多言，这些哲学上的难题在我看来不会对这篇论文超乎寻常的现实意义产生丝毫影响。"

这封信的最后一句话表明，爱丁顿关心的不只是爱因斯坦的方程式，还有爱因斯坦在战争中的角色："听说爱因斯坦这样一位优秀的思想家居然是反普鲁士的，我觉得很有意思。"[24]"普鲁士"通常都用来指代德国民族主义中的军国主义者，也就是英国人眼中挑起这场战争的元凶。爱丁顿看到了一个关键的机会。爱因斯坦不仅是一位杰出的物理学家，还对自己国家的这种极端越轨行为持反对态度。这样一个倡导和平的德国人对爱丁顿这位身为贵格会教徒的科学家来说刚好是个活生生的例子，可以让同事们看到他们的极端爱国主义做法犯下了多大的错误。相对论可以让人们看到，当科学被战时的仇恨所消费时，人们究竟错失了些什么。

德西特用书信把相对论已经传播到海峡对岸的消息告诉了爱因斯坦。"你的理论在英国似乎仍然完全无人知晓。"[25]对于德西特为跨过科学世界的裂痕而做出的努力，爱因斯坦感到非常高兴："在妄想的深渊之上，你正架起一座桥梁，这是件好事。"[26]爱因斯坦对爱丁顿有所耳闻，对他印象不错，而且这位天文学家对于相对论的见解（在爱因斯坦写于1914年的一篇有关广义相对论的早期论文中，爱丁顿找出了几处错误）也让爱因斯坦印象深刻。看起来，爱丁顿也许能够成为另一个让爱因斯坦觉得可以自由讨论问题的人了："等到和平重新降临，我要写信给他。"

为了保证在柏林过上平静的家庭生活，爱因斯坦必须去一趟瑞士。爱尔莎一直热切盼望着与爱因斯坦结婚，为了实现她的愿望，爱因斯坦必须与仍然带着孩子们住在苏黎世的米列娃离婚。他计划在 1916 年复活节期间去一趟瑞士，当然前提是那些官僚的政府机构和边境卫兵同意他跨过边境（就算前者同意了，也不意味着后者一定会同意）。爱因斯坦经常心不在焉，这在他进行高度仪式化的出入境流程时毫无益处，比如当卫兵问他叫什么名字时，他总是迟疑一下才能说出来。[27] 在林道市穿过德国边境的时候，爱因斯坦接受了一项检查，这项检查"非常全面……但是整体上都很得体又有礼貌。他需要脱掉外套和马甲，解开衬衣扣子；甚至要把裤子也脱下来，衣领也解下来。每一件衣服都经过了仔细的检查"。[28] 但无论如何，这里的检查员很优雅，这让爱因斯坦大为欣赏。

爱因斯坦计划与米列娃达成离婚协议，但这其实相当复杂，因为爱因斯坦已经下定决心再也不跟米列娃见面，在这种情况下，甚至是当两人都在同一座城市时，爱因斯坦还是坚持与米列娃书信交流。[29] 米列娃的身体状况变得越来越差，多位两人的共同好友都认为爱因斯坦不恰当的言语应该为这种状况负责。[30] 这些好友成了两人之间的中间人，并最终说服爱因斯坦推迟提出正式离婚的请求。除了处理与米列娃的关系，爱因斯坦还希望修复与十二岁的大儿子汉斯·阿尔伯特之间的关系。在此之前大儿子已经不再回复爱因斯坦寄来的书信了。尽管面对如此繁杂的家庭事务，爱因斯坦在到达苏黎世后的第一件事还是联系贝索，这样他们就可以探讨相对论了。他们两人一起去划了船。虽然生活让这对好友渐行渐远，但就相对论而言，贝索仍然是爱因斯坦的一位重要参谋，用这个词来描述贝索最贴切不过，毕竟爱因斯坦将狭义相对论最初的灵感归功于他。

170

爱因斯坦回到柏林的时候，这座城市变得越来越帝国化了，也越来越不适宜居住了。这里的知识分子还在继续鼓吹科学与战争之间的亲密联系。威廉皇帝学会在年度报告中宣称：

> 然而，我们的敌人在发动突袭后，得到的结果是**德国科学与军事力量已经前所未有地紧密联系了在一起**，这是出乎敌人意料的，也是他们不想看到的。当然，一直以来，我们都知道这两大支柱之间存在隐藏的底层联系；不过，过去我们并没有意识到这种联系是如此直接，科学甚至可以直接增强军事力量。[31]

171

这并不只是说说而已。在柏林，经常可以看到士兵们在位于菩提树大街上的普鲁士科学院外列队走过。那年秋天，德国陆军部队走遍了整个柏林，把所有带有镜片的物品，包括望远镜、双筒望远镜，都没收充公了，甚至连剧院里看戏用的小型双目望远镜也都被抢走了，以备前线之需。街道上的公共时钟到了晚上就暗了下来，到了整点，也不再有钟声响起。由于肥皂紧缺，普鲁士科学院里的味道甚至都变得更加难闻了。[32] 政府对购买新衣也开始进行管制。爱因斯坦让朋友们放心，说他有足够的衣服，而且还让他们相信"在这种情况下我只有最低限度的审美需求了"。[33]

爱因斯坦对朋友们表示，只是想想现在的政治形势就已经让人受够了："我尽可能地闭上眼睛，不让自己看到正在这个世界里上演的种种疯狂之事。我已经彻底丢掉自己的社会意识了。"[34] 然而，他的行为尽管都很温和，但透露出的意味却恰恰相反。为了在自己的专业领域推动和平与国际主义，他担任了德国物理学会主席。他把对官僚机构和权贵的厌恶放到了一边，好让自己试着做些有益的事情。然而，爱因斯坦几乎毫无胜绩可言。像新祖国同盟这样的和平组织越来越频繁地受到军方当局的骚扰，联盟成员的信件被审查，护照被收回，有时甚至会被威胁投入监狱。在这种情况下，新祖国同盟无法再继续开展工作，被迫解散了。[35]

几个月以后，德国艺术史教授维尔纳·魏斯巴赫写信给爱因斯坦，邀请他加入自己新成立的组织"志同道合者联盟"。爱因斯坦被魏斯巴赫的计划所触动。他回复了魏斯巴赫的邀请，写道："我现在完全相信我们这个时代的弊病在于道德理想已经几乎完全沦丧。"他担心如果德国取得了战争的胜利，那么全世界都会认为这是对民族主义和侵略的支持。不过，如果德国输了这场战争，"人们就会对力量这个空洞的理想失去信念，就会愿意把司法原理公平地推及各国。那么，我们一直以来所热切追求的目标，也就是由各国组成某个组织来消除战争……很快就可以实现了"。[36] 爱因斯坦表示将公开支持魏斯巴赫，不过不愿意加入他的组织，因为他担心加入组织可能会侵占进行物理学研究的时间。事实上，只是加入这样的组织，就是一个危险的行为，因为德国仍在实行战时"戒严"法令，警察有权力控制任何形式的政治集会。[37]

就在德西特努力让相对论飞跃英吉利海峡的时候，爱因斯坦的一小撮支持者遭受了一次突如其来的打击。凭借高超数学技巧找到了场方程第一个精确解的史瓦西在东线战场的前线病倒了。他身上长出了水疱，疼痛难忍。这是一种很奇怪的皮肤病，很有可能是因为接触了化学武器。他被送进了位于柏林的医院，虽然进行了治疗，但病情并没有起色，两个月后便去世了。德国科学界失去了一位天才人物，年仅四十二岁。史瓦西的死让人们清醒地意识到，在人类的战争中，死于疾病的士兵远远多于命丧敌人之手的士兵。

史瓦西的死让爱因斯坦感到非常痛苦。他写信给希尔伯特，表示"在这世间芸芸众生之中，很有可能只有寥寥几人知道如何可以像史瓦西一样将数学技巧运用到炉火纯青"。[38] 不过，爱因斯坦的悲伤也很矛盾。他无法忘记史瓦西是怀着满腔热情主动要求奔赴前线的，而且用尽了全力来为德国的胜利做贡献。在 6 月 8 日进行的公开悼念演讲中，爱因斯坦特意不提及史瓦西在战争中扮演的角色以及他去世时的情境。恰恰相反，这篇悼念词赞美了史瓦西的谦逊和"永不枯竭的理论创造力"。除了列举他的专业成就，爱因斯坦还在演讲中颂扬了史瓦西"在为思想构建更加精妙的数学体系过程中获得艺术享受"[39] 的能力。然而在私下的反思中，爱因斯坦仍然在做思想斗争，努力让自己一方面认可史瓦西在科学领域的杰出技艺，另一方面也接受他在战争中的道德过错："他很聪明，如果能同等程度的道德高尚，那么他本可以变成一块瑰宝。"[40]

173

# 第八章

## 宇宙的边界

"经线和纬线不会理会国家的界线"

后来，史瓦西的死讯传到了英国。爱丁顿与史瓦西熟识，因为他们都在恒星运动数据和恒星物理学领域进行广泛研究。1916 年 8 月，爱丁顿为这位朋友撰写了一篇感人的讣文，发表在英国天文学期刊《天文台》中。很奇怪，文中多次提到了史瓦西多么不像一个德国人：他"身上并没有那些通常会与德国科学家联系在一起的特点"。爱丁顿写道，很多人会抱怨德国科学家过于细心或做事总是慎重而呆板。然而，史瓦西并非如此。爱丁顿认为他思路清晰又敏锐。他笔下的史瓦西粉碎了有关德国人的刻板印象："我们更愿意说是史瓦西让德国天文学从内而外地产生了一种新的理念，这种理念使德国天文学得到了提升、拓展，也变得更人性化了。"[1]

如果我们把这篇不同寻常的讣文放在更广阔的背景中，也就是把它看作是那年夏天那场大战中的一幅掠影，那么这篇文章就会更有意义。当时，英国天文学家们正深陷一场激烈的争论，核心便是德国人是否有资格做科学研究。科学研究需要文明的话语世界，也许德国科学家在战争中的所作所为已经无法让自己再立足于这样的世界之中了。这种观点在战争爆发之初便开始广泛地酝酿发酵，后来通过一个名叫"牛津笔记本探秘"的匿名定期专栏而突然在《天文台》杂志中亮了相。尽管这个专栏没有任何署名，但大家都知道作者是牛津大学颇具威望的天文学教授特纳。专栏的文章通常都像是在办公室里的闲聊，特纳会分享一些有关天文学的俏皮话、八卦新闻或者奇闻轶事。特纳体格健壮，又性格和善，深受人们喜爱，这个专栏则反映了他在天文学领域扮演的慈祥老者的角色。

在 1916 年 5 月的专栏中，特纳首先抛出"是否还需要出版新的科学期刊"的主题，进行了一段干巴巴的论述，接下来他突然笔锋一转，声称德国人让大家无法把科学恢复到大战以前的状态了。他回忆道，在战争之初，科学看起来似乎可以"高于一切政治"，也就是说，做科学研究就像是处在高高在上的阳春白雪之境中，不会被世俗世界中的种种纷扰所侵袭。然而，现在，特纳的看法已经发生了改变：

> 过去，我们认为科学"高于一切政治"，即使在战争时期，这一点也肯定会得到尊重；然而现在，我们看到这种科学与政治之间的约定和联系在一瞬之间就被破坏了，被撇到了一边。德国天真地认为这么做可以从中受益。伴随这样的嘴脸，这个国家也带来了对科学的新认识和科学领域的新做法，让人觉得毫无价值而又愚蠢，我们中很多人都不知道该如何面对这种局面。

特纳承认，在战争结束后，人们的情绪可能会缓和一些。然而，他想要的是现在就决定是否立刻把德国从科学世界中驱逐出去。等待真的会让情况有所不同吗？德国人难道不是已经露出了真面目吗？"一切不是早已注定了吗？"[2]

175 这种愤怒情绪竟然出现在一份学术期刊中，因而格外引人注目。特纳曾经是扛着科学国际主义大旗的先锋，与外国科学家有广泛合作，还负责很多跨国项目，其中包括第一张标准化的国际恒星图。爱丁顿甚至曾在1914年推荐他担任皇家天文学会新任外事干事。在推荐信中，爱丁顿称赞特纳尤其可以胜任这一职位，因为他有广泛的国际交流，与其他国家的科学家也都关系"密切"。[3]特纳认识世界各地的天文学家，而且与他们都有过亲密合作。

然而现在，战争造成的创伤把数十年来的合作都通通抹去了。特纳认为，德国人的性格特点从本质上说是存在内在矛盾的。那是一种"聪明但又不够文雅"的特质。德国人可以"约束自己的想法，却无法控制自己的欲望"。特纳引用了英国对战争暴行进行的官方调查报告，说德国实际上是"史前部落"。"我们不可避免地面临两难的选择：要么重新接纳德国，让她重新回到国际社会中，并把国际法的标准降低到与她相同的水平，要么把德国驱逐出去，并提高国际法的标准。没有第三条路可以选。"[4]特纳认为科学家们完全无法与德国和奥地利的同行继续合作。

特纳继续写道，除此之外，战争已经表明科学家无法让自己远离政治。一个实验是否足够完整，一条数学证明是否有足够说服力，都取决于孕育它们的文明是否值得信赖。德国人已经放弃了得到信赖的权利。在特纳的想象中，未来任何一个科学会议中都不会再听到德国人的语言了。

接下来一期的《天文台》刊登了一篇孤零零的回复。这是爱丁顿写的一封信，题目是《国际科学的未来》。在这篇文章中，爱丁顿畅想了一个未来世界，在那里，科学不再受到民族主义和种族主义的影响。他写道，如果因为某位科学家来自某个特定国家就拒绝合作，那将是个灾难。爱丁顿首先指出了把这种做法付诸实践会面临的困难。他表示天文学家没有办法把地球这颗行星上的某块地方完全忽略，因为"经线和纬线不会理会国家的界线"。不过，爱丁顿反对特纳，并不仅仅是因为在实际操作中会遇到问题，还在于进行科学研究所代表的意义："首先，科学家有一种信念，那便是对真理的追求，不管是原子的微观结构还是恒星组成的宏观系统，都是一种超越人类个体差异的纽带，如果以此为壁垒来加深国家之间的争斗，那么就玷污了'科学'的清名。"[5] 他在文章中还提醒说，肤浅又自私的爱国主义会摧毁科学的进步。

爱丁顿还提醒读者很多德国科学家已经后悔签署《九三宣言》了，其中有些人甚至开始不顾个人安危去帮助那些被扣押在德国境内的英国公民。柏林科学院已经两次拒绝开除外籍院士；德国天文学界各组织仍继续向各自的英国成员（尽可能地）邮寄期刊等出版物。

爱丁顿的策略是把敌人人性化，这是他作为贵格会教徒学到的方法。诽谤一个抽象的国家是一回事，而思考这个国家中具体的个体就是另外一回事了。爱丁顿写道：

> 有人提出我们将不会再与德国人产生任何联系。幸运的是，我们大多数人都有那么几个熟识的德国人。让我们想象有那么一个德国人，不用特别典型，就比方说是你过去的朋友 X 教授，让我们管他叫德国佬，叫海盗也行，婴儿杀手也可以，然后努力让自己心中升起对他的一团怒火。然而这种努力荒唐又徒劳……让这个世界陷入灾难的是对力量的膜拜，对帝国的热爱，对爱国主义的狭隘认知和对科学的曲解。[6]

这恰恰就是贵格会和平主义者在试图让战争尽快结束时而采取的策

176

略。如果敌人有血有肉，跟你有相同的价值观和共同的历史，那么你就很难杀掉他。爱丁顿把这个策略引入了科学领域。他只是让每个人都从德国科学家的角度来看问题，而不是从德国政府的角度。

其他英国科学家并不买账。同在剑桥大学的物理学家约瑟夫·拉莫尔公开回应，支持将德国人从科学世界中驱逐出去。拉莫尔不仅是老一代科学家，还是议会成员，他对自己这位明显还太天真的同事进行了批判。拉莫尔告诉爱丁顿，将德国人驱逐出科学世界是最为谨慎的做法。国家的首要利益需要跟个人喜好区别开来。他完全不理会爱丁顿提出的从德国人的角度去看问题的倡议。他毫不遮掩地提醒爱丁顿，英国政府已经赋予某些人群以道德之名置身战争之外的权利，而这些人群应该对这样一种优待感到满足。换句话说，拉莫尔的意思是：贵格会教徒不需要上战场打仗，也就意味着你们就不要再批评指责我们其他人。

爱丁顿感到非常不安，他对拉莫尔进行了回应，澄清了自己的立场。爱丁顿发现自己不管写什么内容都会遭到误读，这让他很有挫败感。他试图做温和派，但总被解读成激进派："应用英语这门语言真的是太难了。"他继续努力说服拉莫尔向自己靠拢。从德国人的角度去看问题也同样意味着希望德国人能试着理解英国人的立场，不是吗？当然，德国人讲述的全都是英国人残忍暴行的离谱故事，这不是与英国媒体杜撰德国人的故事如出一辙吗？在回信的结尾，爱丁顿礼貌地表示自己并不想让一本天文学期刊与政治牵扯到一起，只是为特纳所迫。最后，爱丁顿草草签了名，下面又加了一段简短附言："自然而然地，我认为那些依从良心拒服兵役者的立场与'从德国人的角度去看问题'完全是不相关的两码事。"[7]

还没等到下一期《天文台》出版，发生在欧洲大陆的多个事件就让两人越来越不可能和解了。自1916年2月起，法国凡尔登的多个要塞就一直遭受德国人的猛烈攻击，英国最高指挥部计划沿索姆河发动一次进攻，从而缓解法国盟友的压力。为此，英国人储备了大约300万枚炮弹，并在正式发动战役之前，进行了为期一周的持续炮击（仅最后一小时就发射了将近25万枚炮弹）。1916年7月1日早上7点半，军官们吹响了哨子，听到哨声的士兵们仰脖畅饮了最后一口朗姆酒，然后爬出了战壕。参加这次战役的英国步兵部队大多经验不足（也就是所谓伙伴部队，士兵都是结伴应征入伍的）。将军们都认为这些新兵无法实现正规的战术，因此下达的命令很简单，就是让他们肩并肩排成一排向前推进。

步兵们确实这样做了，他们满怀信心，认为己方大规模的炮轰已经完全压制了敌人。但他们错了。敌人的战壕，就是可以让史瓦西在其中做数学计算的那种战壕，坚固而又设施完备，让敌人的士兵不仅免遭炮火的袭击，还做好了战斗准备。由于德军500码长的通信线路没有遭到任何破坏，再加上完好无损的机枪火力，战场变成了屠场，这一天成为整场战争中死亡人数最多的一天。20 000名士兵丧生，40 000人受伤，战地医生得到了许多机会来使用消毒粉和输血等新药和新治疗方法。英国诗人西格夫里·萨松参加了这场战役，他在描述这段经历时称自己是在"阳光普照之下注视着一个地狱图景"。[8]英军内维尔上尉的一个著名举动就是拿出了四个足球，带领部队踢着足球冲过无人区。[9]结果，内维尔再也没能回家去。英国首相的儿子雷蒙德·阿斯奎斯胸部中弹，他随手点燃了一根香烟，好让他率领的部队可以继续进攻。[10]接下来，没过几小时，阿斯奎斯就离世了。J.R.R.托尔金在这场战役中担任通信员，根据他的描述，"每一分钟都有12名军官被杀"。托尔金在战场上创作了许多有关精灵、半兽人和恶龙的错综复杂的故事，这些都成了他的心灵避难所。他描述自己是在"钟形帐篷里的烛光下"写作，"甚至有时是利用为了躲避炮火而待在深深的防空洞里的时间"来写作。[11]

7月的战斗损失惨重，在 6 英里长的战线上有大约 60 万人伤亡，然而相比之下，收获却少得可怜。这种情况让英国国内的态度更加愤怒了。针对爱丁顿那篇尝试取得两方和解的回应，特纳发动了攻击，充分表达了英国国内的这种愤怒情绪。爱丁顿在文章中曾发问，到底是什么阻碍了科学领域中的国际合作。特纳给出了一个简单粗暴的答案："我的回答是事实，冰冷严峻、令人恐惧的事实。"他写道，爱丁顿"提议闭上眼睛不去面对这些事实，然后想象出我们与某些个人的联系，再用这种联系来检验当前形势"。特纳毫不留情地指责爱丁顿"在逃避恐惧"，毕竟一个依从良心而拒服兵役的人又如何可以理解战争的本质呢？这位贵格会教徒似乎是在无视现实：

179

    婴儿惨遭杀害，手段之残忍，超乎想象，而且这并不是某个人一时失手的结果，而是在德国陆军精心制订并公布于众的政策指导下进行的行为，这难道不是实实在在发生了的事实吗？"卢西塔尼亚号"被击沉后，德国举国欢庆，如此冷血，古老的海盗都会感到汗颜，这难道不是事实吗？德国科学界人士都已经承认这些事实，其中一人试探着为这些事实找到某种理由，至今仍大言不惭地说自己"问心无愧"，这些难道不是事实吗？如果我们把记忆拉回到战争爆发之前的年代，很容易可以想起我们都曾经郑重发誓，这些事都不可能发生；但这改变不了事实。[12]

特纳对德国战争罪行的冗长控诉扼住了每一位德国科学家的喉咙。似乎已经没有回旋余地了。这些暴行（不管是真实的还是想象出来的）如此骇人听闻，已经不可能再记起那些昔日老友变成恶棍之前的模样了。

索姆河战役一直持续到秋天，最终见证了英国陆军的坦克首次投入战场。就在这些机械怪物首次亮相的同时，一艘巨大的德国飞艇突袭了整个英格兰。爱丁顿一边把这些由科学技术带来的恐惧放到内心深处，一边开始为英国科学促进会将在纽卡斯尔举行的年会做准备。他在年会上陈述了，或者更确切地说，至少是尝试陈述了一篇有关相对论的论文。鉴于爱丁顿对于广义相对论还没有那么熟悉，他的论文基本上是基于德西特的来信，因此还不够完整，也还有些晦涩难懂。事实上，自 1916 年 5 月以来，爱丁顿只找到了一篇爱因斯坦的评论文章。爱丁顿试图解释相对性原理究竟是什么，升降梯思想实验又原理如何。他其实更喜欢这个理论关于数学的一面，而不是它本身的含义，不过他在陈述中明确提醒了在座听众这个理论的方程式"在形式上是高度复杂的"，因此无法轻易地写下来。[13] 尽管爱丁顿对于有关广义相对论的技术性命题有些生疏，但这个弱点也并没有暴露出来，因为台下只有寥寥几位听众。毕竟几乎没有人会对一个来自柏林的天方夜谭般的理论感兴趣。

爱丁顿感到自己在英国科学界越来越没有容身之地了。他在天文台形单影只。与此同时，他独自一人穿越英格兰乡村的骑行旅途也变得越来越漫长。在为史瓦西撰写讣文的同时，他申请了假期，从西伯福德骑行 90 英里到剑桥。幸好爱丁顿痴迷于对生活的记录，我们现在可以知道这是爱丁顿最长的一次骑行，让他有大量时间来思考这两个相关联的问题，那便是国际科学社区的分裂和相对论的难解之谜。

爱丁顿曾希望追忆史瓦西的文章能让同事们重新意识到德国人也是人，在人类共同的科学探索中也付出了不可或缺的努力。[14] 然而，史瓦西曾经是一位狂热的德国士兵，这让爱丁顿这篇文章的价值大打折扣。当时还名不见经传的爱因斯坦和他的神秘理论也许会带来更好的效果，因为这是一个会改变世界的科学理论，而爱因斯坦本人的形象也还没有为德国战争机器所玷污。这就可以变成一种象征，让人们看到科学如何可以超越民

180

族主义的天堑。然而，英国仍然是一片充满敌意的土地；爱丁顿需要为相对论攻入英国做好规划。

此时，对于这位身在英吉利海峡对岸的新盟友，爱因斯坦还知之甚少，因此还在自己周围努力寻求支持。他一直在热切挖掘自己的理论，看其中是否还隐藏着其他谜题，同时也积极地与可能提供帮助的人保持书信联络。广义相对论的支持者还是寥寥无几，其中有一位是哥廷根培养出来的数学家赫尔曼·外尔。爱因斯坦曾写信感谢外尔对广义相对论的兴趣，他在信中评论说，尽管并不是每个人都认同这个理论，但支持者似乎总是比批评人士更聪明一些。"这算是某种客观的证据，证明了这个理论的自然与理性。"[15]

爱因斯坦在场方程式构建领域的对手大卫·希尔伯特仍在定期报告进展。1916 年 5 月下旬，希尔伯特在一封信中对史瓦西的离世表示了同情，并邀请爱因斯坦再次到访哥廷根。在战时的德国，人们的生活条件极为困苦，因此希尔伯特在信中不经意地向爱因斯坦保证如果不能为来客提供任何食物，那么他们可以一起去附近一个生活物资供应比较充足的村庄。

那年春天，希尔伯特的研究主要聚焦于广义相对论原理创造的能量定律。能量守恒定律是物理学的基石之一，但它是否可以直接由相对论推导得出，这一点仍不是那么显而易见。爱因斯坦有一个解；希尔伯特则有另一个。为了有助于解决这个谜题，希尔伯特让自己的一个学生，艾米·诺特，加入了进来。诺特冲破了重重性别歧视（既有人们不经意间流露出的，也有社会结构性的）的阻碍，才获得了数学博士学位。尽管她是世界上微分不变量理论领域的专家之一，但在哥廷根，她只是一位得不到报酬的讲师，因为法律规定女性不能成为正式教员。希尔伯特曾试图说服学校当局认可一位学者的性别与其身份来说根本毫不相干："毕竟，我们是一

181

所大学，不是公共浴池。"[16] 希尔伯特认可诺特的天赋，并在多个项目上寻求她的协助。诺特以说话语速快得超乎寻常而著称，她的一位同事甚至曾邀请她一边散步一边交流，希望这样能让诺特因为疲劳而放慢语速。

诺特的专业知识对于建立广义相对论的数学来说尤为必要。爱因斯坦并不在乎诺特的性别，对她心存感激，并尽己所能地支持她的研究："收到诺特小姐的最新研究成果后，我再次为她无法得到 venia legend［正式授课的权利］而深感不公。我会大力支持在有关政府层面（为推翻这种规定）迈出积极一步。"[17] 最终，诺特提出了现在所说的"诺特定理"。这个定理不仅让对称成为现代物理学的一个基础原理，定理本身也成为当今理论物理学不可或缺的一个工具。纳粹上台后，诺特和许多犹太人后裔一样遭到了驱逐，失去了在哥廷根的职位。像爱因斯坦一样，诺特随后前往美国寻求避难。

不过在 1916 年，爱因斯坦仍然在柏林努力工作。就在诺特和希尔伯特研究能量与相对论之间的关系时，爱因斯坦专注于解决一个关键问题：引力如何从一个地方传递到另一个地方？传递的速度有多快？此时此刻，太阳的引力让地球保持在轨道上运动，如果太阳突然消失，那么在地球上的我们多久以后会感受到引力的这种异常变化？是与太阳的消失同步？还是在 8 分钟后，也就是太阳消失时最后的那束光到达地球的时候？还是引力会有其独特的运动速度？牛顿从来没有在他的引力理论里就这些问题给出令人满意的答案。因此，如果爱因斯坦能够成功找到答案，那将会非常有力地促进人们接受他所提出的引力领域的替代理论。

182

爱因斯坦以电磁力这个自然界中另一种基本力所面临的类似命题为模型，来构建解决这些问题的策略。早在 19 世纪，詹姆斯·克拉克·麦克斯韦（爱因斯坦的偶像之一）就发现电磁力会以波的形式传播。一个摆动的电荷会让周围的电磁场出现轻微波动，接下来这种波动会以光速传播。

麦克斯韦推断这意味着光本身就是一种电磁波。这一点由海因里希·赫兹在实验室里进行了确认，从而把光与电统一起来。爱因斯坦希望自己也可以把引力统一进来。

因此，他的任务就是要[18]检查他的场方程式，看看它们是否能够以某种特定形式排列、呈现出来，进而可以将它们解读成在时空中运动着的轻微抖动，也就是引力波。爱因斯坦写信给洛伦兹、德西特和几个月之后就将战死沙场的史瓦西寻求帮助。电磁学和引力之间存在许多差异，因此，爱因斯坦不能完全照搬麦克斯韦的理论，但他仍然在不断尝试。爱因斯坦一开始一直在两个极端想法之间摇摆，一边是引力波肯定不可能存在。另一边则是引力波肯定存在，最终他那不算太狂热的自信心占了上风。他发现自己的方程式中可以包含一种本身具有能量又以光速运动的数学实体，这种实体就相当有望成为引力波。然而，这种实体是真实存在的吗？很不幸，能表明引力波存在的，只有其在时空中运动时所造成的小到不可思议的时空变形。要观察到幅度最大的变形，物理学家需要能够测量出长度上 $1/1\,021$ 的变化，而这已经远远超出了爱因斯坦的同事们的能力范围（直到 2015 年 9 月 14 日，引力波才被探测到）。用引力波不可能说服任何人相信广义相对论是正确的。

爱因斯坦需要面对面的交流，毕竟书信交流的效果非常有限。他绝对不能等到和平的一刻再行动了。1916 年夏天，他再次尝试前往荷兰，与埃伦费斯特、洛伦兹和德西特见面。1916 年 8 月，爱因斯坦来到位于柏林的外交部申请旅行许可。外交部的工作人员都很不情愿给他许可，因为他经常去瑞士，外国间谍又最喜欢从瑞士与德国的边界潜入，这让爱因斯坦变得很可疑。很多和平活动人士也都减少了海外旅行。[19]面对这种情况，爱因斯坦火速给埃伦费斯特写了一封信，表示如果能有一封荷兰某所大学发出的正式邀请信，那将会很有帮助。埃伦费斯特便立即为他准备了一封。

除此之外，爱因斯坦还需要跨过许多障碍，其中一个就是要提供瑞士公民身份证书的原件，也许是要以此来证明他前往荷兰理由充分。爱因斯坦在信中抱怨："等待着我的是一长串到现在仍然无法完全看清的障碍，因此如果我的荷兰之旅不断被推迟，也不要觉得惊讶。"[20] 最终，在 1916 年 9 月 27 日，爱因斯坦登上了一列前往莱顿的火车。

爱因斯坦到达埃伦费斯特家时，内心充满了感激，因为他终于再次与这些既能搞清楚自己的物理学又能理解自己政治观点的朋友相聚了。就像爱因斯坦自己所描述的，他对于"自己在非科学领域的观点得到认同"感到非常愉快。[21] 除了对战争的看法，爱因斯坦所说的非科学领域的观点还包括音乐。爱因斯坦带来了小提琴，与埃伦费斯特表演了一场小提琴和钢琴的二重奏，这也是过去两人每次见面的传统。他们通常会演奏贝多芬，但是这一次，爱因斯坦大胆提出尝试一下巴赫。埃伦费斯特从来没有关注过这位巴洛克时期的作曲家，因此对这个提议持怀疑态度。尽管如此，爱因斯坦还是成功地让这位朋友转变了态度，在接下来的几个月，埃伦费斯特在巴赫身上花的时间比用在物理研究上的时间还要多，这个变化让埃伦费斯特的妻子、同为卓越物理学家的塔季扬娜感到颇为不悦。[22]

不过，在爱因斯坦待在荷兰的这段日子里，科学仍是他和朋友们交流的重要话题。爱因斯坦把各种想法抛给朋友们，朋友们则回馈他一个又一个问题。这样面对面的互动对德西特来说尤为重要，因为在学习广义相对论方面，他的起步时间要远远晚于洛伦兹和埃伦费斯特。尽管他一直与爱因斯坦保持密切而又深入的书信往来，但是在学习理论时，如果能与一位专家亲身坐下来聊一聊，那么效果将是无可替代的。因此，莱顿和哥廷根是爱因斯坦会定期到访的地方，这两个城市又是最适合学习相对论的地方，这其中的联系并非巧合。[23] 相对论紧密跟随着战壕的延伸而传播，比如在比利时，唯一对相对论有一定理解的人正是当时恰好住在德占区的物理学家蒂奥非·德·顿德尔。[24] 人与人之间面对面的交流在理论学习时是十分必要的，这更突显了爱丁顿在自学理论时所面临的挑战。

让爱因斯坦特别感到高兴的是，他终于可以在旅行途中与洛伦兹交流了。这位年长的物理学家常常会给这位年轻人出难题，只因看着这位年轻人解决难题会让人感到非常愉悦。埃伦费斯特记录了几人在洛伦兹家中共进晚餐的情形：爱因斯坦在最舒适的安乐椅里坐下来，点一支上好的雪茄，准备好迎接难题。

184

接下来，随着洛伦兹的题目变得越来越难，"爱因斯坦抽雪茄的频率越来越低，原本靠着扶手椅的后背稍稍挺直了一些，整个人显得越来越专注……［最终］雪茄抽完了，爱因斯坦焦虑地用手指卷着右耳边的一缕头发"。[25] 在这个过程中，洛伦兹一直坐在一旁，微笑着看着爱因斯坦，仿佛是看着"自己深爱的儿子"。爱因斯坦最终宣布自己"找到答案了！"接下来，两人的论辩便开始了，"先是交换意见，双方会相互打断，如果发现存在部分分歧，就会迅速予以澄清解释，让彼此完全相互理解，最后两人会两眼发光，再快速浏览一下这个新理论所包含的闪闪发光的财富"。[26]

两周以后，爱因斯坦很不情愿地开始为返回柏林做准备。爱尔莎让爱因斯坦在荷兰时买些猪油（这是在战时的德国非常紧缺的商品），但爱因斯坦没有买到，所以他写信向爱尔莎报备，说她"将要迎接的会是一个没买到猪油的我，但请保持和蔼亲切"。[27] 回到德国后，爱因斯坦给埃伦费斯特写了一封辞藻浮夸的信，感谢他对自己的热情款待："与你共同度过的几天让我重新充满了活力，这些日子融化成了一场美妙的梦，让我可以不知疲倦地沉浸在自己的想象中。"[28] 他甚至写信给瑞士的朋友，告诉他们自己有多享受在荷兰的日子。他表示相对论"在那里已经变得充满了活力。不仅有洛伦兹和天文学家德西特各自就这个理论独立地进行研究，还有很多年轻同行也在这么做。这个理论在英国也生了根"。[29]

　　跟我们很多人出远门回家后见到的情形一样，爱因斯坦休假结束回到家后，迎接他的也是堆成小山一般的信件和待办工作。其中一项工作就是启动与洛伦兹共同确定的一个计划。他们两人曾讨论要建立一个委员会来调查当时已有报道的德国人在比利时犯下的暴行。爱因斯坦尝试让普朗克[30]也参与进来，但是这位年长又有资历的科学家认为，无论如何都不可能从与此相关的人士口中得到可靠的证词。爱因斯坦认为，普朗克不愿意插手任何哪怕有一丁点可能袒露自己政治立场的事情，于是他转头继续去做普鲁士科学院秘书威廉·冯·瓦尔代尔-哈尔茨的工作。[31]据说，这位秘书对这个委员会的想法"反应热烈"。[32]完成了这些政治活动后，爱因斯坦的生活又恢复了往日的样子，有爱尔莎的陪伴，也有一如既往平凡又恼人的琐事，比如在 1916 年 11 月 17 日，他不得不待在家里，因为他又一次找不到家里的大门钥匙了。[33]

185

　　随着冬季来临，德国的形势变得更加严峻了。这个冬天比前一年更冷，1917 年 2 月的平均气温是零下 18 摄氏度。除此之外，英国封锁的效果开始显现。在战争爆发之前，德国有将近 1/3 的食物依赖进口，此时饥荒已开始蔓延。马铃薯歉收，30 座城市都爆发了因食物短缺而引起的骚乱。人们开始用动物饲料来代替原本就是小麦替代品的马铃薯，这就是所谓"芜菁之冬"。据估计，从 1916 年到 1917 年，大约 12 万德国人死于营养不良。食品价格先翻了一倍，后来又翻了一倍。反犹太人阴谋论开始出现，这些论调都在指责犹太难民，说是他们造成了食物短缺。[34]因为食物短缺而进行的大规模抗议活动成为柏林街头的日常景象，其中有些抗议活动还升级成为大规模骚动。[35]很多农民因为担心遇到危险而不再把产出的农产品送往城市。1916 年，军方控制了社会经济命脉，在此之后，它们开始直接从农村攫取粮食，并自行分配。曾有人希望军方的高效作风可以在食物分配方面有所体现，但现实是当军方可以优先选择食物并垄断铁路时，一切都变得更糟糕了。[36]

由于饮食缺乏营养，又必须专注于工作，爱因斯坦付出了代价。进入1917 年后不久，爱因斯坦的胃病发作得越来越频繁。爱因斯坦在爱尔莎的坚持下去看了医生，但仍坚称这"有悖于我最根深蒂固的原则"。[37] 医生诊断他患有胃炎，建议他保持一种特殊的高脂肪含量饮食，但这在一个处于饥荒状态中的柏林根本无法实现。牛奶的情况不得而知，但肉的人均消耗量已经下降到了战前水平的 1/8。市面上能买到的香肠大都是代用香肠（也就是用替代材料做成的香肠），当时得到政府官方许可的代用香肠甚至多达 837 种。[38] 代用香肠通常都会掺假，各种欺诈行为因而激增。[39] 柏林的中小学老师会带学生们到森林里去收集可以用来制作代用香肠的食材。

爱因斯坦每四到六周就需要十磅大米、五磅粗面粉、五磅通心粉和"怎么都不嫌多的"烤干面包片（一种饼干）。他已经不能指望在德国南部的亲戚给自己寄东西了，因为他们的这些食物也都已经消耗殆尽。[40] 于是，爱因斯坦询问在瑞士的朋友能不能定期给自己寄点物资。1917 年 2 月，他开始收到朋友们寄来的食物包裹，虽然杯水车薪，但他还是对朋友们表示了感谢。根据爱因斯坦的记录，有一个包裹寄丢了，不过考虑到当时不可靠的邮政系统，这种情况一点都不让人觉得意外。在当时的柏林，靠外地亲戚朋友的邮寄来获取食物成为应对食物短缺的一种常见做法，尽管这很快就被判定为非法了。[41] 柏林的情况变得十分糟糕，因此那些仍在被占领国家的士兵纷纷往德国家中邮寄爱心补给包。[42] 爱尔莎会来到爱因斯坦的公寓，操持爱因斯坦的饮食，确保一切都是无盐饮食，以避免激起"邪恶灵魂的愤怒"；[43] 除此之外，爱尔莎也会在爱因斯坦工作时照顾他。

爱因斯坦的病情越来越严重，他的体重在两个月内就下降了将近 50

磅。他"看起来病殃殃的"[44]，双手总是冰凉。医生认为出问题的不是爱因斯坦的胃，而是肝脏。也许是胆囊结石？他想让爱因斯坦到瑞士塔拉斯普的温泉疗养中心待一段时间，当作是一种治疗。爱因斯坦拒绝了，只答应每天喝两杯矿泉水。在这样的饮食安排下，至少爱因斯坦的疼痛有所缓解。[45]

　　尽管已经只能卧床，但爱因斯坦仍然试图忍着病痛进行研究。他最终在过去一整年间一直困扰自己的那些问题上取得了一些进展。这些问题从本质上说都是有关宇宙性质的问题。宇宙有边界吗？如果有，在哪里？用爱因斯坦的话来说，他是在尝试揭示"一个无限事物的限定条件"[46]，用专业术语来说，爱因斯坦是在探索通常所说的"**边界条件**"。通常，科学家会列出一个有多种可能解的微分方程式，如果你对自己试图通过这个微分方程式去理解的事物有那么一点认识，那么在诸多解中选择正确的那一个会变得简单得多。让我们使用爱因斯坦所选择的那个类比，也就是想象一块布料悬挂在空中。布料可能会出现的扭曲、翻转受制于多种因素，包括布料的材质，布料是否在运动以及布料边缘处于怎样的状态，比如布料是否可以自由运动？或者布料是否被牢牢固定住了？如果是，有多牢？布料的这些状态就被称为布料的边界条件，可以有助于确定布料会有怎样的表现。在这个类比中，布料就像是宇宙中由时空形成的织物。爱因斯坦在思考宇宙的边界条件是什么？时空的位置是固定的吗？它能不能四处移动？是否真的存在一个边界？

　　爱因斯坦其实是间接地遇到了这些问题。爱因斯坦认为马赫原理是广义相对论的根基之一，而当时他仍然在试图证明这个原理是站得住脚的。这个原理曾让他误入空穴佯谬的歧途，但他仍然认为这个原理对自己的理论至关重要。根据爱因斯坦的描述，马赫原理表明，惯性（也就是对推拉的抗拒）并不是质量的内在固有属性，而只能在与其他物质间发生引力作用时产生。这让质量与惯性变成了相对的，这在很大程度上与其他被相对论扭曲的最基本的空间和时间就十分相像了。如果马赫原理是正确的，那么假设有一个喝咖啡用的马克杯，它的惯性就会是因为大量物质的引力而产生的，这些物质既看不见又散布在遥远的宇宙中。这么一来，你早上起床后的那杯咖啡之所以很难端起来，是因为在很远很远的地方，可以说是无穷远的地方，隐藏着某种物质，它们温柔地拽住了你的咖啡杯。这些推理思考的结果让爱因斯坦忍不住进一步思考宇宙的边界到底是怎样的状态。爱因斯坦认为这是对广义相对论的一种验证，也就是说当面对一个没有边际的情境时，自己的理论是否还能站得住脚？应用相对论是否有边界条件？

早在 1916 年 5 月，爱因斯坦就已经在思考这些问题了，但是直到那年秋天，他才开始真正专注于它们。与德西特的书信往来让爱因斯坦开始密切关注这些问题。在爱因斯坦看来，让理论物理学家去假想那些散布在宇宙中的物质、分析它们的分布方式如何可以让马赫原理派上用场，这都没问题。但德西特是一名天文学家，对他来说，宇宙的结构是一个天文学问题，通过望远镜就可以看到，德西特和他的同事对此也都相当了解。爱因斯坦无法只为了拯救自己关于惯性的解释而想象出某种巨型物质！德西特曾在信中写道："如果我要相信你想象出的这一切，那么在我眼中，你的理论所具有的经典美感几乎就消失殆尽了……与其这样解释惯性，我宁可不解释。"[47] 德西特有把握这样直白地与爱因斯坦交流，完全是因为他知道爱因斯坦不会因此而生气。

爱因斯坦也确实不负德西特所望，理解了他的批评意见。很快，爱因斯坦回信给这位朋友，让他放心，说这些都不是重要问题："在我们的讨论中，我过于强调边界条件问题了，对此我感到很抱歉。这完全是个人品位问题，绝不会具有重要的科学意义。"[48] 尽管如此，爱因斯坦仍然

188

坚持自己的研究。他开始认为这个问题说到底是关于无穷的概念，这是一个总会让人觉得很棘手的概念，说距离无穷远时就意味着可能存在无穷大的物质。根据马赫原理，这就会在地球上产生无穷大的惯性，但这解释不了任何问题。如果自己不再坚持宇宙是无穷大的，那么这些问题自然就消失了。

爱因斯坦咨询了几位德国天文学家，其中包括可靠的老搭档弗劳德里希。关于宇宙的实际结构，现在有哪些已知的信息？当时得到一致认可的观点是银河，也就是由包括太阳在内的数十亿颗星体组成的天体群，实际上就已经是存在于宇宙中的一切了。天文学家们对银河的总质量和大小已经有了比较准确的估计（大约 10 000 光年宽）。有很多人不认可这个观点，但是爱因斯坦认为这是正确的，而且在 1916 年就已经有了充分的依据。因此，他在本应是空荡荡一片的虚无之中加入了一团物质，这样的情境非常适合直接运用他的方程式来计算。爱因斯坦迅速算出了结果，发现在这样一个体系（也就是银河）中，时空自身会形成一个回环，从而创造出一个没有人能从中逃出来的口袋，物理学家因此给这种情境起了个外号，叫"闭合"。

这意味着宇宙处于一种**有限但又没有边界**的奇特状态。这种状态太反直觉了，值得我们花点时间思考一下。有限意味着在宇宙中会出现空间不够的情况，比方说，我们要在宇宙中开星巴克店铺，那么宇宙有限就意味着星巴克店铺的数量是有上限的。根据我们的日常经验，如果这一点是正确的，那么一定存在一条边界，在这个边界之外，你就找不到更多星巴克店铺了。然而，在四维时空中，这一点是不正确的。当你从其中一家咖啡馆里走出来后就会马上置身于另一家咖啡馆了。最终，你会回到最初出发时的那间咖啡馆中。你无处可逃。这里，我们可以用地球表面来做一个很有用的类比。我们这颗行星的表面是有限（如果你想用油漆把整个地球表

189

面涂上颜色，那么油漆的用量总会有个上限）但没有边界的，也就是说，无论你沿着地球表面往前走多久都不可能走到边界处，事实上，你最终会回到出发的地方。爱因斯坦的宇宙是同样的原理。

不过，这也有副作用。根据爱因斯坦的方程式，这团恒星物质会因自身引力而坍缩，但这似乎没有发生。正如爱因斯坦曾正式写下："天体间的相对速度非常微小。"[49] 换句话说，我们不会与另一个天体相撞。要解释为什么不会，爱因斯坦做出了一个创举。他在广义相对论中加入了一种全新的力，用希腊字母 λ 来表示，现在被称为宇宙常数。这是一种神秘排斥力的占位符，这种排斥力可以防止宇宙在引力的作用下向内坍缩。这对爱因斯坦来说是一个艰难的时刻。广义相对论最重要的意义就在于它应该是由几个普遍原理推演出的必然结果，不应该存在任何特殊处理或调整。然而，加入这种力可以算是一种终极形式的特殊处理了，这意味着他的方程式所做出的预言（坍缩）与实际观察结果（一个相当稳定的宇宙）不符。因此，爱因斯坦就加入了 λ，就好像是给一根漏水的管子缠上了布胶带。他承认尽管这个做法解决了问题，但并不是真正"以我们的实际知识作为支撑"。[50] 这让爱因斯坦感到不快，物理学家乔治·伽莫夫则把这称为爱因斯坦最大的失误。

尽管如此，爱因斯坦还是得到了一个有限又没有边界的宇宙，这正是他一直所渴望的。实际计算出来的数字并不是特别吻合。根据他的计算，宇宙的宽度应该是 1 000 万光年，但是天文学家们的测量结果却是 1 万光年。爱因斯坦相信对天体数据进行深入研究将有助于解决这个问题。通常，当面临天文学观测结果方面的挑战时，爱因斯坦都会向老朋友埃尔温·弗劳德里希寻求帮助，这一次，爱因斯坦也同样试图让这位老朋友来帮忙解决问题。[51] 然而，跟过去一样，这一次，爱因斯坦还是没能让弗劳德里希腾出时间。

仅凭在纸上写写算算和耐心的思考，爱因斯坦就创造出了一个新宇宙。但这并不是他的目标，不要忘了，他只是想看看自己理论的极限边界在哪里。在给朋友们写信时，他也强调了这一点："这至少证明了广义相对论可以创造出一个不存在内在矛盾的系统。"沿着这个方向，爱因斯坦发现宇宙需要有一种特定的结构。通常解决一个问题会引发更多问题，这次也不例外，随着这个问题的解开，新问题接踵而来：被我们视为家园的这个星球到底有多大？宇宙中真的有一种力量推着各个天体，让它们免于相撞吗？爱因斯坦陷入了漫无目标的思考，思考"无尽的谜题制造者"会不会让自己真正理解这个物理世界。[52]毫无疑问，"耶和华并不是在这样一个疯狂的基础之上构建了这个世界"。[53]

1917 年 2 月 5 日，爱因斯坦在普鲁士科学院陈述了这些发现。他最初以为这只是一次小小的探索，结果变成了一个极具挑战的项目，特别是受到肝病影响，爱因斯坦此时的工作能力严重受损。事实上，爱因斯坦是在病床上完成了这篇论文的终稿。他并不在意卧床工作，这反而让家里的访客变少了，也让他不用再为满足普鲁士科学院的着装要求而烦恼了。然而，这也同样意味着他不得不取消接下来前往荷兰的旅行计划。

爱因斯坦在写给朋友们的信中承认现在进行的研究会看起来"相当古怪"。[54]他在给保罗·埃伦费斯特的信中写道，这项研究"让我有被抓进疯人院的风险。我希望莱顿没有疯人院，这样再去看你的时候，我的人身安全还可以得到保障"。[55]他让大家放心，他对有关宇宙的这些观点并没有特别认真，尽管"在论证这些问题时我表现得好像很当真"。[56]爱因斯坦尤其担心拥有丰富专业知识的德西特会觉得这很讨厌："当然，从天文学角度来看，我所搭建的是一座高耸的空中楼阁。"这只是尝试解决广义相对论中问题时产生的一个副产品，与现实无关。爱因斯坦现在已经可以忘掉有关无穷的想法了："过去这个问题让我寝食难安，现在已经不再困扰我了。"[57] 他写道，宇宙的结构到底是否如此，也许我们永远都无法知道了。

德西特怀着急切的心情躺在病床上收到了爱因斯坦的这些研究成果。当时，他感染了肺结核，住在多伦附近的一座疗养院里，还在努力坚持工作。德西特对于爱因斯坦在宇宙构建方面的努力并未感到印象深刻，只是摆弄几个方程式就能确定整个宇宙的根本性质，这看起来似乎太玄乎了。他在给爱因斯坦的回信中写道："好吧，如果你没想把自己的概念强加于现实之上，那么我们的意见就是一致的。这是一个不存在瑕疵的推理链

191 条，从这个角度来说，我没有反对意见，甚至还很欣赏它。"[58]

不过，过了不到一周时间，德西特就改变了主意。他开始思考，根据广义相对论，宇宙还可以是什么样子的。奇怪的是，他发现一个没有任何物质的宇宙，也就是一个完全空荡荡的宇宙，可以满足爱因斯坦方程式的要求。令人费解的是，这个毫无特点可言的宇宙也在运动。如果有两位勇敢的天文学家愿意冒险进入德西特所发现的这个宇宙，他们各自将仍然有质量，彼此还会被分开，因为宇宙中的虚无在不断膨胀。德西特指出，如果根据广义相对论，可以有一个空荡荡的宇宙，同时其中的物体仍然可以具有质量，那么马赫原理就不能成为这个理论的一部分，也就是说不存在可以提供惯性的遥远的质量体。德西特并没有充分理解这意味着什么，但已经觉得心满意足："我不关心解释。"[59] 爱因斯坦很有可能是在这之后就不再沉醉于马赫原理了，广义相对论也在不包含马赫原理的状态下继续发展起来。

德西特和爱因斯坦继续就两人不同的宇宙进行争论。有没有可能通过实际观察来搞清两者的区别？某些令人费解的特点是"真实存在的"吗，或只是数学上的错觉？最终两人一致同意他们之间存在分歧，爱因斯坦认为这只是"信仰上的一个小差异"而不再理会。[60] 换句话说，这只是两人

之间的神学争论，仅此而已，并无其他重要意义。

　　不过，还是有人更为严肃地看待这场争论，并延续了这方面的研究。爱因斯坦和德西特创造了我们现在所说的第一和第二**宇宙模型**，并在无意之中创造了现代相对论宇宙学的基础。这整个学科的核心观点是这些宇宙模型可以描述宇宙的真正状态，也就是宇宙是静止的还是运动的？是永恒的还是转世而来的？究竟是哪种状态，则可以通过观察来确定。正是这个学科最终给我们带来了现在这个以大爆炸为起点、各星系都在运动着远离彼此的宇宙模型。现在，我们认为宇宙是无限的，还在不断膨胀，我们所在的这个星系只是宇宙中微不足道的一粒微尘，这与爱因斯坦和他同时代的人所想象的相当不同。爱因斯坦根本想象不到自己究竟开创了什么。　　192

　　就在爱因斯坦和德西特创造没有边界的宇宙时，地球上的国界线依旧麻烦不断。1917 年 3 月，德西特与爱因斯坦的争论已经过去了几个月，德西特给爱丁顿写了一封信，描述了两人的两种宇宙模型。英吉利海峡两岸的邮政服务依然很不可靠，德西特从没收到过刊登着自己论文的《皇家天文学会月报》，他曾猜测这极有可能是因为负责运送这些月报的船遭到了鱼雷袭击。[61] 那时，德国 U 型潜艇恰好重新开始进行无限制潜艇战了，会在毫无预警的情况下对民用船只发动鱼雷袭击。"卢西塔尼亚号"的沉没引发了国际社会的愤怒，这样的潜艇战事一度中断。然而，到了 1917 年年初，德国在战争中的前景似乎变得极为暗淡，这让德国人有了充分理由来重启潜艇战。船只残骸和人们的尸骨开始沉入大西洋。仅一个月时间，大约有 100 万吨来自协约国和其他中立国的商船被德国人击沉。这种做法看起来可能真的奏效了，英国此时的粮食供给已经下降到只能维持六周的时间。[62]

　　爱因斯坦觉得柏林越来越离奇荒诞了。"当我与别人交谈时，我能感觉到人们在思想上的反常。这个时代让人想起曾经的巫术审判及其他宗教上的误判。"[63] 他感觉那些在私底下最善良、最体贴的人在公开场合恰恰是最令人鄙视的爱国分子。到了 1917 年春天，爱因斯坦会时常冒险出门，有时是去参加德国和平协会的会议。他们约在奥地利咖啡馆见面，聚会中的一人发现爱因斯坦是科学界的一位重要人物，感到非常惊讶。德国和平协会像新祖国同盟一样不受政府欢迎，他们在 1917 年 4 月的一次会议就因为警察的闯入而中止。[64]

爱因斯坦可以信任谁？同为和平主义者的弗里德里希·威廉·佛尔斯特让爱因斯坦针对广义相对论撰写一些面向大众读者的介绍性文章。佛尔斯特担心关于广义相对论，大多数德国人只知道它替代了牛顿的引力，因此是与英国科学相对立的。"这种焦虑不安很有可能与当时在德国普通大众中广泛传播的那种近乎病态的情感倾向相关联"。[65]

爱因斯坦和他的理论会有怎样的未来，当时还并不明朗。相对论已经跨越了战壕，在敌人的国土上找到了一个立足之处。除此之外，爱因斯坦一直希望证实自己的理论，也就是为自己抽象思考的结果找到实际经验的支撑，但这一点仍然因为战争而无法实现。要实际观测到光线的引力偏折看起来几乎就是一个天马行空的幻想。没有任何迹象表明战争会结束，同样没有迹象表明国际科学交流会恢复。爱因斯坦对宇宙外沿进行了短暂的思考，但这并没能帮助他从人类一手造成的这个残酷境地中逃离出来："如果我们生活在火星上，就可以透过望远镜去观察人类那些可恶的滑稽之举，然而，很可惜我们并没有生活在火星上。耶和华不需要再降下硫黄与火，他已经让这个过程变得现代化了，完全可以自动运转。"[66]

# 第九章

## 抵制相对论

"战争期间最引人瞩目的出版物"

爱尔莎一直努力操持着爱因斯坦的日常生活。1917年夏天，爱因斯坦搬到了位于哈柏兰大街的一所公寓里，就住在爱尔莎家隔壁，这让爱尔莎轻松了不少。爱尔莎的目标之一是让爱因斯坦每天只抽一支雪茄。过去，爱因斯坦的办公室因几乎时刻弥漫着蓝色烟雾而著称。现在，这种景象已经不复存在了。为了保证爱因斯坦的肺部健康，爱尔莎付出了很多努力，但爱因斯坦的朋友总会来搞破坏，趁爱尔莎看不见的时候偷偷塞给爱因斯坦第二支、第三支雪茄。[1]

爱因斯坦的病情越来越严重，为了让他活下去，爱尔莎一直坚持照顾他，包括为他准备特殊餐食。爱尔莎曾一直尝试让爱因斯坦搬到离自己近一些的地方，这样方便照顾他，但爱因斯坦一直不同意。后来，趁爱因斯坦出国探亲的时候，爱尔莎直接把他的家搬到了自己住的这栋楼里。也许爱尔莎后来发现爱因斯坦的"呼噜声大到难以置信"时曾为这个决定感到后悔。[2] 爱因斯坦则坦然接受了这一变化："这里吃得很好，我也可以充分休息。"[3] 爱尔莎一直努力让爱因斯坦吃得健康，即使在旅行中也不例外。在法兰克福期间，爱因斯坦曾写信给爱尔莎，让她放心自己一直在遵守医生的要求。连同这封信一起，他还把原本要留给爱尔莎却被自己粗心带出来的公寓钥匙寄了回去。[4] 在苏黎世，爱因斯坦激动地写信给爱尔莎说自己找到了一块香皂、一管牙膏，会带回柏林给她。[5] 这是爱因斯坦在战争期间最后一次外出旅行。军事当局认为爱因斯坦其实是一个政治上的危险人物（军事当局有一份和平主义者清单，一共包括 31 人，爱因斯坦位列第 9），因此很快就对他实行了旅行限制，让他只能在得到官方批准后才能外出旅行。[6]

回到柏林后，爱因斯坦继续接收朋友们寄来的食品包裹。他提醒朋友们寄包裹的时候一定不要封口，因为无论如何在军事审查的时候包裹都会被拆开，甚至会被直接销毁。[7] 随着供给越来越紧张，对食物的需求也越来越急迫。在物资定量分配过程中，爱因斯坦作为未婚人士只能收到"单身汉套餐"，完全不能满足他的需求。[8]1917 年年中，出现了代用食品替代品，也就是说，代用食品本身都要被更假食物所替代了（咖啡的原料先变成了烤大麦和煤焦油，后来变成了菊苣和甜菜）。[9] 哈伯、费舍尔和能斯特都在与政府合作，一道改善人们对当时这些食物营养价值的认知。[10] 黑市成为生活必不可少的一个环节。有传言说一批果酱在运输过程中消失，这消息甚至一度风头盖过了关于战事的新闻报道。[11] 某些眼光超前的革命分子已经开始囤积武器，他们通过谎称走私水果成功规避了警察的开箱检查。[12]

对于自己跟和平主义者所付出的努力能不能产生效果，爱因斯坦已经开始失去信心了。"我们所有令人兴奋的科技进步，或者说我们整个文明都与病态罪犯手中的一把斧子差不多了。"[13] 这把斧子有时也会差点落在自家。爱因斯坦的朋友乔治·尼古拉，就是那在战争初期撰写了一份国际主义宣言，并让爱因斯坦也签了名的朋友，刚刚在军事法庭接受了审判。尼古拉的故事很离奇。他是一位生理学教授，也在柏林做私人医生。他曾公开宣誓成为一名共产主义者，也是一位坚定的和平主义者，他在战争爆发后主动提出为陆军开设一个心脏疾病诊所，这成为他的政治掩护，让他得以继续从事医疗和教学工作。[14]

　　然而，这种状态只维持了一小段时间。随着他国际主义者的态度越来越为人们所知，他被陆军招募入伍，不断地被从一个派驻点调换到另一个，每一个都很糟糕（其中包括一个位于沼泽地中、负责给俄国战俘看病的医院）。[15]尼古拉是德国国内最好的医生之一，却被迫成了一名护理员。不过，这反而让他有了大量时间来进行学术研究。他写了一本书，书名是《战争的生物学》，从他自己的视角解释了战争为什么会爆发。为了让这本书能够出版，尼古拉费尽周折。1917 年，这本书终于成功出版，尽管此时书的内容已经遭到删减，逻辑顺序被打乱，整体非常混乱（尼古拉本人甚至从来没有见到过书的校样）。然而，军事当局始终在密切关注这整个过程，并把尼古拉送上了军事法庭。尼古拉被罚款 1 200 马克，并被要求写一封公开信声明这本书并不是正式出版物。[16]几个月以后，尼古拉再次接受了军事法庭的审判，理由是他态度蛮横傲慢。

　　不过，这一切都无法阻止尼古拉。他有了一个新的出版计划，也一直在说服爱因斯坦加入进来，为此汇集了出现在脑中的一切理由（包括既然爱因斯坦没有明确拒绝，那他就有责任参与进来）。[17]爱因斯坦不堪其扰，用一封言辞激烈的信愤怒地回应了尼古拉："那么，在这里，我就用发情牛犊般的气力大声告诉你，我郑重地、诚挚地、全心全意地要求你到此为止。"[18]然而信刚发出，爱因斯坦就对自己的怒气爆发感到后悔了，马上又给尼古拉写了一封道歉信，说自己前一封信只是一个"粗俗的玩笑"。[19]不过，他仍然不想与尼古拉那疯狂的计划扯上丝毫关系。

196

然而，对爱因斯坦来说很不幸的是，尼古拉并不是他唯一一个政治背景复杂的朋友。历史学家彼得·盖里森也为我们讲述了弗里德里希·阿德勒的非凡故事。1908 年，阿德勒曾与爱因斯坦同时竞争苏黎世的一个大学教授职位，两人也住在同一栋公寓楼里。两家人彼此相处融洽。爱因斯坦和阿德勒还会一起讨论物理学问题。爱因斯坦决定去布拉格时，他希望阿德勒可以接替自己的职位。然而，阿德勒却变成了一名全职的激进社会主义党人，甚至在 1914 年与托洛茨基进行了会面。[20]

像爱因斯坦一样，阿德勒也反对战争。与爱因斯坦不同的是，阿德勒决定通过射杀奥地利首相斯图尔格伯爵来反抗战争。在结束与尼古拉的纠缠后没过多久，爱因斯坦收到了阿德勒在狱中写给他的信，问爱因斯坦是否有兴趣就相对论的某些方面进行讨论。噢，对了，阿德勒还顺便询问爱因斯坦是否介意在法庭上为他的人品做证。爱因斯坦迅速写了一份证词，赞扬阿德勒是值得信赖的人，请求德皇从轻发落。[21] 阿德勒不断地写信给爱因斯坦阐述自己对相对论的思考，这些观点集合在一起足以成为另一个更倾向于洛伦兹而非爱因斯坦的理论。阿德勒深感绝望的父亲在为儿子辩护时试图用儿子的这些物理学思考来证明他已经精神错乱。1917 年 5 月，阿德勒被判有罪，并被判处极刑，不过实际处决并没有立即执行。[22] 阿德勒被单独关押在牢房里，大概是因为没什么别的事可做，他继续尝试说服老朋友爱因斯坦，让他相信他的广义相对论有致命缺陷。

和爱因斯坦一样，爱丁顿也很难搞到烟草。不管是他的姐姐还是特林布，对他抽烟的习惯都很在意。不过，拜 U 型潜艇所赐，爱丁顿期盼的尼古丁救星常常都会以沉入大西洋深深的海底而告终。酒类供给也很紧张，但这对爱丁顿来说并不是问题，因为即使是到了 1917 年，他仍然遵守着母亲关于饮酒的那些老派忠告。爱丁顿还曾一度主动提出用他所在的实验室来拍

197

摄禁酒宣传影片。后来，有一次，他被困在了一条酷热难耐的船上，船上唯一的饮料是香槟。爱丁顿试了一下，发现酒其实也没有那么糟糕。

除了烟酒这样的奢侈品，巧克力也开始从市面上销声匿迹。商家只要销售巧克力，就会面临高昂罚款。[23] 随着封锁加剧，排队买肉变成了普遍现象。还有一次数千人排队买人造黄油（真正的黄油已经没有了），成为一次著名的事件。[24] 蛋白质的供应量远远不足。家家户户的糖罐子通常都是空的。不过，最为短缺的物资其实是茶叶。烟斗空了？爱丁顿还可以忍受，但是没有茶？那可是不可能忍受得了的。[25]

尽管面临这样的困境，伦敦和剑桥并没有出现柏林那样的问题。面包从来不需要定量配给，黑市的规模也维持在相当小的水平。无论如何，战争的形势开始往对协约国有利的方向发展。沉睡的美国巨人似乎终于被激怒了，将要以协约国的身份加入这场战争。美国人本来并没有急于加入，但他们的想法在德国人做出了几个尤其糟糕的选择后发生了转变。有几个举动几乎肯定会让美国人加入战争，重启不受限的潜艇战就是其中之一。更糟糕的是，德皇的外交智囊团中有人认为说服墨西哥先发制人攻打美国（希望能夺回得克萨斯、新墨西哥和亚利桑那）会是个好主意，因为这样可以阻止美国人插手欧洲。

然而，令人难以置信的是，对墨西哥的这项提议（也就是现在所说的齐默尔曼电报）是通过美国设立在德国柏林的大使馆发出的。对德国人来说，由于英国人切断了他们的海底电缆，要实现快速国际通信，他们并没有多少选择，美国人则允许德国人使用他们的电缆，认为这是帮了德国人一个忙。无论如何，这份电报是个密电，但英国情报机构几乎立刻就把它破译了出来。1917 年 4 月 6 日，美利坚合众国对德意志宣战。在那一刻，美国实际上还没有什么杀伤力。没有人认为他们刚刚招募的队伍能与那些现在牢牢占据着战壕、经验丰富的军队相匹敌。不过，他们贵在人数众

198

多。美国加入战争，意味着德国要与一个拥有无限后备力量的敌人对抗。尽管如此，德国人也没有要投降的意思。德国最高指挥部做出了一个大胆的决策，要把部分军力从最远处的阵地撤回来，重新部署到新建的更易于防守的要塞兴登堡防线。协约国要突破这条防线，难度将大得多。德国人清晰地表明自己已经做好了长期作战的准备。在美国人宣战前一天，德国人就完成了军队的后撤，以做好准备迎接新敌人。

除了大量士兵，美国还拥有雄厚的工业能力和专业技术知识。有人问丘吉尔最想从美国得到什么，丘吉尔回答说："请给我们派几位化学家来吧。"[26] 历史学家罗依·麦克劳德记录了美国科学家们是如何为这个时刻做准备的。天文学家乔治·埃勒里·海耳自从"卢西塔尼亚号"事件后就一直在努力为美国科学构建战争基础，虽然那时还根本没有任何参战人员来向他寻求技术支持。海耳梳着纹丝不乱的分头，有着高高的额头，鼻子上架着一副金属丝框眼镜，总是有意穿着高领衣服。尽管饱受抑郁症和失眠的困扰，但海耳还是让美国天文学在高性能望远镜方面占据了世界领先地位。海耳的专业领域是太阳天文学，跟战争无论如何都没有任何联系，不过海耳在科学组织的领导力方面却无人能望其项背。通过海耳的努力，美国国家科学院成立了下属的国家科学研究委员会。海耳甚至于 1916 年 8 月访问了欧洲，目的是看看如何组织国家科学研究委员会，才能最大限度地做好可能出现的与战争相关的工作，同时也了解一下哪些工作是最紧急的。因此，在美国参战后，海耳便拿出了一个"化学人才库"[27]，可以立即调遣数以千计的科学家。

霍勒斯·达尔文爵士（查尔斯·达尔文的第九个孩子）写信给海耳，要求他派遣大约 100 名科学家到英国来，为英国的军事项目工作。他同时提醒海耳注意，美国需要避免英国犯过的错误，不要把科学家当作普通士兵招募进军队。他说让科学家去当普通士兵将会是个灾难。[28] 即使都是来自协约国的科学家，彼此合作也并不容易。英国人和法国人在这方面几乎毫无建树。尽管许多美国科学家都认为在交流沟通高度保密、军事行动占据优先地位的情况下很难开展工作，海耳仍然曾围绕与其他协约国科学家展开合作进行过广泛思考。

虽然面临很多挑战，海耳及其同事们仍然在努力创造一种真正意义上的"协约国科学圈"。他们召开了无数次会议，讨论如何应对化学武器、军需品生产等问题。在这些会议中，美国、英国、法国科学家（可能还有几位比利时科学家）紧密合作，海耳认为这就应该是战争结束后科学应有的样子，至于德国人，在未来 100 年内都会不受欢迎。然而讽刺的是，美国人的加入反而让国际科学更加分裂了，科学研究与民族主义和党派政治之间的关联也变得越来越紧密了。

民族主义让爱丁顿在请朋友帮忙时面临了巨大困难。他的这位朋友是弗兰克·戴森，他想让戴森给自己帮个大忙。事实上，从某种意义上说，如果你的朋友是皇家天文学家，是整个国家里最重要的那位科学家，那么不管你让他帮什么忙，只要占用他的时间，那都算是个大忙。爱丁顿与戴森相识多年，关系很近。但是这一次爱丁顿竟然要戴森帮自己研究相对论这个敌国科学成果。

200

至于戴森是否愿意提供爱丁顿想要的帮助，则没有那么显而易见。戴森多少算是一位国际主义者，参与建立了基尔电报网络的替代系统。通过这一系统，科学领域的信息可以传输到中立的哥本哈根。然而，如今认为这个系统亲德国（因为德国人并没有被明确排除在这个系统之外，而且斯特龙根也对德国人过于友好）的声音变得越来越强。赫伯特·霍尔·特纳已经放弃了这个系统。[29] 法国和美国天文学家要求戴森把这个系统的中枢转到某个协约国境内。[30] 有一位英国科学家支持这个提议，仅仅是因为这样做会让德国人感到非常不方便。[31] 戴森做出了让步，写信给斯特龙根，表示英国皇家天文台正式退出这个系统。戴森在信中对斯特龙根使整个系统保持高效运转表示了赞赏："我很清楚你对交战双方阵营中的天文学家都抱有友好态度，因此才会在战争期间利用基尔中枢以外的系统传输天文学电报……尽管如此，我还是要很不情愿地表示，目前格林尼治天文台无论如何都必须退出这个系统了。"[32] 戴森随信还支付了系统的服务费用。对于戴森的政治态度，我们并没有特别准确的信息，不过他肯定对德国人没有好感。他曾写信给一位朋友说："我们的男孩子们还太小，还无法奔赴［战场］，对此，我不知道是该感到高兴还是该觉得遗憾。"[33] 在战争快要结束的时候，戴森曾很高兴地宣布"让整个世界都面临威胁的恶魔很快就要被打败了"。[34]

因此，爱丁顿如果用国际主义的理由去说服这位朋友，不太可能会得到很好的效果。同时，戴森对相对论本身也没有特别感兴趣。爱丁顿甚至不得不承认戴森"对相对论持强烈的怀疑态度"。[35] 他能期望的最好效果也只是让戴森对这个理论**产生兴趣**。在爱丁顿的努力下，这位皇家天文学家渐渐开始意识到相对论虽然可能是错误的，但仍具有重要的科学意义。对科学领域的兴趣和与爱丁顿的友情似乎已经足以让戴森加入爱丁顿的这个项目了。戴森愿意提供帮助了。

就理论本身而言，爱丁顿不需要帮助。相对论的数学对戴森来说太深奥了，至于相对论的物理学和哲学，爱丁顿自己已经研究了好几个月（在研究过程中，如果想要放松一下，他会阅读小说《卡拉马佐夫兄弟》）。爱丁顿得出的结论与爱因斯坦相同，即相对论虽然已经很完整了，但仍然需要某种物理验证，比如用某种观测结果来支持或推翻相对论的某个独特预言。水星的例子很好，但还不够。从技术层面来说，水星的例子是一种**追溯**，而不是预言，因为爱因斯坦在构建相对论方程式之前就知道有关水星的问题应该有怎样的答案。而对引力红移的观测结果，往好处说是不支持爱因斯坦的预言，说得难听些就是与爱因斯坦的预言相悖。

这样一来，只剩唯有在日全食期间才能观测到的光线偏折可以指望了。在英国，日食观测的负责人是谁？弗兰克·戴森。这位皇家天文学家同时担任英国日食联合常设委员会负责人。该委员会负责对由英国出资进行的所有日食观测活动进行组织和管理。因此，要验证相对论，就必须获得弗兰克·戴森的批准。在得到了戴森批准后，爱丁顿迈出的第一步与德国天文学家们相同，也就是检查过去在日食时拍摄的照片，看看其中是否可以观察到光线的引力偏折。这种偏折现象很微小，如果不是专门寻找，会很容易错过。爱丁顿与格林尼治天文台的工作人员一起检查了过去的资料，但一无所获。

这意味着需要再组织一次日食观测远征来寻找光线偏折的现象。与被困在欧洲中部的爱因斯坦和弗劳德里希不同，爱丁顿身在英国，英国当时控制着海洋（没有 U 型潜艇出没的海洋），因此爱丁顿至少还有可能为观测日食而进行远征。日全食很难遇到，不过，幸运的是，即使是在那个年代，天文学家们也可以很准确地预测日全食会在何时何地发生（可以精确到秒）。我们不知道到底是谁进行了计算，但是爱丁顿和戴森都意识到，一次绝佳的机会很快就要到来了。1919 年 5 月 29 日将会发生一次日全食，且过程中太阳将刚好位于一个星团的正前方。这样一来，光线偏折现象就可以观测到了，因为在日全食过程中，靠近太阳边缘的恒星看起来会偏离它们的实际位置。因此，在最理想的状态下，如果天文学家想要得到更加清晰的测量结果，那么他会希望有几颗明亮的恒星聚集在一起，符合这个条件的就是毕星团。

日食的路径从非洲一直到南美洲，并不是特别便于安排观测。没有人知道，到 1919 年战争会不会结束，戴森也不确定日食联合常设委员会是否有能力组织这样一次复杂而又昂贵的观测远征。爱丁顿认为这样一个项

202

毕星团中恒星的图像在太阳引力的影响下偏离了其实际位置。1919 年 11 月 22 日《伦敦新闻画报》进行了详细图解

由作者提供

目所面临的难度其实是件好事。他一直试图让同事们意识到真正国际化的科学是非常必要的，而这样的远征正是体现这一点的最佳实例。这次远征涉及一个来自德国的理论、一群英国天文学家、跨越三个大洲，这些正是爱丁顿一直强调的对于科学精神至关重要的国际合作。更为理想的是，通过这次远征，整个世界也将有机会认识一位聪明绝顶而又秉持和平主义态度的"敌对"科学家。这次远征将不仅仅是一场科学实验，也将是一次科学展示，表明爱丁顿眼中的那种国际科学是存在的。然而，赌注是高昂的。1917 年 3 月，爱丁顿甚至还没有完全理解相对论，就成功说服戴森表态，支持在 1919 年组织一趟观测远征。尽管一切都尚不确定，但这已经迈出了第一步。

203

不过，即使是皇家天文学家，也不可能凭一己之力就让这次观测远征变为现实。爱丁顿知道自己必须让整个英国科学界都相信相对论是非常重要的，也非常有趣，所以将本已稀缺的资源投入其中才是值得的。爱丁顿是把福音传到陌生土地的使徒，他手里还需要有一本经书，这样他就可以指着其中的文字对大家说："这就是相对论。"当然，这本经书得是英文的。爱因斯坦不太可能写出这样一本经书，这就意味着爱丁顿必须自己来写了。在感到自己已经真正掌握了相对论后，爱丁顿便坐下来开始写作。

通常，在一个地方引入新的信仰体系时，都会遇到原有体系的抗拒。爱丁顿也遇到了相同的情况。英国人心中已经有了一个圣人：牛顿。大多数科学家都觉得牛顿体系已经非常完美了，不能理解为什么爱丁顿要像传教士一样费力推广相对论。在这些科学家中，最主要的一位就是维多利亚时代科学的活化身物理学家奥利弗·洛奇爵士。他是伯明翰大学电磁领域的专家，研发了很多技术，后来都发展成了无线电技术（他与古列尔莫·马可尼关于无线电报技术的专利之争持续了数十年）。他也是当时著名的科普作家之一，名下著作几十本。对整整一代人来说，洛奇的名字就是物理学的同义词。他的名气甚至大到让自己的形象出现在《名利场》的漫画中。在漫画中，他又瘦又高，满脸络腮胡子，头上戴着一顶出奇精美的王冠，让整个人看起来大为增色。

洛奇的科学完全与以太交织在一起。他认为无线电波就是能够表明以太真实存在的终极证据。麦克斯韦曾预言如果以太真实存在，那么就会存在电磁波。后来，赫兹发现了这些电磁波；而现在，洛奇则运用这些电磁波实现了与大洋彼岸的对话。所以毫无疑问，这就明确证明了以太的真实存在？然而，根据洛奇的以太概念，能够存在的不仅仅是无线电波。洛奇的儿子雷蒙德不幸于1915年在距离伊珀尔不远的战场上丧生。不过，两周后，洛奇又再次与儿子对话了，用的就是一种招魂的方法。多年来，洛奇一直在努力研究通灵现象（这在维多利亚时代是一种相当正常体面的科学研究），他得出的结论是，可以在以太中传播的不仅有电磁波，还有逝者的灵魂。在爱因斯坦看来多余的以太，对洛奇来说却是整个现实世界存在的基础。以太不仅为这个世界带来了物理法则，同时还具有精神层面的意义。它围绕着我们，也把我们联系在一起。

尽管以太是麦克斯韦物理学的核心，洛奇仍然认为它是牛顿宇宙的一部分。牛顿物理学几乎不涉及电磁学，但洛奇认为电磁学只是牛顿物理学的一种延伸。牛顿宇宙强调绝对空间、绝对时间、客观的知识，并对力与质量有明确的概念界定，而电磁学正是这一切的一部分。因此，对洛奇这样的牛顿物理学信徒来说，相对论很危险。这并不只是因为它否认了以太的存在，更是因为它动摇了对于科学来说至关重要的一切，动摇了自牛顿于 1687 年发表著作《自然哲学的数学原理》以来让整个科学世界站得住脚的一切。这个奇特的德国理论不仅仅是敌人的一次恼人入侵，更对支撑人类知识体系的根基产生了威胁。洛奇站了出来，维护牛顿和他所代表的一切。

不过，洛奇也不是个自以为是的教条主义者。爱因斯坦对水星运动轨道近日点进动的解释就很成功，让人印象深刻。它所对应的物理学语言同样让人印象深刻。洛奇采取了科学领域中相当标准的做法。如果对手用某种观察可得的证据来支持他们的理论，那么你就要拿出你自己的理论来解释这个证据。如果你成功做出了解释，那么你和对手就同时回到了起点，你们可以继续提出其他论据。这其实就是将对手的成功之处为自己所用，这样的科学柔道是理论物理学的重要组成部分。从某种意义上来说，这正是爱因斯坦与整个牛顿引力理论已经进行过的一次对抗。爱因斯坦花了很大力气来确保广义相对论在大多数情况下都与牛顿理论等效，这样一来与牛顿理论联系在一起的证据也就都可以适用于广义相对论了。

204

1917 年夏天，洛奇决定创造另一个理论，不仅保留牛顿物理学和以太，还可以解释水星轨道近日点的异常进动。他的想法是我们的太阳系在静止的以太中运动，也许在这个过程产生了某种拖拽，进而引起了水星运动轨道近日点的进动。然而，事实上，仅仅是理解他的对手就已经是一大挑战了。[36] 奥利弗·洛奇的弟弟，牛津数学家阿尔弗雷德·洛奇和物理学家约瑟夫·拉莫尔提供了帮助。不过，在洛奇可以寻求帮助的人中，真正理解相对论的只有一个人，那便是爱丁顿。

就这样，爱丁顿帮助洛奇充分理解了相对论，但目的却是让洛奇可以对相对论发起攻击，这实在是令人惊诧。书信一直在两人之间纷飞。到了 1918 年 1 月，洛奇已经构建出一个完善的新牛顿主义引力理论，可以解释水星轨道近日点的异常进动。爱丁顿很有礼貌地指出，洛奇的理论很不幸地把其他所有行星的轨道都抛到一边不谈，所以其实并不算是多大的胜利。[37] 不过，洛奇的理论也带来了一个有趣的副产品，那便是它也预言在太阳周围会出现光线偏折，幅度在 0.74 角秒，大约是爱因斯坦预言的一半。对于同一个效应，由于对效应发生的原因有不同的认识，出现了不同的预言值。爱丁顿意识到这对于自己推广相对论的使命来说会相当有价值。

205

像哈伯这样的化学家也一直在思考如何用不同的方法取得相同的效果。实践证明，一旦最初的巨大冲击消失后，人们要抵御氯气还是相当容易的。后来，出现了氯气的一种替代品：光气，这种气体具有一种独特的腐败干草的臭味。1917 年 7 月，就在洛奇准备着手研究新以太理论的时候，德国人启用了一种新武器：芥子气。芥子气看起来是棕黄色的一团气体，会使皮肤和肺部产生水疱，还会造成暂时性失明。[38] 芥子气几乎不会置人于死地，却创造了人们想到第一次世界大战时总会想起的经典画面：一列受伤的士兵，每个人都双眼缠着纱布，他们什么也看不见，都用一只手搭着前面的人，缓慢地从战壕往后撤退。[39]

1917 年夏天，德国对英国的空袭也达到了以前所未有的规模。德国人在已攻占的比利时城市根特成立了第三轰炸中队，装备了哥达重型轰炸机。由这个中队进行的空袭在第一天就造成了 286 人伤亡，并由此开启了后来人们所说的"哥达之夏"。这是一场持续了三周的轰炸，包括在光天化日之下对利物浦街车站明目张胆的空袭，造成 594 人伤亡，直接导致伦敦街头爆发了新一轮反德骚乱。[40] 当时英国皇室意识到自己的正式姓氏是萨克森–科堡–哥达，其中一部分与德国轰炸机的名字相同，感到万分惊恐，于是便给自己改了一个极具英国韵味的姓氏："温莎"。[41]

在这场空前的空袭之后，英国内政大臣得到了议会赋予的权力，可以撤销德国后裔归化取得的英国公民身份，并将这些人列为敌对的外国人。[42] 皇家学会的领导层也采取了相应的行动。在此之前，居住在敌对国家的科学家从技术上说仍然拥有皇家学会的院士身份，而现在，皇家学会领导层终于决定把这些院士除名了。决议这样写道：

> 考虑到战争仍在继续，在这个过程中，没有任何迹象表明德国科学家对德国政府和国人的残忍暴行感到愤怒或不满，也考虑到皇家学会作为英国众多科学团体的代表，受到了国王陛下的庇护，本理事会决定即刻采取必要行动，取消皇家学会外籍院士中全部敌对外国人的院士身份。[43]

把德国院士除名的官方理由是他们中没有任何人曾对德国政府和国人的残忍暴行表达不满或愤怒。确实从来没有任何此类的表态，不是吗？毫无疑问，每一位有分量的科学家都签署了《九三宣言》。如果曾有人抵制

206

过这些暴行，那在英国肯定有人会有所耳闻，不是吗？然而，这样的情况并没有发生。德国科学界显然是团结一致支持战争的。

除了没有对暴行的公开抗议，把德国院士除名还有其他理由，主要都是为了把德国人排除在一切科学组织之外。牛津的赫伯特·霍尔·特纳认为科学社区依赖于缔造者对彼此的善意，那么在科学事务上，某些缔造者做出的承诺与其他成员的承诺格格不入，对此，我们是否可以接受？[44] 如果德国作为一个国家和民族都不尊重旨在保护比利时的条约，那么在科学事务上，不管是做实验报告，还是进行数学分析，德国人的观点如何还能够让人采信呢？科学是建立在信任之上的。特纳认为，现在，德国人已经让人们看到，由于其民族特性，世人已经不可能再信任他们了。"我们曾试图认为德国人会出现现在这些夸张、错误的言论，都只是因为近年来的社会发展带来了某些暂时性的社会疾病……（然而也会去想）是不是真相其实更让人沮丧，因为真正的原因可能并没有这么深奥。"[45] 也许，德国过去在科学领域之所以取得明显成功，都仅仅是因为"抄袭、盗用了"[46] 其他更文明国家的成果。

美国似乎马上就要加入战争了，然而，尽管如此，从战事形势来看，1917 年年末对英国来说仍然相当艰难。俄国国内的政治动荡显然不会轻易结束，而这很有可能迫使俄国这位盟友在新盟友加入之前就退出战争。至于其他盟友，实践证明他们都没有那么可靠。某些法国部队拒绝执行进攻任务。确实，在自杀式攻击接连不断的情况下，始终保持队伍的士气是很困难的。不过，法国部队的这种情况并不广为人知，人人都知道的是，同盟国联军在为了把犹豫不决的奥匈帝国留在战场上，其发起的进攻在卡波雷托将意大利陆军一举击溃。在这场战役中，25 万名意大利陆军战士被俘，其中有很多人都急于缴械投降。

大量资源都被调拨到南部去支持意大利人了，因为协约国早已计划好一次针对比利时村庄帕斯尚尔的进攻，而意大利人在这场进攻战役中至关重要。这场战役的正式名称为第三次伊珀尔战役，由英国陆军将军道格拉斯·黑格提出，计划派遣部队深入已被德国占领的比利时进行打击，从而夺取德国的潜艇基地。U 型潜艇正在迅速摧毁航运系统，其速度之快令人担忧。爱丁顿的茶叶都出现了短缺，这说明如果听之任之，英国人坚持不了太久了。

黑格将军为人冷漠，热衷于打马球，因为从不关心自己的进攻计划可能导致多少人伤亡而出名。他的"固执、自以为是、不会变通、心胸狭隘"早已名声在外，自索姆河战役以来也没有任何改观。[47]黑格不仅是一位虔诚的基督徒，还像洛奇一样笃信通灵之事。[48]从某种意义上说，黑格认为自己在这世上有神圣的使命要完成。

英国首相大卫·劳合·乔治认为黑格提出的计划非常糟糕，但是因为他自己没有任何带兵打仗的经验，也无法提出其他方案。黑格仍然对大规模连续炮击和强力进攻很有信心，仅为这次战役做的准备就发射了 400 多万枚炮弹。英国皇家陆军医疗队预见到这次战役将会出现严重伤亡，因此建立了西线战场上的第一个血库。

很不幸的是，这次战役正式打响的那天，佛兰德斯刚好遭遇几十年不遇的恶劣天气。大雨让地面变得泥泞不堪，而协约国的连续炮击又摧毁了当地的排水系统。原本集结在一起准备穿过德国防线的坦克很快都陷入了淤泥中。仅仅是徒步前进都已经几乎不可能了，士兵们必须在泥泞的地面上铺上板子才能往前走。在这种情况下，不可能采取任何灵活的战术。一名加拿大士兵记下了这段经历：

> 毒气弹在我身边爆炸，我不知道自己在往哪走。突然间，我踩在湿滑木板上的一只脚打滑了，我一下子就掉进了一个泥坑，淤泥没过

了我的脖子，我爬不出去，使劲用指甲抠着，试图……[49]

尸体都漂在水里。泥泞的环境不仅让协约国的士兵无法向前推进，还让他们的炮弹都哑了火，这让此前的连续炮击变得更加没有意义了。

如果说前线有什么体验是谁都无法避免的，那就是看着朋友死去："刚刚一枚巨大的炮弹炸开了，把一群小伙子都炸成了碎片；到处都是人体组织，这景象太可怕了，人一下子就炸没了。我就站在那，一切都是静止的，灰蒙蒙的，空气里弥漫着鲜血的味道。"[50] 诗人弗朗西斯·莱德维奇和海德·维恩在战斗第一天就阵亡了。尽管伤亡数量持续攀升，但前线阵地几乎不曾向前推进。按照计划，协约国部队应该在战斗打响的第一天就夺取帕斯尚尔岭，但是随后几个月过去了，这个地方仍然被德国人占据。黑格执着于夺取这个地方，于是持续调派增援部队加入战斗。这场战役可以说是生动地诠释了"笨驴领导雄狮"。步兵部队都把他们的指挥官戏谑地称为"屠夫黑格"。

黑格不断调换下属来让自己免于承担责任。即使不谈战场上的谋略，他也是个政治运作的大师。三个月后，协约国部队终于夺取了帕斯尚尔，黑格宣布战役结束。协约国的收获仅仅是将前线阵地推进了五英里，但德国的潜艇基地却毫发无伤。双方为这一战役付出了 50 万伤亡的代价，平均每天约 4 000 人伤亡。

帕斯尚尔一役颇有象征意义，表明当时人们并不知道战争局势会如何发展，或者战争会不会有结束的那一天。西线战场如绞肉机般的战斗加剧了劳动力的短缺，在英国国内，对于如何解决这个问题，人们的忧虑日益加重。征兵的范围已经扩大到已婚男性，很多此前的兵役豁免资格都被废除了，很多特别法庭因此可以做出最终判决（也就是不允许对此判决提起上诉）。很多男性不得不再次前往当地特别法庭为自己辩护，以保住兵役

209

豁免资格。在帕斯尚尔战役期间，征兵范围扩大到了英国的海外臣民以及居住在英国的协约国公民。[51]

不管范围如何扩大，当局总是认为征兵力度还不够。就招募的兵员总数来看，依从良心拒服兵役者的人数其实并不多，不会带来决定性影响，但是他们对当兵打仗的抗拒态度却让政府感到越来越懊恼。每次谈到要避免一切对战争动员的负面影响时，他们总会被拿出来当反面教材。这些依从良心拒服兵役的人都要接受军事惩罚，其中包括各种各样骇人听闻的手段，无一不是为了摧毁一个人的精神意志。在位于林德赫斯特的军事监狱里，像爱丁顿这样的贵格会教徒"不仅遭受了拳打脚踢，还被嘲笑和蔑视"。[52]爱丁顿的朋友欧内斯特·勒德拉姆进入了这样一座监狱后就不见了踪影。爱丁顿则还能在精神状态允许的情况下自由地进行科学研究。

1917 年 11 月 10 日，爱丁顿参加了日食联合常设委员会为讨论 1919 年日食而专门举行的第一次会议。就在这次会议三天前，布尔什维克在俄国占领了东宫，列宁于次日签署了《和平法令》，宣布俄国退出第一次世界大战。那一次日食联合常设委员会的会议进展顺利，此时的讨论内容仍然停留在顶层规划阶段，不过爱丁顿已经开始不断精进自己的论辩技巧。要为爱因斯坦争取机会，就必须在公众面前有足够的曝光。这个来自英格兰滨海韦斯顿的腼腆小伙子绝不可能说服整个不列颠群岛。不过，他在英国皇家天文学会倒是得到了一些锻炼，因为在那里他常常与别人就恒星性质进行辩论。

我们因为爱丁顿在相对论领域做了大量工作而铭记他，而在他自己的天文学专业领域，爱丁顿也因为是最早理解恒星发光原理的天文物理学家之一而赢得了持久的科学声望。他提出的方程式让我们得以一窥太阳内部。在这一领域，爱丁顿的一个强劲对手便是数学物理学家詹姆士·金斯。金斯看起来苍白柔弱，闲暇时喜欢演奏管风琴。在与金斯的碰撞中，爱丁顿学会了如何去辩论，而他们的论战也成了一段传奇（很多科学家就是为了观看两人的论战才加入皇家天文学会的）。从某种程度上来说，这位行事风格温和的贵格会教徒不仅成了科学论战的专家，还开始享受这样的过程了。爱丁顿的一名学生后来曾回忆起爱丁顿的一位对手一度认为自己对爱丁顿的一个理论发起了致命一击，然而接下来"爱丁顿的双眼突然迸发出火光，与对手的观点发生了犹如钢铁般的碰撞，火花飞溅"。[53] 人到晚年的爱丁顿可以仅从对手准备陈述发言的题目就预测其发言内容，或是在对手还没走上讲台时就把他们的计算过程全都演示一遍，而且总能通过这些行为得到一种"恶作剧得逞的满足感"。[54] 爱丁顿晚年以这一点而出名，但并不是每个人都能欣赏他的这一面。当时，年轻的苏布拉马尼扬·钱德拉塞卡刚刚来到剑桥，原本热切期待着跟天文物理学偶像爱丁顿一起工作，却因为偶像这样恶作剧般的行事风格而大为失望。

不过，到了 1917 年年底，爱丁顿必须把所有精力都放在爱因斯坦身上了。要让那些笃信牛顿物理学的"异教徒"皈依相对论，爱丁顿需要撰写出一部"经文"，也就是后来的《引力相对论报告》。不过，爱丁顿也很清楚一篇科学论文不足以带来自己想要的那种冲击力。如果要用观测日食的远征来重建国际科学网络，那么就需要所有人的关注和投入。爱丁顿需要创造条件来制造一个即使隔着云层和战争的硝烟都能让人看得见的科学大事件。

在专业学术会议上发表论文可以引起一定关注，但还远不能满足爱丁顿的需求。于是，爱丁顿便想办法在英国皇家研究所找到了一次亮相机会。在过去一个多世纪里，英国皇家研究所一直是伦敦的科学名片。如果在这里演讲，那么讲台下会挤满来自社会各个阶层、从事各行各业、教育背景参差不齐的人们。正是在这里，迈克尔·法拉第进行了著名的圣诞科

211

学演讲，其中包括经典的"蜡烛化学史"系列演讲。对爱丁顿来说，要把爱因斯坦和他的研究直接介绍给普通大众，没有比这里更适合作为起点的了。

1918 年 2 月 1 日，皇家研究所成了爱丁顿宣传相对论的布道坛。爱丁顿在演讲中全面囊括了爱因斯坦宇宙的一切奇特之处（爱丁顿当时刚刚读完赫伯特·乔治·威尔斯的《星际战争》，也许是从中受到了启发）。台下听众得到了有关空间与时间、质量和能量的全新观点。这次演讲不仅让科学家得到了启发，也点燃了普通大众的好奇心，为爱丁顿的《引力相对论报告》在 1918 年 4 月面世奠定了良好的基础。

《引力相对论报告》是一份引人瞩目的文件，篇幅只有不到 100 页，却介绍了一个全新的宇宙观（也为爱丁顿在这一领域中赢得了专家的美名）。为了向对德国科学充满浓重敌意的受众介绍相对论，爱丁顿花了 18 个月去理解、消化、翻译相对论，《引力相对论报告》就是这 18 个月辛勤努力的结晶。在这个过程中，爱丁顿几乎没有任何爱因斯坦本人的著作可以参考，也就是说，《引力相对论报告》完全是爱丁顿本人对相对论的理解。他的方程式与爱因斯坦、德西特、希尔伯特的方程式都相同，但是单凭方程式并不能构建出一个理论。理论需要有框架，需要有人去解读，赋予它意义，把它与日常生活联系起来。对这个世界上的大多数人来说，让他们与相对论的初次相遇并非来自爱因斯坦本人的理论框架，而是爱丁顿的理论框架。

爱丁顿特意把《引力相对论报告》写得尽可能的浅显易懂。相对论中包含强大却难以理解的哈密顿算法和拉格朗日算符，还有复杂的张量数学，爱丁顿把这些内容都单独放入了一个专门的章节。《引力相对论报告》中一切内容的编排都围绕着尽快引出实验结果的目标。尽管相对论的理论部分非常迷人，但爱丁顿知道必须说服读者，让他们相信相对论并不是单纯的理论猜想，而是可以通过仔细观察大自然这个最强有力的科学工具来检验的，这也是将来会做的一个步骤。[55]爱丁顿在几年后曾表示"阿尔伯特·爱因斯坦在物理学领域引发了一场思想革命"，这一点正是通过在大自然中的检验得到了确认。[56]

《引力相对论报告》以迈克尔逊-莫雷实验为开端。由于这个实验出现了无效的结果，这个奇怪的现象给爱丁顿创造了一个机会，让他可以对**测量**时间或空间到底意味着什么提出质疑。提出质疑后，爱丁顿摆出了爱因斯坦有关长度压缩和时间膨胀的实证主义观点。在《引力相对论报告》中，爱丁顿第一次尝试使用许多生动的插图，这个做法在他后续的著作中一直沿用下来，也因此让这些著作在畅销书榜单上名列前茅。在其中一本畅销书《空间、时间和引力》中，爱丁顿让读者想象有那么一个人，她在一艘船上，以接近光速的速度前进。当她在自己的船上照镜子时，一切都很正常。但是当她扭头向外看，看到在船边街道上的我们时，眼前会是"一群奇怪的明显被压缩了的人，比如可能有个人肩宽只有 10 英寸"。[57]理解这么奇怪的现象很难，但比这更困难的是意识到当我们这些在街上的人去看船上的"她"时，会发现"她"也是奇怪的被压缩了的样子。

如何让读者理解这个根本的矛盾呢？当然是利用《格列佛游记》：

> 格列佛认为利立浦特人是矮人族；利立浦特人则认为格列佛是个巨人。这很正常。但是如果利立浦特人在格列佛看来是矮人，而格列佛在利立浦特人看来也是矮人呢，哦，那可不对！这样的想法出现在小说里就太可笑了，只能在严肃的科学论述中找到。[58]

对格列佛来说，谁看起来更大、谁看起来更小，毋庸置疑。用爱因斯坦的话来说，格列佛可能是把自己当作一个享有特殊地位的参考系。但

212

是，在相对论的框架下，不存在享有特殊地位的观察者。也就是说，就对方的奇特身材而言，利立浦特人可以得到与格列佛相同的结论：他们对对方来说都身材小得可笑。长度压缩就是这么古怪。

接下来，爱丁顿说，时间膨胀同样意味着如果两个人讨论一支雪茄可以持续燃烧多长时间，那么他们可能会持有不同意见（隐藏在这个例子背后的也许是对于雪茄进口遭到封锁的无奈之感）。当一个人的运动速度越来越接近光速，那么对他来说，钟表就会走得越来越慢，所以，"如果一个人想长生不死、永葆青春，那么他只需要以光速到宇宙中巡游一圈。当他回到地球上时，他会发现巡游只有那么一瞬间，但地球上已经过去了几个世纪"。[59]

这样的论述令人震惊，但还是有人愿意听，他们的动力就在于想要努力认定这些论断所描述的现象并不是真的存在，因此不需要理会。然而，这些论述却是理解相对论的基础。在爱丁顿看来，爱因斯坦陈述这些观点的频率会让人觉得"相对论主义者常常会被认为是悖论的极端爱好者"。[60]事实上，这已经远远超出了喜爱的范畴。爱因斯坦的宇宙与我们传统的宇宙完全不同，我们需要适应这样的宇宙：没有哪个人、哪个地方、哪个方向比其他人、其他地方、其他方向占据更加高级的位置，不存在牛顿物理学中那个总是正确的"超级观察者"，只有自然法则本身才是绝对的。[61]

在读者理解了（或者至少是接受了）测量从根本上来说具有可塑性之后，爱丁顿引入了四维时空的概念。此时，宇宙中测量的基本单位变成了间隔，也就是空间与时间的奇特组合，所有观察者无论如何都不会对它产生分歧。间隔可以表示出两个**事件**（也就是以某种方式相互影响的两个事物）之间的四维距离。这些间隔可以因为大质量物体的存在而变形、弯曲，从我们的角度去感知，这些弯曲了的间隔就是引力。爱丁顿在《引力相对论报告》中提醒人们，尽管像"曲率"这样的词非常有帮助（因为有了它们，我们就可以避免使用"微分不变式"这样的术语了），但不能忽略的是它们只是对三维空间的**类比**。当我们说引力就像是橡胶垫因为受到保龄球的撞击而产生的褶皱时，会发现这是一个很有用的画面，但是，不要忘了在宇宙中并不存在这样巨大的橡胶垫。这个画面只是帮助我们把本来无法具象化的四维表面直观地表现出来。[62]

爱丁顿描述了时空表面如何在整个宇宙中延伸。他分别介绍了爱因斯坦和德西特的宇宙模型，也就是这两人为了用数学来描述整个宇宙所做出的努力。在爱因斯坦的闭合宇宙（就是那个具有有限个星巴克的宇宙）中，爱丁顿强调了一个细节。就像在宇宙中坚持沿一个方向探索的你最后总会回到出发时的那个点，一颗恒星所发出的光线最终也会弯曲、回到恒星所在的位置。这就意味着夜空中大多数亮点并不是实际的恒星，而只是被困在时空曲率里的光线。爱丁顿称之为"反恒星"："这意味着在可见的恒星中，只有一定比例的恒星是实体，剩下的都是恒星的幽灵，出没于那些恒星本身很久以前所在的位置"。[63] 相比之下，在德西特的模型中，一切都处于分崩离析的状态，爱丁顿猜想这可能与当时刚刚观测到螺旋星云（也就是我们现在所说的星系）都在高速运动着远离彼此有关。事实上，确实如此，爱丁顿发现的正是我们现在所说的"宇宙大爆炸"最早的证据。

爱丁顿向读者强调了这一点。他怀疑在读者脑海深处会有一个声音喋喋不休地跟他们说，什么第四个维度，全都是"无稽之谈"，爱丁顿肯定是这样想的。不过，他指出现代科学的大部分内容其实也一样可笑。"我猜在物理学发展过程中，这个声音一定经常忙忙碌碌。"说一张固态的桌子是由一系列运动着的原子所组成的，这是无稽之谈吗？或者说空气时时刻刻都在向你施加着压力，又或者说尽管你感觉不到，但是地球一直在运动，这些都是无稽之谈吗？"让我们不要被这个声音所蒙蔽。这个声音完全不可信。"[64]

我们无法直观地看到第四个维度的存在，但并不能因此就不相信它的存在。想象一下，你正注视着一个圆形物体，表面是一幅平面画像，另一个人看到的则是一个不同的平面画像，而第三个观察者看到的将仅仅是一个细细的长方形。这些观察结果迥然不同，但如果三位观察者是从三个不同的角度去观察同一个三维物体，也就是一枚硬币，那么这些观察结果就都可以解释得通了。任何一个正常人都不会怀疑硬币是否**真实存在**，即使它在不同的人眼中会是不同的样子。怀疑第四个维度的存在就像是在怀疑硬币的存在。[65]

四维世界还有其他奇特之处。根据广义相对论，宇宙中的一切物体，从曲奇到獾，再到你身体里的每一个原子，都有一条穿过整个时空的轨迹，被称为世界线。你的世界线是从一个事件跳到另一个事件，在这个过程中，它会同很多事物的世界线相交，先是你常去的一家咖啡馆，然后是你老板，再然后是你回家的路，接下来还有你的床。你沿着自己的世界线遇到了一个又一个事件，就像坐火车停靠一座又一座车站。我们人类是三维生物，受此限制，对于这些事件只能一件一件地去经历。但是一个完整的四维时空中的物体却与此不同，它会在同一时刻"看到"所有事件。一个可以感知时空真正本质的存在会看到自己的未来和过去沿着自己的世界线延伸。过去、现在和未来将只是相对的概念。

接下来，爱丁顿说，现在，想象一下，当前存在的每一个粒子都有一条世界线。这些世界线会相互纠缠、交织，变成一串巨大的线束。这串线束又让我们可以"完整地看到宇宙在各个时刻的状态"。[66]广义相对论为我们呈现的宇宙有时被称为**决定论**的宇宙，也就是未来早已注定的宇宙。我们只看到了自己世界线上的一段，因此觉得未来尚不确定。然而，我们的四维朋友则可以清晰地看到未来已经存在了。在很多人看来，决定论的宇宙是不对的，毕竟我显然可以任意决定自己早餐吃什么，因而可以选择让自己的那条世界线与甜甜圈的世界线或麦片的世界线相交，不是吗？相对论告诉我们，不是的。这个世界上不存在自由的意志。那种可以改变未来的感觉只是一种虚幻的错觉，一种由我们的错误感知所造成的错觉。爱丁顿对这个结论并不是非常满意，他自然是觉得人可以掌握自己的命运，而且后来，他花了多年时间来分析研究自由意志的本质，以及人类对时间流逝的感知，并出版了多本著作，比如《物理世界的本质》。

读到这里，《引力相对论报告》的读者可能一直都纠缠在诸如时空、世界线等抽象概念之中，因此在这里，爱丁顿用爱因斯坦的电梯思想实验把他们拉回到了更为正常的世界中。与爱因斯坦一样，爱丁顿用电梯思想实验这一想象出来的画面来解释引力与加速度是相同的（或者更确切地说，两者是无法区分的）。但与爱因斯坦不同的是，爱丁顿引用了几部经典科幻小说来确保读者可以完全理解这一点。比如，他提到了儒勒·凡尔纳的《环绕月球》。在这部小说里，几位勇敢的冒险家制造了一门巨型大炮，用它把自己送上了月球。在书中，这几位堪称宇航员鼻祖的冒险家在月球引力和地球引力持平的一刻（凡尔纳将这一刻称为"死寂点"，宇航员们则称之为拉格朗日点）体验到了失重的感觉。爱丁顿指出爱因斯坦表明了这样的情况是错误的：这几位乘着炮弹飞向月球的勇士还在炮筒里时应该感受到了巨大的加速度／引力，但是根据等效原理，他们一旦不再受到推力作用，应该完全感受不到引力。在他们乘坐的飞行器离开炮筒飞向月球的过程中，他们应该是飘浮在飞行器中的。在这番更正之后，爱丁顿又马上向读者道歉："对这样一本美妙的小说进行如此学究式的批评，实在是非常可恶。"[67]

在解释完等效原理后，《引力相对论报告》马上跳跃到了验证广义相对论的三个经典例证。《引力相对论报告》展示了爱因斯坦对水星轨道近

216

日点异常进动的精准解释，认为这是一个让人们严肃对待广义相对论的强有力的理由。引力红移要更复杂一些。爱丁顿指出，有很多次，人们为了探测引力红移进行了周密安排，付出了巨大努力，但至今仍未成功。因此，他愿意承认引力红移也许是不成立的。不过，探测引力红移的难度太大了，所以"我们也许可以暂时不做评判；不过，对爱因斯坦的理论来说，这是个明显的问题，否认它的严肃性，也并没有意义"。[68] 在爱丁顿看来，引力红移是等效原理的必要结果。如果永远都探测不到引力红移，那么相对论中依赖于等效原理的一切都势必被推翻了。

最后只剩下光线的引力偏折了。这是《引力相对论报告》的高潮所在，是对此前所构建的一切的经验验证。爱丁顿告诉读者，自己希望在 1919 年日食期间寻找这个现象。他表示这背后的问题并不是一个理论层面上的晦涩难题，而只是一个简单的问题，那就是**光线**是否有**重量**。爱因斯坦说光线有重量，具体来说就是能量都有与其等效的质量。爱丁顿后来开玩笑说这意味着电力公司可以以磅为单位来收取电费。按照他的估算，电费单价将达到每磅光线约 1.4 亿英镑（当然，这是按照 1918 年的货币价值来估算的）。如果把每天照到地球上的光线都收集起来，那么总重量将达到约 160 吨。[69]

217　　然而，用光线偏折来验证相对论从本质上来说却不简单。爱丁顿不点名地提到了洛奇的理论，说某些非相对论理论也预言了光线偏折，不过偏折值有所不同。因此对光线偏折的观测必须足够精确才能在两个理论和两种现实中做出决断，确定到底是爱因斯坦的理论正确，还是牛顿的理论正确。要找到关于宇宙的真理，需要具有最高水平的技能、和国际社会合作的决心。在当前战争最黑暗之时，对光线偏折的观测可以实现吗？可以哪怕只是考虑一下吗？

《引力相对论报告》的目标是抓住英语世界的想象力，激发他们对科学思想伟大碰撞的热情，因此《引力相对论报告》的行文格外谨慎，都围绕实现这个目标而展开。爱丁顿表示在这场思想的碰撞中，重要的并不是哪一方会获胜，而是探索一种新的科学："不管相对论最后被证明是正确的还是错误的，它都值得关注，因为它是最美妙的范例之一，让人们看到广义的数学推理所蕴含的强大力量。"[70]

在《引力相对论报告》结尾处，爱丁顿简要介绍了相对论的哲学影响。他说相对论让我们学到了很多，却没有就像引力这样的力给出"终极解释"。相对论秉持实证主义，强调测量和事件，这意味着科学本身并不能描绘出现实的全貌，仍然需要"超越物理学范围"的事物。[71]爱丁顿隐含的意思是，在一个非欧几里得几何学和质能等效性成立的世界里，人类思维和灵魂仍扮演着重要的角色。

爱丁顿写给牛顿理论信徒的第一封使徒书信显然取得了成功。虽然在读了《引力相对论报告》后就马上皈依相对论的人并不多，但爱丁顿其实并不在意。他需要的是人们的关注，是人们对相对论产生兴趣、想要找到爱因斯坦提出的那些问题的答案。从这个角度来看，《引力相对论报告》获得了成功。它被抢购一空（尽管它在上架时被分类为科学论文），一位评论人士称之为"战争期间最引人瞩目的出版物"。不过，大多数人仍然保持谨慎，认为相对论太复杂了，而且看起来与常识不符。[72]尽管《引力相对论报告》面临这样的疑虑，但无论如何它还是以一种此前绝无可能的方式激发了有关相对论的讨论。[73]

然而，我们也不应该过分夸大公众的兴趣。爱因斯坦仍然是一个没有多少人知晓的德国人。战争是各大报纸最为关注的话题，而食品短缺则是每个家庭关注的焦点。在《引力相对论报告》出版之时，英国的食品管控开始变得严格起来。首先受到管控的是牛奶。糖则是第一种需要凭配给卡获得的食品。在寄宿制学校上学的儿童需要带着配给卡去学校。在婚礼上

218

撒大米或是在洗衣房里使用浆粉都变成了被禁止的行为。在马路上投喂流浪狗会引起众怒。小麦面粉变得十分稀缺，商店在销售"面粉"时会在其中掺杂燕麦粉、大麦粉和土豆粉，这样可以让紧张的小麦面粉库存多支撑一段时间。面包因此而变得干巴巴的。然而，最让人觉得恼火的是吃不到松饼和其他茶点了。事实上，用当时市面上能买到的材料已经无法做出传统意义上的松饼了，所以这种在正常情况下在英国无所不在的点心便消失不见了，这是对英国民族身份的一记重击。与此同时，就像一位家庭主妇所描述的，"面对这种没有松饼、没有烤面饼的日子，我们只能很沮丧地安慰自己现在既没有黄油，也没有人造奶油，就算有松饼，又有什么用呢？"[74]

此时，爱因斯坦已经有三年没有吃到像样的烘焙点心和可以涂抹在各种点心上的酱料了。不过，不管有没有果酱，德国学术官僚都继续迈着大步前进。1917 年 10 月，爱因斯坦收到通知，得知自己被授予了一个奖项，不过这只是一个领到之后立马就会被爱因斯坦遗忘的奖项。当初为了吸引爱因斯坦来到柏林，普朗克对他的承诺之一就是会建立一所德皇威廉研究所，由爱因斯坦本人担任主任。这个研究所经过四年才真正建立起来，爱因斯坦对此倒并不太在意，毕竟能得到额外的经费虽然是件好事，但他也并不急着让自己开始承担各种行政管理事务。

爱因斯坦的研究所最初有一个托管理事会，由爱因斯坦本人和他的四位朋友组成，仅此而已。为了开展工作，理事会从爱因斯坦的公寓里搬了出来，爱因斯坦因此可以雇用一名秘书来处理公务信函（就是那些称爱因斯坦为"阁下"的信函）。他请了爱尔莎二十岁的女儿伊尔莎来承担这项工作。事实上，即使是最简单的行政管理事务，爱因斯坦都觉得无从下手。普朗克会时不时过来，帮爱因斯坦应对这些难题。[75]虽然研究所的资金并不雄厚，但如何使用这些资金却完全由爱因斯坦说了算，于是，爱因

219

斯坦终于可以聘请弗劳德里希，让他全职为相对论工作了。[76]

在承担这些行政管理工作后不久，爱因斯坦又遭受了严重胃病的侵袭，这也许并不是巧合。爱因斯坦越来越怀疑医生的诊断。他以一贯大胆无礼的态度表达了不满："我不相信 X 光之类的医学新魔法，我现在只相信像尸检一样的诊断，其他的一概不信。"[77] 爱因斯坦的朋友们都不知道他去哪还能得到比在柏林更好的治疗。到了 1917 年年底，爱因斯坦再次因病卧床了。

这让爱因斯坦很难进行大量科研工作，却让他有时间去思考战后的世界可能是什么样子。他憧憬着建立一个"和平主义者联盟"，这个联盟会有一个国际法庭，会支持建立国际贸易网络，会对征兵进行限制，会践行民主原则，还会代表全体公民维护领土完整。爱因斯坦猜想这样一种安排所带来的经济利益会吸引一些原本犹豫不决的国家。[78] 他曾试图让当时还受瑞士庇护的罗曼·罗兰相信，为创造这样的世界而努力是值得的。爱因斯坦写道，德国知识分子已经屈服于"某种权力的宗教"，只有"铁一般的事实才能让他们改变"。[79]

罗兰认为爱因斯坦的政治观点相当天真（他不是第一个如此评价的人，也不会是最后一个）。爱因斯坦似乎认为只有德国知识分子被战争左右，其他国家肯定更愿意接受国际主义。罗兰则比爱因斯坦更了解欧洲真正的形势，他提醒爱因斯坦其他国家的学者也一样糟糕："邪恶就像一块油污一样扩散传播。"不过，他也许是想说还有一人保持着开放的态度，于是便询问爱因斯坦是否读过伯特兰·罗素所写的和平主义作品？爱因斯坦表示还没读过。[80]

1918 年伊始，爱因斯坦依然不能下床。他曾试图邀请贡纳尔·努德斯特伦（爱因斯坦早年在引力理论上的对手）来看看自己，但没能成功。哈伯听说是军事当局制造了障碍让努德斯特伦无法成行后，便找到了一个完美的机会来帮助这位老朋友。他联系了军方内部的几个熟人试图打通手续流程中的几个难点。然而在听说这一切后，爱因斯坦却怒发冲冠。他不想与军方有任何瓜葛，当然也不想从遭受着道德谴责的哈伯那里得到恩惠！在爱因斯坦的怒气爆发后，哈伯谦恭地向他道歉。爱因斯坦一向将关系密切的同事看得重于一切，这次也不例外，因此也向哈伯表示了歉意。[81]

也许胃病对爱因斯坦在方方面面的人际关系都产生了影响，因为大约也是在这个时候，爱因斯坦又把家庭生活变得更加复杂了。当时，他已经与爱尔莎和她的两个已经成年的女儿一起居住了几个月（他喜欢称她们为自己的"小后宫"），就是在这段时间里，爱因斯坦与二十岁的伊尔莎发生了某种浪漫关系或者性关系。[82]我们并不知道到底发生了什么，只知道伊尔莎突然间对爱因斯坦到底是想跟她结婚还是跟她母亲结婚变得不那么确定了。[83]令人吃惊的是，爱因斯坦告诉她们，他自己觉得无所谓，两位女士应该把情况搞清楚，确定谁要与他结婚，他就将娶那一位为妻。一位为爱因斯坦写过传记的作家曾指出，爱因斯坦并没有把性与婚姻联系在一起（他一生中情妇不断，可以印证这一点）。他觉得不管是跟爱尔莎结婚还是跟伊尔莎结婚，都没有多么特别的意义。[84]伊尔莎很快就选择了退出。我们只能想象一下这件事对爱尔莎来说有多痛苦。不过，此后不久，爱因斯坦终于同意与爱尔莎结婚了。也许他只是想用这种做法来挽回他造成的尴尬局面。然而问题是，爱因斯坦**从技术上来说**仍然与米列娃维持着婚姻关系。为了正式离婚，他必须请米列娃帮个忙，一个让人非常痛苦的忙。爱因斯坦需要让米列娃正式控诉自己通奸，接下来他们就可以以此为由办理离婚手续了。此时，米列娃手中终于有了些筹码，因此并不着急让爱因斯坦轻易得到他想要的结果。两人进行了一次又一次谈判，米列娃不断地索取更多的钱，爱因斯坦则以停止给米列娃寄钱来威胁。最终，米列娃下定决心，愿意用爱因斯坦的科学成就来赌一把，也就是如果将来爱因斯坦得到了诺贝尔奖，那么奖金将归米列娃所有。[85] 爱因斯坦接受了这个条件，两人之间终于尘埃落定。

随着冬天渐渐过去，爱因斯坦感觉好多了，医生允许他出门活动了，不过一次最多半个小时。于是，爱因斯坦立即拜访了普朗克，在他那停留的时间远远超过了半个小时。爱尔莎责怪普朗克（普朗克当然完全是无可指责的）打扰了爱因斯坦的休息。普朗克又责怪爱因斯坦没告诉自己医生对他的要求。[86] 看起来这位病人已经对医生提出的各种限制感到非常恼火了。他还尝试着演奏了一小时的小提琴（拉琴的时候他并没有出门，所以医生也没办法挑刺，不是吗？）。但这之后，爱因斯坦马上又遭受了新一轮胃痛的侵袭。[87]

由于身体状况太糟糕了，爱因斯坦开始担心可能会错过普朗克六十大寿的庆祝活动，这也是当季最重要的科学活动。尽管战争年代时局动荡，普朗克在德国仍然广为人们爱戴。因此，1918 年 4 月 26 日，一场盛大的集会在柏林举行，庆祝普朗克的生日。当天，爱因斯坦身体状况已有所好转，便参加了集会，并发表演讲。这次演讲可以说是爱因斯坦有生之年最精彩的演讲之一，在演讲中他不仅表达了对这位良师益友的澎湃感情，更抒发了两人对理论物理学共同的热爱之情。

爱因斯坦在演讲中大胆运用了一个比喻。他说，让我们想象一座"科学的寺庙"。如果我们把那些仅为了实现个人野心或出于功利目的而进行科学研究的人都驱逐出去，那么这座寺庙里的人将所剩无几，普朗克将会是留下来的最重要的一位。如果不是为了个人利益，那么究竟是什么促使普朗克和他的同类选择这样的行为呢？对于这个问题，爱因斯坦在深刻思考后进行了解释："一个人做出这样的选择时，他的心境与虔诚的宗教信徒或者热恋中的情侣是十分相似的；他们每天都在努力，并不是出于什么深思熟虑的目标，而只是跟随内心而动。"[88]

　　不难看出，爱因斯坦在这里也是在说自己，想要以此让人们产生一种情感，也就是他后来所说的那种"宇宙宗教感"，在他看来这种情感对于真正的科学和真正的宗教来说是核心所在。这里的宗教并不是常规意义上的宗教，毕竟爱因斯坦对于有组织地信仰某个人性化的神并没有什么兴趣，事实上，这里的宗教指的是对自然法则本身的某种敬畏与崇敬之情。爱因斯坦接下来讲述了普朗克对科学的伟大贡献，我们可以从中更进一步理解这种敬畏与崇敬之情：

　　　　物理学家的最高要务就是找到那些通用的基础法则，基于这些法则，可以通过单纯地推演就将宇宙构建起来。要找到这些法则，没有什么合乎逻辑的路径，只有直觉，凭借对经验感同身受的理解而产生的直觉。[89]

222

　　普朗克的天分在于寻找这个世界的"前定和谐"，显然这也是爱因斯坦努力想要找到的。寻找"前定和谐"就意味着寻找让这个宇宙如此运转的基本原则。爱因斯坦想要的是像广义相对论这样广义通用的原则。理论应该穿透日常生活的一切混乱表象，揭示隐藏在表象之后支配着万物众生的规则。这些规则通过看不见的法则和抽象的概念为我们构建出了外在的现实，而这一切只有经过耐心思考和不辞辛劳的研究才能发现。

　　爱因斯坦认为相对论恰好与此传统一脉相承，同时也是对由牛顿、麦克斯韦、洛伦兹和普朗克所创立的理论物理学的新贡献。爱因斯坦认为相对论是对在他之前已存在的科学研究的自然延伸，而不是对那些传统的激进颠覆。用爱因斯坦的传记作者之一传记作家奥尔布来希特·弗尔兴的话来说，爱因斯坦认为自己不是在推翻经典物理学，而是在让它更加完美。

然而，让人觉得讽刺的是，普朗克正是第一个表示相对论是个革命性理论的人。他强调，相对论十分大胆并有意愿摒弃公认的概念。[90]

和普朗克一样，爱丁顿也希望通过相对论开启一个新时代，建立一种新科学。爱丁顿想要一场科学革命，一个可以吸引全世界注意力的重要时刻。他需要把这个理论描绘得足够令人兴奋颤抖才能吸引战壕另一边的注意力。所以，相对论既是革命性的也是忠于传统的，究竟是哪一个，取决于是谁来评价它。至于人们会从哪种角度来铭记这个理论，还有待时间来揭晓。

223

# 第十章

# 革命天使

"主任已经是天文台最后一位工作人员了。"

1918 年 4 月，普朗克举行了一次生日聚会。聚会时，每个人都很高兴。爱因斯坦因为能为这位良师益友庆祝生日而感到高兴；那些在政治上与爱因斯坦对立的人也很高兴。就在那次聚会前几个星期，德国刚刚发动了皇帝会战。此时的德国已经因为战争疲惫不堪，这次大规模进攻是他们在美国大举加入战争之前最后一次取得战争胜利的机会了。俄国沙皇倒台后，德国腾出了将近 100 万兵力。这支由 50 个师组成的队伍很快被重新部署到西线战场，准备发起一次决定性进攻。他们一直利用夜晚行进，而且直到发起进攻前一刻都始终隐藏在战壕深处，因而成功进行了一次突袭。在短短几小时（按照第一次世界大战的标准来说这确实很短）的持续炮轰后，步兵运用新的"突击部队"战术发起进攻。他们只会攻击刚刚被英军占领的那段战壕，因为在这些地方英军往往还没来得及做好加固措施。于是，英军的防御阵线崩溃，德国人期待已久的突破终于到来了。整个德国都重新燃起了空前的爱国主义激情，堪称战争爆发以来的最高点。

英国剧作家谢里夫的著名剧作《旅程尽头》讲述的故事就发生在皇帝会战开始之前几天的一个地下防御工事里。它描绘了防御工事里单调乏味的生活，包括糟糕的食物、有关战前橄榄球赛的毫无意义的闲聊，以及始终存在的令人恐惧的暴力威胁。乔治·萧伯纳称这部戏剧为"现实生活的切片，表现了扭曲到令人惊恐的生活"。[1]剧中的主人公之一奥斯伯恩中尉用《爱丽丝漫游仙境》来消磨时间，这本书也是爱丁顿的最爱之一。爱丁顿用其中的仙境来说明爱因斯坦的时空所具有的古怪特性；谢里夫则用它来表明无人管辖的真空地带就如同一个空想世界。两者都是人们在日常生活中完全不曾有所体验的，也都将会引发足以撼动整个世界的革命。

《旅程尽头》令人悲伤的结局充分表现了英军作为这场屠杀受害者所经历的一切。随着英军阵线被突破，这场战争发生了根本性转变：此前是很长时间内甚至连敌人的踪影都看不到，现在则变成了令人恐惧的运动战。德国人在两天之内就将阵线推进了 12 英里（比在索姆河战役中与英军苦战四个月后向前推进的距离还要远）。英国人不得不向后撤退，来保护能让自己到达海岸的补给线。如果德国人成功控制当地的战略铁路系统，那么就可以轻而易举地让英国人从战争中出局。一名士兵在回忆那次疯狂的撤退时这样描述：

> 关于那一天，始终萦绕在我脑中的是不断占据新的阵地，又不断收到撤退的命令，路上到处都是可怕的路障，不管在哪都找不到任何人；只有交了超级好运才能躲过几乎所有炮击，身上一点正常的食物都没有，只能从垃圾堆里翻找能勉强放进嘴里的东西。[2]

如果英国人被打败了，那么法国人就要撤回来保卫巴黎了，这就意味

224

着要放弃自 1914 年以来一直坚守的阵线，协约国也可能会就此输掉整个战争。

撤退中的部队有时会在枪口的逼迫下重新投入战斗。二等兵威廉·霍尔就记得有一位军官追上了他所在的班，让他们在附近山坡上挖凿战壕，并"坚持原地不动"。指挥官与普通士兵之间本就有深深的矛盾，在此刻全都爆发了出来。霍尔的伙伴们"完全不在意军官说了些什么，一窝蜂似的溃败逃窜"。他们对下命令的军官说："我们没有机会了，长官，我们无论如何都没有机会了，德国人就要来了。"[3]

英国人被迫撤退后，在不到三周内，德国人就对法国人的阵线发动了第二次进攻，也同样取得了成功。从此时的形势来看，德国人似乎马上就要成为整场战争的胜利者了。黑格下达了著名的"背水一战"命令，要求对每一个阵地，都要坚持战斗到只剩最后一人。然而，不管是在前线还是在后方，这对于提升士气并没有什么帮助。有报纸建议每个人"都写信给正在前线的朋友们，鼓励他们……不要总是在信里重复那些愚蠢的小道消息，不要听信毫无意义的谣言。不要认为你比黑格更了解情况"。[4]

不过，德国的胜利之势并没有持续很久。德军推进速度太快，已经脱离了补给线，因而无法持续快速推进。他们面临的一个严重问题是士兵们都不再前进而是去抢夺各种酒和奢侈品了。[5] 由于封锁，他们已经许多年都没有见过这些东西了。德军的攻势因此而逐渐停歇。德国人在造成敌人伤亡的同时也遭受了几乎同样数量的伤亡。在协约国那边，增援部队正从美国赶来，大约每个月有 25 万兵力加入战斗。[6] 德国人则完全没有办法补充受损的兵力。如果重新进入消耗战模式，德国人将必输无疑。

战争让柏林的局势风雨飘摇。40 万工人举行了大罢工，随后 100 万人走上街头为食品危机而抗议。政府宣布在柏林城内实行军事管制，罢工的工人在刺刀的威胁下回到了工作岗位。不过，就罢工人群的诉求而言，还是出现了一个重要变化。他们在要求尽快结束战争的同时，还要求实行全民普选、皇室下台，并逐步废除引发了这场战争的相关体制。[7]

废除体制正是爱因斯坦所希望的。他想象着号召学者们发表一份"反九三宣言"，呼吁在政治与科学领域重新践行国际主义。爱因斯坦的计划是将一系列由"科学与艺术人"所撰写的以国际主义为主题的短文结集成册后出版，也许这个册子甚至可以收录中立国和敌国作者的文章。[8]爱因斯坦不考虑曾经以任何形式对民族主义表示过支持的人，这就大大缩小了可选择的范围。[9]他锁定的第一个目标是大卫·希尔伯特，因为爱因斯坦了解他的政治立场，他的学术声誉也在历经了战争中的各种争议后仍屹立不倒。

希尔伯特认为这个想法很糟糕。这实际上会变成一种自我谴责。"对我们的同事来说，'国际主义'这个词本身就像是在公牛面前挥舞着的红布。"这会在错误的时间引爆火药桶，只会给国际科学事业带来伤害。[10]希尔伯特并不是唯一一个这样想的人。另一位朋友提醒爱因斯坦这个想法存在"严重问题"。[11]爱因斯坦找不到支持者，只好放弃。他发现同事们并不像自己一样忠于国际主义，感到非常沮丧。他原本希望公开表示自己首先是一个有文化、有修养的人，其次才是一个德国人。[12]

在这个国家，大多数人不可能接受这种身份的颠倒。为了庆祝德皇威廉二世的生日，来自德国布雷斯劳的数学家阿道夫·克内泽尔进行了一次以引力主题的演讲，其中提到了广义相对论。克内泽尔表示相对论是"德国成就"[13]的一个实例，表明了这个国家的学术生活即使在战争期间也依然保持强劲实力。当听说自己的研究被用来进行了爱国主义宣传时，爱因斯坦怒气冲天。他告诉克内泽尔这是**唯一**让他感到真正受伤的做法："当我的名字和研究成果被滥用于沙文主义宣传时，我感到非常痛苦。"除此之外，爱因斯坦还指出把相对论归为德国科学成就的说法是错误的，因为他是犹太人，是瑞士公民，"在我看来，我就是一个普通人，**也只是**一个普通人，对任何国家或民族都没有特殊偏好。我多希望可以在你发表演讲之前就把这些告诉你，这样一来，你当然就会考虑到我的感受而不会说这些话了"。[14]

克内泽尔回复了爱因斯坦，他表示，无论如何是德国和这个国家所拥有的资源才让爱因斯坦的研究成为可能。在这次演讲前，克内泽尔很有可能完全不了解爱因斯坦的政治倾向（我们由此也可以看出爱因斯坦在推广自己的观点方面到底有多成功了）。对克内泽尔来说，最安全的做法就是认定爱因斯坦跟其他在柏林的普鲁士科学院教授一样，既秉持应有的爱国精神，又是保守派。然而，他选中的似乎刚好是这个群体中的一个异类。

与爱因斯坦同为异类的乔治·尼古拉教授也在跻身于爱国体系的过程中遭遇了挫折。在军事法庭的审判结束后，尼古拉试图逃去瑞士。他在途中被抓了，却不可思议地被释放了。于是，尼古拉马上开始规划一个新的逃跑计划。他与德国国内的一个革命组织斯巴达克斯同盟取得了联系。在这次堪称"007式"的逃跑行动中，尼古拉和一个斯巴达克斯同盟小分队驾驶两架从德国军队偷来的双翼飞机飞到了中立国丹麦。协约国媒体对这个事件大为赞赏，称这是令敌人蒙羞的一击。伊尔莎·爱因斯坦感动于这次逃跑行动体现的浪漫情怀，为尼古拉写了一首歌来表达敬意。[15]

然而，虽然有像尼古拉逃跑这样令人振奋的插曲，但爱因斯坦一家的生活其实变得越来越艰难了。到了1918年夏天，爱因斯坦每天能得到的食物只及爱丁顿的一半。[16] 为了让爱因斯坦少丢些面子，爱尔莎偷偷地联系了在瑞士的朋友，请他们再寄些牛奶。[17] 后来，有位熟人寄来了一些苹果，爱因斯坦多次向他表示感谢。这些水果让爱因斯坦变成了"整个柏林艳羡的对象"。[18] 此时，爱因斯坦身体非常虚弱，无法进行太多科学研究，办公室里又没有足够的燃料来取暖，于是，爱因斯坦便靠着阅读卢梭的《忏悔录》和《圣经》来打发时间。他还读完了陀思妥耶夫斯基描述西伯利亚监狱生活的小说《死屋手记》，不过这本书很有可能对缓解他孤独绝望的感受并没有多大帮助。战争看起来似乎永远都不会结束。爱因斯坦身边的每一个人"都变得越来越固执，越来越不开心了"。爱因斯坦内心一直都渴望着像冬眠一般沉沉睡去，直到一切都结束了再醒来。[19]

爱因斯坦的肠胃问题已经发展到了威胁生命的边缘，并导致了严重的黄疸。1918 年 6 月，爱因斯坦来到了波罗的海地区，待了几个星期，主要是静养恢复，享受日光浴。在这里，他可以每天都光着脚，这让他非常高兴，考虑到他一直很不喜欢穿袜子，我们也不会对他这种高兴的心情感到惊讶。爱因斯坦跟马克斯·玻恩开玩笑说[20]，柏林也应该允许赤脚。

同样在 1918 年 6 月，爱因斯坦得到了一个很奇怪的机会。他得到了一份来自苏黎世的工作邀约，这份工作可以完美地满足他的一切需求。此时，德国马克币值暴跌，瑞士法郎则更为稳定。所以这份工作非常吸引人，但爱因斯坦还是拒绝了。他表示自己的理论只有在柏林才能得到所需的支持。"除此之外，如果你还记得我的论文正是因为在柏林得到了理解才变得有意义，那么你就会明白我不可能下定决心背弃这座城市。"无论如何，这是个奇怪的表态，毕竟在柏林，除了普朗克，又有谁为相对论而感到兴奋呢？[21] 更有可能的原因是爱尔莎想要留下来，去苏黎世就意味着再一次靠近米列娃。这可不是个让人激动的前景。爱因斯坦提出了一个折中的方案，那就是他每年到苏黎世去做两次讲座，但不需要接受正式的教授职位。根据这个方案，他就可以留在德国了，尽管这样一来他将不得不面临自己的科学研究被编排为德国民族主义事业一部分的风险。

英国科学家仍在就德国科学研究是否能够与德国民族主义相剥离展

228

开辩论。乔治·汉普森爵士在《伦敦动物学会会刊》发表了一篇论文，他自豪地表示"这篇文章没有引用任何自 1914 年 8 月以来出版的德国文献。'Hostes humani generis'［原文如此］"。这里结尾处的引文指的是拉丁语中的"全人类的公敌（Hostis humani generis）"，这原本是个古老的法律术语，用来证明对海盗采取的军事行动是合理的。通常认为海盗犯下了极其恶劣的罪行，因此不配继续被当作文明社会的一分子。[22]

在写给《自然》的一封信里，英国昆虫学家、前议员沃尔辛厄姆爵士毫无保留地支持将这一原则运用于德国科学家身上。他回忆起在 1913 年国际动物学大会的年会上，德国代表团试图控制整个讨论，还想推行他们的系统命名法。沃尔辛厄姆写道，有一个德国蝴蝶目录就以德语命名，而非法语，这样命名其实很不合适，但德国人故意这么做。

沃尔辛厄姆用这件事来解释为什么说"在战争开始之前，德国国内的男女老少，几乎无一例外地倾向于发动战争"，而且这些人中还包括了"接受过良好教育的科学家"。在这种情况下，德国的领导人犯下了暴行，科学家绝不可能毫无关联。为了解释为什么不能信任德国学者，沃尔辛厄姆又举了一个例子，说"某位博学的教授"看似只是在伦敦和都柏林任教，但其实是德国的间谍。最后，沃尔辛厄姆认为英国科学界应该在至少二十年内都不会与德国产生交集。这不是情绪化的报复，而是经过深思熟虑的惩罚。不使用德国人的科学术语将会是更进一步的惩罚。任何"真正心存善意的"[23] 德国人都不会介意使用英语或法语术语。

在大西洋对岸，来自美国匹兹堡的动物学家霍兰德提出了一点修正意见。他表示德国人在科学领域确实曾做出一定有用的工作。然而，"自大狂妄的日耳曼人"却将这些贡献夸大到令人感到可笑的地步，因此，真正的问题其实在于日耳曼人自大狂妄的民族特性。这样一来，如果把德国人从科学领域中驱逐出去，也不会有什么大问题。不过，尽管如此，还是希望普鲁士主义能消失，这样德国人就可以重新为增加人类的知识而稍稍做些贡献了。[24]

1918 年秋天，英国、美国、法国的科学家齐聚一堂，准备把前面的这些观点形成制度固定下来。皇家学会在伦敦主持举办了这次协约国国际科学组织大会。大会第一项议程就是公开声明鉴于德国在战争中的行径，已经不可能与德国维持在科学领域的关系了。声明写道，没有人会"质疑这一结论"。[25] 除此之外，协约国的科学家们甚至应该拒绝与德国人会面。大会认为如果协约国的科学家与德国人会面，不仅不会加快反而会推迟双方友好关系的恢复，因为"两方之间必然会发生令人痛苦的争论"。[26] 这次大会为后来成立的"国际研究理事会"奠定了基础。这个理事会是一个全新的组织，负责监督国际科学事务，下设各个学科分会（爱丁顿的研究工作就将由国际天文学联合会负责）。国际研究理事会里的国家政治并非无关紧要。战争已经直接嵌入了理事会的根基之中。不仅德国和奥地利不能加入理事会，理事会章程还在开篇就明确规定成员国必须退出其他有德国或奥地利参加的科学组织。

我们不知道爱丁顿是否参加了这次协约国国际科学组织大会。当然，他要为其他事而忧心，也就是在推广相对论的道路上遇到的两个非常不同的挑战。第一个挑战就是对相对论的一波攻击，说它只是"形而上学"。这在当时是（放在今天也仍然是）对科学理论的一种极大侮辱。科学家们都坚定地认为科学不同于哲学，科学优于哲学。两者之间的区别在于哲学只是抽象的推理和猜想，而科学则根植于经验事实、实验以及精确而严谨的数学。形而上学是哲学中最依赖猜测、最抽象的部分，应该最不可能与科学沾边（回忆一下，马赫的实证主义就是要摆脱形而上学）。科学与哲学的这种区分极为不公平，爱因斯坦本人曾表示自己在哲学方面的阅读对相对论有关的研究至关重要。尽管如此，称一个科学理论是"形而上学"

230

仍然是动摇这一理论地位的有力方式。在 21 世纪，这种"形而上学"的指控所瞄准的对象通常是弦理论，因为它太像是一种猜想了。在 1918 年，对于一个因为来自敌对国家就已经非常可疑的理论来说，说它是"形而上学"是对它的另一种攻击。

爱丁顿承认任何讨论时间和空间的理论都可能看起来是"混合了形而上学的"。因为这些都是传统的形而上学的概念，所以相对论就应该被归为形而上学？爱丁顿说不是这样的。他说重点是要把超验的、哲学的空间与爱因斯坦所讨论的空间区分开来。在相对论中，"空间"只是一种方式，用来描述我们的测量方法以及这些测量方法是如何被这个物理世界所影响的。用一把尺子测量长度或用一只钟表测量时间，这些过程并不涉及任何形而上学。即使是广义相对论中最奇特的论断，也就是时空的扭曲，也仍然是科学的：

> 在特定情境中，就一个圆而言，其测定的周长要小于其测定直径的 π 倍。这个论断不涉及任何形而上学，只是一个需要实验验证的问题……当然不应该指控我们进行的是形而上学的猜测，因为我们只运用了测量几何学，这门学科即使不是严格意义上可实操的，也是实实在在的。[27]

爱丁顿表示，如果一定要说，那么相对论与猜测是完全相反的。它的
231 根基在于实际的测量过程，这是最为实在的。[28] 只是因为哲学家会谈论空间，并不能因此就让空间成为一个形而上学的概念。如果关于空间，科学推理也有见解，那就应该讲出来。爱因斯坦的空间概念不仅涉及复杂的数学，而且也有望得到实验的验证。这已经是科学的最高境界了，还想要什么呢？

爱丁顿努力把相对论描绘成一个以现实世界为坚实基础的理论，而他也很善于从受众的角度来进行关联。在一次演讲中，他用一磅白糖来解释了质量和重量的区别，用子弹的弹道解释了光线偏折。不管是白糖，还是子弹，都是战争时期日常生活中不可避免的一部分，一个是按配给供应，另一个则会对自己在乎的人造成威胁。那次演讲刚好是在英国天文协会，是一个业余爱好者的组织，其成员的数学技能远不及皇家天文学会的那些精英。如果爱丁顿能说服这群有丰富天文实践经验的人相信抽象的相对论是值得深入思考的，那么他就可以说服任何人。[29] 也许吧。

爱丁顿要应对的第二个挑战直接威胁到他能否对相对论进行实验验证。1918 年春天，德国的进攻取得了胜利，这让英国陆军再次面临征兵的压力。政府撤销了一切与职业相关的兵役豁免权，同时把入伍年龄上限放宽到了五十一岁。当时，社会上也曾针对取消所有依从良心拒服兵役者的豁免权进行探讨，不过最终这些讨论方案都没有付诸实践。[30]

剑桥特别法庭对已发出的全部豁免权进行了重新审核，确定哪些豁免权可以依据新政策而被撤销。爱丁顿此前因为在天文台的工作对国家来说具有重要意义而取得了免服兵役的资格。然而这种与职业相关的豁免权此时已经无效了。爱丁顿被告知他的兵役豁免权将在 1918 年 4 月 30 日终止。

这一通知让剑桥大学惊慌失措。校方想尽一切办法要避免再次出现伯特兰·罗素那样令人尴尬的局面。因此，他们再一次尝试游说特别法庭，让法庭相信爱丁顿不应该加入军队，这一次的理由是爱丁顿的两位助理都已经在战争中丧命：

> 为了给天文台主任爱丁顿教授申请免除兵役，必须指出的是天文

232

台首席秘书在先锋号无畏战列舰的爆炸中丧生，第二秘书则死于法国战场，现在，主任已经是天文台最后一位工作人员了。[31]

特别法庭对天文台的情况深感同情，因此又将爱丁顿的兵役豁免权延长了三个月。军方的代表陆军中尉欧拉德在审理现场当即提起上诉。当时，想利用所从事工作对国家具有重要意义而免除兵役已经行不通了。如果爱丁顿想要继续躲避兵役，那么就必须亲自站在特别法庭上，表明自己是因为贵格会的信仰而拒绝服兵役。

我们不知道爱丁顿听到这个消息作何反应，不过肯定很沮丧。如果审理进展不顺利（通常都会如此），那么爱丁顿将无法在 1919 年 5 月通过观测日食来验证相对论。事实上，他将无法进行任何科学研究工作。也许，爱丁顿感到了恐惧，毕竟只有傻子才会在看到战争的伤亡人员名单后仍不觉得害怕。更为可能的是，爱丁顿感到了绝望。他内心最深处的道德信仰现在面临质疑。现代国家会用自身的强制力迫使爱丁顿与人类同胞战斗厮杀，让他违背自儿时起就一直遵守的和平誓言。即使爱丁顿能够说服政府基于他的贵格会信仰而免除他的兵役，他也会进监狱，在那里，等待他的也许就是饥饿和痛苦的折磨。

然而，除了恐惧，也许爱丁顿还感到了某种解脱。这些年来，爱丁顿目睹了与自己信仰相同的朋友们不断遭受折磨，而自己却多少还可以不受打扰地进行科学研究，这种状况想必一直让爱丁顿倍感煎熬。一个现代贵格会教徒不应该仅仅停留在不参与战斗的层面，而是应该向全世界表明他的和平主义态度，让人们意识到战争是如何违背了耶稣最为根本的命令：爱你的邻居。现在，该爱丁顿采取行动了。

233　　在特别法庭上表明自己是依良心拒服兵役者几乎都没有那么简单直接。很多特别法庭都以判断申请者信仰的"真伪"为己任。庭审经常会由军方代表主导，他们的目标是找出那些想要用宗教信仰为借口来逃避兵役的人。就庭审过程而言，他们的存在效果明显，比如，密德萨斯上诉法庭一共收到了577 个依良心拒服兵役者的申请，其中 406 个最终都遭到了拒绝。[32]

《剑桥每日新闻》提出，特别法庭除了判断信仰的真伪，还判断他们的信仰是否**合理有根据**（也就是说，要判断和平主义是否可以真的算是基督教的一部分）。[33] 因此，听证会通常更像是审讯。申请者的信仰会面临非常激进的攻击："如果有个德国人袭击你母亲，你会怎么做？"如果申请者说自己会保护母亲，那么他就应该被送上前线。如果他说自己不会有所反应，那显然是在撒谎，就会被判定为"假信仰"。侮辱和诽谤时有发生。一名申请者被告知："你在利用上帝拯救自己这副皮囊。你只不过是一摊颤抖着的腐肉，仅此而已。"[34]

这种情况并不仅限于出现在听证会中。依从良心拒服兵役者在英国各地都遭到鄙夷，他们被认为是"不爱国的人，是懒鬼，是懦夫"。[35] 在爱丁顿居住的地方，当地报纸刊发了一封信，里面描述了战壕中的战士对这些依从良心拒服兵役者的看法：

> 你应该已经听说了，有人提出应该要求依从良心拒服兵役者佩戴写着红色大写字母 C 的臂章。他们自己可以认为 C 代表着"良心"；而对他们不认可的人则会认为这个 C 有不同的含义。有传言说这些依从良心拒服兵役者会被集中成一个军团，部署到我们和那些野蛮人的战壕之间，建造带刺的铁丝网。我自己也铺过铁丝网，他们可能会很高兴去做这件事。如果是在和平年代被安排进这样的部队，他们可能一点都不高兴。[36]

马姆斯伯里伯爵认为依从良心拒服兵役者"危险地游走在成为丑陋叛

国者的边缘"。[37]这种思维模式导致了针对贵格会教徒和其他和平主义者的言语辱骂，有时甚至还有身体上的伤害。各地圣公会神职人员都会毫不留情地攻击那些不愿意参加战斗的人。有人甚至公开声称："自由主义者、社会主义者和和平主义者比犹太人更糟糕。"[38]

234

即使是一位依从良心拒服兵役者被判定信仰为真后，他也只能免于参加战斗。这样的人通常被安排加入非战斗军团，负责在佛兰德斯挖沟平路，或者在兵工厂的生产线上工作。不过，有些人甚至连这样的任务都拒绝接受，因为这仍然是在帮英国陆军杀人。这样一来，他们就会被逮捕，先被处以2英镑罚金，然后将被移交军事当局处置。

接下来，军事当局可能把他们投入军事监狱，甚至也可能送他们上前线。从操作层面来说，依从良心拒服兵役者都是应该应征加入陆军的士兵，因此可以被裁定为不服从命令的士兵。军纪处分的形式有很多种，从单人禁闭到殴打体罚。一位被投入军事监狱的贵格会教徒在家书中写道：

> 今天早上我似乎差点就完蛋了[39]。我被带到了一个安静的地方，然后换了一阵拳打脚踢，直到我再也站不起来才停下来，接下来他们带我去了医院，还硬往我嘴里塞吃的……长官就在我旁边，对我大声呵斥："什么？你不会听从我的命令？"我安静地回答："长官，我必须听从上帝的命令。""去你妈的上帝！"

"十字架刑"是战地刑罚中的一种，接受这种刑罚的囚犯会站立着被捆绑在某个物体或支架上，然后暴露在风雨中。有一次，34名依从良心拒服兵役者被派往前线，长官还对他们下达了命令，但是他们拒绝执行，于是他们立刻接受了军事法庭的审判，并被判处枪决。对于在战斗中拒绝服从命令的行为来说，这样的判决是可以让人接受的。这些依从良心拒服兵役者被告知枪决将在黎明时分进行。第二天早晨，他们看着一支来复枪装满了子弹，一名士兵下令开枪。直到这一刻，他们才得知枪决已经减刑为10年劳役。[40] 英国首相劳合·乔治在被问及将如何处置依从良心拒服兵役者时，保证一定会让"这些人的命运变得非常艰难坎坷"。[41]

对爱丁顿来说，这些并不是抽象的恐惧。他亲眼看到了跟自己在同一教区的贵格会教徒遭受了这些苦难。

235

欧内斯特·勒德拉姆是卡文迪许实验室的一位化学家，剑桥大学早前以他的工作对国家具有重要意义为由为他争取到了兵役豁免权。勒德拉姆曾希望自己的研究成果可以用于解决农业问题，但很快就意识到它们都将会被用于军事目的。于是，他离开了卡文迪许实验室，加入了贵格会紧急救助委员会，从事难民救助。此时，失去了科学研究庇护的勒德拉姆被捕了。由于他仍拒绝参加战斗，便被判处劳役之刑，被送到了臭名昭著的沃姆伍德·斯克拉比斯监狱。[42] 刑期结束后，勒德拉姆马上又被捕了，这是当局为了控制那些鼓吹妇女参政的人士而发明的"猫捉老鼠"的伎俩。[43] 在第二次被判处劳役刑罚后，勒德拉姆的妻子给爱丁顿所在的教区写了一封信，感谢他们的支持："欧内斯特是高兴地走进监狱的，他觉得因为这样一项正义的事业而遭受苦难是非常荣幸的。"爱丁顿亲自将这封信录入了教区文档记录中。[44]

爱丁顿很清楚不能再指望剑桥大学的支持了。他手里有一封戴森写的信，这将是一个很强大的后盾。不过，这样的后盾当然越多越好。于是，爱丁顿尝试在科学界内寻找更多能为自己提供支持的人。他把可能的人选想了一遍，最后做出了一个有趣的选择：奥利弗·洛奇爵士。洛奇是牛顿科学体系的坚定捍卫者、英国科学界的代表人物。他会为一个想要逃避兵役的人说情，从而让他可以去验证某个德国理论吗？不过，爱丁顿与洛奇之间的书信往来一直都聚焦于学术领域，在洛奇创立相对论的替代理论时，爱丁顿还提供了帮助。这其实是爱丁顿的一个策略。他请求洛奇为自己写一封可以呈交特别法庭的支持信：

> 首先，我必须解释一下，我是一名依从良心拒服兵役者。（毫无疑问，你会对此表示谴责，但是我只能说，我自出生之日就成为贵格会教徒，这是我一生的信仰，而且我一直相当积极地参加贵格会的各项事务。）……
>
> 我的立场是在接到命令去做某项工作（不是战争相关的工作）时，我应该愿意去做；但我很难让自己相信这项工作确实是为了造福世界，哪怕只是一丁点……
>
> 为了给陆军输送兵员，每天已经有很多明显更让人难以抉择的免除兵役申请被无情驳回，人们就不愿意在像我这样的申请人上浪费过多精力了。然而，我认为我应该为了能继续进行科学研究而尝试争取一下，因为我的科学研究符合国家利益。
>
> 如果您认为从您的立场出发，最好不要看起来与一个依从良心拒服兵役者有什么瓜葛，我完全可以理解，而且您可以放心，我不会认为您的拒绝有任何问题。[45]

236

从这封信中，我们可以听出某种宿命论的意味，爱丁顿似乎认为自己会被迫接受某种替代兵役的工作，而且显然对洛奇是否会帮助自己并不乐观。我们没有掌握洛奇对爱丁顿的回信，而且在特别法庭上也没有出现这样一封来自洛奇的支持信。对此，有几种可能的解释：也许洛奇是战争的支持者，而不是反对者；也许他对拥护爱因斯坦的人没有任何好感；也许他觉得科学家不应该卷入政治事务中；也有可能他其实为爱丁顿写了信，只是没能保留下来。无论如何，我们永远都无法知道究竟是什么原因了，不过我们可以由此看到爱丁顿在寻求支持时面临的挑战。

1918 年 6 月 14 日，爱丁顿出现在由霍华德少校担任主审的特别上诉法庭上。对于当时还有哪些人在场（有时受伤的士兵会出席这种场合来让申请者感到羞耻），我们现在一无所知。因为这是一场上诉听证会，所以霍华德少校首先关注的是爱丁顿最初申请免除兵役的原因，也就是要搞清楚爱丁顿的科学研究是否对国家具有重要意义。他认为，相较于相对论，政府肯定可以为爱丁顿找到更重要的工作。他说，爱丁顿几乎不可能以普通士兵的身份进入军队。

然而，爱丁顿已经下定决心要公开自己的信仰。因此，他站在法庭上，没有按照霍华德的思路答话，而是郑重发言："我是一名依从良心拒服兵役者。"霍华德马上打断了他的发言："这不是我们在这里要讨论的问题。"在这里要讨论的是爱丁顿的科学研究，而不是他的宗教信仰。但这位天文学家不认为这两个问题需要区分开来：他是一名秉承和平主义的贵格会教徒，同时认为自己的科学研究对国家（甚至是对整个世界）具有重要意义。他提醒特别法庭自己在多年以前就提交过依从良心拒服兵役的申请，但由于已经得到了基于工作的兵役豁免，这份申请从来没有得到受理。特别法庭被爱丁顿的陈述搞糊涂了，因此退庭进行闭门讨论。重新开庭后，特别法庭宣布与天文台相比，政府可以让爱丁顿教授的技能得到更好的利用。此时，爱丁顿已经失去了一切庇护，必须直面征兵了。特别法庭的主审法官简要表示法庭没有考虑爱丁顿依从良心拒服兵役的诉求，因为这次上诉针对的问题是爱丁顿的科学研究到底价值如何。[46] 对当局来说，让一名科学家公开表明自己的宗教信仰毫无意义。对爱丁顿来说，情况绝非如此，他要求从科学研究和宗教信仰两方面来受理自己的免除兵役申请，但这其实是将自己置于险境。

如果爱丁顿想以贵格会信仰为理由来申请免除兵役，那么现在他就需

237

要回到剑桥特别法庭，重新提出申请。尽管剑桥大学做了大量工作不让此类事件引人注目，但爱丁顿的案子还是引起了媒体关注。《剑桥每日新闻》大肆刊出了《天文学教授是依从良心拒服兵役者》的头版新闻，并在报道中强调爱丁顿拥有众多荣誉头衔，包括剑桥大学布卢米安天文学教授、剑桥天文台主任、皇家学会荣誉秘书，因此相比之下，他的和平主义者身份令人感到耻辱。1918 年 6 月 27 日，特别法庭举行听证会，爱丁顿终于得以阐述自己的和平主义态度：

> 我反对战争是依从良心的考虑。我无法相信上帝会要求我走上战场，屠杀站在对面的人们，他们中的很多人是为爱国主义价值观和所谓宗教责任所裹挟，这些也同样将我的同胞送上了战场。如果要我说抹去几百年来的道德进步、参与狂热而野蛮的战争是我们的宗教责任，那将完全有悖于我对基督教之意义的全部理解。纵使让依从良心拒服兵役者放弃自身立场将会影响战争的胜负，但我们如此恣意违背神的旨意也不可能让整个国家真正获益。

政府代表米勒认为，爱丁顿不能以依从良心拒服兵役者的身份来申请免除兵役。在此之前，爱丁顿以自己的科学研究对国家有重要意义为由申请免除兵役时，米勒已经接受了他的申请，这就意味着爱丁顿从一开始就放弃了成为依从良心拒服兵役者的权利。爱丁顿表示自己的科学研究对国家有重要意义，同时他出于宗教信仰原因而反对战争，也就是说他既是一名天文学家，也是一名贵格会教徒。米勒像一个被孩子惹怒了的大人一般，让爱丁顿撤回依从良心拒服兵役的申请，因为这显然与他此前以科学家身份提出的申请不一致。爱丁顿拒绝了。特别法庭因此首先决定对爱丁顿依从良心拒服兵役的申请不予受理，后来在被强制要求后才重新受理。

接下来，特别法庭对爱丁顿的申请进行了闭门讨论，显然基于他以科学家身份提出的申请而非依从良心拒服兵役者身份提出的申请做出了不利的裁决。《剑桥每日新闻》的报道称特别法庭"认为这是一个特别难以裁决的申请，对爱丁顿教授来说也非常艰难"。特别法庭不同寻常地给了爱丁顿一些时间去寻求政府内阁层面的支持，最终时限定为 7 月 11 日，也许这暗示戴森和剑桥大学进行了背后的运作。[47]

爱丁顿面临的一大挑战是，他认为自己应该基于两方面原因而免服兵役。这给很多贵格会教徒带来了麻烦，比如一位学校老师就以自己的工作对国家具有重要意义和自己同时也是依从良心拒服兵役者来申请免服兵役，但特别法庭裁决认为如果以这两种理由来申请，那么两者就相互抵消了。[48]即使是 20 世纪最有影响力的经济学家之一约翰·梅纳德·凯恩斯也发现自己陷入了这样的矛盾之中。凯恩斯是财政部雇员，以其工作对国家具有重要意义为由得以免服兵役。然而，他同样希望自己依从良心拒服兵役者的身份得到认可（他并不是一名贵格会教徒）。[49]国家的征兵机器在设计之时显然并未考虑到这些情况复杂的人：每个人都应该恰好能被归为政府所划分的某个类别，如果有人不能被归为任何一个类别，那么他就要自己承受这个苦果。

到底该如何看待依从良心拒服兵役者，这是个复杂的问题。剑桥大学另一位相对论的支持者埃比尼泽·坎宁安就曾在担任教师的同时被判定为依从良心拒服兵役者。国家兵役代表对这一判决表示反对，认为坎宁安作为一名依从良心拒服兵役者，不适合长期与孩子们待在一起。特别法庭对此表示赞同，于是坎宁安便被判去做农活或扫雷了。这两种工作选项是一个奇怪的组合，让我们体会到在当时农活还是一项危险的工作，同时也体现了政府的一项新政策，也就是此时对于分配给依从良心拒服兵役者的工作的官方态度是它们应该要起到"震慑效果"。因此这些工作通常都很低级卑微，而且没有什么实际价值。有些依从良心拒服兵役者会从早到晚一直机械地搬运石头[50]，有些则会要求被送回监狱。[51]

剑桥大学校方，尤其是物理学教授约瑟夫·拉莫尔和天体物理学教授休·弗兰克·纽沃尔，在背后全力奔走运作来保证爱丁顿既可以得到兵役豁免又不会被认定为令人尴尬的"依从良心拒服兵役者"。最终，不知是用了什么方法，他们成功了。他们肯定是帮爱丁顿以他的工作对国家具有重要意义为由申请到了兵役豁免，不过其中细节已无从查证。爱丁顿收到了一封告知他已获得兵役豁免的来信，他只需要在信上签字并把信寄回。爱丁顿签了字，又加了一句附言，表示接受因自己的工作对国家具有重要意义而免服兵役，但无论如何，仍会继续以依从良心拒服兵役者的身份申请兵役豁免。爱丁顿拒绝让当局把自己的宗教身份与科学研究分割开来。然而爱丁顿的这一举动让已经获得的兵役豁免权失效了。拉莫尔和纽沃尔一定为此勃然大怒。但爱丁顿不明白他们为何如此，自己只是坚定而又诚实地忠于贵格会。现在贵格会正在面临最严峻的危机，自己无法在此时与它划清界限。[52]

1918 年 7 月，爱丁顿再次被特别法庭传唤。国家兵役部同意对爱丁顿的申请再进行一次听证会，这显然背离了正常流程。这次听证会就像是一台为某个特定目的而设计、各个零部件之间得到了充分润滑的机器，感觉顺畅多了。听证会一开始，爱丁顿就呈上了一封戴森的书信。能成为皇家天文学家的人，自然有些政治手腕，他的这封书信就充分体现了这一点。戴森在这封信中言辞恳切，瞄准的正是特别法庭成员的爱国主义情怀。他强调，让有威望的英国科学家坚持工作来遏制敌国在科学领域的统治地位具有重要意义：

　　我想提请特别法庭关注一下爱丁顿教授所做研究在天文学领域中

的重要价值，在我看来，其价值之高，可以与剑桥大学诸位前辈的研究成果平起平坐，这其中包括达尔文、鲍尔、亚当斯的研究。在这些前辈生活的年代，有一种广泛流传的错误观念，那便是最重要的科学研究都是在德国开展的，因此守住英国科学的至高地位和诸多传统是很多人都想要看到的。这些前辈的研究工作实现了这两个目标……我强烈希望特别法庭今天的裁决能让这样重要的科学研究工作持续下去。 240

这样一来，戴森首先确立了爱丁顿在英国学术生活中的重要地位，接下来，他摆出了在天文学领域中只有爱丁顿才能充分把握的一个绝妙机会：

> 还有一点，我想请特别法庭的各位注意。由我担任主席的英国日食联合常设委员会获得了 1 000 英镑的资金，用于观测明年 5 月的一次日全食，因为这次日食具有异常重要的意义。从目前的情况来看，几乎没有人会去观测这次日食。爱丁顿教授尤其能够胜任这次观测任务，我希望特别法庭可以准许他免服兵役，从而让他可以承担这项工作。

爱丁顿在论述了自己从事的科学研究具有重要意义后，再次阐述了依从良心反对战争的态度。他表示自己自出生起便是贵格会教徒（在判断一个人是否是真正依从良心反对战争者时，这通常是一个关键条件）。当被问到是否接受以其他形式服役时，爱丁顿给出了与大多数依从良心拒服兵役者相同的回答。他拒绝接受由军方支持的各项工作（他认为战争办公室不会保证他所从事的工作只是为了避免死亡），但愿意进行其他类型的工作，比如在贵格会救护小组、红十字会中工作，或者在收割庄稼时出力，前提是"如果认为他从事这些工作对于国家将会更为有利"。特别法庭对爱丁顿依从良心的态度并不感兴趣，却想了解更多有关日食的信息。他们盘问爱丁顿这次日食是不是具有特别重大的意义，爱丁顿向法庭保证对这次日食的观测在 20 世纪内将是独一无二的。特别法庭没有退庭讨论便当场宣布爱丁顿的科学研究对国家具有重要意义，"因此给予爱丁顿教授兵役豁免权 12 个月（为了把日食观测的时间包括在内），前提是爱丁顿教授继续进行当前研究"。同时，令人惊讶的是，特别法庭表示已经相信爱丁顿是一位真正的依从良心拒服兵役者。不过，这一点立马就被忘却了，对爱丁顿的兵役豁免完全是出于对其科学研究的考虑，而对他作为依从良心拒服兵役者的身份只字未提。爱丁顿随后离开了特别法庭，可以自由地继续他的科学研究了。[53]

241

　　爱丁顿之所以能够在最后一次听证会上轻松过关，显然是因为戴森通过在海军部里的关系运作了一番。这次特别法庭给出的兵役豁免权也是基于爱丁顿的工作对于国家有重要意义，这与剑桥大学帮爱丁顿运作的兵役豁免权并无区别。那么，为什么爱丁顿接受了这次在戴森帮助下取得的兵役豁免权，却没有接受之前的那一个呢？原因在于，这一次取得的兵役豁免权让爱丁顿可以坚持反对战争的立场。爱丁顿不愿意在无法表明宗教身份、仅因自己的科学研究对国家具有重要意义的情况下接受兵役豁免权。因此，在特别法庭最终给出的兵役豁免权中，一定有因素满足了爱丁顿为实现和平而工作的需求，而这就是用来验证相对论的 1919 年日食。

　　爱丁顿将日食观测远征视为一种和平主义宣言——这样的远征可以向科学世界证明，与爱国主义和战争相比，和平主义和国际主义更具有优越性。因此，对爱丁顿来说，这从某种意义上**等同于**依从良心而反对战争。对爱丁顿来说，重点是在阐明自己在研究相对论的同时表达和平主义态度。这关乎**良心**，关乎爱丁顿认定的自己与上帝之间的联系。

在当时的背景下，征兵的问题从本质上说其实是强制性的问题。努力避免各种强制性措施一直是英国的传统。即使是对被征召入伍的士兵进行强制疫苗接种，都曾引发忧虑。尽管如此，英国家长们还是听从了医生的建议，因此，英国陆军中的疫苗接种率超过了 90%。在这种情况下，伤寒发病率下降到了上次战争的 1/15。[54]

在那个年代，即使医疗水平有了巨大飞跃，疾病也仍然持续困扰着战争，与过去人类历史上的历次战争相比并无不同。在战争期间，一度有大约 2/3 的英国士兵同时生病，在医疗工作中，有一半的工作量都是治疗疾病（另一半工作量是救治伤员，其中 80% 是为火炮所伤）。[55] 除此之外，还出现了新型伤员：心理受伤的伤员。1915 年 2 月，内科医生查尔斯·迈尔斯在《柳叶刀》中发表文章，阐述了"炮弹休克"，也就是现在所说的创伤后应激障碍。[56] 这究竟是一种身体损害还是一种疾病，还有待商榷。在这种情况下，为了应对这一新威胁，心理学和精神病学都被调动了起来。

242

1918 年，战争引发的疾病前所未有地大暴发。人们熟知的西班牙流感肆虐整个世界，先后出现三波疫情。第一波疫情发生于 1918 年春季，相当轻微。美国医生在堪萨斯的福斯顿营里发现了流感，后来流感从这个军营扩散，在部队中导致了大量感染。1918 年 4 月，这种流感病毒被传播到欧洲，首先出现在西班牙（并因此而得名），随后，在 1918 年 5 月出现在法国、英国、德国。第二波疫情从 1918 年 8 月一直持续到 11 月，席卷了整个非洲、亚洲和澳大利亚。历史学家研究表明，这种流感病毒当时已经传播到了地球上每一个有人类居住的角落。[57]

这种流感的潜伏期很短，只有几天。发病后，患者在几小时内就会出现发烧、咳嗽、恶心、皮疹，以及肌肉、神经和骨头的剧烈疼痛等一系列症状。为了治疗或预防这种疾病，军医尝试过茶、白兰地、奎宁、薄荷醇漱口剂（但都没有效果）。[58] 一名士兵在家书中写道，自己所在的部队有90%的人都生病卧床了，病因都是这种"时髦的疾病"[59]，这就像是当时最时兴的服饰剪裁，无处不在。一名士兵从前线全身而退，回到家乡，却发现家人全都已死于流感："毫无疑问，上帝是存在的：在经历了四年前所未有的痛苦与毁灭后，这一幕就像是正剧落幕后的讽刺短剧，只有至高无上的上帝才能谋划得如此精妙。"[60]

也许战争并不是流感暴发的元凶，但战时环境却把流感变成了一场全球大流行的瘟疫。部队的调遣移动让士兵之间已不可能相互隔离；美国人又拒绝让搭载着染病部队的船只返航。士兵们像沙丁鱼罐头一样挤在战壕里，毫无卫生条件可言。在德国，饥饿的人们对疾病几乎毫无抵抗力，结果成为病毒繁殖的完美温床。西方文明其实完全不需要像机枪和带电铁丝网这样的发明，因为这场瘟疫不费一枪一弹就夺去了 5 000 万人的生命。

在爱因斯坦居住的柏林，仅一个月内就有大约 30 000 人感染流感，1 500 人死于流感。[61] 接下来，霍乱疫情接踵而至。此时，爱因斯坦已经因为肝病而卧床，这也许反倒成了他的好运，因为几乎不与他人接触，爱因斯坦倒不太容易感染这些新型传染病了。爱尔莎一直服用喉片来预防流感，喉片的副作用是会引起心肌梗塞（随着战争发展到这个阶段，假药成为一个严重的问题）。[62] 报纸上铺天盖地全是关于疫病的报道，人们原来还能定量分到一些肉类，现在已经全都变成了土豆。政府已经开始推荐人们采摘收集树上的各种莓果了。[63]

重要消息自前线传来，但由于报纸都面临严格审查而未得到公布。柏林居民都认为春天发起的那场进攻仍在继续，几乎所有人都认为胜利马上就要到来了。几乎没有人知道的是，到了 1918 年 7 月，德军已经完全丧失了进攻的势头。他们试图让协约国后撤的努力再次以失败告终。

终于，协约国向战线过长的德国人发起了反击。1918 年 8 月 8 日，英国人在法国亚眠附近发起了进攻，瞬间就攻破了敌军阵地。在突袭战略和将近600辆坦克的支持下，英国人第一天就将战线向前推进了7英里。大量已经失去斗志的德国士兵缴械投降，这样的情形在战争中还是第一次出现。一个英国士兵俘虏了一名德国军官，还找到了一块水果蛋糕、一些雪茄、香烟、饼干、糖果，他在日记里兴奋地记下了这一切。[64] 德军指挥官埃里希·鲁登道夫将这一天称为德国陆军历史上"暗淡的一天"。不过，这一切才刚刚开始，接下来协约国沿着这条战线发起了为期100天的进攻。

不过，德军的后撤也并不是溃败，协约国前进的每一英里都付出了鲜血的代价。如果翻看当时的一手资料，会发现有时很难判定到底是哪一方取得了胜利。有人这样记录了一次胜利的战役：

> 在晚上5点钟光景，我看到威利被从阿尔博尼耶尔前面飞来的机枪子弹打中，倒在我身边，死去了。我们本已挺过了那一天，到达了目标地点，当时正趴在地上，在一段浅浅的低洼路段上匍匐前进。威利只是稍稍抬头去观察对面一门机枪的位置，就立刻被击中了喉咙。仅仅几分钟的工夫，除了威利，还有名叫欧玛拉（脊柱中枪、当场死亡）、戴维斯（背部中枪）、科里·亨得利（头部中枪、当场死亡）的人都被杀了。还有一个叫马莱的人受伤严重，奄奄一息……他们都被埋葬在了阿尔博尼耶尔。威利是个小矮个，有一点罗圈儿腿。我觉得他来自苏格兰，因为不久前他休假就是在苏格兰。他是一名优秀的士兵，一个体面的矮个子家伙。[65]

1918年对交战双方来说都是整场战争中代价最为惨重的一年。随着德军不断向东推进，大约有200万人在战场上丧生。在协约国方面，随着失地不断地收复，一系列"第二次某某战役"接连打响。1918年9月26日，兴登堡防线被攻破。德国开始疯狂寻求外交途径来结束战争。同盟国的其他成员不是自身分崩离析就是单独与协约国签署了和平条约。到了1918年11月第一周，德国已经变成孤军奋战。

终结这场战争的大幕终于猛然拉开了，但既不是在前线，也不是在参战各国的首都，而是在德国港口城市基尔，也就是在战前作为国际科学电报系统中枢站的那个城市。在战争的大部分时间里，德国公海舰队都躲在基尔港，不敢与强大的英国皇家海军展开正面对抗。到了此时，虽然德国军方已经意识到战败在所难免，但还是下令让公海舰队出海为捍卫荣耀而最后进行一次注定将以失败告终的战斗。1918年10月30日，德国水兵拒绝出战并集体哗变。他们不仅迅速控制了舰船，还迅速控制了整座城市。掌控这座港口指挥权的海军上将是德皇威廉二世的兄弟，他为了逃命不得不乔装成发起起义的水手。哗变很快蔓延到其他部队，在很多地方，哗变的军人甚至打出了类似苏维埃政权的红色旗帜。[66] 随着军政统治明显解体，国会里的反对派政客开始要求德皇退位。

彼时，德皇威廉本人（凭借其罕有的政治敏锐）感到待在军中可能比待在真正的首都更安全，因此已经离开了皇宫，来到了当时仍为德军占领的比利时。在柏林，军政府将权力移交给了一个由军方和文官共同参与的组织，日后，这个组织将负责一切停战协议的磋商谈判。军政府的这一做法，如果从善意的角度来看，可以说是为了确保这个国家的所有领导力量都共同承担责任；如果从不那么善意的角度来看，军方是计划将战争的损失全都归咎文官领导人。

245　　到了1918年11月7日，柏林城内已起义不断，局势几乎失控。罗莎·卢森堡和其他布尔什维克主义者组织了大量群众走上街头，要求在德国建立社会主义国家。列宁派代表团带着1 200万马克（大约相当于今天的 4 000 万美元）来到了柏林。[67] 德皇威廉反复思量是否可以命令军队来镇压这些示威的人群。他手下的各位将军都明白普通士兵此时已别无他求，只想要和平。1918 年 11 月 9 日，德皇在众人力劝之下终于接受了必须退位的事实。第二天，他便踏上了火车，前往中立国荷兰寻求庇护。此时，爱因斯坦的朋友们也拥有了新的角色，成了德皇的保护者，至于他们内心的感受如何，并没有留下任何文字记载。

在德皇退位前的几个星期，德国政府一步步瓦解，爱因斯坦和其他志同道合的和平主义者都变得越来越有信心和底气了。1916 年被军政府解散的新祖国同盟重新组建了起来。1918 年 10 月 19 日，新祖国同盟发表了新的宣言，要求调查战争罪行、赋予公众以民权，建立一个新的民主政权（让包括女性在内的每个人都拥有选举权）。[68] 考虑到爱因斯坦的身体状况，他很可能并没有参加这次集会，却马上就开始着手宣传这份宣言了。正如爱丁顿勇敢地向洛奇请求支持，爱因斯坦也大胆地给普朗克写了信，寻求这位德高望重的科学家支持这份宣言。

普朗克的回复既饱含激情又真诚恳切。他认为这份宣言可能会适得其反，反而让和平更加难以实现。除此之外，在《九三宣言》后，普朗克已经拒绝再对战争进行任何公开论述。在国家应采取民主制还是君主制的核心问题上，普朗克则仍被对权威的忠诚所束缚。他认为如果德皇威廉二世退位，那将着实是"一大幸事"。然而，尽管如此，普朗克却无法真的要求德皇退位："想想我曾经发过的誓言……不可否认，我所感受到的，是你完全没有能力理解的，我属于这个国家，为她感到骄傲，特别是在她遭遇不幸之时，尤为如此。君主本人正是这个国家的化身；我崇敬这个国家，也毫不动摇地支持她。"[69] 就算在爱因斯坦心中他与普朗克有那么多共同之处，但普朗克始终还是割舍不下那份历史学家所说的他对国家的崇敬之情。[70]

德皇威廉二世退位后，共和国即刻宣告成立，革命委员会在德国各地
246　纷纷建立起来。1918 年 11 月 11 日在法国贡比涅，德国政府代表（不过他
们到底代表哪个政府并不明朗）与法军统帅福煦在其私人火车车厢里签署
了停战协议。交战在（巴黎时间）11 月 11 日 11 时正式停止。同一天，英
军前进至比利时蒙斯，1914 年，英军正是在这个战场上加入了战争的。德
国人同意彻底解除武装，也接受其他各项屈辱条款。英国的封锁还将持
续，直到和平条约正式签署才能解除。

爱因斯坦本来应该要教授一门相对论的课程。他在日记中写道，这门
课"因为革命而取消了"。[71] 在写给妹妹的书信中，他激动地写道："大事
件发生了！……这可能是我有生之年有幸看到的最伟大的公共体验了！"
他兴高采烈地欢庆起来，不仅因为自己一直对抗的暴君倒台了，还因为
暴君的整个世界观也崩塌了："军国主义和昏庸的枢密院都被彻底推翻
了。"[72] 爱因斯坦给自己认识的每一个人都寄了欢庆的贺卡。他告诉母亲一
切都很顺利，自己也很安全，让母亲放心。然而，他的话并不全是真的。
他在新祖国同盟的朋友们在德国国会前组织了一次大规模示威，结果遭到
军方的机枪驱散。[73] 爱因斯坦很可能因为病得太重而没有参加这次示威。

在柏林的大街小巷，到处都是拥挤的人群，各革命团体竞相展开动
员，提高各自影响力。东边俄国的革命范本还萦绕在每个人脑海中，德
国会走上苏联这条路吗？德国政治的突然左转对爱因斯坦来说是一大福
音。爱因斯坦并不是共产党人，却是社会主义者，这个身份现在突然变成
了一枚代表荣誉的徽章。他那些拥护君主制的同事都希望爱因斯坦可以在
新的临时政府那里帮他们辩解一番。"现在我是一个无懈可击的社会主义
者，我很享受这个身份。也正是因为这个身份，那些昨日英雄都纷纷满
脸谄媚地找到我，认为我可以帮助他们免于落入虚无。这真是个可笑的
世界！"[74]

事实上，爱因斯坦最后成了一个关键的中间人，居于年轻的社会主义者和年长的当权者之间。就在革命后不久，大学里的学生委员会就扣押了校长和部分教授，随后发布了新的大学管理制度，建立起了新的意识形态框架。由于爱因斯坦是享有良好声誉的社会主义者，因此当局要求他去与学生们谈判，让学生们释放各位学者。爱因斯坦接受了这个要求，来到了柏林市中心的一片混乱之中。

被扣押的大学校长在战争期间是狂热的爱国主义分子，因此爱因斯坦一点都不在意这个人能否重获自由，不过他对于学生们管理大学的新思想倒是有很多话想要讲一讲。他责备学生们威胁到学术自由，他认为"学术自由是德国大学最宝贵的财富……如果这种一直长期存在的自由消失了，我会觉得遗憾"。[75] 爱因斯坦发表了一次演讲，提醒人们对右翼专制和左翼专制都要保持警惕。爱因斯坦称自己是"民主的老式追随者"，呼吁尽快建立一个听从于人民意志的国民大会。他表示："暴力只会导致苦难、仇恨和报复。"[76] 即使是在爱因斯坦的朋友们之中，也很少有人秉持这样的立场，他们中曾有人试图让爱因斯坦支持由知识分子形成新的贵族阶层来掌管整个国家的体制。爱因斯坦没有接受，他认为民主才是唯一的出路。[77]

爱因斯坦还与临时政府名义上的首脑弗里德里希·艾伯特进行了会面。我们不知道爱因斯坦对矛盾双方到底产生了多大影响力，但几天之后，被扣押的大学教授和工作人员就宣布支持新的共和国，但同时否定了学生委员会的共产主义倾向。[78] 爱因斯坦签署了声明："我们不会坚持那些已经被摧毁的，而是与将要到来的站在一边。我们毫无保留地听从于人民，听从于人民的意志和人民的代表。结合我们自身的能力和国家对我们的需求，我们将为创造未来而努力。"[79] 这是一个令各方满意的妥协之举，大学也因此得以重新开放。

1918 年 11 月 16 日，爱因斯坦出席了民主人民联盟的成立大会，这是一个旨在推动立即举行大选的新组织，在瓦尔特·拉特瑙的支持下成立。瓦尔特·拉特瑙在战争期间是掌管物资的一位重要官员，现在变成了自由派政治家。他后来成为魏玛共和国的外交部长。在那之后，德国国内反犹太情绪初现端倪，最后形成了"刀刺在背"的可笑观点，也是一种右翼分子的阴谋论，认为是犹太人和左翼分子让德国输掉了战争。正是在反犹太情绪初现之时，拉特瑙遭到反犹恐怖分子暗杀身亡。这促使爱因斯坦开始采取实际行动支持犹太复国主义以及自己的犹太人身份，这一转变永远地改变了他的一生。

不过，在 1918 年时，爱因斯坦仍然满怀希望，认为在威廉二世的德国覆灭后，一个和平的民主体制可以在这片废墟之上建立起来。新祖国同盟进行了重组，爱因斯坦进入了领导层。他们呼吁成立一个社会主义政府，建立由政府控制的经济体制，废除原有贵族阶级，废除强制义务兵役制度，成立民主议会，与曾经的敌对国家取得和解。这些诉求都与爱因斯坦在战争期间的政治幻想完美契合，他因此积极招募有同样目标的政界人士加入新祖国同盟。[80]

爱因斯坦很高兴自己是"胜利的一边"，尽管柏林这座城市并不是胜利的一方。列宁主义者与温和的左翼分子时常在街头发生小规模冲突，爱尔莎曾短暂地卷入这样的一次冲突中。[81] 接下来，情况也并没有好转，因为 200 万士兵开始陆续从前线撤回，他们既没有食物，也没有工作。爱因斯坦在给两个儿子的家书中描述了伴随这些士兵的到来而出现的"欢快的骚动"，并警告儿子们不要玩扮演士兵的游戏。[82] 在大街上，武装人员随处可见。1918 年 12 月 7 日，柏林爆发了一次大规模罢工，但遭到了武装镇压。[83]

爱因斯坦支持新政府，却还是担心当权者过于热衷于走俄国路线。此时的德国确实有可能走上这条道路，但权力真空仍然存在："对军事力量的信仰已经消失了……当然，可以替代军事力量的信仰还没有出现。"[84]1918 年 12 月，阿诺德·索末菲写信给爱因斯坦探讨量子统计学。他听说爱因斯坦支持新政府，觉得难以置信。索末菲的右翼倾向非常明显："我发现一切都糟糕、愚蠢到难以形容。我们的敌人都是最糟糕的骗子和无赖，我们是最笨的蠢货。主宰这个世界的不是上帝，而是金钱。"[85]爱因斯坦写信回击，声称自己"坚信热爱文化的德国人很快可以再次以这个国家为荣，就像他们曾经以过去那个德国为荣一样，而且与 1914 年的**以前**相比，这次他们将有更多值得自豪的东西。我认为当前的混乱不会造成无法弥补的损害"。[86]

然而，日子一天天过去，稳定的政府依然遥遥无期，街头的武装冲突也没有减少的迹象，爱因斯坦开始变得不那么满怀希望了。很多跟他一样的左翼人士变得更加激进了，因为他们意识到协约国并没有太多意愿去遵守美国总统伍德罗·威尔逊提出的慷慨的和平原则。除了各种侮辱，德国人仍然忍受着由封锁造成的饥饿。新祖国同盟在柏林歌剧院召开了一次大会，提出和平条约应以正义和法律为基础，而不是以复仇为目标。[87]1918年年底，爱因斯坦来到了苏黎世，按照此前签署的合同规定，履行讲学义务，顺便签署了离婚所需的各项法律文书。

伦敦的情况跟柏林没有什么不一样。随着停战协议的签署，大量人群拥入城市的大街小巷。不过，他们是在颂扬自己的国王，而不是要轰他下台。大约 100 万人参加了这些庆祝活动。纳尔逊纪念柱周围燃起了一团团巨大的篝火，这是多年来伦敦市民第一次不再担心夜晚的光亮会为敌人的轰炸机指明目标。[88]

可以想象，随着交战结束，爱丁顿和与他一样的和平主义者都松了一口气。事实上，停战促使他们采取了新的行动。爱丁顿所在的贵格会教会

249

针对战后世界的宗旨发表了声明：

> 苦难和动荡远未结束，冲突也没有结束，它们也许只是换了一个作用面。如今，整个世界不管是在社会政治上还是在经济上都不可避免地要经历动荡。尽管我们无法参与刚刚结束的那场战事，但仍然感到也许可以在当前的形势下做出些贡献。事实上，我们认为这也许恰恰是我们的位置所在。我们所做贡献的价值和影响力取决于教会以及我们每个人作为教会一员掌控圣灵之力的能力。其他一切在这个伟大时刻都是徒劳的。[89]

贵格会紧急救助委员会开始计划进入德国去帮助那里的人们应对因持续封锁而出现的困境。英国政治家埃里克·格迪斯爵士提出"要把德国彻底榨干"。[90] 英国和法国领导人企图在接下来的几个月中以德国国内的饥荒为筹码与德国正式达成一份条件最有利于协约国的和平条约。

不少贵格会教徒需要等待一段时间才能加入贵格会紧急救助委员会。比如，在战时被投入监狱的勒德拉姆和其他人并没有因为停战协议的签署而立刻得到释放。最终，他们也没有被释放，只是被赶走了，因为从技术层面上说，他们都还隶属于陆军。赶走他们的依据是被罗列出来的一条条"不端行为"。[91] 大约 70 名依从良心拒服兵役者因此而死亡，所有依从良心拒服兵役者在战后五年都被剥夺了选举权。[92]

重获自由后，勒德拉姆加入了贵格会紧急救助委员会，负责采购食物和药品并运送到德国，这些都是公然违抗政府命令的做法。这些渡过了英吉利海峡的贵格会教徒在困难艰险的境地中工作，展示了现代和平主义者应有的面貌。他们不远万里，奔赴陌生的异国他乡，只因为他们认为这是良心的召唤。[93]

250

爱丁顿计划做相同的事，不过是在物理学和天文学领域。观测日食的远征对他来说是一次机会，让他可以在知识分子群体中修复国际关系。此类工作都被认为是贵格会救助工作中应有的一部分。修补社会和学术领域的关系与解决物质生活的困境相比，同等重要：

> 化学家们正在实验室里为未来的战争寻找最为致命的毒气……也应该有人努力用善良去感化人心，努力证明一个为了抚平战争带来的创伤与凄凉而开启一段远征的人远比一支全副武装的队伍还要强大。[94]

这是贵格会的战争，一场只有在实现和平后才能打响的战争。

贵格会重视知识分子之间的交流联系，因此德国教育系统成了贵格会救助人员尤为关注的目标。勒德拉姆所在的小组负责让柏林的上千名学生填饱肚子。为了在学校开展救助，与柏林的教师们建立联系就变得尤为重要了。为此，爱丁顿给自己的这位朋友建议了一位可以提供帮助的教授，让他去联系。这位教授就是非常忙碌的阿尔伯特·爱因斯坦。据记载爱因斯坦与贵格会的救助工作有"非常密切的联系"。[95] 251

# 第十一章

## 验证相对论

"测量光线的吉日是 5 月 29 日。"

在验证一个理论时，科学家通常会让一切都处于掌控之中。实验室都经过精心设计，受到专门保护，隔绝于一切干扰。实验的全部意义就在于要创造一个没有干扰、不会产生混淆的空间，也就是说在这个空间里进行的活动不会因为意想不到的情况而中断。在这样精心打造的空间里，科学家们将能够以 100 亿分之一的精度来验证量子电动力学的预言。像这样的准确性和可靠性只有在一切都如你所需时才能实现。

爱丁顿并不具备如此奢侈的条件。他将要用一次日食来验证相对论，然而即使是距离这次日食发生地最近的精密实验室，也位于上千英里之外。这次验证并非轻而易举。年轻的爱丁顿曾描述过日食现象观测远征的困难之处："在踏上观测日全食的征途后，天文学家就放弃了通常刻板保守的工作模式，转而开启了一场只能依赖于运气的豪赌。"[1] 天气和战争使爱丁顿无法让一切都尽在掌控之中，也就是说，爱丁顿要在各种混乱的条件下进行一次具有说服力的验证。他要进行的远征要像实验一样科学。爱丁顿并不是第一个面临此类困境的科学家，前人已经积累了一整套应对策略，他可以从中选择运用。

252

在远征的过程中，需要小心对待的不仅仅是各种仪表和设备。爱丁顿亟需给这些工具创造一个有利的物理环境，同样地，他也非常需要一个有利于自己的社会、政治环境，因为只有在这样的环境中他的观察结果才可以得到认可。实验和观察结果不会说话，不能为自己争辩。人们必须愿意改变想法。他们需要明白数据是如何与理论联系在一起的；对于实验和观察结果的含义，他们必须愿意接受你提供的解读。科学家们必须创造可以进行科学研究的空间，这样的空间有时是摸得着的，有时则是摸不着的。对于爱丁顿来说，两种都必不可少。

哪怕用再乐观的说法，爱因斯坦在 1919 年初所处的空间也是极不稳定的。柏林，也就是爱因斯坦的科研空间，开始变得越来越混乱了。他原本要在大学里开设的相对论课程被推迟了，因为校方没有足够的煤，无法给教室供暖。新政府软弱无能（爱因斯坦说他们"极其不诚实"），取得了胜利的协约国又表现得非常残忍恶毒（相较于德皇威廉二世，协约国的残忍恶毒"只少了**那么一点点**"），这些都让爱因斯坦感到非常沮丧。[2] 幸运的是，在革命最为血腥的那一周，也就是斯巴达克斯同盟（也就是帮助尼古拉用双翼飞机逃走的那群人）试图夺取政权的那一周，爱因斯坦并没有在柏林。

他不在柏林是因为那段时间他一直试图让个人空间变得更为有序。1919 年 2 月 14 日，也就是情人节这一天，苏黎世的一个法庭以通奸（爱因斯坦承认了与爱尔莎的不正当私情）和"性格不合"为由结束了爱因斯坦与米列娃的婚姻。两个儿子的监护权被判给了米列娃，爱因斯坦被判每年支付 8 000 法郎，这些钱将出自他有望获得的诺贝尔奖金。最后，法庭还判爱因斯坦未来两年内不能再婚。[3]

爱因斯坦来到了苏黎世，名义上是举办几次讲座，好在疯狂贬值的德国马克之外赚些外汇收入。在苏黎世，爱因斯坦身边都是"不愁吃喝、无所畏惧的人"[4]，这是一种陌生的体验，让爱因斯坦感到很震惊。爱因斯坦在四十岁生日时回到了柏林，但仍然无法正常开展科研工作。他进行了一场有关相对论的讲座，讲座入场费的收入全都被用于支持社会主义学生联盟了。对德国国内局势，爱因斯坦并不在意，于是在这次讲座结束后他就立刻返回了苏黎世，继续在那里举行讲座。[5]然而，在苏黎世，人们对他也并没有多大兴趣，只有 15 名学生登记参加爱因斯坦关于相对论的讲座，于是校方便取消了那次讲座。[6]

在柏林，其实很难感受到战争已经结束了（出现在大街小巷的大量武装人员成为战争结束最为清晰的标志，这让人感到颇为讽刺）。食物和燃料依然短缺。这一切都是因为从技术上来说战争只是被按下了暂停键。参战各方实现了**停战**，但尚未实现**和平**。只有各方签署了正式条约，和平才能到来。然而，自停战以来，几个月过去了，各方几乎都没有为签订和平条约而进行努力。

1919 年 1 月，各国和谈代表都汇聚到法国巴黎。各位代表在香榭丽舍大街上迈着轻盈的步伐走过在战争中缴获的德国大炮。和平谈判于 1919 年 1 月 18 日正式开始，这一天刚好是威廉一世在 1871 年加冕成为德意志帝国皇帝的日子（当然，这完全是巧合）。[7]和平谈判的议题包括建立国际联盟和在非洲和中东重新划分殖民地等。在战争中取得胜利的各个帝国如虎狼般在世界各地瓜分了更多殖民地。

由于重新划分了殖民地，各帝国之间形成了新的边界，这对天文学家来说至关重要，特别是对那些正在规划对即将在 1919 年 5 月发生的日全食进行观测远征的天文学家来说，情况尤为如此。这样的情境并非不同寻常。帝国主义与日食观测远征之间的关联由来已久，比如早在爱丁顿担任皇家天文台首席助理时，正是帝国的基础设施让爱丁顿得以在海外工作。

按照传统，政府会拿出资金和资源来支持观测食现象的远征，因为这些项目会极大地增强国家声望，毕竟如果没有一个强大的国家，又怎么可以在世界任意角落进行科学研究呢？

爱丁顿的远征计划十分与众不同。相较于增加民族自豪感，爱丁顿希望这次远征可以粉碎狭隘的爱国主义，彰显国际合作的力量。他希望用帝国的工具来为国际主义而战；戴森对他的支持意味着这完全有可能实现。当然，前提是如果一切都能进展顺利。

254

要进行日食观测远征，需要做好周密的准备工作。第一步是要计算出在什么位置、什么时间可以观测到日食。全食带，也就是可以观测到月亮完全挡住太阳的区域，通常都会有几英里宽，但是能观测到日食现象的时间往往只有几分钟（这还是运气好的情况下）。月亮的阴影划过地球表面时速度很快，可以达到每小时 1 000 多英里，天文学家需要在正确的时间带着望远镜和相机出现在正确的位置。

这次的全食带是一条穿越南半球的弧线，从非洲一直延续到南美洲。

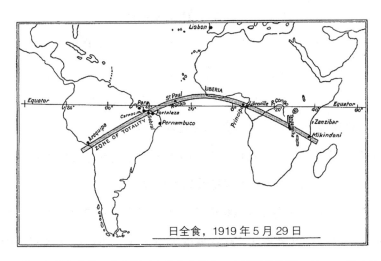

1919 年 5 月日食的全食带，由英国天文学家安德鲁·克罗姆林绘制，于 1919 年 2 月随一篇论文发表于《自然》

由作者提供

在选择观测地点时，需要考虑很多因素：这个地方是不是一直以好天气而闻名？湿度如何？这里出现的日食在天空中的位置会有多低？在这个地方附近有没有可以运送天文学家及设备的船运或铁路运输网络？这些运输网络的时刻表是否能与日食发生的日期相匹配？这个地方附近有没有电报局？在这里能否以公道的价格买到食物和饮用水？当地政府是否态度友好，或者当地是否有一个殖民政府来为这次观测远征提供支持？要回答这些问题，通常都需要依赖于人们旅行时的记录或者由当地不那么可靠的侨民来介绍。[8]

戴森和爱丁顿认为有两个地点在上述几个问题上都给出了最佳答案。它们分别位于大西洋两岸，两地的日全食观测时间都可以达到大约 5 分钟。在巴西海岸线向内 80 英里处的索布拉尔位于铁路沿线，并不是那么靠近全食带的中心位置，因此这里的日全食观测时间会短那么几秒。但是这里的纬度优势完全弥补了时间上的劣势。据说到了 5 月，这里的雨季就已经结束了（没有人对这一点特别肯定）。大部分消息都来自巴西里约热内卢天文台主任亨利克·莫利兹博士的一封信函。[9]

另一个观测地点位于普林西比，一个距离非洲赤道北侧西海岸 110 英里的小岛。这个小岛是葡萄牙殖民地，以出口可可而著称。这里的巧克力工业成熟，意味着每两周就会有一艘来自葡萄牙里斯本的汽轮来到这里，同时这里的基础设施也大概率会是欧洲风格的。这个小岛被大海包围，其与世隔绝的地理位置成为一大优势，因为被大海包围意味着气温在一天之内更易于保持稳定，而且也更容易看到地平线。

1918 年，戴森获得了 1 000 英镑（相当于今天的 7 500 美元）作为观测远征的路费。在战争年代，这实属一笔巨款了，可以购买大量子弹。戴森觉得这笔钱足以支撑在两个地点同时开展观测。考虑到可能出现的坏天气和其他不利情况，在两个地点同时观测是更为保险的做法，会显著提高

255

此次观测远征的成功概率。爱丁顿会前往普林西比岛，跟他一起的还有制表工匠埃德温·科廷汉姆。[10]他多年来一直与戴森和爱丁顿一起工作，负责维护天文台的各种计时设备。在巴西的观测将由皇家天文台助理天文学家安德鲁·克罗姆林和来自兰开夏郡斯托尼赫斯特学院天文台的耶稣会天文学家阿洛伊修斯·科蒂神父共同进行。科蒂以性格开朗乐观和定期在英国科学促进会的会议上进行以科学为主题的布道而出名。[11]然而，到了出发前的最后时刻，科蒂却不能参加观测远征了，查尔斯·戴维森接替了他。戴维森在出发前一直负责准备日食观测设备，被誉为机械设备和科学仪表的绝顶奇才。戴森相信戴维森可以让一切机械装置都正常工作。[12]

戴维森一直在准备的机械设备中有三架精心挑选的望远镜。爱丁顿需要的是清晰的恒星图片，但这并不是常规日食观测的结果。因此，远征队决定使用天体照相望远镜，也就是为专门在光线微弱的情况下精确捕捉图像而设计的望远镜。戴森试图搞到两架这样的望远镜。在此前的日食观测中，他们曾使用这两架望远镜意外收获了品质上乘的恒星图像。其中一架目前就安装在格林尼治，可以轻松到手。另一架则放置在牛津天文台，由目前英国国内公开反德声音最强的天文学家赫伯特·霍尔·特纳负责管理。我们不知道戴森是如何说服特纳把这架珍贵的望远镜贡献出来用于这次以爱因斯坦为中心的观测远征的，不过，无论如何，戴森确实成功了。科蒂神父同时建议他们去巴西时带一个小一些的四英寸望远镜作为备份。这架望远镜在此前其他的日食观测中曾经捕捉到优质的恒星画面，又不会给后勤物流工作增加太多额外负担。[13]

日食出现时，不会有人站这些望远镜前去观测，几架照相机会被架在望远镜前。望远镜会让恒星的图像落到照相机的照相底片上。底片会进行短时间曝光（大约五到十秒），接下来，天文学家会在不干扰这些精心布置的设备的前提下，换上一张新底片。不过，有一个因素使这个过程更加

256

复杂了，这都要归功于哥白尼。由于地球在自转，发生日食现象的太阳和其他恒星看起来是在天空中运动的。即使只是几秒钟，这种运动都会让照片上的图像变模糊。要解决这个问题，有一个办法是把望远镜架在一根轴上，让它缓慢移动，以跟上的地球自转。不过，对于像这样的远征观测来说，这并不是个好办法，因为望远镜又重又大，很难实现平稳移动，震动或镜筒转动在所难免，这些又都会毁掉底片上的图像。

对于这个问题，传统的解决方案是使用一个定天镜，也是一种观测仪器，与爱丁顿在 1912 年观测远征时使用的发条镜同属一个类型。望远镜将会被水平设置，可以完全保持稳定。望远镜的镜头会指向定天镜，然后调整定天镜的位置，让太阳的图像刚好落到望远镜前的照相机中间。接下来，定天镜在日食期间会平稳移动，从而确保太阳的图像清晰且始终位于底片中间。

格林尼治天文台有一套定天镜，在过去几次观测远征中也都使用过。257 然而，不幸的是，正是因为过去已经**多次**使用，这些定天镜早就变得又老旧又不可靠。正常情况下，翻修这些仪器并不困难，只是比较耗费时间，但是，这一次为观测远征进行初步准备时战争尚未结束，因此进行任何此类高精度工作都需要从英国军需部获得"优先证书"。[14] 只要战争还在继续，就根本不可能获得这张证书。后来，在停战协议签署后，科廷汉姆立即尽全力翻修了格林尼治天文台的这套定天镜，让它们可以平稳运转。为了能在早春时节按时开启日食观测远征，科廷汉姆不得不把大量细致精密的调校工作压缩到很短的时间内完成。

科学并不只关乎于精良的设备。爱丁顿和戴森需要确保其他科学家可以思考并理解设备捕捉到的结果。这次观测远征并不是要被动地寻找日食中会有什么有趣的发现。事实上，他们的目标是验证爱因斯坦相对论的一个预言。爱丁顿作为一名和平主义者，也有私心。因此，这次远征既有科学上的目标，又有政治上的目标，这就需要把各项基础工作提前做好。

基础工作中的第一部分是理解爱因斯坦的预言。爱因斯坦说，让我们找一颗刚好出现在日面边缘的恒星（这颗恒星其实距离太阳有数万亿英里，只是刚好看起来在日面边缘）观察一下。这颗恒星的图像通过一束光线传到我们这里。当这束光线经过太阳时，那里的时空曲率（换句话说就是引力）会让这束光线弯折。对于地球上正在观察那颗恒星的观察者来说，这束光线的弯折就意味着恒星图像的位置相较于其原始位置会有少量偏移。广义相对论预言了没有太阳引力影响时恒星的原始位置与受到引力影响后恒星看起来的位置之间夹角的精确度数。这个夹角用角秒（一角秒为一度的1/360）来计量。爱因斯坦说恒星图像的位置变化将会是1.75角秒。在爱丁顿准备使用的底片上，这个度数会转变成大约1/60毫米。当时有科学家反对这一观点，因为这个位置变化过于微小，根本无法精确测量出来。不过，对天文学家来说，这并不算是个巨大挑战，因为他们每天都对如此微小的效果进行测量。爱丁顿让大家放心，"就测量角度本身而言，并不需要过于担心精确度"。[15]

天文学家之所以可以进行这样精确的测量，是因为他们考虑了**一切**因素。日食期间拍摄的照片需要与**对照组照片**进行对比，也就是与对同一星场在发生日食现象的太阳不在其前方时所拍摄的照片进行对比。两张照片经过对比后出现的恒星位置**变化**才是天文学家们想要的结果。他们需要有一个确切的标记来显示这个位置变化。太阳可能需要几个月时间才能运动到足够远的地方，从而使恒星图像不会因太阳引力的影响而发生偏折。这就意味着对照组照片要么在日食前几个月就拍好，要么就要等到日食过后几个月再拍。除此之外，拍摄对照组照片时必须使用完全相同的镜头，整个照相装置的状况也必须完全相同，不过，镜头之间总会有微小差异，因此，关键是要确保两张照片中恒星位置的明显变化并不是由于拍照时使用

258

了不同的镜头造成的。因此，观测远征队在英国为准备测量的恒星拍摄了一组对照组照片，使用的正是他们计划在日食观测远征中使用的镜头。在最理想的情况下，到了日食观测地，他们还应该再拍几张对照组照片，用来解释观测地可能存在的任何独特的大气特性。回到英国后，观测远征队还需要进行数月的计算才能得到完整结果，不过爱丁顿希望在观测现场就进行初步测量。因此，需要准备各种特殊工具，而且需要研究如何在热带环境下冲洗底片，因为来自不同生产商（甚至是同一生产商不同生产线）的底片在冲洗技术上都会存在微小差异。为了能尽早将初步结果传回英国国内，爱丁顿和戴森甚至专门安排了一套特殊的电报编码。[16]

启程前，爱丁顿给同事们写了一篇文章，包含整套特殊的电报编码，这样一来，当爱丁顿把观测结果传回来，同事们就知道该如何破译了。爱丁顿表示存在三种可能的观测结果：一、无偏移；二、偏折 1.75 角秒，也就是爱因斯坦的预言；三、偏折 0.87 角秒，这个结果有时也被称为半偏折[*]。半偏折的结果很可能来自洛奇基于牛顿力学提出的另一种理论。因此，爱丁顿只能拿出这三种可能性：无偏折、爱因斯坦的偏折，或牛顿的偏折。

当代学者研究认为，爱丁顿以这种方式来表达可能出现的结果其实是非常高明的做法。这是一个"错误的三分法"[17]，当然会存在这三种可能性之外的观测结果，当时也还有其他引力理论（不要忘了爱因斯坦早年的竞争对手努德斯特伦也提出过引力理论），也会存在其他可能的效应，可以造成与引力光线偏折类似的现象，比如以太在太阳大气中的凝结或折射。[18]爱丁顿决定把这些可能性都排除在对观测结果的"官方"

---

[*] 有时可以看到完整偏折量的计算结果为 1.74，或者半偏折量为 0.83 到 0.87 之间。这个计算结果会因为计算中使用不同的常数而发生变化，同时在对计算结果四舍五入时选用不同的标准也会让最终结果发生变化。总的来说，一般建议在此类计算中，不需要过于纠缠于最终计算所得的数字。

预言之外，这就形成了一个通常所说的**"关键实验"**情境，也就是说仅凭某一个测量结果就可以让两个竞争理论一决胜负。无偏折的结果并不是特别令人期待，这样一来，这次验证立马变成了爱因斯坦与牛顿之间的一次直接对决，就是在这一刻，这个突然出现的德国科学新贵也许可以把人类历史上最伟大的科学家拉下神坛。通常来说，对一切实验结果总会存在多种可能的解释，而关键实验（讽刺的是，这是牛顿最喜欢的模式）缩小了解释的范围。从认识论和实际操作的角度来讲，这很有帮助，毕竟没有人可以给一切可能性都找到合理的解释。不过，爱丁顿很有可能是对这种做法所蕴含的**叙事**价值更为感兴趣。运用这种做法可以创造一种令人激动的氛围，在这种氛围中可以发布观测远征的结果。"两位天才走上拳击台，其中一位将败北离开"，想必没有比这更能吸引科学世界关注的标题了。

在为观测远征做准备的过程中，戴森向将要与爱丁顿一起前往非洲的制表工匠科廷汉姆解释了可能出现的结果。科廷汉姆是一位靠手艺吃饭的工匠，对相对论的数学没什么兴趣，他只需要知道爱丁顿和戴森想要测量出怎样的参数。根据爱丁顿的描述，在经过了戴森的一番授课后，科廷汉姆"领会到了的核心思想是观测结果的数值越大，这个结果就越令人感到兴奋"。科廷汉姆提出了一个问题："如果我们得到的结果是两倍偏移（也就是3.5，是爱因斯坦预言值的两倍），那会怎么样呢？""如果是这样，"戴森说，"那爱丁顿会发疯，你就只能独自回家了。"[19]

不过，即使观测结果的数据与那些预言不相符，爱丁顿也仍然可以期待这次远征为国际科学社区带来巨大价值。为了实现这一点，他们需要《自然》等科学期刊之外的媒体宣传。1919 年 1 月 13 日，《泰晤士报》刊登了第一篇关于这次即将展开的观测远征的报道，至少从此时起，爱丁顿和戴森就一直与《泰晤士报》的记者保持联系了。在那个年代，媒体发表报道之前，就重要的新闻直接联系记者或编辑是很普遍的做法。根据历史学家阿利斯泰尔·庞塞尔的记录，爱丁顿和戴森在还没有取得任何成果之前就已经做了大量工作来保证观测远征有持续稳定的媒体报道。每隔几个月就会出现一些关于此次远征的媒体文章。这些文章通常都没有署名，不过我们知道有些文章出自戴森之手，有些则由戴森的助手撰写。对《泰晤士报》的"忠实读者"来说，在1919年，他们已经非常熟悉观测远征、爱因斯坦和相对论了。到了1919年夏天，他们会变得像爱丁顿一样非常期待观测远征的结果。[20]

爱因斯坦没有订《泰晤士报》。不过，停战协议签署后，德国以外的科学出版物开始逐渐进入德国。爱因斯坦的朋友、同为自由主义者的阿诺德·柏林纳是德国《自然科学》杂志的主编，他搞到了一本《自然》，其中有对日食观测远征的一篇介绍。柏林纳激动地写信给爱因斯坦，告诉他英国人正在为验证相对论而努力。如果爱因斯坦感兴趣，他将很高兴把整篇文章翻译成德文给爱因斯坦看。无论如何，柏林纳都将在下一期《自然科学》中完整刊登这篇文章。在当时的德国，有一群以物理学家菲利普·莱纳德和约翰尼斯·斯塔克为代表的科学家，一直在疯狂地试图把英语科学赶出德国，因此这篇文章打动柏林纳之处不仅在于它的科学价值，还在于它创造了一个扭转这种疯狂趋势的机会。

不过，柏林纳也承认自己拿到外国期刊时，体会到了一种"复杂的满足感"。[21]一方面，他了解到像日食观测远征这样令人兴奋的消息，另一方面，他在《科学》杂志中看到了一则广告，发布广告的公司宣称："我们的产品不包含任何德国制造的部件。"这一点被追捧成为一个"让你的实验室彻底摆脱德国产品"的机会。[22]即将进行的观测远征在协约国的科学世界中仍然是个异类。

261

了解到英国人为支持自己朋友的理论所付出的努力，普朗克毫无疑问感到非常高兴。他本人一直致力于让德国科学在这样"艰难的时局"中也保持活跃。他并不特别在意德国到底会不会变成一个共和国。不过，到了1919 年，普朗克已经几乎无力关注政治了。他在战争中家破人亡，生活在无尽的痛苦中。他的两个女儿因难产而死，儿子卡尔在凡尔登战役中丧生，另一个儿子埃尔温在战争中被俘（多年后因为参与谋害希特勒而被纳粹杀害）。[23] 发生在普朗克身上的悲剧在那个战争年代并不少见，但并没有几个人能像普朗克这样坚强地承受这一切。

有些科学家担心这是否意味着普朗克会经受不住诱惑而离开德国前往其他国家，比如瑞士。爱因斯坦消除了一切这样的顾虑。他说要普朗克离开德国，那是"完全无法想象的"。"他身上的每一根纤维都植根于祖国的土地，就这一点而言，无人能及。"[24] 爱因斯坦虽然在这一点上肯定比不过普朗克，但也没有要离开这个国家的意思。这个国家持续不断的政治动荡让爱因斯坦越来越反感，他认为："这个国家就像是一个肠胃不舒服的人，吐了，但还没吐干净。"[25] 尽管如此，爱因斯坦也并没有采取行动准备离开。

在另一边，爱丁顿却是真真切切地想要尽快离开英国。观测远征的一切准备都是在最后关头才完成的，因为远征队必须等到各种战时限制放开才能行动起来，但是日食并不等人。1919 年 3 月初的一天，爱丁顿急匆匆地走出了天文台大门，把行李扔到了等在门外的出租车上。接下来，远征队乘火车前往利物浦。在火车上，他们因为携带了精密仪器而被收取了额外的行李处置费。1919 年 3 月 8 日，远征队登上了"安瑟伦号"皇家邮轮——这是一艘停用了的运兵船，由布斯航运公司运营。布斯公司一共拥有 30 艘船，其中 11 艘船在战争中被征用，这其中又有 9 艘船被潜艇击

262

沉。[26]1919 年的这次航行算是停战协议签署后最早的商业航行之一，因此还有很多战争的痕迹，比如由于政府限制，在整个航行过程中，乘客都无法得知船的实时位置。[27]

"安瑟伦号"有很多房间，观测远征队都住在头等舱中。在这艘船上，既有科学家，也旅行者。船上的食物不受配额供给限制，爱丁顿觉得这景象十分陌生："这里的糖不限量，肉是大片大片的，布丁里有质量堪比战前水平的葡萄干、黑加仑干，还有新鲜的小面包，等等。"[28] 不过，克罗姆林和科廷汉姆却没办法享受这一切，他们大部分时间都在经受晕船的困扰。

船在里斯本停靠时，当地天文学家弗雷德里克·托马斯·乌姆博士开着小汽车带他们在当地游览了一番。[29] 乌姆博士此前一直与英国日食联合常设委员会保持联系，帮助他们安排在葡萄牙殖民地普林西比岛的观测事务。当时葡萄牙政局动荡，乌姆对远征队来说非常有帮助。[30] 葡萄牙在1910 年才建立共和国，1919 年，在爱丁顿一行来到这里之前几个月，葡萄牙王室短暂复辟。这场政治动乱让所有前往里斯本的航行一度中断，爱丁顿的观测远征也受到了威胁。

在葡萄牙短暂停留后，远征队于 1919 年 3 月 15 日来到了位于非洲西海岸外的马德拉岛。坐船来到这里会勾起人们不那么愉悦的战争记忆："战争期间，有三艘船在马德拉港遭到潜艇的鱼雷攻击而沉没，现在水面上还能看到其中两艘船的桅杆。马德拉城也在战争中遭到了轰炸，现在还能看到一些当时的印迹。"到达马德拉岛后，戴维森和克罗姆林又登上了一艘汽轮，继续前往巴西。爱丁顿和科廷汉姆则要在岛上等待前往普林西比岛的船。出发前，远征队根据船期安排制订了旅行计划，然而事实上船期安排完全靠不住。

不过，在马德拉岛待上几星期其实也不算是坏事。爱丁顿发现岛上山

地众多，是徒步登山的好地方。他在寄给家人的书信中还描述了这里的美
景。科廷汉姆尝试跟爱丁顿一起去登山，但总是会掉队。岛上陡峭的山坡
是个巨大的挑战，爱丁顿买了一根拐棍才爬上去。爬上山后，爱丁顿会再
用一块平底雪橇板滑行四英里下山。不过，让爱丁顿失望的是这里不能游
泳，因为有太多鲨鱼出没。岛上的食物在战争期间紧缺，但当地出产的糖
和水果却很充足。终于摆脱了配给限制的爱丁顿每天都吃十几根香蕉。[31]
他们住的酒店里有一条名叫"尼普"的狗，它常常跟着爱丁顿一起去探
险。爱丁顿在旅行期间通常都很乐于跟当地的狗交朋友，但这次却并不喜
欢尼普跟着他，因为"它既不好看，身上又有跳蚤"。[32]

　　岛上的主要景点之一是一家赌场。爱丁顿在给态度保守的母亲写信时
向她解释自己去赌场是因为只有在那里才能喝到有品质的茶。[33]不过，在
给姐姐的一封信中，爱丁顿承认："我觉得母亲会把我的信拿给亲戚们看，
所以我没有告诉她玩轮盘赌的事，当然我只是随便玩玩，不过已经足够体
会轮盘赌是什么，也体验了突然很富有、突然又变穷光蛋的感觉。"[34]

　　到了1919年4月第二周，爱丁顿和科廷汉姆登上了"葡萄牙号"前
往普林西比岛。船上的其他乘客大多是葡萄牙人，所以爱丁顿与他们的交
流非常有限（他一直在读葡萄牙语版的《威克菲尔德牧师传》，学了一点
葡萄牙语）。[35]不过，语言的障碍不影响他们在耶稣受难日玩抢椅子游戏和
举行汤匙盛蛋赛跑。爱丁顿很享受尝试异国美食，不过由于船上牛奶品质
不佳，他只能喝不加奶的红茶了。

　　1919年4月26日，爱丁顿在经过了将近5 000英里的旅行后终于到
达了非洲海岸。普林西比岛大约4英里宽、10英里长，与距离它最近的圣
多美岛相比，其面积只是后者的1/7。普林西比岛上林木茂盛，岛中央的
一座山几乎占据了整个小岛。爱丁顿选择将这里作为一个关键点，来重建
国际科学社区，展现面临战争之时和平所蕴含的力量。然而，当岛上的原

263

住民面对贵格会教徒时，他们想到的大概不会是和平主义，而是一段段悲剧的历史。

普林西比岛上布满了可可种植园，著名的贵格会宗族吉百利家族正是利用出产于这些种植园的原材料积累了财富。贵格会参与巧克力工业的历史悠久（这被认为这是酒类的一种健康替代品）。很多贵格会教徒的公司，尤其是吉百利公司，都以支持工人权利和改善工人生活环境而闻名。[36] 因此，1901 年，威廉·吉百利发现可可种植园里的工人其实都是奴隶，他们被人从安哥拉掳来，关进种植园，不得离开，还会跟牲口和机器设备一起被贩卖，感到非常震惊。于是，吉百利发起了一项公开调查，结果挑起了英葡两个帝国之间的紧张局势，但贵格会从中收获了商业利益。普林西比当局在压力之下采取激进措施改善了工人的条件，到了 1916 年，英国外交部发布报告指出普林西比的情况有了显著好转。[37] 工人们都可以拿到不错的薪水，也可以根据个人意愿自由回家。不过这些男人（爱丁顿表示这个岛上实际就没有女人）当然还会记得自己过去遭受的非人待遇。至于他们是否认为贵格会是自己悲惨遭遇的罪魁祸首，我们就不得而知了。

吉百利的调查报告由年轻而极具天赋的作家约瑟夫·伯特执笔撰写。伯特描述了第一次来到普林西比时看到的景色，直到 1919 年，这些景色都依然是他笔下的样子：

> 日光越来越强烈，远处礁石周围的海面变成了宝蓝色，近处浅滩的海水则呈现出青绿色；海边陡峭的灰色崖壁下，是一摊摊深邃的水洼，呈现出半透明的绿色，闪耀着刺眼的光芒，让人无法直视。在崖壁外侧，白得像丝绸一般的碎浪拍打着海岸边黄色的沙滩，沙滩上有几棵无人照料的可可棕榈，它们的树干歪斜却高耸，状如羽毛的叶子在早晨清新的空气中摇曳……在更高更远的地方，巨大的帕帕加奥圆

丘矗立在浅蓝色天空下，圆丘的一面是紫色的，笼罩在若有似无的云中，云雾流转升腾，就像是在为祭奠山神而焚香。[38]

爱丁顿和伯特刚踏上这片土地之时都满怀希望。前者希望修复战争四年造成的伤害，后者寻求改善帝国的贪婪造成的痛苦。两人都把普林西比当作一个支点，认为在这里可以靠一个人的力量撬动整个世界。伯特已经成功了，但爱丁顿的试炼还没开始。

265

戴维森和克罗姆林顺利到达了巴西。在英国领事馆的帮助下，他们迅速完成了精密仪器的海关手续（在利益一致时，英葡两个帝国也可以合作）。天文学家们先乘船沿着亚马孙河从容地逆流而上，接下来先后换乘火车和巴西当地的蒸汽船，最终于 1919 年 4 月 30 日到达了索布拉尔。他们在抵达后受到了热烈欢迎，当地世俗和宗教领袖都分别接见了他们，这无疑是科蒂神父动用了各种教会关系的结果。[39]

索布拉尔议员文森特·萨博亚上校让远征队住进了自己的一栋别墅里。除了舒适的住宿条件，别墅还可以提供冲洗照片必需的冷水。远征队把两套望远镜和定天镜都架在了附近的一座赛马场里。赛马场是观测日食的绝佳地点，因为这里不仅有一大片空旷区域，而且在不远处还有一个带顶棚的看台。赛马场外有警察巡逻，可以确保凑热闹的当地人无法进入。[40]这样一来，整个赛马场就更像是一个条件严格受控的实验室，而不是体育赛场了。

爱丁顿和科廷汉姆也受到了当地掌权者的热烈欢迎。想象一下，在遥远的殖民地，本地显贵都在花大力气复制欧洲文明的虚饰，这正是爱丁顿在普林西比见到的情形。爱丁顿手握一封马德拉群岛殖民官员签署的介绍信，因而得以在普林西比顺利地安顿下来。用爱丁顿的话说，他们在这里"养尊处优"。对远征队来说，来自塞拉利昂的怀特先生和刘易斯先生至关重要，因为他们负责当地电报站的运营。他们可以讲一口流利的英语，经常为远征队当翻译。在大多数夜晚，这一群人会坐在当地大法官家中俯瞰大海的阳台上，欣赏当地总督的音乐唱片（主要是没有念白的大歌剧）。[41]

爱丁顿和科廷汉姆在圣安东尼奥港停留了大约一周，在此期间，他们一直在岛上寻找最佳观测地点。[42]岛上丛林覆盖又多山地，熟悉地形的当地人发挥了关键作用。最终，爱丁顿和科廷汉姆选定了位于普林西比岛西北角的洛卡桑迪种植园，这个种植园远离云层聚集的高山，位于一片高原之上，俯瞰 500 英尺之下的一片海湾。这样的地理位置可以让爱丁顿一行既免受大风困扰，又能确保绝佳视野。不远处还有一栋奢华的种植园别墅，十分便利。种植园主老卡内罗把种植园的工人都交给了爱丁顿一行来调遣。[43]于是，在天文学家们的指挥下，他们建起了可以支撑观测设备的地台和起保护作用的小屋，还在密林中徒手将所有设备搬运了将近一公里。我们无从知晓这些工人的姓名；他们只是众多让科学变为可能的无名劳工中的一员。

天文学家们通常在周日都有机会放松一下，可以去野外抓猴子（但他们一只都没抓到）或游泳（种植园的一名工人陪爱丁顿一起游泳，为了确保爱丁顿不会游到有鲨鱼的地方）。他们还去参观了一座长势喜人的可可种植园，里面的可可树都被沉甸甸的果实压弯了腰。爱丁顿在给母亲的家书中描述道："这么多巨大的金色豆荚真是一道美丽的风景，就像是森林里挂满了中式大灯笼。"[44]

1919 年 5 月 5 日，爱丁顿开始提笔给姐姐写信。他说刚刚收到母亲 3 月 14 日的来信，完全不知道家里现在情况如何："事实上，我对这个世界的现状一无所知，不知道和平条约是不是已经签署，也不知道有没有发生其他重要的事件。"爱丁顿已经被彻底孤立了，失去了与外界的一切联系。他不知道科学或政治领域当前的形势，只能按照计划继续完成观测远征。这个热带小岛物资充足，于是爱丁顿忍不住跟战时的英国对比起来：

> 不知道你们那是不是还在实行定量配给。出发时，在船上看到满满的糖罐、不限量的黄油，一天吃掉的肉大约相当于战时一周的配给，我还很不适应。事实上，我们从出发开始就再也没有任何物资短缺的困扰了。

爱丁顿还问候他们的宠物狗庞奇，祝这只小狗生日快乐。[45]

到了 1919 年 5 月 16 日，在由种植园工人搭建的一间屋顶防水的小屋里，远征队架起了望远镜。爱丁顿和科廷汉姆开始拍摄对照组照片，以作为后面测量爱因斯坦偏折的参考。通过这些对照组照片，爱丁顿一行也积累了在热带条件下冲洗照片的宝贵经验，毕竟柯达公司也从没想过自己的产品会用在丛林中。

在 5 月 29 日日食到来之前的最后一段日子里，爱丁顿一行常常会为演练日食观测而徒步远足，因此大家始终精神紧绷。进行一次日食观测，往往需要精心计划多年，长途旅行数月，最后还要用几个星期从身体上和精神上做好准备，这些准备工作又经常让人筋疲力尽。然而，尽管如此，也并没有人知道在那个关键时刻等待他们的到底会不会是一片毫无遮挡的天空。有一回，在一次日食前一天，爱丁顿读大学时的一位教授河图尔·舒斯特甚至失控痛哭了起来。[46]

爱丁顿运用自己极高的文学天赋指出，在整个准备过程中，由于一切都有条不紊地铺开，这让日食观测多少有了些仪式感。他认为这次日食发生的条件极为有利，因此多少有些占卜未来的意味。多年后，爱丁顿曾写道：

267

在迷信的岁月里，自然哲学家在进行重要实验前，都会找占星师算一算，确定一个做实验的吉日吉时。现在，跟占星师相比，负责观测星星的天文学家已经有了更科学的理由，他们会宣布测量光线的吉日是 5 月 29 日。[47]

这是因为，在这一天，日食刚好发生在毕星团的正前方。这个星团中有几颗明亮的恒星，特别适合用来测量爱因斯坦偏折。爱丁顿希望有明亮的恒星，因为它们在照片中会很明显。他还希望有不止一颗这样恒星，因为这样就能看到当恒星距离太阳越来越远时，它们的光线偏折会发生怎样的变化。根据广义相对论，如果恒星就在太阳边缘旁边，那么其光线应该偏折 1.75 角秒；如果恒星距离太阳边缘稍远一些，那么光线偏折的角度应该稍微变小一些；如果恒星距离太阳边缘很远，那么应该几乎不会出现光线偏折。爱因斯坦不仅预言了一个偏折量，还预言了这个偏折量会如何随着恒星与太阳边缘之间的距离变化而变化。如果可以观测到多颗恒星，那么就意味着爱因斯坦预言的后半部分也可以得到验证。不管是在过去，还是在未来，天文学家要想拥有另一次拥有毕星团这样绝佳背景的日食，可能都需要等待数百年甚至一千年。

268　　毕星团位于金牛座中。它是牛头的一部分，位于火红的恒星毕宿五旁边，以希腊神话中泰坦擎天神阿特拉斯的五个女儿的名字来命名。在希腊神话中，这五姐妹在兄弟过世后悲恸大哭，感动了天神，便被安置在天上，也因此摆脱了俄里翁贪婪欲望的威胁。由于五姐妹在神话故事中痛哭流泪，人们通常会把毕星团与雨季的到来联系在一起。也许爱丁顿从小到大一直管这些恒星叫"四月雨者"（也许，对观测日食的人来说，它们的出现并不是什么好兆头）。

毕星团作为天空中最亮的星团之一，裸眼便可观测得到，因此自古就一直是人们观测的对象。在荷马史诗《伊利亚特》中，毕星团出现在了工匠始祖赫菲斯托斯为英雄阿喀琉斯制作的盾牌上。盾牌上描绘了整个宇宙，从牧羊人到战争，再到永不消失的恒星。除了毕星团，盾牌上还有猎户座和大熊星座。在古代，这些星座就是天上世界与人世间的一种连接，把天界的种种意义带到了人世间。爱丁顿手里没有描绘这些恒星的盾牌，只有一架能用来寻找这些恒星所蕴含意义的望远镜。

要考察这些恒星发出的光线是否会弯曲，爱丁顿必须让望远镜指向日全食最黑暗的部分。日全食带来的体验与其他一切日食现象都不同。99%的日食会让人觉得好像在经历一个阴沉的下午，但100%的日食，也就是日全食，会突然把你推入一种可怕的黑暗之中。温度下降，鸟儿不再歌唱，天空中的星星变得清晰可见（这对爱因斯坦尤为关键）。如果没有做好准备，这种体验会让人感到迷惑不安。19世纪的一位皇家天文学家乔治·艾里曾提醒人们，在日全食期间，"最严格的纪律约束都会完全失效"。[48]自那时起，天文学家们就建立起了一系列常规操作与仪式，来让自己在整个世界似乎都已经终结时仍然全神贯注于观测与科学研究上。

在索布拉尔，5月29日的天气是多云。5月29日前几天，雨一直下得特别大，大家的情绪也跟着阴沉下来。当地人一直准备把这次日食搞成一个公共事件，有关庆祝活动也都蓄势待发。一座靠近日食带边缘的小天文台甚至对外售票，买票的人可以走进天文台透过望远镜来观测日食。[49]

在日食开始的时候，云层仍然很厚。当月球边缘刚接触到日面时（也就是被称为初亏的时刻），克罗姆林评估认为90%的天空都被云层覆盖。不过，这些云很快就消失了，日全食开始的时候，太阳周围的大片天空中就已经没有一丝云彩了。[50]地面上，一切突然陷入了离奇的黑暗中，天文学家们也开始忙碌起来。他们最关注的还是仪器设备。一个巴西人负责看

269

表，并大声读秒以保证照片的曝光时间。最终，天体照相望远镜拍摄了十九张照片，另一台四英寸小号望远镜拍摄了八张照片。在后来整个日食过程中，天空都一直没有一丝云彩；一切都进展顺利。他们马上向英国国内拍了电报："日食棒极了。"[51]

在大西洋对岸，在日食这天，普林西比小分队一早就来到了洛卡桑迪种植园。迎接他们的是一场暴风雨，雨势很大，这群英国来客从没见过这么大的雨，而且在当地，在这个季节下这样的大雨也非常少见。大约到了中午，雨停了，距离日食还有几个小时。爱丁顿一直观察着天气，先是"在雨后出现了几缕阳光，但很快天空中又布满了云层"。[52] 他说："这些云层几乎带走了所有希望。"[53]

初亏时，太阳被云层遮住，完全看不到。直到下午一时五十五分，天文学家们才开始能够看到太阳，其形状因月球不可阻挡地进犯而变成了一弯月牙。接下来太阳仍然在云层中时隐时现。到了全食开始前几秒钟，即使情况已经好转了，但在天文学家们看来仍然是"几乎令人绝望"。[54] 我们只能通过想象来体会这种仿佛站在刀刃上的等待有多么煎熬。根据计算，全食将在当天下午二时十三分五秒开始。从这一刻开始，天文学家们就变成了机器，不管裸眼能看到什么，他们只管按照计划好的程序进行操作。[55] 不过，即使是变成了机器，他们也是深受希望和期待左右的机器。爱丁顿是这样描述的："我们必须依靠信念来完成拍照程序。"[56]

望远镜占据了他们的全部注意力。科廷汉姆负责确保定天镜系统正常工作，并把拍摄好的底片第一时间交给爱丁顿。爱丁顿负责取下已经曝光的底片，换上新底片。每次更换底片时，他都要特意停顿一秒钟，以免更换底片的动作造成某些微小震动，进而毁掉底片上的图像。[57]

虽然这是爱丁顿押上了巨大赌注的一次日食，但他也只是在最初时刻匆忙确认了一下日食开始了，接下来就再也没能享受这次天文盛事了，因为他没有时间观看这出令人赞叹的剧目缓缓铺开：

> 在我们头顶，一个了不起的奇观正在上演。根据后来照片所展示的，太阳表面数十万英里的上空一直笼罩着一层奇妙的日珥火焰。我们只注意到周围的景色都沉浸在奇怪的昏暗光线中，大自然寂静无声，只是偶尔传来日食观测者们的呼喊，还有节拍器嘀嗒嘀嗒打着拍子，在整个日全食 302 秒的过程中，一刻不停。[58]

日全食结束后，整个世界恢复正常，没有任何痕迹表明刚刚发生过让大自然秩序大乱的现象。过了几分钟，天空变得格外清澈，也许这是因为日食本身引起了温度变化。

在洛卡桑迪种植园，16 张记录了恒星奥秘的玻璃底板被遮挡着放在一边，只有到了适当环境中，才能打开遮挡把它们拿出来。在那之前，爱丁顿一行还需要付出巨大努力来妥善保管这些玻璃底板。不过，无论如何，日食已经结束了，爱丁顿终于可以喘口气了。他给戴森拍了一份电报，内容非常简洁："透过了云层。有希望。"[59]

在日食之前，远征队就已经决定分别在巴西和普林西比当地冲洗照片，原因并不全是"没有耐心等到返回英国"。[60] 玻璃底板非常脆弱，在返回英国的长途旅行中很容易损坏。在当地把它们冲洗出来并进行初步测量至少可以保证得到某些结果，哪怕这些结果是在不那么完美的环境中收集而来的。

第二天晚上，戴维森和克罗姆林冲洗了四张天体照相望远镜拍摄的照片。他们震惊地看到恒星的图像出现了严重的扭曲变形，仿佛望远镜的对焦在拍摄过程中发生了变化。

271

5 月 30 日，凌晨三点……我们发现镜头对焦发生了巨大变化，因此，尽管恒星出现在了照片上，但清晰度非常糟糕。引起对焦变化只可能是定天镜上的镜子在太阳热量的影响下发生了不均衡的膨胀。第二天我们检查了调焦标尺的读数，结果发现并没有变化，仍然是 11.0 毫米。从这些底片中到底能得到多少有用的信息，似乎还很令人怀疑。[61]

定天镜的镜子是一块很薄的金属板，负责把太阳的图像反射到天体照相望远镜上。镜子中受到阳光照射最强烈的部分会出现受热情况，金属会在受热时膨胀。镜子中其他未受热的部分会出现不同程度的膨胀，因此，镜子表面会出现弯曲变形。对正常日食观测来说，这种弯曲变形可忽略不计。但是，爱因斯坦偏折是一种非常微小的效果，因此很容易因为镜子的变形而被淹没。

后来，戴维森和克罗姆林才想起四英寸望远镜也拍了照片，冲洗出来后，发现这些照片看起来会好一些。因此，他们还有一线希望。无论如何，这两位天文学家还要经历漫长的等待。他们要在太阳离开日食带后给毕星团拍摄对照组照片，所以必须在巴西一直待到 1919 年 7 月。

爱丁顿可没心情等待。他之所以决定立刻冲洗照片，除了因为技术条件允许，似乎更多的是出于他的个人意愿。在日食结束以后，爱丁顿和科廷汉姆花了连续六个晚上来冲洗照片，每天冲洗两张。不过，这些照片并不是爱丁顿想要的样子：

我们拍了十六张照片（其中有四张还没有冲洗出来）。从太阳照片的角度来说，它们都很棒，都拍到了不同寻常的日珥，但是恒星的图像却严重受到云层干扰。实际上前十张照片里都没有出现恒星，最后六张中出现了几颗恒星，我原本希望这些照片能让我们得到想要的画面，但是结果令人非常沮丧。一切都表明我们的计划安排相当令人满意，如果当时天气稍微晴朗一点，我们应该就能收获美妙的结果了。[62]

接下来，爱丁顿每天都趴在这些照片上拿着千分尺进行各种精确测量。他要寻找的效果"按照天文学测量标准来说已经算是明显了"，但如果按照正常测量标准，则仍然非常微小。[63]

即使有了测量结果也不足以判断这次对爱因斯坦理论的验证是否成功。测量所得数字还要经过一系列"减法"，包括解释干扰因素、排除光

爱丁顿在普林西比拍摄的日食照片
皇家天文学会

273  学效果等等，才能成为真正的数据。尽管爱丁顿拥有传奇般的数学计算分析速度，但仍然经历了整整三天的紧张忙碌才完成这些工作。整个情况比他预计的要复杂，因为照片里有云层，他不得不使用多种与原计划不同的方法。他在给母亲的信中解释了这个情况：

> ……因此，我到现在都没能发布任何有关结果的初步声明。不过，在我测量的底片中，效果较好的那块所显示出的结果与爱因斯坦的预言一致，所以我想我是从次等底片中得到了一点点证实。[64]

于是，在 1919 年 6 月第一周的某一刻，爱丁顿放下了手中一直在写写算算的笔。也许在那一刻他用双手托着头休息了一下。三年前，爱丁顿收到了德西特的第一封来信；一年前，他一身轻松地走出了剑桥特别法庭；现在，他终于得到了答案："我知道爱因斯坦的理论经受住了验证，这种科学领域的新思想必定成功。"[65] 爱丁顿把这称为自己人生中最伟大的一刻。[66]

尽管气氛严肃，爱丁顿也绝不放过开玩笑的机会，他想起出发前戴森说的话，便对科廷汉姆打趣道："科廷汉姆，你不需要一个人回家了。"[67] 不过，这其实是爱丁顿在努力说服自己，让自己坚定信念。他的初步计算结果并不足以让他说服远在英国的人们。要说服他们，还需要数月的测量和计算（爱丁顿甚至不知道在巴西拍摄的底片会是什么样子）。更别提要让这些结果发挥出爱丁顿设想的政治与社会影响了。接下来还有大量工作等待着他。

爱丁顿原本希望继续留在普林西比来完成这些工作，不过这一计划却被当地船运公司的劳工问题打乱了。如果爱丁顿不马上离开，那么他将不知道要在这里滞留多久。当地政府为爱丁顿和科廷汉姆在那年夏天最后一艘离开普林西比的船上强行安排了位子。船上格外拥挤，更糟糕的是，爱丁顿一直在发烧。他的情况非常危急，一度昏了过去，还好船上有海上的新鲜空气，救了他一命。1919 年 6 月 21 日，爱丁顿在船上给母亲写了最后一封信。他很有可能会比这封信先到家，希望正好可以吃到新鲜的英国草莓，他说英国草莓比任何热带食物都要美味。[68]

274

同样在那年 6 月，爱因斯坦可能连一颗草莓都没吃到，尽管他们本应好好庆祝一番，因为他跟爱尔莎结婚了。1919 年 6 月 2 日，爱因斯坦和爱尔莎来到了柏林婚姻登记办公室，在法律上结为夫妻（尽管瑞士法庭要求爱因斯坦在离婚两年内不得再婚）。爱尔莎终于成功让爱因斯坦过上了体面的中产生活，爱因斯坦的大多数朋友都对此感到非常吃惊。[69]

两人的生活并没有太多变化，毕竟爱因斯坦早就已经住进了爱尔莎的公寓。他们把爱尔莎公寓上面的两间阁楼利用了起来，整修一新，变成了爱因斯坦的书房。这间常被称为"角楼"的书房里摆放着一排排书架，里面摆满了书，墙上还挂着牛顿和法拉第的画像。除了简单的除尘，任何人都不得打扫这间书房。[70] 爱因斯坦有时也会在这里会客，不过总的来说，这里还是爱因斯坦独自工作的地方。他常常会在这里一连工作几小时，然后走下楼去，坐下来弹弹钢琴，再回到这里继续工作。[71] 在婚后的几个星期里，爱因斯坦并没有做出多少原创性工作（他的病情一直反反复复），不过他一直在焦急地等待着日食的消息。他先前从德西特那听说爱丁顿已经回到英国，并希望在大约六周内能了解到结论。[72]

事实上，在柏林，除了爱因斯坦，没有第二个人期待日食观测的结论，这主要是因为整个德国都被近期有关和平谈判的新闻激怒了。德国人一直希望最终的条约充分体现美国总统威尔逊提出的十四点和平原则。然而，事实并非如此。根据条约，德国将失去 13% 的领土、10% 的人口、全部海外殖民地以及阿尔萨斯-洛林地区。莱茵兰地区也将被占领。德国军队规模将大幅缩减，未来这支军队是否还有能力维持德国国内秩序都有待商榷了。[73]

275 　　最让德国人感到屈辱的是和平条约将德国判定为唯一一个承担战争罪的国家。这为一切野蛮的货币赔偿要求提供了正当理由。英国首相劳合·乔治正是因为承诺会榨干德国人而赢得了选举，他曾表示："我们会掏空德国人的口袋。"[74] 和平条约的条款由一支外交团队编撰而成，英国经济学家约翰·梅纳德·凯恩斯原本是这个团队中的一员，但条约空虚徒劳的条款和背后丑陋的阴谋让他感到非常沮丧和厌恶。因此，他辞去了和谈代表职务，回家专心撰写其极富预见性的著作《和平的经济后果》。[75] 在这部著作中，他提醒人们这样一个以复仇为目的的条约会带来长期的伤害。最终，和平条约中的货币赔偿金额被定为 1 320 亿德国马克（约合今天的3 300 亿美元）。

　　在爱因斯坦婚礼两周后，德国被告知他们只有三天时间来批准和平条约（三天后他们又获得了一周时间）。根基尚不稳固的德国联合政府内部因是否签署和平条约产生了巨大裂痕，而在德国民众中，也有强烈的反对声音。作为对和平条约条款的回应，柏林设立了为期一周的哀悼期。然而，德国人最终别无选择，于 1919 年 6 月 28 日在凡尔赛签署了和平条约。直到此时，当实际交战已经结束半年多后，英国才终于解除了对德国的封锁。

　　协约国的贪婪让爱因斯坦感到非常愤怒。"还好我们不需要出卖自己的大脑，不然就要把它们紧急祭献给国家了。"[76] 不过，他认为并不是所有条款都会得到执行。他更担心的是如此残酷的条款已经让柏林的政治风向急剧右转。革命的初衷本是建立兼容并包的社会主义民主制，但这看起来越来越虚无缥缈。"这里的政治运动浪潮已经平息，已经无力翻起新的风浪。事实上，即使有风浪，多少也都是被动出现的。在大众认知中，战争的结束就是一种解放，蔬菜重新出现在货架上就让人感到安心。"[77] 爱因斯坦继续尝试组织一个委员会来调查战争暴行，不过并没有得到多少支持。[78] 他曾希望战争失利会让德国人远离军国主义。然而现在，他担心结果会恰恰相反。

不过，战争的胜利者对形势的发展都基本满意。随着和平条约的签署和国际联盟的建立，各国开始着力建立一种新的国际秩序，包括经济秩序、军事秩序，以及科学秩序。作为建立科学秩序的一个步骤，一个美国天文学家小组来到了布鲁塞尔，帮助建立国际研究理事会。由来自利克天文台的威廉·华莱士·坎贝尔率领的这支小组在伦敦进行了短暂停留，拜访了英国皇家天文学会。皇家天文学会对美国小组的来访表示欢迎，并组织了 60 年来的第一次七月会议。主持会议的赫伯特·霍尔·特纳在欢迎词中明确将美国天文学家们称为战时盟友："美国朋友帮助我们成功地结束了战争，我们不会忘记这份情谊。"[79] 他表示自己与多位与会天文学家也已多年未见，上一次见面是在战争爆发前夕于德国召开的一次会议。"当我们回首那次会议时，感受多少都会有些复杂。"[80]

坎贝尔发表了演讲，话题很有趣，有关利克天文台在 1918 年 6 月 8 日日食期间为测量光线的引力偏折所做的努力。当时，爱丁顿还在从普林西比返回英国的途中，因此英国人都热切盼望了解其他有关爱因斯坦问题的信息。利克天文台的观测远征由坎贝尔的副手希伯·柯蒂斯担任负责人。天文台的专用望远镜当时其实还留在俄国，因为他们曾希望在俄国观测 1914 年日食，结果因为战争爆发而被赶了出来。没有设备，远征队只好去借望远镜，接下来，柯蒂斯又被调去做支援战争的工作。不过，这支远征队最终还是成功观测了 1918 年日食，柯蒂斯测量了底片，但没有发

276

现光线偏折。[81]

坎贝尔对此感到很遗憾。他承认测量所用的望远镜并不适合完成这样的工作，观测拍摄的恒星照片非常模糊，因此他们对柯蒂斯的测量结果也并没有太多信心。尽管如此，坎贝尔认为底片上的图像不会与爱因斯坦的预言相吻合；也许只会出现半偏折。

由于相对论的首要拥护者爱丁顿没有出席这次会议，戴森便被点名来介绍英国的这次日食观测远征。他表示不管是巴西还是非洲，几乎都还没有任何消息传回来。在没有确切结果的情况下，戴森只能措辞温和地表示相对论是"一个非常难以解决的问题"，除此之外便无话可说。两天前，戴森收到了爱丁顿的来信。在信中，爱丁顿表示有了"一些证据"证明有偏折，但还没有任何完整结论。[82]

在为这次会议发表的闭幕词中，坎贝尔描绘了美国眼中国际研究理事会代表的国际科学新社区应该是什么样子。他表示将德国人和奥地利人排除在外是对"军国主义过度发展"的一种抗议。如果这意味着切断了某些科学纽带，那就任它断了吧。"很有可能某些天文学家会遭到指责，并或多或少遭到孤立。然而，我们认为，我们显然有责任首先做人，然后才谈得上做天文学家。"[83]

这个美国天文学家小组直接从伦敦来到了布鲁塞尔，参加新的国际研究理事会及其下属的国际天文学联合会等分支机构的成立仪式。国际联盟的缔造者们认为自己在政治领域开创了新纪元，同样地，这群美国天文学家认为自己开启了科学领域的新纪元，一个胸怀道德和责任感来做科学研究的新纪元。[84] 当然，新近的敌对国家绝对没有机会进入这些新的国际科学组织。至于中立国能否加入，则仍然是个问题。加入组织的门槛是什么？活跃于抗击敌人的战线上才可以加入？还是只要没有站在敌对的一边就可以加入了？最终，在战争中保持中立的 13 个国家得到了加入这些组织的许可。为避免这些中立国依靠数量上的优势投票要求德国加入，这些国际科学组织都设立了特殊规则。在《凡尔赛和约》签署整整一个月后，国际研究理事会章程最终确定，并将保持 12 年不变。许多知名科学家都对于德国被排除在外表示抗议，其中包括爱丁顿的朋友荷兰天文学家雅克布斯·卡普坦。卡普坦发表了一封公开信，提醒国际研究理事会："在人类伟大的导师大自然面前，我们的这些战事都非常渺小，不值一提。"[85]

爱丁顿回到英国后，发现迎接自己的已经是一个全新的科学世界了。所谓"国际"科学此时已正式被定义为"德国人和奥地利人以外的所有人"。然而，爱丁顿那满满一行李箱的照片却都与一个几乎算是来自柏林的理论密切相关，爱丁顿本人也从没想过要搁置手头关于相对论的研究。他的下一步工作是把这些照片都变成细致精准的数据。科学观测结果本身并不能开口说话，因此不会轻易让人们看到它们的奥秘。要让世界都认可爱丁顿的结论，也就是认可爱因斯坦是正确的，还需要几个月的枯燥测量与计算。

278

戴森和爱丁顿显然计划将分别在巴西和普林西比进行的观测独立对待，甚至连数据分析也要分开进行。也许他们认为在不同地方独立得出的测量结果看起来会更为可信。于普林西比拍摄的照片将在剑桥进行分析，索布拉尔的照片则会在格林尼治进行分析。爱丁顿很有可能亲自对普林西比的照片进行测量和计算；戴维森则与皇家天文台的工作人员一起负责巴西的照片。[86]

巴西小队的工作可能稍微轻松一点，因为他们在巴西当地拍摄了对照组照片，可以直接与日食照片进行对比。由于两组照片都是用同一台望远镜在同一地点拍摄的，他们只需要测量当存在太阳引力时，某颗恒星的图像看起来移动了多远的距离。不过，这并不是把尺子往照片上一放、用眼睛观察读数那么简单的事情。他们要测量的数值都非常微小，因此需要用到测量精度远高于手工测量的千分尺。千分尺是一种复杂的测量工具，要用它进行测量，首先要接受培训并进行大量练习。不过，对天文学家来说，千分尺其实是工具箱里的标配。

相比之下，爱丁顿还要多做一个步骤。他在普林西比时没能拍摄对照组照片，所以无法直接进行测量。他必须把日食期间拍摄的毕星团照片与在牛津用相同望远镜拍摄的毕星团照片进行比对。然而，在这种情况下，牛津和普林西比之间的一些微小差异很可能会让毕星团的图像发生变化，爱丁顿必须对此进行解释。为此，他分别在两个地方给另一个星域拍摄了一张照片，通过对比这两张照片，就可以看出两地之间的差异。掌握了这些信息，爱丁顿就可以解释在两地拍摄的毕星团照片之间的不同了。

在普林西比观测期间，爱丁顿一行一共拍摄了十六张照片，然而，由于云层遮挡，只有七张照片里的恒星图像可以用于测量。幸运的是，这七张照片都捕捉到了两颗拥有最大预言偏折值的恒星。不过，如果要得到可靠的测量结果，就必须测量五颗恒星来相互验证，但这些照片中只有两张有五颗恒星。这两张照片所显示的结果至少还是一致的，平均偏折值在1.61角秒，误差为 ±0.30。这个误差并不是特别理想，但也合理。爱因斯坦所预言的偏折是1.75。[87] 就一个完全未知的物理现象而言，第一次测量就得到了这样的结果，爱丁顿认为已经相当好了。

巴西小队的照片可以分为两组，一组由天体照相望远镜拍摄，另一组由四英寸望远镜拍摄。第一组照片的图像看起来并不乐观，观测远征队还在索布拉尔时就已经发现了，这显然是由于定天镜受热导致的。所有人都很清楚这些图像无法提供让人信得过的信息。尽管如此，戴维森和特纳还是对这些图像进行了全面分析，发现它们所显示的偏折为0.93角秒（由于图像质量很差，无法评估误差值是多少）。这个结果更接近牛顿的半偏折，而不是爱因斯坦的偏折值。

戴森不知道该如何处理这种情况。照片中的图像呈现出有规律的扭曲，这意味着其中包含着可以用数学来解释的系统效应。如果在测量时将这种系统效应考虑进来，那么测量结果就变成了 1.52 角秒，更接近于爱因斯坦的预言了。不过，确定这种系统效应非常困难。戴森决定还是保留未做校正的测量值 0.93。

那架到最后一刻才作为备份工具跟随观测远征队出征的四英寸望远镜挽回了局面。这架望远镜拍摄了八张照片，其中七张都捕捉到了七颗恒星，也就是观测远征队希望拍摄到的全部恒星。经测量，这些照片显示的偏折为 1.98 角秒，误差为 ±0.12，这个结果远优于普林西比的结果，不但明显更加精确，而且仍然可以支撑爱因斯坦的预言。[88]

到了 1919 年 10 月，爱丁顿和戴森已经通过书信分享了各自的测量与计算结果。戴森一开始先把天体照相望远镜的结果寄给了爱丁顿，这让爱丁顿非常忧虑，因为这些结果与他自己的结果完全不一致。后来，爱丁顿收到了四英寸望远镜的结果，终于松了一口气。他给戴森回信写道："我很高兴看到四英寸望远镜的观测结果是全偏折，不仅是因为这与相对论的预言吻合，还因为我之前一直担心普林西比的观测结果，认为它们无论如何都不可能与半偏折吻合。"[89] 他同时也很高兴看到四英寸望远镜拍摄的照片中有足够多的恒星，这样就可以勾勒出光线的偏折是如何随恒星与太阳边缘之间距离的变化而变化了（距离越远，偏折越小）。四英寸望远镜提供的数据更为详细，也体现出更为明显的内在一致性，因此更具有说服力："在我看来，这些数据相当有趣，它们触及了不应忽视的一点，而且与在索布拉尔观测单颗恒星所得的数据惊人地吻合。"

280

所以，爱丁顿和戴森最终得到了三个结果：1.61、1.98 和 0.93。接下来的标准操作应该是对三个结果（根据神秘而晦涩的数字加权规则）求平均值，这样就得到了一个中间值 1.64 角秒，可以说是对爱因斯坦的一个有力支撑。不过，爱丁顿在着手撰写报告时又进行了深入思考：

> 我不喜欢把天体照相望远镜的结果与在索布拉尔取得的其他观测结果合并在一起，主要是因为这样所得的中间值就太接近我们想要的预言值了。我认为这个数字无法得到有力支撑。我认为两种观测结果的概率误差都小于 0.1 角秒，因此，它们明显不一致。把一个肯定与预言值不吻合的结果和另一个吻合的结果结合在一起，进而得到一个更吻合的结果，这种做法似乎有点随意。[90]

确实，这种标准的数学算法给出了一个与预言值非常接近的结果。然而，事实上在三个数字中，有两个与预言吻合，另一个不吻合。对它们求平均值就隐藏了这个事实，因此这可能会让人产生质疑，也会让人对结果产生一种不正确的印象。这就好比是在你面前有两块完整的大饼和一块只剩一半的饼。把三块饼平均分成三份，每一份还会有大约 4/5 张饼，这结果也还不错。不过，你可能想知道的是有两块饼还没有人动过，而另一块则已被吃掉了一半。有时，品质跟数量一样重要。爱丁顿和戴森决定分别公布三个结果，让每个结果都独立接受检视。

尽管测量与计算的工作非常紧张忙碌，爱丁顿和戴森仍然挤出了些时间来准备一场正式的结果发布。戴森就测量进展接受了《泰晤士报》一名记者的采访。当被问到观测数据揭示了怎样的信息时，戴森的答复很狡猾。"它们揭示了一些信息，不过究竟是什么，我现在还不准备公布。这是一个很奇特的结果，不过奇特的也不止这一个结果。"[91]

大约在同一时间，爱丁顿来到了伯恩茅斯，参加在这里举行的英国科学促进会年会。这是他自 1919 年 3 月踏上观测远征以来的第一次公开露面，参会人员对他都充满了期待。爱丁顿描述了这次观测的理论背景，以及观测是如何在外场展开的。他拒绝透露任何结果，表示计算还在进行中。奥利弗·洛奇称希望结果可以支持牛顿偏折，其他科学家则对可能出现的偏折提出了其他不同的解释。[92]

1919 年 10 月末，爱丁顿与戴森就结果取得了一致意见。几乎是立马在此之后，爱丁顿就认为该进行一次测试发布了。他把地点选在了剑桥的 $\nabla^2 V$ 俱乐部所在地。这个俱乐部是一个非正式组织，由对物理学和天文学感兴趣的学生和教授组成，爱丁顿的这次测试发布会是这个组织成员三年半以来的第一次集会。俱乐部主席埃比尼泽·坎宁安与爱丁顿同为依从良心拒服兵役者，也是一位相对论爱好者。另外还有 15 人参加了这次集会，其中大多数人都在实验物理学或理论物理学领域拥有精湛技艺。所以，爱丁顿选择的这群观众都完全有资格来评判观测结果，且多少愿意赞同相对论。也许，这次发布的重点在于它是非公开的，所以，即使爱丁顿展示的一切遭到了全盘否定，也不会变成一场公共危机。[93]

爱丁顿的结论似乎得到了认可，当然也不是没有遭到任何挑战。所以，爱丁顿与俱乐部成员间的交流一直持续到午夜时分。不过，这次测试发布整体上来说非常顺利，让爱丁顿有了对外公开观测结果的信心。第二天，戴森便要求皇家学会理事会在 1919 年 11 月 6 日安排一场专题会议。在这次会议中，日食观测结果将正式对外公布。此时，爱丁顿和戴森已经没有退路了。

我们不知道是谁走漏了消息。洛伦兹在莱顿的同事巴尔塔萨·范德波尔参加了伯恩茅斯的那次会议，听取了爱丁顿关于日食观测远征的介绍。回到荷兰后，他告诉洛伦兹观测结果支持爱因斯坦的理论。[94] 然而，爱丁顿在会上并没有正式宣布这一点。也许，他在与范德波尔的私下交流中透露了这一点？尽管这违背了某些原则，但也并不让人特别意外。爱丁顿在意的是一定要让这个消息跨越尚未摆脱战争影响的国界线。在国际研究理事会建立后，爱丁顿也许是想尽己所能在推动科学国际主义方面取得一些成果。当时，他仍然不可能直接往柏林传递消息，因此通过中间人已经是最好的方法了。

洛伦兹立刻给爱因斯坦拍了一封紧急而又简短的电报："爱丁顿在日面边缘发现了恒星偏移，初步偏移值（角度）在 0.9 ［角］秒到 1.8 ［角］秒之间。"[95] 很遗憾，我们无法了解到爱因斯坦收到这封电报后的第一反应是什么。不过幸运的是，爱因斯坦后来给前来公寓拜访他的某个人看了这封电报，所以我们可以从他人眼中了解他的反应。

当时，年轻的物理系学生伊尔塞·罗森塔尔-施耐德与爱因斯坦一起坐在书桌旁读书，书里都是反对相对论的声音。爱因斯坦突然停了下来，伸手从窗台上取了一份文件。他内心毫无波澜地说道："你可能会对这个感兴趣"，然后把洛伦兹的电报递给了她。接下来的故事有很多不同的版本，最完整的一个是这样的：

> 我激动地大叫起来："太棒了！这几乎就是你计算的那个数值！"爱因斯坦表现得相当平静，说道："我一直都知道这个理论是正确的。你怀疑过吗？"我回答："没有，当然没有。不过，如果没有像这样肯定的验证，你会怎么说？"他回答道："那我会替上帝感到遗憾。但这个理论仍然是正确的。"[96]

大约也是在这个时候，两位朋友前来拜访了卧病在床的爱因斯坦。爱因斯坦穿着睡衣、拖鞋接待了他们，给他们看了洛伦兹的电报，说："我就知道我是正确的。"[97] 还有一种说法是爱因斯坦虽然知道结果还在计算中，但已经信心满满，便安心地睡去了，普朗克却一直在焦急地等待。[98]
这是彻头彻尾的臆想，因为爱因斯坦根本就不知道结果还在计算中。

爱因斯坦在这些故事里胸有成竹的样子成就了一段传奇佳话，尽管这显然与爱因斯坦多年来为得到这份验证结果而付出的努力格格不入。爱因斯坦给母亲写了一封信（"今天传来了一些好消息。洛伦兹发电报告诉我英国人的观测远征真的证明了太阳会造成光线偏折。"），他给普朗克也写了一封，我们可以从中更多地感受到爱因斯坦的欣慰之情：

283

> 我等不及要告诉你……看到洛伦兹电报里的消息，我感到多么愉悦，那是一种深深的、由衷的愉悦。事实再次证明，美、真理和现实可以亲密联结在一起。你已经多次表示绝不会质疑验证结果了，不过，如果现在其他人也可以认识到这个结果是毋庸置疑的，那将会很有裨益。[99]

多年来，爱因斯坦一直盼望的正是这样一个验证结果，因此他一点都不想把这个消息藏着掖着。

爱因斯坦在荷兰的朋友们也都喜悦万分，尤其为自己在取得这个验证结果的过程中扮演的角色而感到兴奋。德西特在给爱因斯坦的信中写道："英国人的日食观测远征大获成功，衷心祝贺你。观测结果与理论数值已经**非常**一致了，远远超出我的预期，这一切都很有说服力。"[100] 洛伦兹发现还没有任何一家英国期刊发表这些结果，对此感到非常困惑："这肯定是科学领域里迄今为止最优秀的研究成果之一，我们会为此感到非常高兴。"[101] 埃伦费斯特想让爱因斯坦和爱丁顿同时来到莱顿，这样两人就可以真正面对面了。[102]

爱因斯坦接下来立刻给《自然科学》的主编阿诺德·柏林纳写了一张

字条，将结果告诉了他，这张字条也于 1919 年 10 月 10 日由柏林纳公布了出来。[103] 爱因斯坦给瑞士的朋友也写了信。苏黎世的物理学组织给爱因斯坦寄了一首诗：

> 如今一切质疑都已消失不见
>
> 至少已经发现
>
> 光线自然地偏折
>
> 朝向爱因斯坦伟大的声望！[104]

爱因斯坦回复的诗句就没有这么一气呵成了。[105] 一位朋友写道："所以，对你来说，一切都在变得越来越好，甚至光线都为了取悦你而偏折了几百万年。"[106] 他还问爱因斯坦能不能让恒星上演其他戏法。

1919 年 10 月 23 日，爱因斯坦来到了荷兰，参加一个物理学术研讨会。埃伦费斯特为他安排了访问学者的身份，这样他就有理由每年都在荷兰待上几个星期了（还可以赚一些币值更坚挺的硬通货，毕竟德国马克持续贬值，爱因斯坦在支付离婚赡养费方面面临着巨大压力）。爱丁顿当时正在数据分析的收尾阶段，没能来到荷兰。不过，他还是抽时间给天文学家埃希纳·赫茨普龙写了一封信，汇报当时的结果。结合当时的时间点，爱丁顿一定是在剑桥面向 $\nabla^2V$ 俱乐部进行测试发布前就寄出了这封信，也就是说，爱丁顿在获得了两支远征队的观测结果后马上就寄出了这封信。能看到更详细的信息，爱因斯坦感到很高兴：

> 在研讨会的这个晚上，赫茨普龙向我展示了一封爱丁顿的来信。在信中，爱丁顿表示底片的精确测量结果完全支持光线偏折的理论数值。命运对我是如此眷顾，让我得以见证这一切。[107]

像过去一样，爱因斯坦跟荷兰的朋友们相约在晚上一起去散步、一起弹奏音乐，度过了一段惬意的时光。他感谢埃伦斯费特"让自己饱受病痛折磨的身体仍然能够保持精神抖擞"，也感谢他为自己回家的旅途准备了一壶热汤，让冰冷的火车旅行不那么难熬了。在荷兰的这两个星期，爱因斯坦完全沉浸在对物理学的深入思考中，感到非常愉悦。他甚至热情洋溢地记录了这份心情："物理学，我们的伟大创造，似乎需要经过异常艰辛的努力，才能换来人们对物理之美的那么一点点真切体会。这种美既微妙又陌生，所以人们无法真正摆脱宗教概念的束缚。"[108] 不过，此时的爱因斯坦已经满脑子都是日食观测的消息了，还迫不及待地想要跟别人分享。他在给母亲的信中写道："现在结果已经确定了，而且这一结果**完美验证了我的理论**。"[109] 在给爱尔莎的信中，爱因斯坦写道："我的理论得到了目前所能想象的最高精确度的验证。爱丁顿在这里进行了介绍。现在，任何一个理智的人都无法再质疑我的理论了。"[110]

这正是爱丁顿想要给自己那些英国同事灌输的态度。1919 年 11 月 6 日，按照戴森的要求，皇家天文学会和皇家学会召开了一次联合会议。这次会议受到空前关注，尽管根据英国日食联合常设委员会章程的规定，这次会议本应在日食远征结束后就立刻召开。这一天是周四，联合会议在皇家学会位于伦敦皮卡迪利街伯林顿府的会议室召开。会议室里的木质长椅上坐满了观众，会议室外的走廊里也挤满了人。历史学家阿利斯泰尔·庞塞尔估计当天大约有 100 到 150 人挤进了伯林顿府。[111]

著名哲学家、数学家阿尔弗雷德·诺思·怀特海德参加了当天的会议，并记录了会场里激动的氛围：

　　人们的兴致很高，就像是一出古希腊戏剧的氛围……整个会场很

285

有戏剧的质感：一切都遵循传统礼仪，墙上挂着牛顿画像作为背景，提醒着我们人类历史上最伟大的科学成果在屹立两百多年后，现在要第一次面临挑战了。这其中也不缺乏人们的个人兴趣：这意味着一次大胆的思想探险最终安全抵达了终点。[112]

按照计划，戴森负责介绍整体测量计算结果，克罗姆林和爱丁顿则分别代表巴西小队和普林西比小队发言。戴森首先非常细致地介绍了所使用的方法，可能是想彰显他们的严谨，也可能是想先营造一些紧张的气氛，接下来他宣布"经过对底片的仔细研究，我要宣布毫无疑问这些结果证实了爱因斯坦的预言。我们已经取得了确凿的结果，表明光线根据爱因斯坦的引力定律发生了偏折"。[113]

戴森结束发言回到座位后，会议室里无疑出现了一阵骚动。随后，克罗姆林继续发言，详细介绍索布拉尔的结果。他热情洋溢地感谢了许多为他们提供过支持的当地人，解释了天体照相望远镜所得结果遇到的问题，以及他们如何得以确定定天镜是造成问题的原因。克罗姆林展示了这些结果，尽管所有相关人士已经一致认为这些结果并不可靠，因此也不应该特别采信。在此之后，克罗姆林把大部分时间都用来解释四英寸望远镜取得的优异数据了。

爱丁顿最后一个发言，因此可以在介绍普林西比观测远征的同时，在更宏大的相对论科学语境下展示所有结果。爱丁顿强调，正如戴森所述，偏折真实存在，且接近爱因斯坦的预言。不过，他也承认距离完全确认相对论还有一大段距离，因为引力红移，也就是另一个可以验证相对论的现象，还没有被观测到。这就意味着可以说爱因斯坦的**定律**（也就是数学公式）得到了证实，但他的**理论**（产生这些公式的思想）仍然可以被质疑。[114] 爱丁顿也因此有了回旋余地，既可以说"爱因斯坦是正确的"，又

286

不需要纠缠于诸如时空性质或宇宙曲率等令人痛苦的问题。

会议主席物理学家约瑟夫·约翰·汤姆森（他因发现电子而获得了诺贝尔奖）在爱丁顿之后发言。他表示光线偏折不是一个孤立的事实，事实上，如果说对物理学中根本性概念产生影响的科学思想是一整块大陆，那么光线偏折就是大陆的一部分。"汤姆森给予了非常高度的评价：

> 就引力理论而言，这是自从牛顿时代以来我们得到的最重要的结果，我们学会与牛顿的关联又是如此密切，因此在这样一次会议中公布这些结果，是非常合适的。……如果爱因斯坦的推理一直站得住脚，毕竟目前它已经经受住了水星近日点和日食两次非常严苛的验证，那么它就是人类思想最伟大的成果之一。[115]

汤姆森此前并不是爱丁顿那样的爱因斯坦信徒，而且在这次会议前差点就有机会仔细检查日食观测结果。对他来说，将爱因斯坦摆在与牛顿相同的高度，将相对论称为人类思想史上最伟大的成果之一，这是对一个理论令人震惊的推崇，要知道，仅仅在一年前，这个理论还因战舰和带电铁丝网而被封锁在英国之外。不过，汤姆森在发言结束时确实表示爱因斯坦运用了高深的数学，让人非常困扰。

接下来由皇家天文学会主席阿尔弗雷德·福勒发言。福勒并没有像汤姆森那样大受震撼。他讲了几句略有挖苦意味的恭维话，表示也许现在还不能算是终点："我们要得出的最终结论会非常重要，因此应尽一切努力在其他方面来证实这个理论。"[116]

最后，汤姆森宣布会议进入与会者提问和评论环节，与会的各位科学家纷纷起身提问。很有趣的是，在场的每个人似乎都接受了照片的精度，并认可光线偏折真实存在。没有人因为在索布拉尔由天体照相望远镜所

287

得的结果遭到舍弃而感到困扰，尽管这些结果似乎更贴近牛顿偏折。参加这次会议的天文学家和物理学家都相信当时进行观测的人做出了正确的判断。没有人能比他们更好地判断测量结果是否可靠。

事实上，反对的声音都围绕着相对论本身的性质，以及光线偏折是否可以成为证实相对论的证据。曾试图用白天拍摄的恒星照片来测量光线偏折的物理学家弗雷德里克·林德曼跟汤姆森一样，对爱因斯坦使用的数学颇有微词。他承认其数学从某种意义上来说"很优雅"，但不相信"一个意义深远的自然真理无法用更简洁的语言来描述"。因此他询问爱丁顿是否可以把这个理论转换成更为简洁的形式。[117] 休·纽沃尔承认观察到了光线偏折，但指出这种偏折实际上是因为日冕的折射。[118] 戴森表示考虑到日冕的位置，这种情况是不可能的。爱丁顿则用详细的计算数据反驳了纽沃尔的观点。

自认为是相对论专家的物理学家路德维希·西尔伯施泰因提出了反对意见，反对认为偏折不应与相对论思想联系在一起的观点，同时认为爱因斯坦的相对论还没有得到证实。这种反对将爱因斯坦的定律和理论区别对待的意见（事实上，几十年后，西尔伯施泰因确实提出了广义相对论的替代理论）完全在爱丁顿的意料之中。西尔伯施泰因坚持认为仅凭光线偏折而不考虑引力红移就说相对论得到了证实是"不科学的"：

> 在日食观测远征中取得的发现[119]虽然很美，但没有证实爱因斯坦的理论。我们要感谢这位伟人（一边说着一边指向了牛顿的画像），因为他非常小心谨慎地修改润色了他的万有引力定律，我这么说绝不是盲目地维护保守主义。

值得注意的是，牛顿的坚定支持者洛奇没有提任何问题就中途离开

288

了。在他人看来，洛奇的离开也许是一种侮辱，或者是用实际行动来拒绝承认日食观测结果。不过洛奇让大家不要多心，他只是要去赶火车。

随着关于日食观测结果的讨论告一段落，人们开始三三两两地离开。西尔伯施泰因找到爱丁顿，挪揄道："爱丁顿教授，世界上有三个人理解相对论［指爱因斯坦、爱丁顿和西尔伯施泰因本人］，你肯定是其中之一。"据说，爱丁顿否认了这一点，西尔伯施泰因接着说道："爱丁顿，不要这么谦虚。"爱丁顿则回答："恰恰相反，我倒是在琢磨谁是这第三个人。"[120]

第二天，伦敦《泰晤士报》刊登了史上最伟大的科学头条:《科学的革命》。与它同在一个版面的是提醒公众首个第一次世界大战停战纪念日活动的文章。这篇以宣告科学革命为标题的文章详细介绍了前一天的联合会议，指出"这激起了科学界有史以来最强烈的兴趣"。文章将整个发现归功于"著名物理学家爱因斯坦"（然而，事实上，他既不是光线偏折的观测者，也不算是著名物理学家）。

为了让报纸和读者都做好准备迎接这一场科学大戏，戴森和爱丁顿对媒体进行了近一年的引导，这篇文章标志着这一切努力的高潮。文章作者彼得·查默斯·米切尔曾是一位科学家，后来才转型成为记者。[121]他对物理学感兴趣，也同情德国科学（他曾在莱比锡和柏林求学）。我们不知道他是否曾与爱丁顿见面，不过当时他们两人都是皇家学会会员。米切尔应该无法找到比这更好的火花来点燃大众对相对论的兴趣了。

> ## 科学大革命
>
> ### 宇宙新理论
>
> #### 牛顿思想被推翻
>
> 昨天下午，在皇家学会，皇家学会和皇家天文学会召开了一次联合会议，讨论了英国观测者对5月29日日全食观测所得的结果。
>
> 这在科学界激发了前所未有的兴趣，因为这有望带来与牛顿理论形成竞争之势的基础物理理论。

1919年11月7日《泰晤士报》
由作者提供

289

星期六，《泰晤士报》刊登了一篇后续报道，大标题相同，只是增加了副标题"**爱因斯坦**与**牛顿**的对决"。这是爱因斯坦在普通大众中的首次亮相，也正是爱丁顿想要展现的样子：一位倡导和平的天才，推翻了人们在战争时期对军国主义的德国人形成的一切刻板印象。文章将爱因斯坦描述为一位瑞士籍犹太人，只是为了获取丰厚的薪水才接受了柏林的一个职位。除此之外，"在战争期间，爱因斯坦秉持自由主义态度，在为反对德国科学界发表宣言支持德国战争行为而发表的抗议书中，爱因斯坦也是署名人之一"。[122]

1919 年 11 月 10 日，这个令人兴奋的新闻传到了大西洋对岸，《纽约时报》刊登了抓人眼球的标题，宣称宇宙中的光线都是歪斜的，后面跟着一句话："科学界人士都或多或少对日食观测结果感到兴奋"（但并没有透露该如何确定有多兴奋）。这篇报道的信息来源主要是伦敦媒体的报道，作者对相对论一无所知，十分随意地添油加醋，比如"当大胆的出版商同意出版他的理论时，爱因斯坦表示，这是十二智者之书，全世界没有第十三个人可以理解"。当然，爱因斯坦并没有过此类言论。尽管如此，如今人们还是时常可以听到"只有十二个人可以'真正'理解相对论"的说法。重点是，当我们回顾这段历史，不能忘记这是《纽约时报》第一次提及爱因斯坦。在这一刻之前，爱因斯坦一直是一个名不见经传的小人物。

在英国，牛顿被拉下神坛的消息迅

***

## 宇宙中的光线都是歪斜的

科学界人士都
或多或少对日食
观测结果感到兴奋

### 爱因斯坦的理论胜利了

恒星并不位于它们看起来所在的位置，也不位于计算得出的位置，但不需要为此而困扰。

当大胆的出版商同意出版他的理论时，爱因斯坦表示，这是十二智者之书，全世界没有第十三个人可以理解。

1919 年 11 月 10 日《纽约时报》
由作者提供

速传播开来。据说，相对论已经成为"在议会下院引发热烈讨论的一个话题"。物理学家约瑟夫·拉莫尔说自己被"诸如'牛顿是否被打倒了'以及'剑桥是否已经风光不再'之类的问题围攻了"。[123] 这些问题让英国的民族自豪感遭到了实实在在的打击，更增强了人们对相对论的关注。[124] 通常，讽刺作家才是决定人们关注点的终极裁判，这次也不例外。著名幽默杂志《笨拙》刊登了一首可爱的四行诗：

290

> 来自卢顿的一位爱国小提琴手兼作曲家
>
> 谱写了一首葬礼进行曲，他默默无声地弹奏
>
> 他说，要铭记一位犹太瑞士条顿（日耳曼）人
>
> 因为他已经部分推翻了牛顿的《原理》。[125]

《每日邮报》刊登的标题是《捕捉光线的弯曲》，给观测结果增加了一丝诱惑的味道。

让科学家们感到震惊的是，普通大众对爱因斯坦和相对论兴趣浓厚。这至少要部分归功于爱丁顿坚持不懈的努力。他曾在剑桥举行公开讲座，场面火爆，甚至有数百人因为根本无法靠近讲堂而不得不离开。[126] 爱丁顿还接受采访、撰写文章。每一次，不管是在他口中还是笔下，都是科学国际主义让科学革命变为现实的故事。其中一段是这样写的："柏林的阿尔伯特·爱因斯坦教授进行的理论研究现在得到了英国日食远征结果的有力印证。他的研究拓展了我们对自然的认识，带来的进步可以比肩，也许甚至可以超越哥白尼、牛顿和达尔文。"[127]

当然，媒体报道的故事通常都是冒险故事，以爱丁顿和他的国人为主角，讲述他们为了科学事业勇敢地探索地球的边界。有人为《天文学家的饮酒歌》续写了几句，其中运用了"爱因斯坦"在德语中的双关意义（意

为一块宝石）：

先生，我们欢送日食观测远征队启程，

欢迎他们归来；

先生，他们出色地完成了工作，

让我们收获良多；

先生，他们不畏困难，不辞辛苦，

没有放过任何一块宝石［即爱因斯坦］；

先生，我们满怀热情，郑重宣布

他们值得饮下这一瓶美酒。[128]

291

一直以来，英国报纸都有用"天文学家兼探险者"来描述日食观测远征队的传统。[129] 现在，记者们可以在此基础上加入更多因战争而产生的戏剧冲突了，比如科学弥补了战争造成的裂痕。

在英国，人们纷纷开始支持爱因斯坦，包括那些在战争中激进反德的人士。甚至曾呼吁彻底抛弃德国科学的赫伯特·霍尔·特纳都把第一个停战纪念日当作是对相对论的非凡胜利进行沉思的好机会："当年，当停战协议签署时，谁能想到我们会在今天得到这样美妙的结果？……过去的日食观测远征是否曾取得如此出人意料而又全面的成功？……对一个确切的问题给出肯定的答案，一定是新知吗？"他希望人们不至于对观测结果寄予过高的期望。同时，他也呼吁接下来对"这伟大的结果"进行更多验证。[130]

特纳还注意到了媒体报道和大众兴趣的一个重要主题：相对论的艰涩难懂。"记者们都试图去理解科学革命到底包含哪些内容，却全都徒劳无获，这个过程非常有趣。当然，如果不是我们自己也遭遇了同样的困境，这会看起来更有趣。"特纳讲述了一个来源不明、不能保证真实性却着实

## “太阳引力使恒星光线弯折”：爱因斯坦的理论

W. B. 罗宾逊绘，克罗姆林博士提供资料

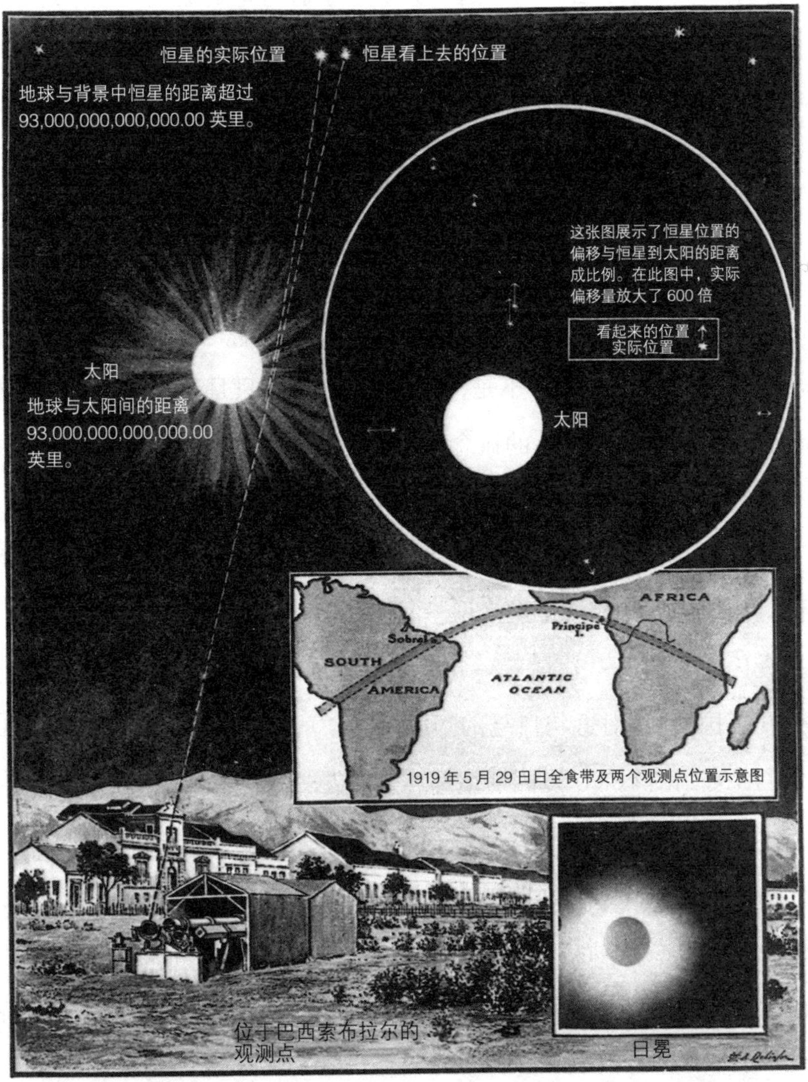

恒星的实际位置
恒星看上去的位置
地球与背景中恒星的距离超过
93,000,000,000,000.00 英里。
这张图展示了恒星位置的
偏移与恒星到太阳的距离
成比例。在此图中，实际
偏移量放大了 600 倍
看起来的位置
实际位置
太阳
太阳
地球与太阳间的距离
93,000,000,000,000.00
英里。
AFRICA
Sobral
Principe I.
SOUTH
AMERICA
ATLANTIC
OCEAN
1919 年 5 月 29 日日全食带及两个观测点位置示意图
位于巴西索布拉尔的
观测点
日冕

**THE CURVATURE OF LIGHT: EVIDENCE FROM BRITISH OBSERVERS' PHOTOGRAPHS AT THE ECLIPSE OF THE SUN.**

The results obtained by the British expeditions to observe the total eclipse of the sun last May verified Professor Einstein's theory that light is subject to gravitation. Writing in our issue of November 15, Dr. A. C. Crommelin, one of the British observers, said: "The eclipse was specially favourable for the purpose, there being no fewer than twelve fairly bright stars near the limb of the sun. The process of observation consisted in taking photographs of these stars during totality, and comparing them with other plates of the same region taken when the sun was not in the neighbourhood. Then if the starlight is bent by the sun's attraction, the stars on the eclipse plates would seem to be pushed outward compared with those on the other plates. . . . The second Sobral camera and the one used at Principe agree in supporting Einstein's theory. . . . It is of profound philosophical interest. Straight lines in Einstein's space cannot exist; they are parts of gigantic curves." (Drawing Copyrighted in the United States and Canada.)

1919 年 11 月 22 日《伦敦新闻画报》

由作者提供

很有娱乐价值的故事。据说有一名报纸记者来到了皇家学会，寻找对相对论的解释。"皇家学会秘书抬起一只手摩挲着弯弯的眉毛，坦率地承认他也解释不了。这个理论白纸黑字写得很清楚，还有很多个 x = 0，但是与它一比，大英博物馆藏的罗塞塔石碑简直就是小儿科……这名记者又去找了一位卓越的科学家，结果这位科学家疲惫地说：'我根本就不理解相对论。别告诉别人你找过我。'"接下来，记者来到了图书馆，把整个相对论通读了三遍，"最后哭着走出了图书馆"。

像这样的虚构故事坐实了相对论超出人类理解范围的名声。然而，它并不是无法理解的（过去不是，现在也不是），只是看起来很可怕。相对论探究了许多高度哲学化的概念，比如时间和空间，因此对大多数人来说显得格外陌生。我们可以看到在特纳讲述的那个记者的故事里，所有人最后都是这样说的："据说剑桥大学的爱丁顿教授声称理解了相对论，所以只能等到他同意让相对论进入课堂时，人们才有可能理解它——'愿上帝惩罚爱因斯坦'。"[131] 这最后一句话来自一战时期德国的一句口号："愿上帝惩罚英国"，是对这句口号的巧妙反转。如此反转已经是相当明显地提醒人们：直到前不久，爱因斯坦都还是敌人。

由于人们对相对论突然爆发了兴趣，一个重要里程碑终于实现了，那就是爱丁顿和爱因斯坦此时终于可以直接写信给彼此了。1919 年 12 月 1 日，爱丁顿给这位不太熟络的同行写了一封信，解释自己希望相对论和日食远征能取得怎样的成果：

> 全英国都在讨论你的理论……毫无疑问，科学界，或者更确切地说是剑桥大学，对相对论已经燃起了真正的兴趣。就英国和德国的科学关系而言，这已经是可能出现的最好局面了。我并不期待两国迅速

重归于好，但现在已经向前迈进了一大步，科学界人士的思维变得更加理智，这甚至比各科学组织重新建立联系更为重要。[132]

爱丁顿真正在意的是科学家之间的私人关系。毕竟要改变像国际研究理事会这样的组织需要花很长时间。在欧洲从事救助工作的其他贵格会教徒也采取了相同的策略。他们知道各国不会在短时间内消除对彼此的敌意。因此，爱丁顿和其他贵格会朋友都致力于让人与人之间建立联系，从而淡化敌人的概念，为和平打下基础。爱丁顿尤其在意打消爱因斯坦的疑虑，让他相信在英国不只有仇恨：

> 我一直忙于针对你的理论开讲座或撰写文章。我的《关于相对论的报告》已销售一空，现在正在重印。考虑到我的这本书并不是特别容易理解，这说明人们对这个主题其实充满了求知欲。几天前，我在剑桥大学哲学协会进行了一场讲座，场下观众人数众多，甚至有几百人因为无法走进讲堂而不得不离开……这是生动的一课，让人们看到德国和英国科学界即使在战争期间也团结在一起，很多人都感到原来一切都受到了上天的眷顾。[133]

这其中当然有运气的成分，任何项目要想在面临恶劣天气和战争等不利因素时仍然取得成功都必须要有些运气。不过，比运气更重要的是经过精心规划的行动。日食观测远征之所以能成为德英团结的一个象征，是因为爱丁顿从一开始就如此规划。爱因斯坦选择抗争德国科学界的军国主义，这也让日食观测远征的象征意义变成了可能。这样的结果并非偶然，也不是侥幸。这是一个伟大的时刻，在几位科学家的筹谋之下，科学终于跨过了战争的鸿沟。

294

295

# 第十二章

## 相对论闹剧

"在英国，事实上，人们议论的只有爱因斯坦，别无其他。"

　　一切有关相对论的热烈讨论都紧紧围绕着一个数字，或者也许应该说是两个数字，也就是 1.61 和 1.98，以及这两个数字与爱因斯坦预言的 1.75 有多么接近。多年的研究和策划，数月的田野蹲守，几个星期的测量和计算，最后都化成这些干巴巴的数字。要揭示诸如"引力会让光线弯曲"这样一个科学事实，需要付出大量辛勤劳动。这些辛劳又常常会在事后被通通抹去，让一切看起来似乎都是大自然自己的功劳。

　　看一看爱丁顿每年的骑行数据，我们就能感受到揭示那个科学事实有多困难。从 1918 年 10 月开始，爱丁顿的骑行量陡然下降，因为正是在这个时候，日食观测远征的各项准备工作逐步启动。1918 年，爱丁顿骑行 2 028 英里，到了 1919 年，就只有 124 英里了。相对论占据了他的生活。要揭示科学事实就需要这样的努力和决心。这也让爱丁顿一直都有些挫败感。爱丁顿本人在科研方面的本行是恒星的组成和运动，而不是空间与时间："人们似乎都忘记了我其实是天文学家，相对论并不是我的专业。"[1]
对他来说，对相对论的投入之所以值得，并不在于科学本身，而在于这个
理论的政治与社会意义。

正是由于这种政治与社会意义，爱丁顿才会在公布日食观测远征结果 296
后仍然对相对论投入大量时间。他一方面要努力解释自己找到的新事实具
有科学价值，另一方面也要确保人们重视相对论和爱因斯坦，并看到这一
切在国际主义方面带来的启示，还看到科学合作的本质。正是这些努力永
远地改变了爱因斯坦的生活。爱因斯坦之所以会变成天才的象征，与他以
科学圣人的形象出现在"一战"后混乱的欧洲密不可分。


1919 年年底，英国很多科学协会都召开了专题会议来探讨相对论这个
新的革命性理论。1919 年 12 月，皇家天文学会举办了这样一次专题会议，
成功邀请了爱丁顿和戴森在会议中发言。爱丁顿解释了相对论，戴森介绍
了对日食观测结果的测量情况。与 11 月 6 日的会议相比，此次会议所背
靠的形势非常不同。这一次，大多数曾经希望有机会亲自检查日食照片的
人并不是简单地相信爱丁顿和戴森了。他们中有人找到戴森，质疑观测取
得的恒星图像变化是否太小而无法测量。戴森耐心地解释说，是的，图像
变化是很小，"不过熟悉天文学照片测量的人都知道这种量级的测量是完
全有可能的"。[2] 翻译一下，这就是说：天文学家每天都做这样的工作；相
信我们。单颗恒星的图像大约四角秒宽，图像的变化大约为一角秒。天文
学家们真的能测量比实际图像显示的还要小的变化吗？当然可以，如果你
有六英尺（约 183 厘米）高，那么当你移动了 18 英寸（约 46 厘米），你
肯定会注意到。

奥利弗·洛奇也参加了这次会议，这是他生平第一次参加皇家天文学
会的会议。他在会上常规地表达了对相对论的反对意见，并提出是否可以

用木星的引力来验证这次日食观测结果（答案是不行）。西尔伯施泰因表示只有对一个态度已经偏向爱因斯坦的人来说，这些结果才支持了相对论（几乎没有人支持他的这个观点）。还有很多科学家寄来了书信，这样即使他们不在现场，也仍然参与了交流。会议由天文学家阿尔弗雷德·福勒主持，他含蓄地为英国科学家如何可以改变对那场刚刚结束的战争的记忆提供了一个思路："我们可能也会很欣慰地发现国别偏见并没能扰乱我们为科学进步所能做的任何贡献。"[3] 就在短短几个月前，这些科学家才禁止德国人加入国际研究理事会，然而现在，他们已经开始称颂自己为国际主义所提供的支持了。不管是有意还是无心，人们总会倾向于为了美化自己而重塑历史；科学家们为自己书写的历史自然也不例外。

在科学界，那些有兴趣又能够亲自检查日食观测底片的人已经疯狂兴奋起来了。甚至原本持怀疑态度的人都开始很不情愿地向相对论靠拢了。查尔斯·约翰尽管接受了偏折的存在，但还是认为未来可能会有一种理论，比爱因斯坦的理论更好地解释这种现象。几位对相对论感到不满的人，比如约瑟夫·拉莫尔，也给出了类似的意见。[4] 所有人最想要的是用1922 年日食再做一次验证，这样来保证验证足够全面（后来科学家们也确实在1922 年进行了这样一次观测验证）。[5] 不过，大约过了一年左右，特纳认为科学界关于相对论的争论实际上已经结束了，结论坚定地支持了爱因斯坦。[6]

让专家们接受支持相对论的证据至关重要，但这还不足以让相对论取得胜利。如果想让相对论生存下来，并融入正统科学体系，那还需要把相对论传播给下一代科学家，也就是说需要让它成为正规课堂教学内容的一部分，这样学习科学的学生可以掌握这个理论并运用在自己的研究中。由于人们兴趣浓厚，因此英国各地的教授都在尝试在课堂上教授相对论，尽管这通常都是"盲人教瞎子"[7]，外行指导外行。

爱丁顿在剑桥大学开设的第一门相对论课程成了具有决定性的一刻。这门课原计划于 1919 年 10 月开始，实际推迟了几个星期，很可能是因为爱丁顿忙于日食观测的数据处理而无暇顾及它。爱丁顿的这门课地点在卡文迪许实验室，每周两节，时间都是在下午偏晚的时候，这样可以让更多的人来选修这门课。接下来，到了春季学期，爱丁顿开设了另一门更为专业化的相对论课程。后来，以爱丁顿这门课的教案为基础，形成了一本教科书，这是有关相对论的最早的教科书之一，为整整一代人所使用。历史学家安德鲁·沃威克指出剑桥大学成为莱顿都无法企及的相对论研究中心（尽管莱顿其实拥有很多相对论专家），原因就在于爱丁顿进行了精心筹划，将相对论传播给他的学生和同事。[8]

298

学生们意识到自己正在学习的似乎是一个能够改变世界的理论，都表现得极度兴奋。正如一个学生所描述的："看到自然科学在一个全新的方向上大步前进，让人非常兴奋。这是一种对激动人心的新事物的体验，一种对新的探险旅程的体验。这一切都让我们满怀期待，尽管我们对这个理论可能只是一知半解。"[9] 至于爱丁顿在课堂上是如何教授相对论的，我们找到了一点一手资料：

> 这位老师中等个头，身材瘦小，穿着博士袍，非常矜持，几乎都算得上是羞涩了。他在黑板上写下了几个张量，然后侧身站在黑板旁，但几乎不看讲台下的学生，而是将热切的目光落在教室侧面的墙壁上，仿佛自言自语一般地讲述这些张量有多重要。相对论的数学理论早在我们的眼睛和这些符号被赋予生命和一定意义之前就已经开始逐步发展建立了。[10]

爱丁顿在进行公众讲座时则与前面的描述判若两人。在公众讲座中，爱丁顿"展现了极高的文学素养以及独特的幽默感"，据说观众常常兴奋得"喘不过气来"。[11] 爱丁顿经常会提到爱丽丝和她漫游的奇境里的居民，格列佛、蛋头先生和炸脖龙也都常常会出现。爱丁顿会引用一些更高雅的作品，比如莎士比亚、弥尔顿和乔叟。[12] 他改写了《鲁拜集》的部分篇章来描述普林西比的远征：

> 噢，让聪明的人去整理我们的测量结果吧
> 至少有一点是肯定的，光有重量，
> 有一点是肯定的，尽管其他的还有待争论——
> 光线靠近太阳时，不走直线。[13]

爱丁顿对于讲座的请求一概来者不拒，哪怕只是给本科生的俱乐部（其中一个俱乐部在介绍爱丁顿时称他为占星学教授）做讲座也不介意。相比于爱丁顿的正式课程，这些讲座的听众更多，因此爱丁顿被誉为"让现代科学之诗走进普罗大众的讲解者"。[14]

爱丁顿的公众讲座引发了更广泛的讨论，但讨论的方向很快就出现了偏差。讨论的一大主题是认为相对论暗含某种政治意义，这是因为人们根据字面意思对新闻标题《科学革命》进行了相当机械地理解。[15]1919 年，共产党人在不久之前刚刚夺取俄国政权，"革命"一词唤起了人们对政权颠覆的恐惧。人们毫不掩饰地表达了对"科学布尔什维克主义"的忧虑，担心相对论会在科学领域引发一次重大变故。文学教授凯蒂·普莱斯在她关于这一文化运动的专著中指出即使战争已经结束，在英国，这个时代仍然充满了不确定性：物资配给制仍大行其道，铁路工人进行了大罢工，从前线回来的士兵们找不到工作，过得十分艰难。[16]此时，爱因斯坦的理论推翻了牛顿体系，似乎也只是给这本就无序的时局又增添了一分混乱。

《纽约时报》请哥伦比亚大学天体力学教授查尔斯·普尔对此进行了评论。他认为两者之间有非常明显的联系：

> 在过去几年中，整个世界，包括物质世界和人们的精神世界，都一直处在动荡之中。很有可能的是，这些实实在在的动荡，包括战争、罢工、布尔什维克主义的兴起，实际上都是某些席卷全球的深层次精神、心理问题的物化表现……这种动荡情绪已经侵入了科学领域。[17]

"爱因斯坦"成了一个代名词，代表一切遭到破坏的秩序或者还未稳定下来的等级体系，它通常都会被用来开玩笑，比如用来称呼不做作业的学生、拒绝给员工加薪的老板。幽默杂志《笨拙》刊登了一幅漫画，展示了"变成爱因斯坦"是什么样子的。[18]画面里是一个需要坐火车上下班的人，他"满脑子都是科学"，结果因为读了太多抽象的理论而找不到要乘车的火车站了。有一篇社论甚至警告人们"从市长办公室发出来的逻辑之光像爱因斯坦预言的光线一样弯曲"。

反民主是相关讨论赋予相对论的另一个政治意义。相对论的数学相当复杂，意味着只有一小部分人可以理解这个理论，因此这是个精英主义理论。也就是说，"一小撮专家"[19]推翻了常识。这在美国尤其是个问题，当地报纸抱怨称，接受相对论就是要去信任一个外行人无法理解的理论。这似乎是种反美的做法。如此一来，也许接下来要被推翻的前人智慧就轮到乘法表了？[20]

除了这些担忧，针对相对论神秘又难以理解的那些方面，还一直存在着忧虑。仅仅是"相对论"这个名字就会让人想到哲学上的不确定性。爱因斯坦被称作是"摧毁时间与空间的人"。[21]对第四维度的讨论让很多人想

300

到了神秘的魔法。这成为人们在思考、讨论相对论和爱因斯坦时难以绕开的一个环节。多年以后，爱因斯坦出席了一个电影首映礼，在场的还有查理·卓别林。据说，在观众的喝彩声中，卓别林说："他们为我喝彩是因为他们每个人都懂我，为你喝彩则是因为他们没有一个人懂你。"[22]

相对论的最后一个政治影响是让人们觉得爱因斯坦为国际主义和自由主义政治正名，这是爱丁顿最为关切的一点。一位英国科学家写信给一位德国朋友，表示希望邀请爱因斯坦访问英国：

> 在英国，事实上，人们议论的只有爱因斯坦，别无其他。如果爱因斯坦此时可以到访英国，我相信人们会像迎接凯旋的将军一样迎接他。一个德国人的理论，却由英国人的观测结果确认，随着时间一天天过去，这个事实变得越来越明显，这让两个科学的国度越来越有可能展开密切合作了。因此，爱因斯坦为人类做出了不可估量的贡献，且不说他那天才的理论本身就具有极高的科学价值。[23]

把爱因斯坦比喻成一位凯旋的将军，尽管很生动，但在战争刚刚结束的背景下，也许多少有点不合时宜。另一位与爱因斯坦有联系的记者试图描述人们对相对论"不寻常的兴趣"，他在报纸上撰文写道："在介绍你时，我们说你是波兰人、瑞士人，不过，更重要的是，我们说你**没有**签署那份注定失败的声明（《九三宣言》）……爱丁顿教授尤其醉心于研究你的理论。他仁慈，富有同情心，没有现在其他很多人身上那些糟糕而又根深蒂固的偏见。"[24]

爱因斯坦本人也为这种舆论氛围贡献了力量。在观测远征结果公布三周后，爱因斯坦为《泰晤士报》撰写了一篇短文，这是他第一次为英语世界撰写文章。

301

在过去存在于科学领域的国际合作关系令人惋惜地遭到破坏后……英国科学工作者们验证了一个诞生于战时、发表于敌对国家的理论，他们一定花费了大量时间和精力，他们的这种做法与英国科学的崇高传统一脉相承。[25]

公众把这篇文章当作圣人的神谕一般。每个人都想听到更多来自这位天才的声音。这就给那些有意愿又有能力把爱因斯坦的文章翻译成英文的人创造了机会，进而形成了一种家庭作坊式的翻译产业。然而，令人意外的是，最有能力完成这项工作的人都是在战争期间被关押在德国和奥地利的讲英语的科学家。亨利·布罗斯是一位奥地利物理学家，一直被关在柏林附近的一座集中营里。在这里，他了解了广义相对论，并在被释放之前就已经开始了翻译工作。战争结束后，布罗斯回到了牛津，他翻译的作品也陆续出版，数量上毫不逊于赫伯特·霍尔·特纳。[26]

谢菲尔德大学的罗伯特·罗森被关押在维也纳的集中营里。在此期间，他居然被允许继续进行物理学实验。罗森直接写信给爱因斯坦讨要自己可以翻译成英文的一手材料，尤其是那些面向科学家的材料。他想要"为了让这场战争给人们心灵带来的深刻创伤尽快愈合而努力……［这］将让我们迈出一大步，更加接近我们一直所盼望的各国科学家相互合作的目标"。罗森在信的结尾处表示："最后，您提出的光线'引力偏折'预言在近期得到了验证，可否允许我就此对您表示祝贺？在这里，这是人们在过去几周中讨论的唯一话题。"[27]一家英国出版商甚至联系了的德西特，想要从他那里要来一份译文。德西特拒绝了这个请求，转而推荐他们去联系埃比尼泽·坎宁安。[28]

语言的壁垒是一个不小的障碍，即使是爱丁顿与爱因斯坦之间的书信，也面临这个问题。爱丁顿的信都是用英文写的（他为自己"无法使

302

用母语之外的语言来写信"而感到抱歉），爱因斯坦的信则是用德文写的（他也表达了歉意，说"仅靠美好的意愿"并不足以战胜自己面临的语言壁垒）。[29] 即使是共同取得了胜利后，他们之间的交流仍然很困难。

爱因斯坦的风头迅速盖过了爱丁顿，尽管他们的名字仍然紧密联系在一起。一位物理学家将刘易斯·卡罗尔的叙事诗《海象与木匠》改写成《爱因斯坦和爱丁顿》，以表达对两位合作的敬意：

> 是时候了，爱丁顿说，
>
> 我们来聊聊吧；
>
> 聊聊电梯轿厢、时钟和米尺，
>
> 聊聊为什么钟摆会来回摆动，
>
> 聊聊宇宙的边界到底有多远，
>
> 聊聊时间是否有翅膀……
>
> 你认为时间是严重扭曲的，
>
> 甚至光线都是弯曲的；
>
> 我想我明白了，
>
> 你是不是说：
>
> 今天被邮差取走的信件
>
> 会在明天被投递……
>
> 最短的线，爱因斯坦回答说，
>
> 不是那条笔直的线；
>
> 最短的线围着自己弯曲，
>
> 好像数字 8，
>
> 如果你走得太快，
>
> 反而会迟到很久。[30]

在欧洲大陆，公众舆论的走势多少有些不同。英国和美国的反应大部分原因在于爱因斯坦的突然出现——一个来自敌国的默默无闻的人物通过把艾萨克·牛顿拉下神坛而突然闯入了他们的视野。人人都想知道这个人是谁，从哪来，又是如何把牛顿拉下神坛的。 303

在德国，爱因斯坦并非默默无闻。[31]他是一位德高望重的教授，是普鲁士科学院院士（尽管这个身份还远不意味着有名气）。关于相对论和英国人的日食观测远征，当地报纸一直有少量报道，都以爱因斯坦掌握的极少量信息为基础。因此，相较于英国报纸突然密集报道爱因斯坦，德国报纸是在观测远征结果公布后的几周内逐渐增加了对爱因斯坦的报道。造成这种情况的原因，主要不在于这个理论本身显而易见的科学价值，而在于意识到了海外对爱因斯坦的反应。

直到1919年12月14日，德国各地才真正爆发了爱因斯坦现象。当时，《柏林画报》刊登了一篇关于爱因斯坦的封面文章，还配了一幅引人注目的画像，画像中的爱因斯坦看起来沉稳而深邃。[32]这是一篇庆祝文章，与出现在柏林城中的其他所有文章一样，称爱因斯坦是"世界历史的一位新巨人：阿尔伯特·爱因斯坦，他的研究完全颠覆了我们对自然的认知，可以与哥白尼、开普勒、牛顿的洞见比肩"。文章还写道："现在，人类历史的新纪元已开启，这与阿尔伯特·爱因斯坦的名字密不可分。"对于《柏林画报》的数十万的读者来说，这是他们第一次听到爱因斯坦的名字或看到他的样貌。[33]

荷兰的报纸里都是翻译自英国报纸的文章。埃伦费斯特在给爱因斯坦的信中是这样描述的："'爱因斯坦对战牛顿！自然科学革命已爆发'等等——报纸读者就像受到惊吓的鸭子一样疯狂地扑棱着翅膀嘎嘎叫起来……甚至加林卡［他的女儿］也被席卷，很快就产出了一颗艺术的

1919 年 12 月 14 日《柏林画报》
由作者提供

蛋。"[34] 埃伦费斯特把加林卡的画附在了信后，并附上了说明：在非洲，一位科学家在观察星星和太阳，他这么做是因为爱因斯坦在自己的小屋里算出了一个结果（画面里的爱因斯坦正要把计算结果扔出窗外）。人们都在往爱因斯坦的屋子跑去，可以看出整个世界（包括松鼠）都兴奋了起来。爱因斯坦欣然回信："加林卡的小画真是太可爱了，相比之下，那群倍感震惊的傻瓜在报纸上叽叽喳喳的声音根本无法相提并论。"[35]

304

美好的祝福和祝贺如洪水般涌来。同为普鲁士科学院院士的卡尔·斯图姆夫对爱因斯坦的赞美之情溢于言表："相信你心中一定充满喜悦，我们也衷心为你感到高兴，同时，我们也为德国科学在军国主义政治垮台后取得这样一次胜利而感到自豪。"[36] 爱因斯坦对此心怀感恩，尽管对于自己的研究成果被称为德国科学的胜利并不是特别开心。不过，这时政府不知从何处拨付了一笔巨额资金来支持广义相对论的研究，这让爱因斯坦感到非常满意。德国政府对爱因斯坦在国际社会引发的突如其来的好感大为震惊，因此想要尽其所能支持爱因斯坦。爱因斯坦利用自己刚刚获得的这种影响力为弗劳德里希谋到了一份工作，又在自己居住的大楼里额外申请了一个房间，让生病的母亲得以跟自己一起生活。[37] 爱因斯坦在给贝索的信中表示他惊喜地发现"自从英国人的日食观测远征以来，自己就一直颇受眷顾"。[38]

在整个欧洲大陆，物理学家们都被追逐着围绕相对论进行讲座或撰写科普文章。洛伦兹和埃伦费斯特都答应写几篇文章。埃伦费斯特担心自己无法胜任，也许他的这种想法不无道理，毕竟爱因斯坦曾对弗劳德里希撰写的一篇文章就表示非常不满意。[39] 马克斯·玻恩答应进行一系列有关相对论的讲座，但开价是令人震惊的 6 000 德国马克，这些钱足够让他把研究所里的实验室全部整修一遍了。阿诺德·索末菲关于相对论的讲座吸引了 1 000 多名听众。多年后，他曾就人们对于相对论的这种兴趣进行评论，说这是一种"广泛的、多少有些耸人听闻的、如同瘟疫般的兴趣"。[40]

用瘟疫来形容大众对相对论的热情非常贴切。这是一种如传染病一般迅速蔓延的热情。爱因斯坦意外地发现自己已经成为媒体持续关注的焦点，他后来把这一切称为相对论闹剧。一位满腹困惑的《纽约时报》记者出现在爱因斯坦的公寓，想要采访这位大人物。这个记者对科学知之甚少，只知道爱因斯坦从某种意义上来说非常杰出。爱因斯坦试图解释自己的理论，但这个年轻人显然认为在"自由落体"思想实验里真的有一个人

305

从高高的屋顶上跌落下来。这件事仿佛是一个最初的征兆，预示着接下来要发生的一切。[41]

后来，大量媒体记者都跟随这个年轻记者的脚步，找到了爱因斯坦。爱因斯坦开始对这群一直追逐着自己的"乌合之众"心生抱怨。[42]这些关注让他感到困惑。他并不觉得相对论有什么革命之处，自己也不是哥白尼。他认为接受相对论并不需要撼动任何人固有的信仰。它"与一切可能的哲学观都和谐一致，不管是唯心主义者、唯物主义者，还是实用主义者，又或者是秉持任何其他观点的人，都可以接受相对论"。[43]那么，为什么会有人如此耿耿于怀呢？

爱因斯坦知道这其中至少部分责任在于爱丁顿。"由于报纸对日食远征的大肆报道，我现在遭到了人们的持续纠缠。人人都想让我写篇文章，接受采访，或者给他们一张我的照片，等等。这些不禁让我想起了'皇帝的新衣'。"[44]我们不清楚爱因斯坦是如何把自己跟这个典故联系在一起的，是认为自己是皇帝，无缘无故地得到了人们的欢呼？还是觉得自己是那个无所畏惧的孩子，是唯一一个敢于指出景象之荒诞的人？

不管爱因斯坦走到哪，总有记者在等候他。"我给孩子们做个相对论的讲座，隔天就一定会出现在报纸上。"[45]情况变得越来越糟糕，爱因斯坦向马克斯·玻恩抱怨说媒体宣传"太糟糕了，让我几乎都喘不上气来了"。[46]回复信件也是件永远做不完的工作。有一次，爱因斯坦只是外出几天，爱尔莎就给他寄了封短信，提醒他家里收到的信件已经塞满一个洗衣篮了。

爱因斯坦刚刚开始声名鹊起之时，画家赫曼·斯特鲁克就为他画了一幅蚀刻画像。这幅画像在印刷出版后被迅速抢购一空，而且人人都想要天才本人在画像上签下名字。爱尔莎抱怨说："现在，半个世界都在抢购斯特鲁克的画像，再把它们都寄给你，让你签名，你凭借这些画像就能让自己流芳百世了。"[47] 日子一天天过去，寄给爱因斯坦的信件只增不减。多年以后，在被问到他养的狗时，爱因斯坦回答道："这只狗非常聪明。它看到我收到这么多信，替我着急，所以才会想要去咬邮差。"[48]

面对这些令人沮丧的局面，爱因斯坦总是用幽默来回应，这已经成为他的标志性特征。在这出闹剧爆发之初，爱因斯坦曾写道：

> 媒体在介绍相对论时都在不断地迎合读者口味，因此，现在在德国，我是一个德国科学工作者，而在英国，我是一名瑞士犹太人。如果想要把我塑造成一个令人讨厌的人，那么这些描述就会反过来，对德国人来说，我会变成一个瑞士犹太人，而对英国人来说，我将变成一个德国科学工作者。[49]

媒体对爱因斯坦的关注似乎已经接近于崇拜了。"自从光线偏折的观测结果公布以来，人们对我表现出疯狂的个人崇拜，让我觉得自己好像变成了一个异教偶像。不过，上帝保佑，这一切也总会消退的。"[50]

但是他错了，大错特错。他的名声远比他本人长寿。科学作家托马斯·利文森指出爱因斯坦是最早的现代名人之一。他刚好在最适合造就世界性名人之时出了名，让自己的名字见之于全球各地的报纸。[51] 爱因斯坦本人也乐于参与其中，配合打造一个媒体钟爱的公众人物形象（与此形成鲜明对比的是，玛丽·居里就一直在躲避名声）。这种状况的负面影响就在于媒体把爱因斯坦说的话都一字一句地记录了下来。他在纽约的一次即兴发言中说美国女人牵着丈夫的鼻子走，就像是在遛贵宾犬。这一言论引起了强烈的不满，也给爱因斯坦带来了一个惨痛的教训。

最终，爱因斯坦接受了自己名声大噪的现实，在面对记者时总是态度和蔼，不管对方抛出怎样疯狂的问题，都会一一作答。[52] 在媒体的追

307

问之下，他就许多话题都发表过看法，包括文学、美国的禁酒法案，也包括许多他甚至不怎么了解的话题。除了机智、辛辣的言辞，爱因斯坦还很擅长发表听起来模糊玄妙、实则包含大智慧的观点。爱因斯坦也非常上镜，他头发蓬乱，深邃的双眸闪着一丝幽默，还总是摆出糟糕的姿势，这些都是成就一张好照片的因素。[53] 有一份报纸在描述爱因斯坦时说他看起来"像一位画家，一位音乐家。他确实是。不过，在他不羁的外表之下，是一个科学的头脑，它演绎推理出的结论让欧洲最有智慧的学者都为之感到震撼"。[54] 爱因斯坦并不介意为了拍出好看的照片而要配合摄影师，比如他学着把帽子抛向空中，这样就可以创造出一些可供摄影师拍摄的有趣画面。

当然，从某种意义上说，爱因斯坦很享受这样名声大噪的感觉（尤其享受越来越多的来自女性的关注），尽管英雄崇拜让他感到非常不适。[55] 他一生都在反对权威，因此对于把个别人冠以"在学识和性格方面具有超人能力"感到非常反感。然而，他却很高兴看到大众把那些一心致力于追求思想、道德领域目标而不是金钱与权力的人（也就是他自己）奉为英雄。他也很高兴利用自己的声望来支持自己推广国际主义与和平主义的事业。[56] 朋友们都知道爱因斯坦已为这鹊起的声名所累。埃伦费斯特为了引诱爱因斯坦来看自己，向他保证："这里什么都没有，只有喜欢你的人们，而且他们感兴趣的不只是你的大脑皮层。"[57]

科学领域的名声在 1919 年年底时变得十分荒诞。此时，一直顶着和平主义者、反民族主义者标签的爱因斯坦突然变成了德国科学的傀儡先锋，受到大众追捧。更为荒诞的是，瑞典皇家科学院宣布将诺贝尔化学奖颁发给弗里茨·哈伯，原因是他在固氮作用方面的研究成果带来了农业的革命，然而人们不会忘记哈伯用了同样的方法来支持德国过去多年的战争行为，也不会忘记哈伯是制造化学武器的鼻祖。自战火停息后，哈伯就遭到了其他科学家的孤立，并一度进入了待引渡的战争罪犯名单。[58] 他本人也因为战争的结局而备受打击，意志消沉。

不过，哈伯很快就重新全身心投入到科学研究中，以期在战后经济危机中维持德国科学的发展（他试图从海水中提取黄金来支付德国的战争赔款）。[59] 他从来都不承认使用自己发明的毒气战是犯了错误。战争结束后，一位同事给哈伯展示了一份要求将化学武器列为非法武器的请愿书，哈伯勃然大怒，表示签署了这份请愿书的人都不能算是德国人了。[60] 然而，尽管如此，哈伯与爱因斯坦一直保持着朋友关系。哈伯对爱因斯坦表达了赞美之情，这具有特殊的意义，因为这是一个激进分子对和平主义者的赞美："在接下来的几个世纪里，普通大众会将我们这个时代定义为世界大战的时期，但是受过教育的人会将这 1/4 个世纪与你的名字联系在一起。"[61] 对爱因斯坦来说，像这样关系密切的朋友并不多，因此即使他们在道德理念与政治观点上存在分歧，爱因斯坦也非常珍视这些朋友。

当时，战后的德国是会走上爱因斯坦倡导的国际主义道路还是哈伯代表的民族主义道路，还并不明朗。爱因斯坦担心国际联盟没有起多大作用，因此显然民族主义仍然占统治地位："我的政治乐观主义情绪遭到了重挫。"[62] 他发现国际主义在私人团体中发挥的作用远大于在政府机构中。他尤其对贵格会为"减轻欧洲中部民众的苦难"所做的一切表示赞赏。只要有人"愿意、并且有能力去帮助别人，不管受帮助者是何种族、秉持怎样的政治立场，那么不管现状如何，我们都完全有理由相信国际联盟已经具备了发挥其作用的精神土壤"。[63] 德国政府要求爱因斯坦利用与贵格会的关系帮忙获取粮食援助（在 1920 年 7 月，63.2 万儿童完全依靠贵格会来提供食物，这个数字令人震惊）。[64] 爱因斯坦很乐意做这样的事，也很乐于强调这件事与他的研究之间的关系。他写道：

309

在政治领域，我们已感受到巨大的失望，这也是我们必须承受的。尽管如此，我们也不能对一个公平而令人满意的世界秩序放弃希望……没有什么比公共生活的这个领域更有益于重建不同国家间的互信了，我们甚至应该加倍努力，让国家重视贵格会所做的一切有益之事。[65]

爱因斯坦寄予厚望的公共生活领域当然就是他自己所在的科学领域。他表示知识分子始终站在国际主义的最前沿（《九三宣言》显然是个例外）：

在我看来，知识分子对国家间的和解和人类永久和平最有价值的贡献在于他们在科学与艺术领域的创造，因为他们让人类思想得到了升华，不再只是自私地考虑自己和自己的国家……人类最美妙的财富没有国界，知识分子必须时刻强调这一点，绝不能懈怠，也绝不应该卑劣地运用公开宣言等形式来煽动政治热情。[66]

相较于政客，科学家能够更好地治愈战争带来的伤痛。[67]

爱因斯坦觉得1919年日食观测远征是这方面的一个绝佳范例。他对观测远征称赞有加，说它体现了国际主义，为科学指明了前进的方向。"我们的英国同行不仅在科学领域做出了卓越贡献，**就个人而言，也都行为高尚**……我认为他们确实是在艰难时刻做出了应有的贡献。"[68] 在给德西特的信中，爱因斯坦写道："英国人的观测远征结果让我非常愉快，更让我愉快的是这些英国同行对我的友好态度，尽管直到现在我仍然是半个**德国鬼子**。"[69]

310

哈伯对于爱因斯坦突然想要与英国人"亲近"感到十分担忧。他表示这个世界需要明白这场科学革命的发源地在哪："迄今为止，阿尔伯特·爱因斯坦这个名字一直与德国紧紧联系在一起，而英国人和比利时人想要剥夺这种关联。"[70] 爱因斯坦答复哈伯，表示任何一个通情达理的人都不能指责他对德国不忠诚，想想他为了留在柏林，拒绝了多少其他国家提供的工作机会？他提醒哈伯，自己留在柏林是因为自己的德国**朋友们**，而不是因为德国本身。爱因斯坦还在不经意间提到自己的理论和政治立场在战争期间遭受的悲惨冷遇。也许，他们昔日的这个敌人毕竟还是有些特殊之处的："我甚至必须要说……英国人的行为比我们这里的德国同行还要崇高。他们大多数人都是贵格会教徒，是和平主义者。就对待我和我的理论的态度而言，相比之下，他们是多么热烈！"[71] 爱丁顿和罗素变成了整个英国的化身，成为交战双方在战时对彼此刻板印象的一个镜像。

尽管相对论在英国获得了热烈反响，但在那里战争的回响尚未平息，因此，德国科学也仍然很难在战后取得快速发展。显然，事实并非"大多数"英国科学家都是和平主义者或贵格会教徒。期刊和论文等科学交流的生命线仍然受到严格管控，比如，在整个 1919 年，英国皇家学会非常乐于向比利时和塞尔维亚提供过去几年出版的期刊，却拒绝向"敌国"提供。[72] 德国和奥地利的科学家们都在艰难地紧跟当时的科学发展。普朗克尝试收集战争期间没有收到的各种科学刊物，每种刊物每期收集一本，一共收了 13 000 期左右。[73] 他通常会把这些需求传递给爱丁顿，后者对德国科学的同情态度广为人知。尽管面临体制限制，爱丁顿仍会尽其所能，通常会利用当局机构混乱的漏洞来绕过仍然存在的非官方封锁。[74] 爱因斯坦也加入了这个行列，以自己的名声为资本，希望可以用德语出版物来交换英语出版物，他请到了洛伦兹来做交换的中间人。[75]

有时，爱因斯坦的身份地位确实很有帮助，但也存在不利的一面。其中之一便是这让他成为正在抬头的德国右翼势力的一个完美攻击对象。[76]

311　　爱因斯坦本人表示他作为"一个秉持自由主义、国际主义的犹太人"[77]，代表了德国右翼势力憎恨的一切。不管是他的科研成果，还是他个人，都遭到了来自"德国科学家维护科学纯洁研究组"的攻击。这个组织拥有出奇强大的资金支持，由谜一般的保罗·魏兰德领导，在柏林掀起了一场诋毁批判相对论的运动，并建立了一个反相对论阵线。这个组织不屑一顾地表示大众对相对论的热情只是一种"集体暗示"。[78]

　　这个组织在柏林爱乐音乐厅组织了一次最大规模的反爱因斯坦集会。爱因斯坦其实也溜进了会场，想看看他们到底如何谈论自己，结果发现有人在门厅分发鼓吹反犹主义的宣传册。[79]这是将爱因斯坦荒诞的名气与荒谬的政治捆绑在了一起，让爱因斯坦几近崩溃。"这个世界是一个奇怪的疯人院。现在，连马车夫和餐厅侍应都在争论相对论是否正确。最终会得出怎样的结论，完全取决于人们各自属于哪个政治党派。"[80]

　　权力阶层开始为爱因斯坦辩护。德国政府尤其担心这位世界上最著名的科学家所遭到的攻击会带来严重的外交后果。德国在伦敦的代理大使提出警告：

> 对爱因斯坦教授的攻击和反对知名科学家的运动让英国人对我们产生了很糟糕的印象。尤其是在当下，爱因斯坦的名字已经为各个阶层所熟知，因此爱因斯坦已经成为一个最有影响力的文化符号。我们不应该把这样一个可以为我们所用来进行文化宣传的人物赶出德国。[81]

　　爱因斯坦非常感谢高层人士为了让他留在柏林而做出的努力，尽管他们这种突如其来的关心让人觉得有几分可笑："就像一座大教堂绝对必须要拥有一件圣人的遗物，我扮演的角色就跟这件遗物类似。"[82]爱因斯坦遭受暴力袭击的可能性真真切切地存在，但无论如何他还是决定继续留在柏林。对于自己所处的状况，爱因斯坦做了一个比喻，说自己就像是睡在一张高级的床上，却饱受臭虫的困扰。[83]

对爱因斯坦的攻击的根源是反犹主义，而这并非凭空出现的结果。战争结束后，在柏林，反犹情绪开始高涨，针对的主要对象是来自东欧的难民，他们被指责为当地犯罪和政治动荡的原因。爱因斯坦将这一切都看在眼里，站出来为自己和犹太同胞发声辩护。正是这些对犹太人的迫害以及那些与爱因斯坦除了种族以外别无其他共同点的人们，让爱因斯坦开始走向犹太复国主义："这些相似的经历唤起了我的犹太民族情感。"爱因斯坦对建立一个犹太人的国家并没有多大兴趣，甚至并不想加入柏林的犹太人社区，他想要的只是一个能让像他这样的人安全生活的地方。[84] 如果自己的声望能发挥某种积极作用，那么也许这种作用就体现在这个方面："我相信这项事业值得大家积极合作……我的名字自英国人的日食远征以来一直很受人尊敬，所以可以用来激励那些对此还不那么热心的犹太人，这也算是对这项事业的一种贡献。"[85]

然而与此同时，爱因斯坦的个人生活却相当悲惨。1919 年，爱因斯坦的母亲波琳一直都在遭受重病折磨，爱因斯坦利用自己的地位疏通关系，把母亲接到了柏林，陪她度过了生命最后的时光。1920 年 2 月，母亲波琳去世，爱因斯坦坦承母亲长期患病已经让他筋疲力尽了。"人到这时，才倍感骨肉情深。"[86]

除此之外，还有其他家庭琐事占据了爱因斯坦的精力。德国马克在战争结束后的崩溃让爱因斯坦越来越难以支付给米列娃和儿子们的赡养费。[87] 于是，爱因斯坦开始接受讲座邀约，不管是在哪个国家，只要是用币值稳定的货币来支付酬劳，他都概不拒绝。爱因斯坦开出的讲座费用通常都令人震惊，主办方有时会接受，有时也会拒绝。于是，爱因斯坦开始频繁旅行，但这也并没有让他变成一个更熟练的旅行者，爱尔莎仍然要提醒他记

312

得洗衬衫、不要穿旅行途中穿的破旧邋遢的西装出席正式场合。爱尔莎经常不经意间提起爱因斯坦吃不到的家里美味的芦笋来勾起他的馋虫。[88] 在旅途中，不管是乘火车还是乘船，爱因斯坦总会阅读他喜爱的《卡拉马佐夫兄弟》来打发时间。德国政府利用爱因斯坦频繁的跨国旅行来拓展他们的国际关系。对他们来说，爱因斯坦就像是天赐的好运，帮助他们在国际上积累越来越多的友好和善意。一位德国驻挪威的外交官曾表示："对于这位科学家的赞赏与钦佩是超乎想象的。"[89]

313 　　虽然全世界都在赞赏与钦佩爱因斯坦，但在科学领域推广国际主义仍然有很长的路要走。即使是在英国，也就是爱因斯坦热潮的发源地，一直呼吁回归正常科学合作和交流的爱丁顿仍然是个异类。受限于国际研究理事会的框架，正常的科学交流变得相当困难。在日食观测结果发布后不久，一群德国科学家组织了一次德国天文学会特别会议，专题讨论广义相对论。然而，鉴于国际研究理事会有抵制德国的要求，几乎没有英国科学家愿意违反要求来参加这次会议。在这种情况下，爱丁顿决定即使不能让英国派出官方代表团参会，自己仍然可以以个人名义出席。他在给德国天文学会负责人的信中写道：

　　　　我希望参加下次会议，以表达对德国天文学会的兴趣。这个决定是我的个人行为，任何人都没有权力反对……国际科学注定会取得胜利，前不久对爱因斯坦理论的成功验证已经在过去几个月带来了巨大的改变。[90]

　　爱丁顿试图假装战争不曾将一切扰乱那样去参与德国科学，甚至不顾自己几乎为零的德语读写能力，在《物理年鉴》中发表了一篇论文。[91] 他在论文开写道："这篇论文旨在详细介绍恒星的辐射平衡理论。撰写这篇论文，主要是因为中欧地区在目前的形势下很难接触到这一领域的原始文献。"[92]

　　1919 年 11 月 14 日，爱因斯坦获得了英国皇家学会的最高荣誉，英国皇家学会金牌的提名，爱丁顿一定认为这是一个积极的信号。一个月后，评委会决定将这一奖项颁发给爱因斯坦，不过，必须通过 1920 年 1 月召开的英国皇家学会会议来正式批准。[93] 爱丁顿却在第一时间就把得奖的消息透露给爱因斯坦。当时，他的朋友欧内斯特·勒德拉姆正要前往德国参加贵格会紧急救助委员会的救援工作，因此可以亲自把这个消息告诉爱因斯坦，这显然比写信要好得多。这是科学国际主义的一次胜利，理应以最快的速度把这个消息传递出去。

　　然而，后来的事实证明这是一步错棋。1920 年 1 月召开的英国皇家学会会议本来应该只是为了让爱因斯坦获奖而走的流程，但有环节出了问题。我们并不知道到底是哪里出了问题，只看到此次会议的纪要中写道："爱因斯坦教授的金牌没有得到批准。"[94] 不过，这简单的一句话却透露出强烈的意味。[95] 这是英国皇家学会自 1891 年以来第一次决定在整整一年内都不颁发金牌。也许，仍有部分英国科学家对于称颂一位德国科学家而感到不适。最初提名爱因斯坦的是赫伯特·霍尔·特纳和詹姆斯·金斯。据爱丁顿描述，这两个人在战争期间是坚定的反德人士。他们提名爱因斯坦，看起来就像是改变了立场，但他们接下来没有出席 1 月召开的会议，这是因为他们再次改变了想法吗？这会不会是为了让爱因斯坦难堪而精心设计的一个圈套？爱丁顿给爱因斯坦写了一封信，真诚地表达了歉意：

　　　　很抱歉，出现了某些意想不到的情况。因此，在 1 月 9 日召开的会议中，英国皇家学会委员会未能批准将金牌颁发给你，尽管在前一次会议中，这个决议已经获得了多数同意。事实上，金牌的候选人一共有三位（这其实是保密的信息），在 12 月的会议中，你以压倒性多

314

数的赞成票胜出。与此同时，"对立派"警觉了起来，动员了一切力量，最终在 1 月的会议中让你获奖一事未能得到通过……我承认最初听说你获得提名并将最终获奖时感到非常惊讶（因为对你进行提名的是两位在战争期间激进的"爱国者"）……我知道你一定不会因个人得失而感到沮丧，也一定会跟我一样，认为这件事原本意味着更好的国际主义精神，结果学会却以拒绝颁奖而收场，着实令人遗憾。尽管如此，我相信更好的国际主义精神已经生根发芽了。[96]

在这封信的结尾，爱丁顿表示希望爱因斯坦无论如何可以尽快访问英格兰，也许甚至访问英国皇家学会（他承认在"金牌事件"后，访问英国皇家学会可能会有些别扭）。

爱丁顿肯定是把这件事看成了战争期间敌对情绪的延伸，当时有很多事例可以表明这一点。勒德拉姆也为此事向爱因斯坦表示了歉意。他用贵格会紧急救助委员会的信头纸给爱因斯坦写了一封道歉信，在信里对英国皇家学会令人尴尬的行为进行了一番解释：

> 英国科学界人士居然真的可以如此心胸狭隘，真是令人难以置信。我想其中一个原因是科学界人士都很勤奋，忙于阅读各种材料，所以他们没有时间去了解国际事务的种种现实，会非常轻易地便接受大众媒体的观点……也许，如果你想想在过去五年中各个国家虚假的宣传攻势，就不会对这些可怜的岛民特别苛刻了。[97]

也许科学家们只是过于专注于自己的研究工作，因此无法理解政治现实。对于这个悲喜剧般的事件，爱因斯坦的反应是尽量安抚那些因此而感到沮丧朋友："我愿意接受你的邀请（去访问英国），而且在这种情况下，

315

这将完全是一次私人访问了，我那恼人的英语水平也就不会让我那么困扰了，这才更让我感到高兴。"[98] 尽管双方都表达了美好的意愿，爱因斯坦还是无法在 1920 年春天访问英国、与爱丁顿见面。要真正面对面，他们还需等待未来的时机。

1921 年，爱因斯坦再次获得金牌提名，但仍然没有最终获奖。直到 1926 年，爱因斯坦才终于获得这个奖项。爱丁顿告诉爱因斯坦自己对他最终获奖并没有起多大作用。从某种意义上说，这是事实，因为评委会进行最终投票时，爱丁顿身在莱顿。但是，爱丁顿通过日食观测远征和面向大众的演讲，充分激发了科学国际化的一切可能性，进而在英国创造了一个乐于给曾经的敌人颁发奖项的大环境。许多与爱丁顿同时代的人都对此发表了评论。英国物理学家欧内斯特·卢瑟福称爱丁顿是爱因斯坦声望的缔造者：

战争才刚刚结束，英国人在维多利亚时代和爱德华时代形成的那种扬扬自得已经被彻底击碎。人们觉得自己的一切价值观和理想典范都已经迷失。现在，突然间，他们了解到一位德国科学家做出了一个天文学预言，一群英国科学家通过科学远征证实了这个预言。这样一个超越世俗生活一切琐事的天文学发现迅速引起了人们深深的共鸣。[99]

316

奥利弗·洛奇表示如果没有爱丁顿，那么爱因斯坦将一直都默默无闻。约瑟夫·约翰·汤姆森的赞誉多少有些挖苦的意味，他说爱丁顿"运用自己雄辩的能力、清晰的思维和深厚的文学造诣成功说服了英国和美国的广大人群，让他们以为自己理解了相对论到底是什么意思，又意味着什么"。[100]

为爱因斯坦撰写传记的作家经常会借用宗教意象来更好地表达爱因斯坦是如何突然间从一个默默无闻的学术人员跃升成为一位世界级权威的。他在 11 月 6 日成为圣徒；他是手握全新《圣经》的摩西再世；他是一位贤士，带来了在世俗世界呼唤和平的圣诞祝福；他的演讲现场是"奇迹发生的地方"。[101] 爱丁顿则是使徒彼得和保罗的合体。他是一块基石，有了他，相对论这座教堂才建立起来；他是福音传道者，正是他把好消息传递到充满敌意的土地上（虽然这些意象与贵格会传统多少有些不符）。他不是先知，但他让预知未来变成了可能。

1921 年 6 月 8 日，在利物浦港，爱因斯坦从白星航运公司的"凯尔特人号"上走了下来，终于第一次踏上了英国大地。[102] 这一次，爱因斯坦本是为了帮助一个犹太复国主义组织筹措资金而长途跋涉访问美国，在从美国返回德国的途中路过了英国。爱因斯坦到达英国后，弗劳德里希也来到英国与他会合，担任他的翻译（弗劳德里希的母亲是英国人）。英国各界对于这次访问都感到很兴奋，抱有诸多期待，因此不管爱因斯坦走到哪，都被安排进行演讲、参加招待会和晚宴。当然，并不是每个人都很高兴见到他。几位"对立派"人士在爱因斯坦访问之际仍然发表了冗长的反德文章，物理学家亨利·布罗斯对此一声叹息，表示"毋庸置疑，这些人从来没有见过真正的战场"。[103]

爱因斯坦访问英国的三天如同一阵旋风。每当他出现，年轻女性都会为他的魅力所倾倒。他用德语进行的讲座，所得收入全都捐献给了英国帝国战争救助基金。[104] 在威斯敏斯特大教堂，爱因斯坦在牛顿墓前敬献了鲜花。在很多只有达官显贵才能出席的场合里，爱因斯坦几乎都是最年轻的那一位。在一次晚宴中，坎特伯雷大主教问爱因斯坦相对论会怎样改变我们对道德的认识。爱因斯坦回答："相对论不会带来任何变化……它只是一个抽象的科学理论。"事实上，当天举办这次晚宴款待他的霍尔丹勋爵

317

刚刚撰写了一部鸿篇巨著，书中宣扬的恰恰与爱因斯坦的答复相反。爱因斯坦也许是没有想到这一点，又或者他也许根本就不在意。[105]

爱因斯坦衣着邋遢，还常常不穿袜子，英国各家报纸便紧紧盯着他这双脚丫子迈出的奇怪的每一步。如果你阅读不同的报纸，就会发现其中的爱因斯坦可能会有所不同，有心不在焉的、耐心的，还有幽默的，身上的晨礼服有可能是"并不合身"，也有可能是"精心剪裁的"。大家都对他的黑色头发发表了看法。《笨拙》杂志说他如鬃毛一般的头发"给自己在宇宙中找到了一条独特的道路，而且不受制于引力"。[106]

爱因斯坦乘火车抵达伦敦后，马上便乘坐接站的汽车来到了英国皇家学会所在地伯林顿府，在那里已经有拥挤的人群在等着他了。当伯林顿府主厅的大门为他打开时，爱因斯坦看到一个身材清瘦的人在大厅的尽头等他。这个人衣着体面，准备以英国皇家学会主席的身份主持这次活动，这就是亚瑟·斯坦利·爱丁顿。爱因斯坦与爱丁顿握了手，不过我们并不知道究竟是哪一位率先伸出了手。从第一次世界大战的炮火停息到现在已经过去三年了，而从爱因斯坦发表第一篇有关相对论的论文到现在，则已经过去了十六年，爱因斯坦打赢了自己的这场战争，相对论获得了胜利。后来，爱因斯坦回忆往事时曾告诉爱尔莎，爱丁顿"是个出色的家伙。为了做到这一切，他必须经历那么多坎坷，所以就算不考虑他自己的理论成就，我也会赞赏他、钦佩他"。[107]

当爱因斯坦走上英国皇家学会的讲台时，他代表的已经不仅仅是他本人了。他是一个活生生的神话，已经变成全世界追捧的科学偶像，代表着人类智慧所能达到的最高境界。美国诗人威廉·卡洛斯·威廉姆斯将爱因斯坦称为"自我欣赏的圣方济各爱因斯坦"。"爱因斯坦"此时已经变成了天才的同义词。爱因斯坦的大脑已经脱离了肉体（这一点都不夸张，在爱因斯坦去世后，他的大脑被取出，并最终在美国四处辗转）。

不过，爱因斯坦的形象确实已经高度**具象**了：长期受到胃痛的折磨、
总是抽着雪茄、喜欢用脚指头抠沙子、接连坠入爱河又次次绝情离开。同样
的，相对论也看得见摸得着（毕竟它确实是个理论）。它从时钟、尺子和电
梯中走出来，它的方程式最初都写在用旧了的笔记本里，可以看到这些方程
式曾被反复画掉，经过一系列潦草的演算推导，才又得到重构。它最终在一
个与非洲隔海相望、炎热而又多雨的小岛上成为真切存在的现实。

今天，我们认为相对论是一个抽象到难以置信的理论，是短短一页纸
上几个优雅的方程式。然而，它的诞生却是一个复杂曲折的故事。在这个
故事里，没有取得发现的特定一刻，也没有扬名立万的承诺，只有年复一
年的挣扎和数不尽的失败与挑战。爱因斯坦必须在面临失败与质疑时坚持
不动摇；必须相信自己的朋友们。爱丁顿必须在承受巨大压力之时仍坚持
和平主义，必须既信仰上帝，又信仰物理学。这一路走来，相对论面对的
是十多个转折点，每一个都有可能成为拦路虎，让爱因斯坦的名气停留在
只是与洛伦兹或诺特相当的程度而已，并让相对论的方程式比地震还要神
秘。这样一来，人们想到爱因斯坦和相对论时，可能会说他只是为早期量
子理论做出贡献的十多人中的一个，而相对论也只是他在做出这些贡献的
过程中产生的一个奇特副产品。我们总会忘记做科学研究的困难与艰辛，
忘记科学研究也可能会有另一番结局。关于科学研究，一个简单的故事似
乎更为真实，更让人信服。

我们也喜欢把科学家都想得很简单。爱因斯坦学者约翰·施塔赫尔指
出，关于爱因斯坦，最为长久而牢固的迷思便是认为他生来就是位老人。[108]
在我们的想象中，爱因斯坦一直都是灰色的头发，脸上布满皱纹，看起来
是一位如教父一般的圣人，为全人类所钟爱。我们忘记了，在战争年代，
爱因斯坦也要忍受饥饿，在混乱的时局中度日；作为一个社会主义者，爱

因斯坦激烈地抗争，只为了更好地理解自己的想法，而并不那么在意去说服他人。1919年的爱因斯坦才刚刚四十岁。我们总是把自己熟知的老年爱因斯坦投射到这更早的年代中，因为我们希望他一直都是一个伟大的圣人。

然而，他并非如此。我们这位神话般的天才从血腥、惨烈的战争年代走来。只有参照那个时代给人们带来的恐惧，才能体会爱因斯坦的胜利是多么不同寻常，因为这是在人类文明自身似乎都处于风雨飘摇之时取得的一次胜利，是纯理性的胜利，是科学之美的胜利，更是世界和平的胜利。如果不是在那么激荡的年代，相对论就不可能会突然爆发，爱丁顿也不可能如福音传道者般狂热地执着于传播相对论。相对论在问世后的几十年间几乎都没有得到实际应用，而且尽管它已经得到了证实，但如果不是后来宇宙学家和全球定位系统工程师意识到他们需要用这个理论来对数据进行精细调整，相对论可能早就已经在冷门的期刊中渐渐失去了活力。如果没有战争，相对论可能就只是一个理论而已，虽然正确却鲜为人知；如果没有战争，爱因斯坦可能就只是讨厌背书的学童所要记忆的众多名字中的一个。相比之下，如今，爱因斯坦的名字是一种观点、一个偶像，代表了我们对科学的一切期盼。

319

320

# 尾 声

## 爱因斯坦与爱丁顿对后世的影响

### 科学有怎样的政治?

1919 年的日食持续了很长时间。这并不是说日食本身，因为那只有短短几分钟，而是说这场日食的影响，它延续了整整一个世纪。一个世纪以来，每一代人都用 [1] 爱因斯坦和日食的故事来解释科学是什么，如何发挥作用，又意味着什么。这个故事究竟给人们上了怎样的一课，这一点在过去不断发生变化，未来还将继续变化。然而，1919 年的日食已经变成了展示科学本质的一个典范，不管这个本质是好还是坏。

如果你找到一位当代科学家，问他什么样的观点才算是"科学的"观点，你很有可能只会得到一个茫然的眼神（关于这个问题，科学家并不需要进行多么深入的思考）。如果你真的得到了一个答复，那么它很有可能会是这样的：一个观点如果是**可证伪的**，那么它就是个科学的观点。也就是说，如果可以证明这个观点是错误的（通常是通过实验来实现），那么这就是科学的观点。这样一来，科学就不是要证明好的观点是正确的，而是要证明不好的观点是错误的。消除了所有不适当的观点后，科学家们就可以越来越好地认识这个世界了。

这种态度有一个很古怪的名字：**证伪主义**。在真正从事科学研究的人群中，这种态度确实非常普遍。这种思想态度是哲学家卡尔·波普尔的智慧结晶。波普尔生于奥地利，是 20 世纪最有影响力的科学哲学家之一。像对爱因斯坦一样，人们对波普尔的印象似乎也是他生来就是个老人：下颌宽大，头发一丝不乱地梳到脑后，耳朵庞大如象耳。然而，要理解波普尔与 1919 年日食之间的联系，我们必须了解一下那位年轻英俊、时髦潇洒的波普尔。在第一次世界大战期间，生于 1902 年的波普尔还太年轻，不能上战场，却足以看清战争的不公。这让他在年仅十五岁时便成为一个马克思主义者。[2] 到了波普尔十七岁时，随着 1919 年的日食让爱因斯坦现象在全世界遍地开花，他发现了一个新的学术英雄。在 1919 年到 1920 年的那个冬天，年轻的波普尔聆听了这位天才在维也纳的演讲，结果发现自己变得"迷惑茫然"了。[3]

让波普尔感到震惊和迷惑的并不是时间的膨胀和弯曲的时空。事实上，相较于相对论的科学本身，波普尔更感兴趣的是爱因斯坦是如何**谈论**科学的。让波普尔最为震撼的是爱因斯坦的"知识谦虚"[4]，也就是说这位物理学家明确指出了相对论在什么样的条件下可以被推翻。如果没有引力红移，那就没有相对论；如果没有光线偏折，那就没有相对论。这种大胆（这是我的预言，你们可以去验证它们）与试探（我的理论只是暂时如此，你随时可以去证明它是错误的）让波普尔印象尤为深刻。

正是出于这些原因，波普尔对马克思主义是科学的说法感到非常不满。这种对于革命的预言似乎只能被证明是正确的，永远都不会被证明是错误的。人们可以声称世界上的任何事件都证实了这种思想，没有任何证据可以让他们相信这是不正确的。波普尔发现弗洛伊德心理学，也就是当时的另一个伟大理论框架，也存在类似问题。不管你做了什么样的梦，弗洛伊德心理学的拥护者都可以对它进行解释，说它支持了弗洛伊德的理论。也就是说，这个理论是无法反驳的。马克思主义者和弗洛伊德心理学的拥护者似乎拥有强大到可以解释一切的理论。这样的理论真的是科学理论吗？

波普尔一度为此感到非常沮丧，是爱因斯坦帮助他搞明白了自己为什么会有这样的感受。一个好的理论，其标志并不在于它可以做出预言，而在于它可以做出能够被推翻的预言。一个科学理论应该提出一个缜密而又
322 严苛的实验，让人们有机会用这个实验来表明这个理论是错误的。如果光线没有因为引力而偏折，那么相对论就是错误的。部分拥护者那样专注于**支持**某个理论的证据，不可避免地会让人只去寻找自己想看到的，而不是真正存在的。这样的理论就是伪科学，而不是真正的科学。证伪一个理论其实也是寻找科学边界的过程（也就是哲学家所说的划界问题）。

因此，对波普尔来说，1919 年的日食并不是要证明爱因斯坦是正确的。它其实是一个实验，可以检验相对论是不是错误的。最终，相对论经受住了这次检验，这样人们就可以暂时对相对论保持信心。对波普尔哲学来说，这是一个科学的典范。奥地利科学家、哲学家奥图·纽拉特说波普尔把爱丁顿进行的实验变成了"一个科学模式"。[5] 波普尔本人表示他所做的一切只"是把原本隐藏在爱因斯坦的成果中的某些点明确表达了出来。"[6] 他说，一切科学家和科学研究都应该遵循爱因斯坦和爱丁顿的模式。

波普尔的证伪主义受到科学家和科学教育者的高度欢迎，尤其是那些想找到一个明确标准来说服法庭将神创论的拥护者逐出教室的人。[7] 证伪

主义告诉人们该以何种模式来进行科学研究（也就是像爱因斯坦那样！），也对为什么要持续进行科学研究给出了很好的解释：由于理论不可能得到终极证明，那么科学家总是可以继续做点什么。像这样逐渐逼近真理就意味着，正如波普尔所写的："在科学领域中，不存在可以停止脚步、高枕无忧的一刻。"[8]

1919 年的日食观测结果完美符合了这个模式。根据证伪主义，一个理论需要不断地被验证，天文学家们正是这样做的。利克天文台于 1922 年进行了相同的日食观测。天文台长威廉·华莱士·坎贝尔也许是因为自己的团队在 1918 年时给出的观测结果不那么可靠而感到有些尴尬，因此这一次进行了精心准备，找到了最适合用来测量光线偏折的设备与方案。结果，这一次的观测数据强有力地印证了爱因斯坦的预言。[9]1929 年，埃尔温·弗劳德里希终于得以在苏门答腊亲自对爱因斯坦的预言进行验证了。每一次这样的日食观测远征最终结果都是相对论又一次经受住了考验。也就是说，直到进行下一次验证之前，相对论都是成功的。

现在，科学家仍然会常常运用波普尔的思想来监督激进的观点或规范他们自己的领域。也许对于一个观念来说最为毁灭性的批评就是说它不科学（回忆一下对相对论的那些攻击），可证伪性则让人可以方便地得出这个结论。如今，宇宙学家都在讨论多重宇宙的概念，但这是一个可被证伪的观点吗？几十年来，理论物理学家一直在探索弦理论，不过他们还需要提出一个符合波普尔思想的关键实验，一个可以证明他们有误的关键实验。根据波普尔的思想，在科学研究中，假想可以被舍弃，科学研究的整个轨迹都可以由科研人员所掌控，这也正是所谓 1919 年模式。以此为标准，理论物理学家们所做的一切符合 1919 年模式吗？神创论者甚至试图攻击达尔文的演化论，说它不是可被证伪的，因此不符合波普尔的标准（事实并非如此，演化论完全是可被证伪的）。

哲学家和历史学家常常会指出，尽管证伪主义非常有吸引力，也被广泛应用，但这个思想仍然有严重缺陷。它实际上并没有对定义伪科学有所帮助（比如占星学，只要用一对双胞胎的经历就可以将占星学证伪），而且它也没有很好地描述科学家们实际是怎样**进行**科研工作的。尽管爱因斯坦表现出了让波普尔印象深刻的大胆和试探性，但其实他希望能有人证明自己的理论是**正确的**。大家都在说 1919 年日食观测远征证明了相对论是正确的。但后续的观测远征也尤为重要。不过，当时的普遍共识已经是认可相对论是正确的，而不仅仅是个需要验证的猜想。

到了 20 世纪 50 年代和 60 年代，其他哲学家开始指出要确定一个理论是否真的被证伪了，其实是非常困难的，也并不总是像波普尔希望的那样清晰。所以说并不是一个特定的实验结果就真的可以推翻一个理论。托马斯·库恩在著名的《科学革命的结构》中提出，个人的范式（也就是个人用来解读这个世界的思想框架）实际上可以改变其对实验结果的认知。同样是观察日食观测结果的底片，爱因斯坦的拥护者会从中看到时空曲率，但是牛顿的拥护者却什么都看不到。

这个解读实验结果的问题有时被称为迪昂-奎因论点。这个论点指出，要问一个实验到底验证了什么，其结论依赖于很多中间知识和假设。爱丁顿的底片测量的到底是引力偏折，太阳大气的折射，还是定天镜的不均匀受热？我们看到，在观测结果刚刚公布之时，科学家们确实毫不遮掩地讨论了这些问题。要解释清楚这些问题，难度很高，而且如果你想要让人相信你拿出的结果确实表达了你认为它们所表达的含义，那么这些问题就绝对是关键了。毕竟数据不会自己开口说话。

第二次世界大战以后，对于"1919 年的日食观测远征证明了相对论"的观点，出现了质疑的声音。此时，新一代科学家已经成为中坚力量，他们对于爱因斯坦封神没有亲身经历和记忆。除此之外，晚年的爱丁顿一直试图将不同的物理学理论统一起来，遭到了广泛批评。因此，此时爱丁顿的名誉已经被严重破坏。在这种背景下，年轻一代科学家便与他更加疏离，更容易提出某些问题。

1969 年，英国天体物理学家丹尼斯·威廉·夏马想要开启相对论物理学的一个新纪元，因为此时诸如射电望远镜这样的工具可以带来爱因斯坦从不敢奢望的观测结果。使用射电望远镜来测量引力偏折可以得到比观测日食更为精确的结果（而且你可以在任意时间进行观察和测量）。到了爱丁顿日食观测结果发布 50 周年纪念日之时，科学家们可以使用的数学工具已经发生了巨大变化，实验结果的预期精度也有了大幅度提高。早年间科学家们利用日食来测量光线偏折在此时看起来已经是非常业余的做法了。对光线偏折的测量确实极具挑战性，即使是后续的日食观测远征，其观测结果中也有相当高的误差。也许爱丁顿的观测结果其实并不像人们曾经认为的那样具有决定性作用。夏马认为，这些结果之所以能具有全球影响力，"部分原因在于整个世界都惊讶于英国人能够在第一次世界大战结束后这么短的时间内就拿出资金来进行一次科学远征，且目的是验证一个由德国人提出的理论"。[10]

物理学家弗朗西斯·埃弗里特更进了一步，完全摒弃了 1919 年的日食观测结果。他写道："就如何做实验而言，这是一个反面的例子。"60 年以后，经过了"更冷静的思考"[11]，1919 年的日食观测结果似乎根本不支持爱因斯坦的理论。也许爱丁顿、戴森和戴维森一直想要证明爱因斯坦是正确的，因此操纵了数据，让它们支持爱因斯坦的理论。对于"1919 年的照片底片上还是有些可靠结果"的观点，埃弗里特进行了反驳，指出"爱丁顿很擅长讲故事，可以让人卸下防备，也只有这样才能让人们相信他们很好地验证了广义相对论"。[12]

甚至斯蒂芬·霍金也非正式地摒弃了 1919 年的观测结果。他说，他

325

们要测量的效果有多大，误差就有多大（这就好像是说你肯定今天是周二，但实际上今天也有可能是周一或周三）。霍金在《时间简史》中表示："他们的测量结果完全是靠运气，或者是他们知道自己想要得到怎样的结果，然后才去测量，这样的情况在科学领域并不少见。"[13]

1919 年的观测底片真的表明了爱丁顿说的他们所做的一切吗？如果遇到这样的情况，科学家的本能反应会是再进行一次检查。因此，1979年（也就是爱因斯坦诞辰 100 周年之际），1919 年日食观测远征所拍摄的原始照片被从英国皇家学会的档案里找了出来，用现代手段进行了测量。在科学领域的争论中，很少会追溯到第一手的原始数据，不过当这种情况真的出现时，那就说明有大问题了。然而，天文学家们恰恰是因此而痴迷于数据的记录。你永远都不知道什么时候会需要找出过去的原始数据来看一看。

皇家格林尼治天文台的工作人员运用计算机化的测量设备对在索布拉尔拍摄的底片重新进行了分析，以检查 1919 年的分析是否得当。就四英寸望远镜的底片而言，戴森的分析结果为 $1.98 \pm 0.18$，现代电脑分析的结果是 $1.90 \pm 0.11$；就天体照相望远镜而言，戴森报告的未修正值为 0.93。尽管如此，考虑到图像扭曲带来的误差值后，戴森的分析结果将达到 1.52。计算机在进行修正方面则更为可靠，最终得到的结果为 $1.55 \pm 0.34$。新一轮分析所得到的综合结果为 $1.87 \pm 0.13$，实实在在地接近了爱因斯坦预言的 1.75。[14] 戴森的原始分析似乎相当不错，而且显然没有任何证据表明这些数据是故意迎合爱因斯坦理论的结果。两位天文学家撰写了一封公开信来反驳霍金的观点，指出在 1919 年的观测结果中，误差远远小于测量值。[15] 相较于"不知道今天是否是周二"，这些误差更像是说"我知道现在是周二午餐到下午茶时间之间"。当然，如今，欧洲核子研究中心的结果误差值已达到三百万分之一（被称为"五标准差"），相比之下，1919 年的测量误差确实很大。这一方面是因为科学标准在随时代发生变化，想想牛顿的实验，如果把它们放在当代，没有一个可以经受住检验；另一方面原因在于当第一次对某种事物进行测量时，结果总是会很粗糙。当你理解了自己到底在寻找什么，那么取得精确结果就会变得越来越容易。

326

不过，这次对当年观测底片的重新分析忽略了 1919 年的关键一点。当时，爱丁顿与戴森明确地提出由于定天镜的问题，不应该将在索布拉尔所得的数据纳入正式结果。这些数据与牛顿的半偏折预言值已经接近到令人担忧的程度，如果把它们也纳入了正式结果，那么就很难宣称这次的观测结果证实了爱因斯坦的理论。1980 年，美国哲学家约翰·厄尔曼和克拉克·格里默提出在索布拉尔由天体照相望远镜所得的结果不应该被排除在正式结果之外。如果这些结果被排除了，那么在普林西比所得的数据也不应该被采纳（这些数据还远不够完美）。鉴于爱丁顿没有这么做，那么他一定是存有偏见的：爱丁顿在远征之前就已经承认他认为相对论是正确的，同时，出于政治上的考虑，他也需要得到肯定的结果。厄尔曼和格里默的结论是爱丁顿之所以能在那场关于相对论的争论中获胜，只是因为他最终成为后续教科书的编撰者。不过，两位哲学家同时也对读者进行了安抚，指出"尽管对于某些认为科学是完全客观与理性的人来说，这个结论可能会让他们感到绝望"[16]，但这并不会是个大问题，因为我们还有其他理由去相信相对论是正确的。确实，如今我们有不同的实验来证实相对论，其种类之多，令人目眩，而相对论是人类历史上得到了最多验证支撑的理论之一。现在在任意一个实验室里都可以观测到引力红移，光线的引力偏折则早已得到了确认，成为探索宇宙的一个基本工具（以"重力透镜"的形式）。从星系的运动，到轨道上旋转运动的星体，再到你口袋里的全球定位系统，科学家们一直在寻找能够表明相对论预言有误的现象，然而始终一无所获。

与其他学术论文相比，厄尔曼和格里默的论文拥有更广泛的受众，这要得益于 1993 年的一本畅销书《人人应知的科学》，作者是英国社会学家哈里·柯林斯和特雷弗·平奇。[17] 他们的兴趣点在于表明科学是一种社会建构，也就是说科学得出的结论是社会和文化过程的结果，而不是针对物理世界的客观看法。在该书第二章中，两位作者利用厄尔曼和格里默的论文得出了有关相对论的更进一步的结论。他们认为不仅爱丁顿本人带有偏见，验证相对论本身就完全是一个社会建构。[18] 1919 年的日食观测远征在波普尔看来是一个典范，让人们看到应如何用最理性、最可靠的方法来进行科学研究。然而现在，这次远征反倒证明了客观是不可能实现的。即便是最伟大的科学壮举，也就是让爱因斯坦蜚声世界的那次实验，也表明科学只是另一种神话。根据这本书，科学家们之所以认为这次观测很重要，原因并不在于它揭示了物理世界的某些特性，而在于"科学需要这样能证实某些观点的决定性时刻来维护自己的英雄形象"，在于科学家们彼此相传的故事。[19]

现在，很多物理学家都已经接受了柯林斯与平奇（其实是厄尔曼和格里默）对 1919 年日食观测结果的批判意见。他们也会讨论相关的误差线和偏见。这段故事已经变成了一种科学领域的民间传说，为人们在茶余饭后所议论传播。《人人应知的科学》是一部成功到让人难以置信的学术著作（重印了 12 次以上，还进行了多次再版），其中的诸多观点还被许多不同学科的著作所引用。不过，在传颂这些观点的物理学家中，几乎没有人知道最初的出处在哪里。如果知道了这些观点最初的目的是要动摇自己所处的物理学领域，相信他们应该会非常震惊。

通常，对于像柯林斯和平奇这样的社会建构论者，科学家都会秉持强烈的负面态度。他们两方之间的争论甚至有了一个专属名称——"科学战争"。在 20 世纪 90 年代，关于相对论这样的理论是应被看作物理现实中实实在在的组成部分，还是应仅仅被视作一种社会政治讨论，出现了（以学术标准来看）相当激烈的争论。这个问题的一个层面就是诸如社会学和人类学这样的学科是否可以对自然科学发表任何有价值的意见。同样陷入争论的还有科学的性质。是哪些因素让科学发挥了作用？是像引力和电力这样物理的因素吗？还是社会因素，比如个人偏见和政治立场？谁又有资格谈论科学呢？

　　康奈尔大学物理学家大卫·莫民为学术期刊《今日物理》撰写了一篇针对《人人应知的科学》的回应文章，提出了一系列有趣的观点。莫民承认科学中存在社会因素（只要曾在实验室工作过的人都知道这一点）。不过，他没有像柯林斯和平奇那样将焦点**完全**放在这些社会因素上。他表示，科学毫无疑问可以是物理因素与社会因素共同作用的产物。[20]

　　莫民的探讨止步于此，但其他学者并没有停下脚步。物理学家丹尼尔·肯尼菲克强调尽管爱丁顿与戴森就数据的取舍做出了重要决策，但这并不意味着这些决策是**错误的**。肯尼菲克写道，一个实验所处的背景对于理解这个实验的结果有至关重要的作用。[21] 在 1919 年，那几位天文学家有充分的理由认为在索布拉尔由天体照相望远镜所得的底片存在系统误差，而在普林西比拍摄的底片则不存在这个问题，而且他们公开了这些理由。绝大多数有资格去评判这些理由的科学家都被说服了，认为根据当时的标准，这几位天文学家做出了正确的选择。他们明白要找出优劣数据之间的差异其实并不是一件会引发争议或遭到质疑的事情。这其实是科学研究的一项常规工作。

　　要区分数据的优劣并不总是那么容易。通常，你需要在获取和分析某些特定种类的数据方面有一些经验。在 1919 年，信任那些非常了解望远镜的人是个不错的选择。反过来，不要相信一个粒子物理学家在化石领域发表的看法。亲身经历会带来一种特殊的理解。德语中有一个冗长而专业的词语来表达这一点，写作 Fingerspitzengefühl，从字面上来说，这描述的是你指尖上的感觉；如果延伸一下，这个词描述的就是由于长期的经历而产生的一种特殊感知。正是因为这一点，汽车修理师傅只要听声音就能判断出发动机是哪里出了问题，大厨也总能精准地知道哪种调料该多加那么一点点。然而，如果你要请汽车修理师傅详细解释一下他是如何确定发动机修理方案的，或者请厨师具体讲解一下他是如何判断调料用量的，那么他们应该都会觉得非常复杂，很难说得清。科学也面临相同的状况。1919年 5 月 30 日，戴维森和克罗姆林只是瞥了一眼在索布拉尔由天体照相望远镜拍摄的照片，立刻就知道有环节出了问题。其专注于天文学领域的同事也能够做出相同的判断。[22] 要区分数据的优劣并不容易，不过也完全没有什么神秘之处。

对于世间万物的原因，人人都想要一个简单明了的解释。波普尔认为1919 年的日食观测远征非同寻常，是好科学的典范。埃弗里特认为这些远征是带有偏见的，是坏科学的典范。柯林斯和平奇则认为这些远征受到了政治与政府当局的严重影响，从而表明科学是一种社会建构的典范。

《爱因斯坦的战争》讲述的故事表明无论是前面哪种观点，都是不全面的。在爱因斯坦与相对论的胜利中，有好科学，也有坏科学，有政治，也有个人权威。科学世界中的每一段故事都是如此。然而，这一切不意味着相对论是错误的（自那时起，相对论已经经历了许多许多次验证），也不意味着爱丁顿对数据进行了模糊处理（我们完全有理由相信 1919 年观测远征的数据）。科学是人类的活动，这就意味着科学本就是复杂的，也常常会让人迷惑。人会犯错，设备会发生故障，糟糕的决策会因为政治或个人偏见而出现。然而，人也会有灵光闪现的时刻，他们会有能够给自己提供重要建议的朋友，他们也会因为自己的政治立场或个人信仰而投身于某项事业。

我们不需要走向极端。人类科学家的存在并不会让科学不可靠。不过，我们需要理解作为"人类的活动"的科学实际上看起来是怎样的，又是如何发挥作用的。这就是说，我们必须不再理会那些为了让人们安心而将科学描绘成"毫无激情、纯粹理性、一贯客观"的谬见。相对论的故事体现了深刻的人性，也包含了偶尔会出现的混乱状况。这个故事并不是一个特例，而是一个典范。科学是混乱的，也是一种有力的方式，让我们去了解周围这个真实的世界。

抛开数据的取舍以及误差的分析不谈，几乎所有人都认可 1919 年的日食观测远征具有更广泛的历史意义。这趟远征是伟大的胜利，体现了科学更崇高的价值，也表明科学家可以战胜狭隘的民族主义，以及科学可以帮助人们逃离民族主义和战争的桎梏。我们看到了爱丁顿与爱因斯坦是如 330 何对这层意义进行了有意识的传播，他们想要利用这个时刻来改变科学家的行事方式。后来，他们也一直没有放弃。1940 年，戴森在第二次世界大战最黑暗的日子里离世。爱丁顿为戴森撰写了讣文，并利用这个机会再次提醒人们 1919 年的日食观测远征"适时终结了关于抵制德国科学的疯狂讨论。在验证'敌人'理论的过程中，我们的国家天文台始终站在最前沿，保持了科学最优良的传统；也许那些远征给我们上的这一课在当今世界仍然很有必要"。[23] 1919 年的日食观测远征是一个典范，不仅仅是波普尔所谓认识论层面上的典范，更是政治和道德层面上的典范。 331

这样树立典范有时会变成自鸣得意的表现。1979 年，在爱因斯坦诞辰百年之际，英国著名天文学家威廉·麦克雷发表了一次振奋人心的演讲，盛赞英国科学界不管是在第一次世界大战期间还是之后都一直坚持科学国

爱因斯坦和他的国际联盟，摄于1923年9月。后排：爱因斯坦、埃伦费斯特、德西特，前排：爱丁顿、洛伦兹。

埃米利奥·塞格雷视觉档案馆

际主义，这对爱因斯坦来说是一大幸事。[24]麦克雷这一代人已经完全忘记了，针对英国国土是否欢迎德国科学踏足的问题，曾经发生过异常激烈的斗争。爱丁顿成功地把日食观测远征塑造成一次国际主义的胜利，因此，当回首这段往事时，对像麦克雷这样的人来说，国际主义似乎一定是显而易见的，也是面对德国科学的一种自然而然的方式。也就是说，当事后再去审视那段历史，一切似乎都是必然。当然，相对论一定会得到验证，而爱因斯坦确实是个天才。似乎政治本不应该成为阻碍，毕竟科学家总是超越民族主义的。

就1919年的日食观测远征而言，即使是那些攻击其科学价值的人也承认它对于"一战"后的世界至关重要。霍金在摒弃了远征所得的数据后，马上掉转话锋，称这些远征是国际和解的胜利。[25]1986 年，美国物理学家克利福德·威尔表示这些远征放在当今时代也是值得追求的：

> 在我们当今这个时代，冷战政治有时会阻碍科学信息的自由流动和科学交流的自由展开，我们要记住这样一个范例：英国政府批准一位和平主义科学家在战争期间免服兵役，这样他就可以去向远方，尝试去验证一个由敌国科学家提出的理论了。[26]

除此之外，1919 年远征所体现出的国际主义也被描绘成是毫无争议的，每一位科学家都会本能地接受这样一种精神。如果苏联科学家和美国科学家无法融洽相处，他们应该看看爱因斯坦和爱丁顿做出的榜样。

然而，像通常一样，"国际主义"是一个复杂的概念，对不同的人会有不同的含义。为了庆祝日食观测九十周年，在普林西比，人们计划在爱丁顿和科廷汉姆观测日食的地方（这个地方当时仍然可以步行到达，只是要走过一段尘土飞扬的小路）立一块纪念牌。然而，关于这块纪念牌应该由哪方来安装，出现了一些争议。应该由英国人来立吗？还是该由葡萄牙人？是一个地方的国家属性重要还是在这个地方工作的人的国籍更重要？重达 50 公斤的纪念牌在当地官员的特殊安排下才得以通过海关，1919 年时，日食观测远征使用的设备也是像这样经过了特殊安排才被放行。这块纪念牌颂扬了国际主义，但并没有摆脱殖民主义的印记：很多当地小孩来围观，但都被赶走了，因为他们被告知这块纪念牌是专为白人准备的。[27]

科学与政治之间的关系应该是怎样的？答案并不那么显而易见。有人说科学应该与政治完全分离，也就是说科学家不应该参与政治，政客也不

332

应该染指科学。在第一次世界大战期间，这种两者相互分离的观点几乎被完全抛弃了。什么人可以订阅科学期刊是个政治问题；什么人可以从政府得到资金支持也是个政治问题；用什么样的措辞来描述一个实验中所需的设备还是个政治问题。有人看到这一切，可能会说这是战争期间，一切都无法正常运转。所以，这只是科学的一种反常状态。

然而，这并不是反常状态。从过去到现在，科学始终都交织着政治因素，未来也将持续如此。战争只是让这些政治因素走进了人们的视野。让科学脱离政治的想法可以存在，但并无法变成现实。与其无视科学中的政治因素，我们不如大方承认它们的存在，进而更好地去理解这一现象。这样一来，问题就变成了："科学拥有怎样的政治？"我们时不时会听到一种说法，说科学与某种政治框架或政治观点存在固有的联系。比如美国社会学家罗伯特·金·默顿曾提出科学促进了民主。你当然可以在科学价值观与民主价值观之间找到某些联系（比如言论自由），但是要在科学与其他主义之中找到联系，比如无政府主义，也并不困难。

在第一次世界大战期间，我们看到了很多人为找到这些联系而进行了尝试。每一个签署了《九三宣言》的人都认为德意志帝国的政治框架是科学应有的政治。爱因斯坦认为社会主义才是科学最天然的政治框架。爱丁顿则认为国际主义才是正确答案。科学实践本身并不具有内在固有的政治倾向。每个群体、每个个体都会将各自的科学实践、民族身份、个人信仰和过往经验混合在一起。自己赋予科学的政治就是最好的，敌人带来的则是最糟糕的，这对当时的每个科学家来说都是不言而喻的。

然而，这里并不存在一个标准答案。做一名科学家并不意味着就处于某种政治环境中。然而，只要科学家还是有血有肉的人，那么科学中就会有政治的影子。科学家们需要自行决定什么样的政治价值观对自己的研究工作来说是至关重要的。如果你认为科学需要许多不同的观点和

333

多样的生活经历，那么你在进行科学研究时就应该努力践行多元主义的价值观；如果你认为科学遭受了过多的政府干预，那么你就应该努力让科学体现自由主义的价值观。科学家不应该因为表达了自己认为有利于科学发挥其作用的政治观点而感到尴尬（爱因斯坦肯定不曾因此而感到尴尬）。很有可能其他科学家并不会认同这样的政治观点（爱因斯坦就发现了这一点）。如果有科学家正在考虑是否要去游说其中几位意见不同的科学家，或者那些科学家是否能够走上街头参与游行抗议，那么他应该想一想那个出现在征兵听证会上的爱丁顿或是那个冲破了重重革命障碍的爱因斯坦。

只是秉持某种政治观点并不会让人无法进行科学研究。科学家不是没有情感的机器，我们也不希望他们变成机器。我们需要的科学家要从内心深处有所热爱并且愿意采取行动去支持内心所爱。如果不是爱丁顿热爱和平主义，那么我们就不会看到 1919 年的相对论革命。在那个年代，秉持各种不同政治观点的人们都关注着各自科学领域的发展，正是这一点为爱因斯坦突然在国际上一跃成名创造了绝佳的条件。战争的残酷以及和平主义者对战争的应对形成了一个复杂而又脆弱的网络，塑造了为人们所知的相对论。科学与更广阔世界之间的关联，包括它与政治、宗教、文化之间的关联，并不是微不足道的。我们如何看待科学、如何将科学与生活的其他组成部分相关联，都会令科学研究的展开发生变化。不管是科学家还是普通人，我们对于科学要实现怎样的价值和目标，都需要做出抉择。爱因斯坦已经做出了他的抉择。334

# 致　谢

　　每一本书都会有一个出版日期，这个日期会让人产生一种错觉，仿佛这本书在某个时刻突然诞生了（与科学理论多少有些相似）。事实上，一本书的诞生当然是一个缓慢而又逐步的过程。就《爱因斯坦的战争》而言，尤为如此。这本书以我二十多年的学术研究与文稿为基础，并将它们融会贯通。这种融会贯通可能导致这本书在某些方面与我此前已出版的作品有些不可避免的相似之处。我要感谢多年来一直支持我的每一个人，即使你们自己并没有意识到，但正是你们的努力让这本书成为现实。

　　在构建这个故事的过程中，我尤其大量参考了几位学者的研究成果，因此我不想仅在尾注中提到他们的名字。市面上的爱因斯坦传记数不胜数。我发现，就细节收录、逻辑清晰和通俗易懂三者之间的平衡而言，没有哪本书能与阿尔布雷希特·福尔辛的《爱因斯坦传》相媲美，我也把这本书作为本书故事的基础。约翰·基根的《第一次世界大战史》同样深刻影响了我对这场战争的看法。胡贝尔·戈纳和朱塞佩·卡斯坦尼蒂对爱因斯坦在第一次世界大战期间的政治激进主义所进行的研究对我尤其有帮助，于尔根·雷恩和米歇尔·詹森以及"相对论起源"系列中每一个人所做的研究也都为我提供了帮助。多年来，爱因斯坦论文项目收集了大量爱因斯坦的书信与文件，并把它们变成了线下和线上都可以使用的资源，如果没有这个项目的大量参与者为此付出的努力，这本书也不可能变成现实。

在这样一本书中，我无法按照学术著作的标准对所有相关学术文献的引用进行全面标注。关于爱因斯坦和第一次世界大战的研究著作，已经数不胜数，我所记录的都只是皮毛。我在这本书里对很多学者的研究成果都没有明确指出来，因此要向这些学者表达歉意。在引用资料时，我都尽可能地引用大众更容易接触到的二手资料，比如《爱因斯坦语录》和历史学家玛格丽特·麦克米伦的《巴黎1919》，而不是引用学术出版物，因为对于有兴趣的读者来说，寻找这些学术出版物的难度可能更大一些。同样的，为了保持引用一致和简单明了，在需要引用德文资料时，我大都选择已经出版的英文译本。

我要向花费了很长时间以不同形式通读了本书初稿的人们表达最诚挚的谢意，他们是珍妮尔·斯坦利、安德鲁·沃里克、格雷姆·古戴、安德鲁·罗米格、马修·格雷戈里、梅瑞狄斯·塞曼。他们的耐心和反馈对这本书的整体呈现至关重要。戴维·凯泽和迈克尔·戈丁审读了本书的大部分内容，我尤其要感谢他们指出了其中的许多低级错误。感谢盖伊·雷德、布鲁斯·亨特和得克萨斯大学奥斯汀分校历史系的各位同人，他们给本书的样章提供了最初的意见反馈。达明·斯皮策教授、杰菲里·约翰森教授、卡斯滕·莱因哈特教授、玛戈特·卡纳迪教授、路易斯·坎波斯教授、基特·普里斯教授都为某些话题提供了非常宝贵的信息。我还要特别感谢玛雅·斯坦利和佐伊·斯坦利告诉我有关爱因斯坦的无尽趣事。

在我最初论证这本书是否具有可行性，以及该如何撰写一本大众读物的过程中，很多人都为我提供了帮助，包括阿曼达·彼得鲁西奇、金·菲利普斯-费恩、布莱恩·基廷和肯·奥尔德。本书中的许多内容都通过在

335

美国各地举办的一日大学进行了测试发布，因此我要感谢所有学习者付出的时间和精力，要感谢一日大学的创始人史蒂文·施拉格斯让这一系列活动变成现实。我要特别感谢苏姗·伍福德和纽约大学迦勒汀个人学习学院给我提供了相应的时间和资源来完成本书。如果没有各位同事跟我的有趣对话，如果没有他们在学院里创造的良好跨学科氛围，如果没有我的各位研究助理雅各布·福特、伊丽莎白·卢森堡、梅乐迪·徐（音译）、瑞秋·斯特恩不知疲倦的工作，我不可能写出这本书。

　　最后，我要感谢每一个让这本书的出版上架成为可能的人。如果不是我的经纪人杰夫·施里夫对这个项目充满信心，这一切都不可能发生。我要对他和科学工厂项目中的每一位都表示衷心感谢。我还要感谢本书编辑丹尼尔·克鲁和史蒂夫·莫罗，是他们将我的原稿整理成形；要感谢康纳·布朗、玛德琳·纽奎斯特以及维京出版社和达顿出版社的各位，经过他们艰苦卓绝的努力，这本书才得以赶在 2019 年日食观测验证相对论 100 周年之际上市。这本书的主题之一正是在传播思想观点时必然会经历的挑战、困难，当然还有回报，因此我特别能体会要让这本书拥有今天需要经历些什么，并对这一切心存感激。感谢每一位为本书付出的人，谢谢。

# 注 释

## 序 曲

1  Alice Calaprice, ed., *The Ultimate Quotable Einstein* (Princeton: Princeton University Press, 2010), 58.
2  Ibid., 301.
3  *The Manchester Guardian*, June 10, 1921, quoted in Ronald W. Clark, *Einstein: The Life and Times* (New York: World Publishing, 1971), 271—272.
4  Clark, *Life and Times*, 272.

## 第一章

1  Samuel Clemens to William Dean Howells, May 4, 1878, in Samuel L. Clemens and William D. Howells, *Mark Twain-Howells Letters: The Correspondence of Samuel L. Clemens and William D. Howells, 1872—1910*, ed. Henry Nash Smith and William M. Gibson (Cambridge, Massachusetts: Belknap Press, 1960).
2  *Collected Papers of Albert Einstein* (Princeton: Princeton University Press, 1987—2006), hereafter CPAE, volume 1, "Albert Einstein—A Biographical Sketch by Maja Winteler-Einstein (Excerpt)," xviii.
3  Abraham Pais, *Subtle Is the Lord: The Science and the Life of Albert Einstein* (Oxford: Oxford University Press, 1982), 36.
4  Albrecht Fölsing, *Albert Einstein* (New York: Penguin, 1997), 26. Alice Calaprice, ed., *The Ultimate Quotable Einstein* (Princeton: Princeton University Press, 2010), 27.
5  CPAE volume 1, "Albert Einstein—A Biographical Sketch by Maja Winteler-Einstein (Excerpt)," xix.
6  Calaprice, *The Ultimate Quotable Einstein*, 281.
7  CPAE volume 1, "Albert Einstein—A Biographical Sketch by Maja Winteler-Einstein

(Excerpt)," xix.

8  Fölsing, *Albert Einstein*, 23.

9  Quoted in Ibid.

10  Quoted in Ibid., 24. Lorraine Daston, "A Short History of Einstein's Paradise Beyond the Personal," in *Einstein for the 21st Century*, ed. Peter Galison Gerald Holton, and Silvan Schweber (Princeton: Princeton University Press, 2008).

11  CPAE volume 1, document 22, "My plans for the future," 16.

12  Fölsing, *Albert Einstein*, 29—30.

13  Lewis Pyenson, *The Young Einstein: The Advent of Relativity* (Boca Raton: CRC Press, 1985), 81.

14  Fölsing, *Albert Einstein*, 57.

15  Ibid., 53.

16  Pais, *Subtle Is the Lord*, 44.

17  Alice Calaprice, ed., *The New Quotable Einstein* (Princeton: Princeton University Press, 2005), 302.

18  A. Vibert Douglas, *The Life of Arthur Stanley Eddington* (London: Thomas Nelson, 1956), 2.

19  20 June 1898. A. S. Eddington, "A total eclipse of the sun," O.11.22/13, Eddington Papers, Trinity College Library, University of Cambridge. Courtesy of the Master and Fellows of Trinity College, Cambridge.

20  Douglas, *Arthur Stanley Eddington*, 30.

21  Ibid., 7.

22  Ibid., 33; Eddington's Notebook, Add. Ms. a. 48, Eddington Papers, Trinity College Library, Cambridge.

23  Calaprice, *Ultimate Quotable Einstein*, 278.

24  Ibid., 302.

25  Fölsing, *Albert Einstein*, 68.

26  CPAE volume 1, document 136, "Einstein to Mileva Maric, 8? February 1902," 192.

27  Abraham Pais, *Einstein Lived Here* (Oxford: Oxford University Press, 1994), 13.

28  Ibid., 11.

29  Fölsing, *Albert Einstein*, 102.

30  CPAE volume 1, document 91, "Military Service Book, 13 March 1901," 158.

31  CPAE volume 1, document 134, "Einstein to Mileva Maric, 4 February 1902," 191.

32  John Norton, "How Hume and Mach Helped Einstein Find Special Relativity," in *Discourse on a New Method: Reinvigorating the Marriage of History and Philosophy of Science*, eds. Mary Domski and Michael Dickson (Chicago: Open Court, 2004), 374.

33  Ibid., 367.

34  Peter Galison, *Einstein's Clocks, Poincaré's Maps* (New York: W. W. Norton, 2003), 253.

35  Pais, *Einstein Lived Here*, 8.

36  CPAE volume 1, document 101, "Einstein to Mileva Maric, 15 April 1901," 166; CPAE volume 1, document 127, "Einstein to Mileva Maric, 12 December 1901," 185.

37  John Heilbron, *The Dilemmas of an Upright Man: Max Planck as Spokesman for German Science* (Berkeley: University of California Press, 1986), 35.

38　Ibid., 28.

39　Andrew Warwick, *Masters of Theory: Cambridge and the Rise of Mathematical Physics* (Chicago: University of Chicago Press, 2003), 404—406.

40　Pais, *Subtle Is the Lord*, 150.

41　Warwick, *Masters of Theory*, 406.

# 第二章

1　A. Vibert Douglas, *The Life of Arthur Stanley Eddington* (London: Thomas Nelson, 1956), 15.

2　Eddington's Notebook, Add. Ms. a. 48, Eddington Papers, Trinity College Library, Cambridge.

3　Douglas, *Arthur Stanley Eddington*, 24.

4　Ibid., 18.

5　Ibid., 34.

6　Albrecht Fölsing, *Albert Einstein: A Biography* (New York: Viking, 1997), 132.

7　Ibid., 216.

8　Ibid., 203

9　John Stachel, "The First Two Acts," in *The Genesis of General Relativity*, vol. 2, ed. Jürgen Renn (Dordrecht: Springer, 2007), 84.

10　CPAE volume 7, document 31, "Ideas and Methods," 136.

11　Jürgen Renn, "Classical Physics in Disarray," in *Genesis of General Relativity*, vol. 1, ed. Jürgen Renn, n.d., 63.

12　Jürgen Renn and Matthias Schemmel, eds., *The Genesis of General Relativity, Volume 1*, Boston Studies in the Philosophy and History of Science (Dordrecht: Springer, 2007), 494.

13　CPAE volume 5, document 69, "Einstein to Conrad Habicht, December 24, 1907," 47.

14　Fölsing, *Albert Einstein*, 246—251.

15　Ibid., 241.

16　Ibid., 262.

17　Ibid., 273.

18　Ibid., 294—295.

19　CPAE volume 5, document 389, "Einstein to Elsa Einstein, 30 April 1912," 292.

20　Roy M. MacLeod, "The Chemists Go to War: The Mobilization of Civilian Chemists and the British War Effort, 1914—1918," *Annals of Science* 50 (1993): 457.

21　Martin J. Klein, *Paul Ehrenfest, Volume I: The Making of a Theoretical Physicist* (New York: Elsevier Science, 1970), 303.

22　CPAE volume 5, document 305, "Einstein to Heinrich Zangger, 15 November 1911," 222.

23　CPAE volume 5, document 360, "Einstein to Hendrik A. Lorentz, 18 February 1912," 262—263.

24　Fölsing, *Albert Einstein*, 154.

25　Alice Calaprice, ed., *The Ultimate Quotable Einstein* (Princeton: Princeton University Press, 2010), 281.

26　Ibid., 294.

27　Fölsing, *Albert Einstein*, 243.

28　Ibid., 245.

29　Ibid., 308.

30　CPAE volume 5, document 281, "Einstein to Erwin Freundlich, 1 September 1911," 201—202.

31　Fölsing, *Albert Einstein*, 309.

32　Douglas, *Arthur Stanley Eddington*, 19.

33　Alex Soojung-Kim Pang, *Empire and the Sun: Victorian Solar Eclipse Expeditions* (Stanford: Stanford University Press, 2002), 39.

34　Eddington's Notebook, Add. Ms. a. 48, Eddington Papers, Trinity College Library, Cambridge.

35　Pang, *Empire and the Sun*, 130—131.

36　Eddington, "Report on an expedition to Passa Quatro, Brazil," MNRAS 73 (1912), 386—390.

37　Eddington's Notebook, Add. Ms. a. 48, Eddington Papers, Trinity College Library, Cambridge.

38　Douglas, *Arthur Stanley Eddington*, 98.

39　5 August 1913, Eddington to Sarah Ann Eddington, EDDN A 3/1. Eddington Papers, Trinity College Library, Cambridge.

40　Douglas, *Arthur Stanley Eddington*, 30.

41　Ibid., 90.

42　Ibid., 109.

43　Catherine Rollet, "The Home and Family Life," in *Capital Cities at War: Paris, London, Berlin 1914—1919: A Cultural History*, vol. 2, eds. Jay Winter and Jean-Louis Robert, Studies in the Social and Cultural History of Modern Warfare (Cambridge: Cambridge University Press, 1997), 316.

44　John H. Morrow Jr., *The Great War: An Imperial History* (New York: Routledge, 2014), 24.

45　Christopher Clark, *The Sleepwalkers: How Europe Went to War in 1914* (New York: Allen Lane, 2012), 181.

46　Morrow, *The Great War*, 27.

47　Clark, *The Sleepwalkers*, 54.

## 第三章

1　John Norton, "'Nature Is the Realisation of the Simplest Conceivable Mathematical Ideas': Einstein and the Canon of Mathematical Simplicity," *Studies in History and Philosophy of Modern Physics* 31, no. 2 (2000): 137.

2　Albert Einstein, "On the Method of Theoretical Physics," in *Ideas and Opinions*, ed. Sonja Bargmann (New York: Wings Books, 1954), 270.

3　Hendrik Lorentz, "Considerations on Gravitation," in *The Genesis of General Relativity* vol. 3, ed. Jürgen Renn (Dordrecht: Springer, 2007), 113.

4　Jürgen Renn, "The Summit Almost Scaled," in Ibid., 310.

5　Quoted in Norton, "Nature Is the Realisation of the Simplest Conceivable Mathematical Ideas," 143.

6　Quoted in John D. Norton, "Einstein, Nordström, and the Early Demise of Scalar, Lorentz Covariant Theories of Gravitation," in Renn, *Genesis* vol. 3, 422.

7　Jürgen Renn and Matthias Schemmel, "Introduction," in Ibid., 13—14.

8　Einstein 1907 (Vol. 2, Doc. 47), "Einstein to Michele Besso, 1912," cited in CPAE volume 4, "Introduction," xv.

9　John Stachel, "The First Two Acts," in *The Genesis of General Relativity* vol. 1, ed. Jürgen Renn (Dordrecht: Springer, 2007), 99.

10　Abraham Pais, *Subtle Is the Lord: The Science and Life of Albert Einstein* (Oxford: Oxford University Press, 1982), 212.

11　Albrecht Fölsing, *Albert Einstein: A Biography* (New York: Viking, 1997), 315.

12　Thomas Levenson, *Einstein in Berlin* (New York: Bantam Books, 2003), 105.

13　在 Jürgen Renn and Matthias Schemmel, eds., *The Genesis of General Relativity, Volume 1*, Boston Studies in the Philosophy and History of Science (Dordrecht: Springer, 2007) 中对笔记本的逐页评注。

14　Jürgen Renn and Tilman Sauer, "Pathways out of Classical Physics," in *The Genesis of General Relativity Volume 1*, ed. Jürgen Renn (Dordrecht: Springer, 2007), 113—312, 263.

15　Fölsing, *Albert Einstein*, 317.

16　Ibid.

17　Michel Janssen and Jürgen Renn, "Einstein Was No Lone Genius," *Nature* 527, no. 7578 (November 2015): 298—300.

18　Fölsing, *Albert Einstein*, 324.

19　Ibid., 325.

20　Levenson, *Einstein in Berlin*, 4—5.

21　Fölsing, *Albert Einstein*, 328.

22　Jeffrey Johnson, *The Kaiser's Chemists* (Chapel Hill: University of North Carolina Press, 1990), 89—90.

23　Levenson, *Einstein in Berlin*, 1—2.

24　Hubert Goenner and Giuseppe Castagnetti, "Albert Einstein as Pacifist and Democrat During World War I," *Science in Context* 9, no. 4 (1996): 329—330.

25　Fölsing, *Albert Einstein*, 330—331.

26　CPAE volume 8, document 94, "Einstein to Heinrich Zangger, 7 July 1915," 109—110.

27　Fritz Stern, *Einstein's German World* (Princeton: Princeton University Press, 2001), 64.

28　CPAE volume 8, document 23, "Einstein to Mileva Einstein-Maric, 18 July 1914," 33.

29　CPAE volume 8, document 22, "Memorandum to Mileva Einstein-Maric, with Comments, 18 July 1914," 32—33.

30　Stern, *Einstein's German World*, 65.

31  CPAE volume 8, document 26, "Einstein to Elsa Einstein, 26 July 1914," 35.

32  CPAE volume 8, document 27, "Einstein to Elsa Einstein, after 26 July 1914," 36.

33  CPAE volume 8, document 6, "Einstein to Adolf Hurwitz and Family, 4 May 1914," 13.

34  CPAE volume 10 (cited as volume 8), document 16a, "Einstein to Zangger, 27 June 1914," 11.

35  Levenson, *Einstein in Berlin*, 31.

36  Fölsing, *Albert Einstein*, 335.

37  CPAE volume 10 (cited as volume 8), document 16a, "Einstein to Zangger, 27 June 1914," 12.

38  Albert Einstein, "Principles of Theoretical Physics," in *Ideas and Opinions*, ed. Sonja Bargmann (New York: Wings Books, 1954), 222—223.

39  Klaus Hentschel, *The Einstein Tower* (Stanford: Stanford University Press, 1997), 22.

40  Fölsing, *Albert Einstein*, 356.

41  "The British Association in Australia," *Science* 39, no. 1015 (June 12, 1914): 864—865.

42  A. Vibert Douglas, *The Life of Arthur Stanley Eddington* (London: Thomas Nelson, 1956), 121—122.

43  Ibid., 90.

44  Ibid.

45  Christopher Clark, *The Sleepwalkers: How Europe Went to War in 1914* (New York: Allen Lane, 2012), 374.

46  Ibid., 388.

47  Ibid., 393—395.

48  Ibid., 417.

49  Ibid., 456.

50  Ibid., 463.

51  Ibid., 524.

52  Ibid., 540.

53  Ibid., 541.

54  John Morrow, *The Great War: An Imperial History* (New York: Routledge, 2014), 30.

55  Hentschel, *The Einstein Tower*, 22.

56  *The Observatory* 479 (October 1914): 397.

57  Douglas, *Arthur Stanley Eddington*, 91—92.

58  *The Observatory* 485 (March 1915): 155.

59  Adrian Gregory, *The Last Great War* (Cambridge: Cambridge University Press, 2008), 16—18.

60  Stefan L. Wolff, "Physicists in the 'Krieg der Geister': Wilhelm Wien's 'Proclamation,'" *Historical Studies in the Physical and Biological Sciences* 33, no. 2 (2003): 340.

61  Gregory, *The Last Great War*, 13.

62  Alan Wilkinson, *The Church of England and the First World War* (London: Lutterworth, 2014), 12.

63  Ibid., 33.

64  Winston Groom, *A Storm in Flanders* (Grove Press, 2003), 13.

65  CPAE volume 8, document 34, "Einstein to Paul Ehrenfest, 19 August 1914," 41—42.

66 John Heilbron, *The Dilemmas of an Upright Man: Max Planck as a Spokesman for German Science* (Berkeley: University of California Press, 1986), 71.

67 Stern, *Einstein's German World*, 44.

68 Jon Lawrence, "Public Space, Political Space," in *Capital Cities at War: Paris, London, Berlin 1914—1919; A Cultural History*, vol. 2, eds. Jay Winter and Jean-Louis Robert, Studies in the Social and Cultural History of Modern Warfare (Cambridge: Cambridge University Press, 1997), 283.

69 CPAE volume 10 (cited as volume 8), document 34a, "Einstein to Zangger, 24 August 1914," 13.

70 Adrian Gregory, "Railway Stations," in Winter and Robert, *Capital Cities at War*, 28—29.

71 John Keegan, *The First World War* (London: Hutchinson, 1998), 87.

72 Ibid., 96.

73 Ibid., 92.

74 Quoted in Peter Hart, *Fire and Movement* (Oxford University Press, 2014), 94.

75 Keegan, *The First World War,* 110.

76 Groom, *A Storm in Flanders*, 31.

77 Keegan, *The First World War*, 93.

78 William Van der Kloot, *Great Scientists Wage the Great War* (Oxford: Fonthill Books, 2014), 22—23.

79 Keegan, *The First World War*, 121.

80 Kurt Mendelssohn, *The World of Walther Nernst: The Rise and Fall of German Science* (Pittsburgh: University of Pittsburgh Press, 1973), 80.

81 Holger H. Herwig, *The Marne, 1914: The Opening of World War I and the Battle That Changed the World* (New York: Random House, 2009), 244.

82 Groom, *A Storm in Flanders*, 33.

83 Keegan, *The First World War*, 143.

84 Ibid., 146.

85 Hentschel, *The Einstein Tower*, 22. Fölsing, *Albert Einstein*, 357. Levenson, *Einstein in Berlin*, 59—60.

86 CPAE volume 10 (cited as volume 8), document 34a, "Einstein to Zangger, 24 August 1914," 13.

87 Levenson, *Einstein in Berlin*, 60.

88 CPAE volume 8, document 39, "Einstein to Paul Ehrenfest, December 1914," 46—47.

# 第四章

1 John Horne and Alan Kramer, *German Atrocities, 1914: A History of Denial* (New Haven: Yale University Press, 2001): 38—40.

2 Ibid., 117.

3 Ibid., 231.

4　G. F. Nicolai, *The Biology of War* (New York: The Century Co., 1919), ix.

5　Ibid.

6　Stefan L. Wolff, "Physicists in the 'Krieg der Geister': Wilhelm Wien's 'Proclamation,'" *Historical Studies in the Physical and Biological Sciences* 33, no. 2 (2003): 341.

7　John Heilbron, *The Dilemmas of an Upright Man: Max Planck as a Spokesman for German Science* (Berkeley: University of California Press, 1986), 70.

8　Hubert Goenner and Giuseppe Castagnetti, "Albert Einstein as Pacifist and Democrat During World War I," *Science in Context* 9, no. 4 (1996): 331.

9　Nicolai, *Biology of War*, xiv.

10　Wolff, "Physicists in the 'Krieg der Geister,'" 343.

11　Daniel Inman, "Theologians, War, and the Universities," *Journal for the History of Modern Theology* 22, no. 2 (2015): 168—189, 176.

12　Ibid., 175.

13　CPAE volume 9, document 80, "Einstein to Hendrik A. Lorentz, 1 August 1919," 68.

14　CPAE volume 10 (cited as volume 8), document 41a, "Einstein to Zangger, 27 December 1914," 13.

15　Wolf Zuelzer, *The Nicolai Case* (Detroit: Wayne State University Press, 1982), 17—20.

16　Ibid., 25.

17　Nicolai, *Biology of War*, xvii—xix.

18　CPAE vol. 8, document 57, "Einstein to Georg Nicolai, 20 February 1915," 69.

19　Goenner and Castagnetti, "Albert Einstein as Pacifist and Democrat During World War I," 333.

20　Martin J. Klein, *Paul Ehrenfest, Volume I: The Making of a Theoretical Physicist* (New York: Elsevier Science, 1970), 299.

21　Zuelzer, *The Nicolai Case*, 345.

22　Stefan Goebel, "Schools," in *Capital Cities at War: Paris, London, Berlin 1914—1919: A Cultural History*, vol. 2, eds. Jay Winter and Jean-Louis Robert, Studies in the Social and Cultural History of Modern Warfare (Cambridge: Cambridge University Press, 1997), 211—216.

23　Goenner and Castagnetti, "Albert Einstein as Pacifist and Democrat During World War I," 334—335.

24　Thomas Levenson, *Einstein in Berlin* (New York: Bantam Books, 2003), 85.

25　See John Stachel, "The Hole Argument and Some Physical and Philosophical Implications," *Living Reviews of Relativity* 17, no. 1 (December 2014), 5—66.

26　Wolff, "Physicists in the 'Krieg der Geister,'" 337—338.

27　Ibid., 346.

28　Ibid., 339.

29　Ibid., 348.

30　Ibid., 353.

31　例子参见小册子 *Some Arguments for the Maintenance of Voluntary Service* (London: St. Clements Press［1915?］)，作者不详。

32　John Stevenson, *British Society 1914—1945* (London: Allen Lane, 1984), 47.

33　Michael Robinson, "Broken Soldiers," *History Ireland* 24 (March/April 2016): 30—32, 31.

34 Stevenson, *British Society*, 52—53.

35 Arthur Marwick, *The Deluge: British Society and the First World War* (Basingstoke: Macmillan, 1991), 35.

36 Paul Fussell, *The Great War and Modern Memory* (Oxford: Oxford University Press, 1975), 9.

37 Nicoletta Gullace, "White Feathers and Wounded Men: Female Patriotism and the Memory of the Great War," *Journal of British Studies* 36, no. 2 (April 1997): 178—206, 193.

38 Royal Society Council Minutes (hereafter RSCM), vol. 10, 258, November 1, 1917. Courtesy of Royal Society.

39 *The Times,* November 1, 1914.

40 James McDermott, *British Military Service Tribunals 1916—1918* (Manchester: Manchester University Press, 2011), 13—14.

41 The National Archives of the UK (TNA): Public Record Office (PRO) (hereafter TNA: PRO), MH 47/1: Central Tribunal Minutes, April 6, 1916.

42 A. Ruth Fry, *A Quaker Adventure* (London: Nisbet and Co., 1926), xvii. See also Hugh Barbour, "The 'Lamb's War' and the Origins of the Quaker Peace Testimony," in *The Pacifist Impulse in Historical Perspective*, ed. Harvey Dyck (Toronto: University of Toronto Press, 1996), 145—158.

43 Rufus Jones, *A Service of Love in War Time* (New York: Macmillan Co., 1920), 3—4.

44 Ibid., 65—66.

45 Peter Gatrell and Philippe Nivet, "Refugees and Exiles," in *The Cambridge History of the First World War*, vol. 2, ed. Jay Winter (Cambridge: Cambridge University Press, 2014), 194.

46 *The Observatory* 485 (March 1915): 143—145.

47 Horne and Kramer, *German Atrocities,* 240.

48 Susan Grayzel, "Men and Women at Home," in Winter, *The Cambridge History of the First World War*, 96.

49 Adrian Gregory, "Railway Stations," in Winter and Robert, *Capital Cities at War,* 35.

50 Fussell, *The Great War and Modern Memory*, 43.

51 Adrian Gregory, "Imperial Capitals at War," *London Journal* 42, no.3 (November 2016), 219—232, 227.

52 Belinda Davis, *Home Fires Burning: Food, Politics, and Everyday Life in World War I Berlin* (Chapel Hill: University of North Carolina Press, 2000), 24.

53 Ibid., 27.

54 Adrian Gregory, *The Last Great War* (Cambridge: Cambridge University Press, 2008), 227.

55 Davis, *Home Fires Burning*, 1.

56 Fritz Stern, *Einstein's German World* (Princeton: Princeton University Press, 2001), 119.

57 Albrecht Fölsing, *Albert Einstein: A Biography* (New York: Viking, 1997), 354—355.

58 Gerald Feldman, "A German Scientist Between Illusion and Reality: Emil Fischer, 1909—1919," in *Deutschland in der Weltpolitik des* 19. und 20. *Jahrhunderts,* eds. Imanuel Geiss and Bernd Jürgen Wendt (Düsseldorf: Bertelsmann Universitätsverlag, 1973), 341—362, 356.

59  Stern, *Einstein's German World*, 121.

60  Elizabeth Fordham, "Universities," in Winter and Robert, *Capital Cities at War*, 262.

61  Russell McCormmach, *Night Thoughts of a Classical Physicist* (Cambridge, Massachusetts: Harvard University Press, 1982), 144, 210.

62  Fordham, "Universities," 266.

63  Panikos Panayi, "Minorities," in Winter, *The Cambridge History of the First World War*, 222.

64  Niall Ferguson, *The Pity of War* (Basic Books, 1998), 186.

65  Wolff, "Physicists in the 'Krieg der Geister,'" 339. McCormmach, *Night Thoughts*, 143, 210.

66  Roy MacLeod, " 'Kriegsgeologen and Practical Men': Military Geology and Modern Memory, 1914—1918," *British Journal for the History of Science* 28, no.4 (1995): 427—450, 431.

# 第五章

1   Ernest Rutherford, "Henry Gwyn Jeffreys Moseley," *Nature* 96, no. 2393 (September 9, 1915): 33—34. John Heilbron, "The Work of H.G.J. Moseley," *Isis* 57, no. 3 (1966): 336—364.

2   Quoted in Daniel Kevles, *The Physicists* (Harvard University Press, 1995), 113.

3   K. Fajans, *Die Naturwissenschaften* 4 (1916), 381—382.

4   Rutherford, "Henry Gwyn Jeffreys Moseley," 33.

5   Ibid., 34.

6   Roy M. MacLeod, "The Chemists Go to War: The Mobilization of Civilian Chemists and the British War Effort, 1914—1918," *Annals of Science* 50 (1993): 473.

7   "Waste of Brains," *The Times*, December 24, 1916.

8   Alan Wilkinson, *The Church of England and the First World War* (London: Lutterworth, 2014), 212.

9   *The Manchester Guardian*, May 13, 1915.

10  Adrian Gregory, *The Last Great War* (Cambridge: Cambridge University Press, 2008), 236.

11  Panikos Panayi, "Minorities," in Winter, *The Cambridge History of the First World War*, 216—241, 227.

12  CPAE volume 8, document 45, "Einstein to Paolo Straneo, 7 January 1915," 57.

13  CPAE volume 8, document 84, "Einstein to Heinrich Zangger, 17 May 1915," 97.

14  CPAE volume 8, document 52, "Einstein to Hendrik Lorentz, 3 February 1915," 65.

15  CPAE volume 8, document 43, "From Hendrik A. Lorentz to Einstein, between 1 and 23 January 1915," 53.

16  Quoted in Jürgen Renn and Tilman Sauer, "Pathways Out of Classical Physics," in *The Genesis of General Relativity* vol. 1, ed. Jürgen Renn (Dordrecht: Springer, 2007), 257.

17  CPAE volume 8, document 54, "Einstein to Erwin Freundlich, 5 February 1915," 66.

18  Renn and Sauer, "Pathways," 251.

19  CPAE volume 8, document 45, "Einstein to Paolo Straneo, 7 January 1915," 57.

20  CPAE volume 8, document 44, "Einstein to Edgar Meyer, 2 January 1915," 56.

21  CPAE volume 8, document 75, "Einstein to Tullio Levi-Civita, 14 April 1915," 89.

22  "Notes," *The Observatory* 479 (October 1914): 392.

23  Pickering to Dyson, October 8, 1914, Cambridge University Library, Royal Greenwich Observatory Archives, Papers of Frank Dyson, MS.RGO.8/104.

24  Dyson to Pickering, October 20, 1914, Papers of Frank Dyson, op. cit.

25  Strömgren to Dyson, November 6, 1914; Dyson to Pickering, November 9, 1914, Papers of Frank Dyson, op. cit.

26  Dyson to Postmaster General, November 18, 1914; Post office to Dyson, November 27, 1914, Papers of Frank Dyson, op. cit.

27  Plummer to Dyson, November 26, 1914; Plummer to Dyson, December 3, 1914, Papers of Frank Dyson, op. cit.

28  R.T.A. Innes at Johannesburg to Dyson, December 10, 1914, Papers of Frank Dyson, op. cit.

29  Lawrence Badash, "British and American Views of the German Menace in World War I," *Notes and Records of the Royal Society of London* 34, no. 1 (July 1979): 95.

30  Ibid., 94.

31  Ibid., 96.

32  Ibid., 96—97.

33  Ibid., 97.

34  Anne Rasmussen, "Mobilising Minds," in *The Cambridge History of the First World War*, vol. 2, ed. Jay Winter (Cambridge: Cambridge University Press, 2014), 405.

35  Badash, "British and American Views," 99—100.

36  *The Observatory* 489 (July 1915): 306.

37  *The Observatory* 492 (October 1915): 409.

38  Ibid., 413.

39  A. S. Eddington to Annie Jump Cannon, July 3, 1915, Annie Jump Cannon Papers, Harvard University Archives HUGFP 125.12 Box 2 HA1UPX. Courtesy of the Harvard University Archives.

40  W. W. Campbell, "International Co-operation in Science," September 15, 1917, attached to Campbell to G. E. Hale, September 19, 1917, Box 9, Folder 6, George Ellery Hale Papers, Archives, California Institute of Technology.

41  *Report of the War Victims' Relief Committee of the Society of Friends* (London: Spottiswoode & Co., 1914—1919), vol. 1, 5, vol. 3, 44.

42  Ibid., 13.

43  Ibid., 15.

44  Rufus Jones, *A Service of Love in War Time* (New York: Macmillan Co., 1920), 252.

45  Fritz Stern, *Einstein's German World* (Princeton: Princeton University Press, 2001), 85.

46  Ibid., 73—74.

47  L. F. Haber, *The Poisonous Cloud* (Oxford: Clarendon Press, 1986), 2.

48  Ibid., 27.

49  Guy Hartcup, *The War of Invention: Scientific Developments, 1914—1918* (London:

Brassey's Defence Publishers, 1988), 96.

50  Haber, *Poisonous Cloud*, 34.

51  John Keegan, *The First World War* (London: Hutchinson, 1998), 214.

52  Haber, *Poisonous Cloud*, 277.

53  Hartcup, *War of Invention*, 105.

54  Haber, *Poisonous Cloud*, 45.

55  Ibid., 31.

56  Roy MacLeod, "Scientists," in Winter, *The Cambridge History of the First World War*, vol. 2, 443.

57  Lawrence Badash, "British and American Views of the German Menace in World War I," *Notes and Records of the Royal Society of London* 34, no. 1 (July 1979): 110.

58  Stern, *Einstein's German World*, 122—123.

59  CPAE volume 8, document 83, "Einstein to Mileva Einstein-Maric, 15 May 1915," 97.

60  Suman Seth, *Crafting the Quantum: Arnold Sommerfeld and the Practice of Theory, 1890—1926*, Transformations: Studies in the History of Science and Technology (Cambridge, Massachusetts: MIT Press, 2010), 74—79.

61  RCSM, vol. 10 (November 5, 1914): 475.

62  MacLeod, "The Chemists Go to War," 461.

63  RSCM, April 22, 1915. 例子可参见战争委员会与化学制品生产商之间就仿制德国胶水而进行的通信往来。Royal Society Council Documents (CD), CD/67 "Advice to Chemical Manufacturers"—CD/67.

64  William Henry Perkin, "Presidential Address: The Position of the Organic Chemical Industry," *Journal of the Chemical Society, Transactions* 107 (1915): 557—578.

65  MacLeod, "The Chemists Go to War," 459.

66  Marwick, *Deluge*, 229.

67  Ibid., 230.

68  Peter Alter, *The Reluctant Patron: Science and the State in Great Britain* (New York: Berg, 1987), 96—97.

69  William Van der Kloot, *Great Scientists Wage the Great War* (Oxford: Fonthill Books, 2014), 93.

70  Heilbron, "The Work of H.G.J. Moseley," 336.

71  Arne Schirrmacher, "Sounds and Repercussions of War: Mobilization, Invention, and Conversion of First World War Science in Britain, France and Germany," *History and Technology: An International Journal* 32, no. 3 (October 9, 2016): 269.

72  Roy MacLeod, "Sight and Sound on the Western Front," *War and Society* 18 (2000), 23—46, 39.

73  MacLeod, "Scientists," 451.

74  Hartcup, *War of Invention*, 168.

75  Ibid., 98—100.

76  MacLeod, "The Chemists Go to War," 466.

77  Roy M. MacLeod, "The 'Arsenal' in the Strand: Australian Chemists and the British Munitions Effort 1916—1919," *Annals of Science* 46 (1989): 58.

78  MacLeod, "The Chemists Go to War," 475.

79　TNA: PRO: MH 47/1: Central Tribunal Minutes.

80　MacLeod, "The Chemists Go to War," 474.

81　Cambridge Observatory Syndicate Minutes, 1896—1971, December 6, 1915, Cambridge University Archives, UA Obsy A1 iii.

82　RSCM, February 22, 1917.

83　Hartcup, *War of Invention*, 35.

84　MacLeod, "The Chemists Go to War," 474.

85　Niall Ferguson, *The Pity of War* (Basic Books, 1998), 207.

86　Walter Moore, *Schrödinger: Life and Thought* (Cambridge: Cambridge University Press, 1989), 83.

87　Van der Kloot, *Great Scientists Wage the Great War*, 34.

88　Ibid., 34.

89　Russell McCormmach, *Night Thoughts of a Classical Physicist* (Cambridge, Massachusetts: Harvard University Press, 1982), 171.

90　Hubert Goenner and Giuseppe Castagnetti, "Albert Einstein as Pacifist and Democrat During World War I," *Science in Context* 9, no. 4 (December 1996): 369.

91　Ibid., 336.

92　CPAE volume 8, document 86, "Einstein to Heinrich Zangger, 28 May 1915," 100—101.

93　Goenner and Castagnetti, "Albert Einstein as Pacifist," 372.

94　Emmanuelle Cronier, "The Street," in *Capital Cities at War: Paris, London, Berlin 1914—1919: A Cultural History*, vol. 2, eds. Jay Winter and Jean-Louis Robert, Studies in the Social and Cultural History of Modern Warfare (Cambridge: Cambridge University Press, 1997), 88.

95　Ibid., 96.

96　Adrian Gregory, "Religious Sites and Practices," in *Capital Cities at War*, vol. 2, 406—417, 406—408.

97　McCormmach, *Night Thoughts*, 213.

98　John Heilbron, *The Dilemmas of an Upright Man: Max Planck as Spokesman for German Science* (Berkeley: University of California Press, 1986), 74—78.

# 第六章

1　A. S. Eddington, "Some Problems in Astronomy XIX: Gravitation," *The Observatory* 484 (1915): 93—98.

2　Andrew Warwick, *Masters of Theory: Cambridge and the Rise of Mathematical Physics* (Chicago: University of Chicago Press, 2003), 409; Andrew C. Thompson, "Logical Nonconformity? Conscientious Objection in the Cambridge Free Churches After 1914," *Journal of United Reformed Church History Society* 5, no. 9 (November 1996): 551.

3　Eddington, "Some Problems," 98.

4　Leo Corry, "The Origin of Hilbert's Axiomatic Method," in *The Genesis of General Relativity,* vol. 4, ed. Jürgen Renn (Dordrecht: Springer, 2007), 771.

5　Albrecht Fölsing, *Albert Einstein: A Biography* (New York: Viking, 1997), 364; CPAE volume 8, document 101, "Einstein to Heinrich Zangger between 24 July and 7 August 1915," 115—116.

6　CPAE volume 8, document 94, "Einstein to Heinrich Zangger, 7 July 1915," 110.

7　Fölsing, *Albert Einstein*, 364.

8　Ibid., 365.

9　CPAE volume 8, document 94, "Einstein to Heinrich Zangger, 7 July 1915," 110.

10　Hubert Goenner and Giuseppe Castagnetti, "Albert Einstein as Pacifist and Democrat During World War I," *Science in Context* 9, no. 4 (December 1996): 342.

11　CPAE volume 8, document 98, "Einstein to Hendrik A. Lorentz, 21 July 1915," 113.

12　CPAE volume 8, document 103, "Einstein to Hendrik A. Lorentz, 2 August 1915," 117.

13　CPAE volume 8, document 101, "Einstein to Heinrich Zangger, between 24 July and 7 August 1915," 115.

14　Thomas Levenson, *Einstein in Berlin* (New York: Bantam Books, 2003), 142.

15　CPAE volume 8, document 94, "Einstein to Heinrich Zangger, 7 July 1915," 110.

16　Elizabeth Fordham, "Universities," in *Capital Cities at War*, vol. 2, eds. Jay Winter and Jean-Louis Robert (Cambridge: Cambridge University Press, 1997), 252.

17　Levenson, *Einstein in Berlin*, 118.

18　Goenner and Castagnetti, "Albert Einstein as Pacifist and Democrat During World War I," 340.

19　See CPAE volume 8A, 166 and 277.

20　CPAE volume 8, document 115, "Einstein to Elsa Einstein, 3 September 1915," 125.

21　CPAE volume 8, document 133, "From Michele Besso to Einstein, 30 October 1915," 139—140.

22　Rolland's diary, quoted in Fölsing, *Albert Einstein*, 349.

23　CPAE volume 8, document 118, "Einstein to Romain Rolland, 15 September 1915," 127.

24　CPAE volume 8, document 120, "Einstein to Heinrich Zangger, 19 September 1915," 129.

25　*Memoirs of the Royal Academy of Sciences at Paris,* (April 15, 1744), 417—426.

26　CPAE volume 8, document 122, "Einstein to Hendrik A. Lorentz, 23 September 1915," 131.

27　Michel Janssen and Jürgen Renn, "Arch and Scaffold: How Einstein Found His Field Equations," *Physics Today* 68 (2015): 30—36; Michel Janssen and Jürgen Renn, "Einstein Was No Lone Genius," *Nature* 527, no. 7578 (November 2015): 298—300.

28　CPAE volume 8, document 123, "Einstein to Erwin Freundlich, 30 September 1915," 132.

29　CPAE volume 8, document 123, "Einstein to Erwin Freundlich, 30 September 1915," 132.

30　Jürgen Renn and Tilman Sauer, "Pathways Out of Classical Physics," in *The Genesis of General Relativity* vol. 1, ed. Jürgen Renn (Dordrecht: Springer, 2007), 113—312.

31　Goenner and Castagnetti, "Albert Einstein as Pacifist," 346.

32　Ibid., 348.

33　Fölsing, *Albert Einstein*, 367.

34 Albert Einstein, "Remarks Concerning the Essays Brought Together in This Co-Operative Volume," in *Albert Einstein: Philosopher-Scientist*, ed. Paul Arthur Schlipp (Evanston, IL: The Library of Living Philosophers, 1949), 683—684.

35 Fölsing, *Albert Einstein*, 372.

36 CPAE volume 8, document 153, "Einstein to Arnold Sommerfeld, 28 November 1915," 152.

37 Michel Janssen and Jürgen Renn, "Untying the Knot," *The Genesis of General Relativity* vol. 2, ed. Jürgen Renn (Dordrecht: Springer, 2007), 850—851.

38 CPAE volume 8, document 134, "Einstein to Hans Albert Einstein, 4 November 1915," 140.

39 CPAE volume 8, document 136, "Einstein to David Hilbert, 7 November 1915," 141.

40 CPAE volume 8, document 138, "Einstein to Berliner Goethebund, 11 November 1915," 143.

41 CPAE volume 8, document 139, "Einstein to David Hilbert, 12 November 1915," 143.

42 CPAE volume 8, document 140, "Hilbert to Einstein, 13 November 1915," 144.

43 CPAE volume 8, document 144, "Einstein to David Hilbert, 15 November 1915," 145—146.

44 Renn and Sauer, "Pathways," 280.

45 CPAE volume 8 (listed in volume 10), document 144a, "Einstein to Heinrich Zangger, 15 November 1915," 19.

46 CPAE volume 8, document 147, "Einstein to Michele Besso, 17 November 1915," 148.

47 CPAE volume 8, document 148, "Einstein to David Hilbert, 18 November 1915," 148.

48 CPAE volume 8, document 149, "From David Hilbert to Einstein, 19 November 1915," 149.

49 Renn and Sauer, "Pathways," 280.

50 CPAE volume 8, document 182, "Einstein to Paul Ehrenfest, 17 January 1916," 179.

51 CPAE volume 8, document 152, "Einstein to Heinrich Zangger, 26 November 1915," 151.

52 Jürgen Renn and John Stachel, "Hilbert's Foundation of Physics" in Renn, *Genesis* vol. 4, 911.

53 Ibid., 857.

54 CPAE volume 8, document 152, "Einstein to Heinrich Zangger, 26 November 1915," 151.

55 Renn and Stachel, "Hilbert's Foundation of Physics," 911.

56 CPAE volume 8, document 167, "Einstein to David Hilbert, 20 December 1915," 163.

57 Matthias Schemmel, "The Continuity Between Classical and Relativistic Cosmology in the Work of Karl Schwarzschild," in *The Genesis of General Relativity* vol. 3, ed. Jürgen Renn (Dordrecht: Springer, 2007), 167.

58 Schemmel, "Continuity," 168.

59 CPAE volume 8, document 161, "Einstein to Arnold Sommerfeld, 9 December 1915," 159.

60 CPAE volume 10 (cited as volume 8), document 159a, "Einstein to Heinrich Zangger, 4 December 1915," 20.

61 CPAE volume 8, document 165, "Einstein to Moritz Schlick, 14 December 1915," 161—162.

62 CPAE volume 8, document 168, "Einstein to Michele Besso, 21 December 1915," 163.

63 Ibid.

# 第七章

1 CPAE volume 8, document 183, "Einstein to Hendrik A. Lorentz, 17 January 1916," 179.

2 CPAE volume 8, document 177, "Einstein to Hendrik A. Lorentz, 1 January 1916," 170.

3 CPAE volume 8, document 183, "Einstein to Hendrik A. Lorentz, 17 January 1916," 179—181.

4 CPAE volume 8, document 247, "Gunnar Nordström to Einstein, 3 August 1916," 241.

5 Martin J. Klein, *Paul Ehrenfest, Volume I: The Making of a Theoretical Physicist* (New York: Elsevier Science, 1970), 298.

6 Hubert Goenner and Giuseppe Castagnetti, "Albert Einstein as Pacifist and Democrat During World War I," *Science in Context* 9, no. 4 (December 1996): 372.

7 Albrecht Fölsing, *Albert Einstein: A Biography* (New York: Viking, 1997), 396.

8 CPAE volume 8, document 169, "From Karl Schwarzschild to Einstein, 22 December 1915," 164.

9 CPAE volume 8, document 176, "Einstein to Karl Schwarzschild, 29 December 1915," 170.

10 Andrew Warwick, *Masters of Theory: Cambridge and the Rise of Mathematical Physics* (Chicago: University of Chicago Press, 2003), 476—477.

11 CPAE volume 8, document 181, "Einstein to Karl Schwarzschild, 9 January 1916," 177.

12 CPAE volume 8, document 186, "Einstein to Arnold Sommerfeld, 2 February 1916," 188; CPAE volume 8, document 207, "Einstein to David Hilbert, 30 March 1916," 205—206.

13 Report of the 1915 Yearly Meeting, quoted in John W. Graham, *Conscription and Conscience* (London: Allen & Unwin, 1922), 162.

14 James McDermott, *British Military Service Tribunals 1916—1918* (Manchester: Manchester University Press, 2011), 16.

15 Ibid., 24.

16 Adrian Gregory, *The Last Great War* (Cambridge: Cambridge University Press, 2008), 101—102.

17 J. D. Symon, *The Universities' Part in the War*, pamphlet (n.p., 1915), Cambridgeshire Public Library C 45.5, 727—728.

18 Quoted in Stuart Wallace, *War and the Image of Germany: British Academics, 1914—1918* (Edinburgh: John Donald Publishing, 1988), 74.

19 *Cambridge Magazine*, March 4, 1916, 359.

20 Warwick, *Masters of Theory*, 451.

21 Eddington to de Sitter, June 11, 1916, Leiden UB, AFA FC WdS 14, Leiden University Library, Leiden Observatory Archives, directorate Willem de Sitter. Hereafter WdS.

22　Ibid.

23　Eddington to de Sitter, July 4, 1916, WdS.

24　Eddington to de Sitter, October 13, 1916, WdS.

25　CPAE volume 8, document 243, "From Willem de Sitter to Einstein, 27 July 1916," 239.

26　CPAE volume 8, document 290, "From Einstein to Willem de Sitter, 23 January 1917," 279—280.

27　Alice Calaprice, ed., *The Ultimate Quotable Einstein* (Princeton: Princeton University Press, 2010), 30.

28　CPAE volume 8, document 209a, "Einstein to Elsa Einstein, from Zurich, 6 April 1916," 22.

29　For example, see CPAE volume 8, document 211, "Einstein to Mileva Einstein-Maric, 8 April 1916," 208—209.

30　Fölsing, *Albert Einstein*, 395.

31　William Van der Kloot, *Great Scientists Wage the Great War* (Oxford: Fonthill Books, 2014), 194.

32　Roger Chickering, *The Great War and Urban Life in Germany: Freiburg, 1914—1918*, Studies in the Social and Cultural History of Modern Warfare 24 (Cambridge: Cambridge University Press, 2007), 295—307.

33　CPAE volume 8, document 247a, "Einstein to Heinrich Zangger, 3 August 1916," 27.

34　CPAE volume 8, document 232a, "Einstein to Heinrich Zangger, 11 July 1916," 24.

35　Goenner and Castagnetti, "Albert Einstein as Pacifist," 349, 353.

36　CPAE volume 8, document 264, "Einstein to Werner Weisbach, 14 October 1916," 253.

37　Jon Lawrence, "Public Space, Political Space," in *Capital Cities at War: Paris, London, Berlin 1914—1919: A Cultural History*, vol. 2, eds. Jay Winter and Jean-Louis Robert, Studies in the Social and Cultural History of Modern Warfare (Cambridge: Cambridge University Press, 1997), 288.

38　CPAE volume 8, document 223, "Einstein to David Hilbert, 30 May 1916," 216.

39　CPAE volume 6, document 33, "Einstein's Memorial Lecture on Karl Schwarzschild," Victoria Yam, trans.

40　CPAE volume 8, document 219, "Einstein to Michele Besso, 14 May 1916," 213.

第八章

1　*The Observatory* 503 (August 1916): 337—339.

2　"From an Oxford Note-Book," *The Observatory* 500 (May 1916): 240.

3　RAS MSS Grove Hills 1914, Arthur Eddington to Hills, 2/1 14, 27 January, Royal Astronomical Society, London.

4　:J. H. Morgan, "German Atrocities: An Official Investigation," quoted in "From an Oxford Note-Book," *The Observatory* 500 (May 1916): 241—242.

5　A. S. Eddington, "The Future of International Science," *The Observatory* 501 (June 1916): 271.

6　Ibid.

7　Arthur Eddington to Joseph Larmor, June 7, 1916, MS/603, Larmor Papers, Royal Society.

8　Siegfried Sassoon, *Memoirs of an Infantry Officer* (London: Faber and Faber, 1930), 76.

9　Martin Gilbert, *A History of the Twentieth Century, Vol. 1: 1900—1933* (New York: William Morrow, 1997), 408—409; John Keegan, *The First World War* (New York: Vintage, 2000), 308—321.

10　J. M. Winter and Blaine Baggett, *1914—1918: The Great War and the Shaping of the 20th Century* (London: BBC Books, 1996), 16.

11　Joseph Loconte, "How J. R. R. Tolkien Found Mordor on the Western Front," *New York Times*, June 30, 2016, https: //www.nytimes.com/2016/07/03/opinion/sunday/how-jrr-tolkien-found-mordor-on-the-western-front.html, accessed August 16, 2018.

12　"From an Oxford Note-Book," *The Observatory* 502 (July 1916): 23—24.

13　A. S. Eddington, "Gravitation and the Principle of Relativity," *Nature* 98 (2461), December 28, 1916, 328—330.

14　*The Observatory* 503 (August 1916): 337—339.

15　Ibid.

16　Clark Kimberling, "Emmy Noether and Her Influence," in *Emmy Noether, A Tribute to Her Life and Work*, by Emmy Noether, ed. James W. Brewer and Martha K. Smith, Monographs and Textbooks in Pure and Applied Mathematics 69 (New York: Marcel Dekker Inc., 1982), 14.

17　CPAE volume 8, document 677, "Einstein to Felix Klein, 27 December 1918," 714.

18　CPAE volume 8, document 194, "Einstein to Karl Schwarzschild, 19 February 1916," 196; CPAE volume 8, document 226, "E to Hendrik A. Lorentz, 17 June 1916," 221; CPAE volume 8, document 227, "Einstein to Willem de Sitter, 22 June 1916," 223.

19　CPAE volume 8, document 253, "Einstein to Paul Ehrenfest, 25 August 1916," 245.

20　CPAE volume 8, document 256, "Einstein to Paul Ehrenfest, 6 September 1916," 248.

21　CPAE volume 8, document 276, "Einstein to Hendrik A. Lorentz, 13 November 1916," 263.

22　Martin J. Klein, *Paul Ehrenfest, Volume I: The Making of a Theoretical Physicist* (New York: Elsevier Science, 1970), 304.

23　Andrew Warwick, *Masters of Theory: Cambridge and the Rise of Mathematical Physics* (Chicago: University of Chicago Press, 2003), 459—460.

24　See CPAE volume 8, document 230, "Einstein to Théophile de Donder, 13 June 1916," 226; CPAE volume 8, document 231, "From Théophile de Donder to Einstein, 4 July 1916," 226.

25　Klein, *Paul Ehrenfest*, 303.

26　Ibid.

27　CPAE volume 10 (cited as volume 8), document 262b, "Einstein to Elsa Einstein, 7 October 1916," 31.

28　CPAE volume 8, document 268, "Einstein to Paul and Tatyana Ehrenfest, 18 October 1916," 255.

29　CPAE volume 8, document 270, "Einstein to Michele Besso, 31 October 1916," 257.

30　CPAE volume 8, document 269, "Einstein to Paul Ehrenfest, 24 October 1916," 256.

31　CPAE volume 8, document 276, "Einstein to Hendrik A. Lorentz, 13 November 1916," 263.

32　CPAE volume 8, document 275, "Einstein to Paul Ehrenfest, 7 November 1916," 263.

33　CPAE volume 9, document 277, "Einstein to Paul Ehrenfest, 17 November 1916," 265.

34　Belinda Davis, *Home Fires Burning: Food, Politics, and Everyday Life in World War I Berlin* (Chapel Hill: University of North Carolina Press, 2000), 135.

35　Thomas Levenson, *Einstein in Berlin* (New York: Bantam Books, 2003), 143—144.

36　Thierry Bonzon and Belinda Davis, "Feeding the Cities," in *Capital Cities at War: Paris, London, Berlin 1914—1919: A Cultural History*, vol. 1, eds. Jay Winter and Jean-Louis Robert, Studies in the Social and Cultural History of Modern Warfare (Cambridge: Cambridge University Press, 1997), 336.

37　CPAE volume 10 (cited as volume 8), document 287b, "Einstein to Heinrich Zangger, 16 January 1917," 39—40.

38　Davis, *Home Fires Burning*, 206.

39　Stefan Goebel, "Schools," in *Capital Cities at War: Paris, London, Berlin 1914—1919: A Cultural History*, vol. 2, eds. Jay Winter and Jean-Louis Robert, Studies in the Social and Cultural History of Modern Warfare (Cambridge: Cambridge University Press, 1997), 218.

40　CPAE volume 10 (cited as volume 8), document 287b, "Einstein to Heinrich Zangger, 16 January 1917," 39—40.

41　Bonzon and Davis, "Feeding the Cities," 322.

42　Catherine Rollet, "The Home and Family Life," in Winter and Robert, *Capital Cities at War*, 333.

43　CPAE volume 10 (cited as volume 8), document 287b, "Einstein to Heinrich Zangger, 16 January 1917," 40.

44　CPAE volume 8, document 298, "Einstein to Paul Ehrenfest, 14 February 1917," 285; CPAE volume 10 (cited as volume 8), document 308a, "Einstein to Heinrich Zangger, 10 March 1917," 45.

45　CPAE volume 10 (cited as volume 8), document 308a, "Einstein to Heinrich Zangger, 10 March 1917," 45.

46　Albrecht Fölsing, *Albert Einstein: A Biography* (New York: Viking, 1997), 387.

47　CPAE volume 8, document 272, "From Willem de Sitter to Einstein, 1 November 1916," 261.

48　CPAE volume 8, document 273, "Einstein to Willem de Sitter, 4 November 1916," 261.

49　CPAE volume 6, document 43, "Cosmological Considerations in the General Theory of Relativity," 428.

50　Ibid., 432.

51　CPAE volume 8, document 300, "Einstein to Erwin Freundlich, 18 February 1917 or later," 287.

52　CPAE volume 8, document 306, "Einstein to Michele Besso, 9 March 1917," 293.

53　CPAE volume 8, document 308, "Einstein to Michele Besso, after 9 March 1917," 296.

54　CPAE volume 8, document 293, "Einstein to Willem de Sitter, 2 February 1917," 281.

55 CPAE volume 8, document 294, "Einstein to Paul Ehrenfest, 4 February 1917," 282.

56 CPAE volume 8, document 308, "Einstein to Michele Besso, after 9 March 1917," 296.

57 CPAE volume 8, document 311, "Einstein to Willem de Sitter, 12 March 1917," 301.

58 CPAE volume 8, document 312, "From Willem de Sitter to Einstein, 15 March 1917," 302.

59 CPAE volume 8, document 313, "From Willem de Sitter to Einstein, 20 March 1917," 303.

60 CPAE volume 8, document 325, "From Einstein to Willem de Sitter, 14 April 1917," 316; volume 8, document 327, "From Willem de Sitter to Einstein, 18 April 1917."

61 CPAE volume 8, document 312, "From Willem de Sitter to Einstein, 15 March 1917," 302.

62 Elizabeth Bruton and Paul Coleman, "Listening in the Dark," *History and Technology: An International Journal* 32, no. 3 (2016): 245.

63 CPAE volume 8, document 306, "Einstein to Michele Besso, 9 March 1917," 293.

64 Hubert Goenner and Giuseppe Castagnetti, "Albert Einstein as Pacifist and Democrat During World War I," *Science in Context* 9, no. 4 (December 1996): 355.

65 CPAE volume 8, document 204, "Wilhelm Foerster to Einstein, 25 March 1916," 204.

66 CPAE volume 8, document 294, "Einstein to Paul Ehrenfest, 4 February 1917," 282.

# 第九章

1 Friedrich Herneck, *Einstein at Home*, trans. Josef Eisinger (New York: Prometheus Books, 2016), 118.

2 Alice Calaprice, ed., *The New Quotable Einstein* (Princeton: Princeton University Press, 2005), 346.

3 Albrecht Fölsing, *Albert Einstein: A Biography* (New York: Viking, 1997), 410.

4 CPAE volume 10 (cited as volume 8), document 359a, "Einstein to Elsa Einstein, 30 June 1917," 58.

5 CPAE volume 10 (cited as volume 8), doc 376c, "Einstein to Elsa Einstein, 31 August 1917," 79.

6 Hubert Goenner and Giuseppe Castagnetti, "Albert Einstein as Pacifist and Democrat During World War I," *Science in Context* 9, no. 4 (December 1996): 357.

7 CPAE volume 10 (cited as volume 8), document 332a, "Einstein to Heinrich Zangger, 4 May 1917," 50.

8 CPAE volume 8, document 403, "Einstein to Heinrich Zangger, 6 December 1917," 412.

9 Belinda Davis, *Home Fires Burning: Food, Politics, and Everyday Life in World War I Berlin* (Chapel Hill: University of North Carolina Press, 2000), 206.

10 Guy Hartcup, *The War of Invention: Scientific Developments, 1914—1918* (London: Brassey's Defence Publishers, 1988), 36.

11 Davis, *Home Fires Burning*, 215.

12 Ibid., 238.

13  CPAE volume 8, document 403, "Einstein to Heinrich Zangger, 6 December 1917," 412.

14  Wolf Zuelzer, *The Nicolai Case* (Detroit: Wayne State University Press, 1982), 22.

15  Ibid., 26—32.

16  Ibid., 178—179.

17  CPAE volume 8, document 302, "From Georg Nicolai to Einstein, 26 February 1917," 288—290.

18  CPAE volume 8, document 303, "Einstein to Georg Nicolai, 28 February 1917," 291.

19  CPAE volume 8, document 304, "Einstein to Georg Nicolai, 28 February 1917," 291.

20  Peter Galison, "The Assassin of Relativity," in *Einstein for the 21st Century*, eds. Peter Galison, Gerald Holton, and Silvan Schweber (Princeton: Princeton University Press, 2008), 185—187.

21  Ibid., 189—190.

22  Ibid., 190—195.

23  Adrian Gregory, *The Last Great War* (Cambridge: Cambridge University Press, 2008), 213.

24  C. S. Peel, *How We Lived Then, 1914—1918: A Sketch of Social and Domestic Life in England During the War* (London: Bodley Head, 1929), 98.

25  Gregory, *The Last Great War*, 215.

26  Roy M. MacLeod, "The Chemists Go to War: The Mobilization of Civilian Chemists and the British War Effort, 1914—1918," *Annals of Science* 50 (1993): 473.

27  Ibid., 476—477.

28  Roy M. MacLeod, "Secrets Among Friends: The Research Information Service and the 'Special Relationship' in Allied Scientific Information and Intelligence, 1916—1918," *Minerva* 37 (1999): 212—214.

29  Dyson to Strömgren, 14 November 1917, Papers of Frank Dyson, Cambridge University Library, Royal Greenwich Observatory Archives, MS.RGO.8.150, cited by permission of the Syndics of Cambridge University Library. Hereafter DP.

30  Bureau de Longitudes to Dyson, 18 May 1917 and Unknown to Dyson 26 November 1917, DP.

31  Plummer to Dyson, 26 July 1917, Papers of Frank Dyson, op. cit.

32  Dyson to Strömgren, 14 November 1917, Papers of Frank Dyson, op. cit.

33  F. W. Dyson to Annie Jump Cannon, February 20, 1915, Annie Jump Cannon Papers, Harvard University Archives HUGFP 125.12 Box 2 HA1UPX. Courtesy of the Harvard University Archives.

34  "Report of the Annual Meeting of the Association, Held on Wednesday October 30, 1918," *Journal of the British Astronomical Association* 29, no.1 (1918): 1.

35  Arthur Eddington to Hermann Weyl, August 18, 1920, ETH-Bibliothek Zürich, Hochularchiv ETHZ, Hs 91: 523.

36  Andrew Warwick, *Masters of Theory: Cambridge and the Rise of Mathematical Physics* (Chicago: University of Chicago Press, 2003), 472; Eddington to Lodge, 7 August 1917; Alfred Lodge to Oliver Lodge, 18 August 1917; Eddington to Lodge, 8 December 1917, MS ADD 89 (Lodge Papers), UCL Library Services, Special Collections.

37  Eddington to Lodge, 15 January 1918, MS ADD 89 (Lodge Papers), UCL Library

Services, Special Collections.

38  L. F. Haber, *The Poisonous Cloud* (Oxford: Clarendon Press, 1986), 111.

39  Ibid., 231.

40  Phil Judkins, "Sound and Fury," in *History and Technology* 32, no. 3 (2016): 239.

41  *The London Gazette,* July 17, 1917.

42  Panayi, "Minorities," in Winter, *The Cambridge History of the First World War*, 223.

43  Lawrence Badash, "British and American Views of the German Menace in World War I," *Notes and Records of the Royal Society of London* 34, no. 1 (July 1979): 112.

44  "From an Oxford Note-Book," *The Observatory* 524 (March 1918): 147.

45  Ibid., 128.

46  *Nature* 102, no. 2571 (February 6, 1919): 446—447.

47  Paul Fussell, *The Great War and Modern Memory* (Oxford: Oxford University Press, 1975), 12.

48  John Keegan, *The First World War* (New York: Vintage, 2000), 311.

49  Tim Cook, *No Place to Run* (Vancouver: UBC Press, 2001), 138.

50  "100 Years On, Relatives Gather to Remember Passchendaele's Fallen," *The Guardian,* July 31, 2017.

51  James McDermott, *British Military Service Tribunals 1916—1918* (Manchester: Manchester University Press, 2011), 22—25.

52  Nicoletta F. Gullace, *The Blood of Our Sons: Men, Women and the Renegotiation of British Citizenship During the Great War* (New York: Palgrave Macmillan, 2002), 113.

53  A. Vibert Douglas, *The Life of Arthur Stanley Eddington* (London: Thomas Nelson, 1956), 69.

54  Ibid., 110.

55  A. S. Eddington, *Report on the Relativity Theory of Gravitation* (London: Fleetway Press, 1918), v.

56  A. S. Eddington, *Space, Time, and Gravitation*, 2nd ed. (Cambridge: Cambridge University Press, 1920), v.

57  Ibid., 23.

58  Ibid., 23—24.

59  Eddington, *Report*, 53.

60  Eddington, *Space, Time, and Gravitation*, 27.

61  Ibid., 67—68.

62  Eddington, *Report*, 85.

63  Ibid., 87.

64  Eddington, *Space, Time, and Gravitation*, 56.

65  在 Eddington, *Space, Time, and Gravitation*, 181 中有对这一隐喻的详细介绍。

66  Eddington, *Report*, 17.

67  Ibid., 19.

68  Ibid., 57.

69  Eddington, *Space, Time, and Gravitation*, 111.

70  Ibid., v.

71  Eddington, *Report*, xi.

72　*Nature* 103, no. 2575 (March 6, 1919): 2.

73　For example, see "The Theory of Relativity," *American Mathematical Monthly* 28, no. 4 (April 1921): 175.

74　Peel, *How We Lived Then*, 94—96.

75　Fölsing, *Albert Einstein*, 410—412.

76　Ibid., 411.

77　CPAE volume 8, document 381, "Einstein to Michele Besso, 22 September 1917," 374.

78　CPAE volume 10 (cited as volume 8), document 372a, "Einstein to Heinrich Zangger, 21 August 1917," 76.

79　CPAE volume 8, document 374, "Einstein to Romain Rolland, 22 August 1917," 368.

80　CPAE volume 8, document 376, "From Romain Rolland to Einstein, 23 August 1917," 371.

81　CPAE volume 8, document 445, "From Fritz Haber to Einstein, 29 January 1918," 453, and CPAE volume 8, document 446, "Einstein to Fritz Haber, 29 January 1918," 454.

82　Fölsing, *Albert Einstein*, 418.

83　CPAE volume 8, document 545, "From Ilse Einstein to Georg Nicolai, 22 May 1918," 564.

84　Thomas Levenson, *Einstein in Berlin* (New York: Bantam Books, 2003), 154—156.

85　CPAE volume 8, document 449, "Einstein to Mileva Einstein-Maric, 31 January 1918," 456, and CPAE volume 10 (cited as volume 8), doc 475a, "From Mileva Einstein-Maric to Einstein, 5 March 1918," 89.

86　CPAE volume 8, document 479, "From Max Planck to Einstein, 12 March 1918," 494.

87　Fölsing, *Albert Einstein*, 417.

88　CPAE volume 7, document 7, "Motives for Research," 1918, 42—45.

89　Ibid., 44.

90　Fölsing, *Albert Einstein*, 210—212.

# 第十章

1　Quoted in R. C. Sherriff, *No Leading Lady* (London: Victor Gollancz, 1968), 45.

2　J. E. Edmonds, *Military Operations France and Belgium, 1918: Volume 1, The German March Offensive and Its Preliminaries* (London: Imperial War Museum Department of Printed Books, 1995［1935］), 470.

3　"1918: Year of Victory," National Army Museum Online, https://www.nam.ac.uk/explore/1918-victory, accessed October 16, 2018.

4　Paul Fussell, *The Great War and Modern Memory* (Oxford: Oxford University Press, 1975), 17.

5　John Keegan, *The First World War* (London: Hutchinson, 1998), 433.

6　Ibid., 437.

7　Thomas Levenson, *Einstein in Berlin* (New York: Bantam Books, 2003), 180.

8　CPAE volume 8, document 521, "Einstein to David Hilbert, before 27 April 1918," 540, and CPAE volume 8, document 522, "Einstein to David Hilbert, before 27 April 1918," 541.

9  Albrecht Fölsing, *Albert Einstein: A Biography* (New York: Viking, 1997), 415.

10  CPAE volume 8, document 530, "From David Hilbert to Einstein, 1 May 1918," 547.

11  CPAE volume 8, document 531, "From Ernst Troeltsch to Einstein, 1 May 1918," 548.

12  CPAE volume 8, document 548, "Einstein to David Hilbert, 24 May 1918," 568.

13  Hubert Goenner and Giuseppe Castagnetti, "Albert Einstein as Pacifist and Democrat During World War I," *Science in Context* 9, no. 4 (December 1996): 367.

14  Ibid., 370.; CPAE volume 8, document 560, "Einstein to Adolf Kneser, 7 June 1918," 581.

15  Wolf Zuelzer, *The Nicolai Case* (Detroit: Wayne State University Press, 1982), 230—232.

16  Belinda Davis, *Home Fires Burning: Food, Politics, and Everyday Life in World War I Berlin* (Chapel Hill: University of North Carolina Press, 2000), 21.

17  CPAE volume 8, document 514, "Einstein to Heinrich Zangger, 22 April 1918," 535.

18  CPAE volume 8, document 517, "Einstein to Auguste Hochberger, before 24 April 1918," 537.

19  CPAE volume 8, document 514, "Einstein to Heinrich Zangger, 22 April 1918," 535.

20  Fölsing, *Albert Einstein*, 418.

21  Ibid., 419.

22  Lord Walsingham, "German Naturalists and Nomenclature" *Nature* 102 (September 5, 1918): 4.

23  Ibid.

24  W. J. Holland, "Shall Writers upon the Biological Sciences Agree to Ignore Systematic Papers Published in the German Language Since 1914?" *Science* 48, no. 1245 (November 8, 1918).

25  Robert M. Yerkes, ed., *The New World of Science: Its Development During the War* (New York: Scribner's, 1920), 409.

26  Ibid., 410.

27  A. S. Eddington, *Report on the Relativity Theory of Gravitation* (London: Fleetway Press, 1918), 29.

28  A. S. Eddington, "Einstein's Theory of Gravitation," *The Observatory* 510 (1917): 93.

29  "Report of the Meeting of the Association Held on Wednesday, November 27, 1918" *Journal of the British Astronomical Association* 29, no. 2 (1918—1919): 36—37.

30  Peter Brock, *Twentieth-Century Pacifism* (London: Van Nostrand Reinhold Co., 1970), 16. See RSCM Vol. 11, 1914—1920, April 25, 1918, 304.

31  Observatory Syndicate Minutes, 1896—1971, March 12, 1918, UA Obsy A1 iii.

32  James McDermott, *British Military Service Tribunals 1916—1918* (Manchester: Manchester University Press, 2011), 56.

33  *Cambridge Daily News,* March 6, 1916.

34  John W. Graham, *Conscription and Conscience* (London: Allen & Unwin, 1922), 71.

35  W.H.W., "A Guide to the Conscientious Objector and the Tribunals," 6. 注意，当代作者有时也用 "CO" 来代表 " 指挥官 "。

36  *Cambridge Daily News,* March 4, 1916.

37  Denis Hayes, *Conscription Conflict* (London: Sheppard Press, 1949), 208.

38  Co-ordinating Committee for Research into the Use of the University for War, *Cambridge University and War* (Cambridge: unknown publisher［pamphlet］), 19. Hereafter CUW.

39  CUW, 37—38.

40  Hayes, *Conscription Conflict,* 260, and Graham, *Conscription,* 81; The No-Conscription Fellowship, "Two Years' Hard Labour for Refusing to Disobey the Dictates of Conscience" (London: NCF,［1918］), 70.

41  Graham, *Conscription,* 82.

42  大多数被关押的依从良心拒服兵役者都被监禁于沃姆伍德·斯克拉比斯监狱，以至于战时伦敦最大规模的贵格会大会便是在这个监狱中召开的。Thomas Kennedy, *British Quakerism* 1860—1920 (Oxford: Oxford University Press, 2001), 349.

43  战争结束后，政府（尽管是非公开的，但还是）对因为实际上同样的罪名而再次逮捕人们表达了一定顾虑。See TNA: PRO MH 47, "Report of the Central Tribunal Appointed Under the Military Service Act 1916" (London: H.M.S.O., 1919), 20.

44  Minutes: Cambridge, Huntington and Lynn Monthly Meeting, January 9, 1918, R59/26/5/4. Courtesy of Cambridgeshire Archives.

45  Eddington to Lodge, 22 July 1918, MS ADD 89 (Lodge Papers), UCL Library Services, Special Collections.

46  *Cambridge Daily News,* June 14, 1918.

47  *Cambridge Daily News,* June 28, 1918.

48  *Cambridge Daily News,* March 18, 1916.

49  Niall Ferguson, *The Pity of War* (Basic Books, 1998), 186.

50  "Report of the Central Tribunal," 11—12. TNA: PRO MH 47. 具有特殊或专业技术技能的人应该在其领域中发挥作用。但显然这种情况从未出现过。See TNA: PRO MH 47/1, June 28, 1916.

51  Graham, *Conscription,* 232.

52  S. Chandrasekhar, "The Richtmeyer Memorial Lecture—Some Historical Notes," *American Journal of Physics* 37, no. 6: 579—580. 对这件事的类似描述见 "Verifying the Theory of Relativity," in *Notes and Records of the Royal Society of London,* 1976, vol. 30, 249—260.

53  *Cambridge Daily News,* July 12, 1918.

54  Leo van Bergen, "Military Medicine," in *The Cambridge History of the First World War,* vol. 3, ed. Jay Winter (Cambridge: Cambridge University Press, 2014), 303.

55  Ibid., 301—306.

56  Jay Winter, "Shell Shock," in Winter, *The Cambridge History of the First World War,* 315.

57  Anne Rasmussen, "The Spanish Flu," in Ibid., 337.

58  Ibid., 345—349.

59  Ibid., 335.

60  Ibid., 334.

61  Levenson, *Einstein in Berlin,* 187.

62  CPAE volume 9, document 7, "Einstein to Heinrich Zangger, 28 February 1919," 8.

63 Levenson, *Einstein in Berlin*, 183—187.

64 Dairy of Robert Cude, 8—9 August 1918. IWM CUDE R MM, 177. The National Archives, http: //www.nationalarchives.gov.uk/pathways/firstworldwar/battles/counter.htm.

65 "2010 Private Edward William Wylie," Australian Red Cross Society Wounded and Missing Enquiry Bureau Files 1DRL/0428, Australian War Memorial Research Centre.

66 Keegan, *The First World War*, 446.

67 Levenson, *Einstein in Berlin*, 189.

68 CPAE volume 8B, document 640, "From Max Planck to Einstein, 26 October 1918," footnote 1, 930—931.

69 CPAE volume 8, document 640, "From Max Planck to Einstein, 26 October 1918," 684.

70 Suman Seth, *Crafting the Quantum: Arnold Sommerfeld and the Practice of Theory, 1890—1926*, Transformations: Studies in the History of Science and Technology (Cambridge, Massachusetts: MIT Press, 2010), 177; John Heilbron, *The Dilemmas of an Upright Man: Max Planck as Spokesman for German Science* (Berkeley: University of California Press, 1986), 82.

71 Fölsing, *Albert Einstein*, 421.

72 CPAE volume 8, document 652, "Einstein to Paul and Maja Winteler-Einstein, 11 November 1918," 693.

73 Goenner and Castagnetti, "Albert Einstein as Pacifist," 361.

74 CPAE volume 8, document 663, "Einstein to Michele Besso, 4 December 1918," 703.

75 Goenner and Castagnetti, "Albert Einstein as Pacifist," 362.

76 CPAE volume 7, document 14, "On the Need for a National Assembly, 13 November 1918," 76.

77 Goenner and Castagnetti, "Albert Einstein as Pacifist," 359.

78 Ibid., 362.

79 Ibid., 364.

80 Ibid., 365.

81 Levenson, *Einstein in Berlin*, 199.

82 CPAE volume 8, document 667, "Einstein to Hans Albert and Eduard Einstein, 10 December 1918," 707.

83 Levenson, *Einstein in Berlin*, 200.

84 CPAE volume 8, document 663, "Einstein to Michele Besso, 4 December 1918," 703.

85 Seth, *Crafting the Quantum*, 178.

86 CPAE volume 8, document 665, "Einstein to Arnold Sommerfeld, 6 December 1918," 705—706.

87 Goenner and Castagnetti, "Albert Einstein as Pacifist," 366.

88 Elizabeth Fordham, "Universities," in *Capital Cities at War*, vol. 2, eds. Jay Winter and Jean-Louis Robert (Cambridge: Cambridge University Press, 1997), 307—308.

89 Cambridge Friends Meeting Minutes November 1918, Cambridgeshire County Records R59/26/5/5.

90 *The Times*, November 24, 1918.

91 Graham, *Conscription*, 311.

92 Ibid., 322; Charles L. Mowat, *Britain Between the Wars* (Chicago: University of Chicago

Press, 1955), 6.

93　Edward Thomas, *Quaker Adventures* (London: Fleming H. Revell, 1935), 1—22.

94　A. Ruth Fry, *A Quaker Adventure* (London: Nisbet and Co., 1926), 355.

95　Ibid., 330—331.

# 第十一章

1　*The Observatory* 457 (January 1913): 62.

2　CPAE volume 9, document 10, "Einstein to Ehrenfest, 22 March 1919," 10.

3　Albrecht Fölsing, *Albert Einstein: A Biography* (New York: Viking, 1997), 424—425.

4　CPAE volume 9, document 3, "Einstein to Hedwig and Max Born, 19 January 1919," 3.

5　CPAE volume 9, document 17, "Einstein to Pauline Einstein and Maja Winteler-Einstein, 4 April 1919," 15.

6　Fölsing, *Albert Einstein*, 426.

7　Margaret MacMillan, *Paris 1919* (New York: Random House, 2002), 26, 46, 63.

8　Alex Soojung-Kim Pang, *Empire and the Sun: Victorian Solar Eclipse Expeditions* (Stanford: Stanford University Press, 2002), 41.

9　Rory Mawhinney, "Astronomical Fieldwork and the Spaces of Relativity: The Historical Geographies of the 1919 British Eclipse Expeditions to Principe and Brazil," forthcoming in *Historical Geography*, 5.

10　"Obituary Notices: Fellows: Cottingham, Edwin Turner," *Monthly Notices of the Royal Astronomical Society* 101: 131.

11　"Obituary Notices: Fellows: Cortie, Aloysius L," *Monthly Notices of the Royal Astronomical Society* 86: 175.

12　Richard Woolley, "Charles Rundle Davidson. 1875—1970," *Biographical Memoirs of Fellows of the Royal Society*, vol. 17 (November 1971), 193—194.

13　F. W. Dyson, A. S. Eddington, and C. Davidson, "A Determination of the Deflection of Light by the Sun's Gravitational Field, from Observations Made at the Total Eclipse of May 29, 1919," *Philosophical Transactions of the Royal Society of London Series A*, 220 (1920): 295.

14　RAS Papers 54, Council Minutes, Minutes of the JPEC Subcommittee, vol. 2, 14 June 1918.

15　*The Observatory* 537 (March 1919): 119—122.

16　RAS Papers 54, Council Minutes, Minutes of the JPEC Subcommittee, vol. 1, 10 January 1919 and vol. 2, 14 February 1919.

17　John Earman and Clark Glymour, "Relativity and Eclipses: The British Eclipse Expeditions of 1919 and Their Predecessors," *Historical Studies in the Physical Sciences* 11, no. 1 (1980): 84; Alistair Sponsel, "Constructing a 'Revolution in Science': The Campaign to Promote a Favourable Reception for the 1919 Solar Eclipse Experiments," *British Journal for the History of Science* 35, no. 127 (December 2002): 442.

18　"RAS Meeting," *The Observatory* 526 (May 1918): 215.

19 A. S. Eddington, "Forty Years of Astronomy," in Joseph Needham, *Background to Modern Science* (Cambridge: The University Press, 1938), 117—144, 141—42, and A. Vibert Douglas, *The Life of Arthur Stanley Eddington* (London: Thomas Nelson, 1956), 40.

20 Sponsel, "Constructing a 'Revolution in Science,'" 444—447.

21 CPAE volume 9, document 19, "From Arnold Berliner to Einstein, 9 April 1919," 17.

22 Lawrence Badash, "British and American Views of the German Menace in World War I," *Notes and Records of the Royal Society of London* 34, no. 1 (July 1979): 113.

23 Fritz Stern, *Einstein's German World* (Princeton: Princeton University Press, 2001), 46—47.

24 CPAE volume 9, document 52, "Einstein to Heinrich Zangger, 1 June 1919," 44.

25 CPAE volume 9, document 16, "Einstein to Aurel Stodola, 31 March 1919," 15.

26 Mawhinney, "Astronomical Fieldwork," 7.

27 11 March 1919, Eddington to Sarah Ann Eddington, EDDN A4/1, Eddington Papers, Trinity College Library, Cambridge.

28 Ibid.

29 15—16 March 1919, Funchal, Eddington to Sarah Ann Eddington, EDDN A4/2, Eddington Papers, Trinity College Library, Cambridge.

30 Mawhinney, "Astronomical Fieldwork," 8; E. Mota, P. Crawford, and A. Simoes, "Einstein in Portugal: Eddington's Expedition to Principe and the Reactions of Portuguese Astronomers," *The British Journal for the History of Science* 42, no. 2 (2009): 256.

31 15—16 March 1919, Funchal, Eddington to Sarah Ann Eddington, EDDN A4/2.; March 27, 1919, Funchal, Eddington to Sarah Ann Eddington, EDDN A4/3 Eddington Papers, Trinity College Library, Cambridge.

32 5 May 1919, Principe, Eddington to Winifred Eddington, EDDN A4/8, Eddington Papers, Trinity College Library, Cambridge.

33 27 March 1919, Funchal, Eddington to Sarah Ann Eddington, EDDN A4/3, Eddington Papers, Trinity College Library, Cambridge.

34 5 May 1919, Principe, Eddington to Winifred Eddington, EDDN A4/8, Eddington Papers, Trinity College Library, Cambridge.

35 Katy Price, *Loving Faster than Light: Romance and Readers in Einstein's Universe* (Chicago: University of Chicago Press, 2012), 119.

36 Catherine Higgs, *Chocolate Islands: Cocoa, Slavery, and Colonial Africa* (Athens, Ohio: Ohio University Press, 2012), 16; Carol Off, *Bitter Chocolate* (Toronto: Random House Canada, 2006), 49.

37 Higgs, *Chocolate Islands*, 143.

38 Ibid., 59.

39 Morize, "From Port to Planation," 14. RAS Papers 54, Council Minutes, Minutes of the JPEC Subcommittee, vol. 2, 14 June 1918 and vol. 2, 14 February 1919.

40 Morize, "From Port to Plantation," 15.

41 29 April—2 May 1919, Eddington to Sarah Ann Eddington, EDDN A4/7, Eddington Papers, Trinity College Library, Cambridge.

42　Mota, Crawford, and Simoes, "Einstein in Portugal," 258.

43　29 April—2 May 1919, Eddington to Sarah Ann Eddington, EDDN A4/7, Eddington Papers, Trinity College Library, Cambridge.

44　Higgs, *Chocolate Islands*, 61.; 29 April—2 May 1919, Eddington to Sarah Ann Eddington, EDDN A4/7, Eddington Papers, Trinity College Library, Cambridge.

45　5 May 1919, Principe, Eddington to Winifred Eddington, EDDN A4/8, Eddington Papers, Trinity College Library, Cambridge.

46　Pang, *Empire and the Sun*, 69.

47　A. S. Eddington, *Space, Time, and Gravitation*, 2nd ed. (Cambridge: Cambridge University Press, 1920), 113.

48　Pang, *Empire and the Sun*, 75.

49　Cambridge University Library, Royal Greenwich Observatory Archives MS.RGO.8.150.

50　Dyson, Eddington, and Davidson, "A Determination of the Deflection of Light by the Sun's Gravitational Field," 299.

51　*The Observatory* 540 (June 1919): 256.

52　21 June and 2 July 1919, Eddington to Sarah Ann Eddington, EDDN A4/9, Eddington Papers, Trinity College Library, Cambridge.

53　Eddington, "Forty Years," 141.

54　Pang, *Empire and the Sun*, 72.

55　14 July x 30 October 1919, "Account of an Expedition to Principe," A. S. Eddington, EDDN C1/3, Eddington Papers, Trinity College Library, Cambridge.

56　21 June and 2 July 1919, Eddington to Sarah Ann Eddington, EDDN A4/9, Eddington Papers, Trinity College Library, Cambridge.

57　Dyson, Eddington, and Davidson, "A Determination of the Deflection of Light by the Sun's Gravitational Field," 314.

58　Eddington, *Space, Time, and Gravitation*, 115.

59　*The Observatory* 540 (June 1919): 256.

60　Eddington, "Forty Years," 142.

61　Dyson, Eddington, and Davidson, "A Determination of the Deflection of Light by the Sun's Gravitational Field," 309.

62　21 June 1919, Eddington to Sarah Ann Eddington, EDDN A4/9, Eddington Papers, Trinity College Library, Cambridge.

63　Eddington, "Forty Years," 142.

64　21 June 1919, Eddington to Sarah Ann Eddington, EDDN A4/9, Eddington Papers, Trinity College Library, Cambridge.

65　Eddington, "Forty Years," 142.

66　Douglas, *Arthur Stanley Eddington*, 40—41.

67　Ibid., 40.

68　21 June 1919, Eddington to Sarah Ann Eddington, EDDN A4/9, Eddington Papers, Trinity College Library, Cambridge.

69　Fölsing, *Albert Einstein*, 427.

70　Ibid., 427—428.

71　Abraham Pais, *Subtle Is the Lord: The Science and Life of Albert Einstein* (Oxford:

Oxford University Press, 1982), 301.

72　Fölsing, *Albert Einstein*, 438.

73　MacMillan, *Paris 1919*, 158.

74　Ibid., 189.

75　Ibid., 182; Jay Winter and Antoine Prost, *The Great War in History: Debates and Controversies, 1914 to the Present*, Studies in the Social and Cultural History of Modern Warfare 21 (Cambridge: Cambridge University Press, 2005), 41.

76　Thomas Levenson, *Einstein in Berlin* (New York: Bantam Books, 2003), 242.

77　CPAE volume 9, document 52, "Einstein to Heinrich Zangger, 1 June 1919," 43—44.

78　CPAE volume 9, document 76, "From Hendrik A. Lorentz to Einstein, 26 July 1919," 64—65, and CPAE volume 9, document 108, "Einstein to Lorentz, 21 September 1919," 92—93.

79　*The Observatory* 542 (August 1919): 297.

80　Ibid., 301.

81　Ibid., 298.

82　Ibid., 299.

83　Ibid., 306.

84　Brigitte Schroeder-Gudehus, "Challenge to Transnational Loyalties: International Scientific Organizations after the First World War," *Science Studies* 3, no. 2 (April 1973): 93—118.

85　Daniel J. Kevles, "Into Hostile Political Camps," *Isis* 62, no. 1 (1971): 57—59.

86　Daniel Kennefick, "Not Only Because of Theory: Dyson, Eddington, and the Competing Myths of the 1919 Eclipse Expedition," in *Einstein and the Changing Worldviews of Physics*, ed. Christopher Lehner (Boston: Birkhäuser, 2012), 201—232.

87　Dyson, Eddington, and Davidson, "A Determination of the Deflection of Light by the Sun's Gravitational Field," 320—328.

88　Ibid., 299—309.

89　Eddington to Dyson, 3 October, 1919, Papers of Frank Dyson, MS.RGO.8/150/138.

90　Eddington to Dyson, 21 October 1919, Papers of Frank Dyson, MS.RGO.8/150/143.

91　Sponsel, "Constructing a 'Revolution in Science,'" 445.

92　"Astronomy at the British Association," *The Observatory* (October 1919): 363—365.

93　Sponsel, "Constructing a 'Revolution in Science,'" 456—457.

94　CPAE volume 9, document 127, "From Hendrik A. Lorentz to Einstein, 7 October 1919," 109.

95　CPAE volume 9, document 110, "From Hendrik A. Lorentz to Einstein, 22 September 1919," 95.

96　Ilse Rosenthal-Schneider, *Reality and Scientific Truth: Discussions with Einstein, Von Laue, and Planck* (Detroit: Wayne State University Press, 1980). 这个故事的另一个版本可见 Ilse Rosenthal-Schneider, "Albert Einstein 14 March 1879—18 April 1955," *Australian Journal of Science* (August 1955): 19。

97　Levenson, *Einstein in Berlin*, 215.

98　Alice Calaprice, ed., *The Ultimate Quotable Einstein* (Princeton: Princeton University Press, 2010), 94.

99　CPAE volume 9, document 113, "Einstein to Pauline Einstein, 27 September 1919," 98; volume 9, document 121, "Einstein to Max Planck, 4 October 1919," 105.

100　CPAE volume 9, document 185, "From Willem de Sitter to Einstein, 1 December 1919," 158.

101　CPAE volume 9, document 127, "From Hendrik A. Lorentz to Einstein, 7 October 1919," 109.

102　CPAE volume 9, document 123, "From Paul Ehrenfest to Einstein, 5 October 1919," 106—107.

103　CPAE volume 7, document 23, "A Test of the General Theory of Relativity," 97, dated October 9, 1919, published October 10, 1919, in *Die Naturwissenschaften* 7 (1919): 776.

104　CPAE volume 9, document 131, "From the Zurich Physics Colloquium, 11 October 1919," 113.

105　CPAE volume 9, document 139, "Einstein to the Zurich Physics Colloquium, 16 October 1919," 118.

106　CPAE volume 9, document 148, "From Heinrich Zangger to Einstein, 22 October 1919," 126—128.

107　CPAE volume 9, document 149, "Einstein to Max Planck, 23 October 1919," 128.

108　CPAE volume 9, document 160, "Einstein to Paul Ehrenfest, 8 November 1919," 136.

109　CPAE volume 9, document 151, "Einstein to Pauline Einstein, 26 October 1919," 130.

110　CPAE volume 10 (cited as volume 9), document 148b, "Einstein to Elsa Einstein, 23 October 1919," 138.

111　Sponsel, "Constructing a 'Revolution in Science,'" 460.

112　A. N. Whitehead, *Science and the Modern World* (New York: Macmillan, 1947), 15.

113　"Joint eclipse meeting of the Royal Society and the Royal Astronomical Society," *The Observatory* 42, no. 545 (November 1919): 391.

114　Ibid., 393.

115　Ibid., 394.

116　Ibid.

117　Ibid., 395.

118　Ibid., 396.

119　Ibid., 397.

120　此段回忆见 Subrahmanyan Chandrasekhar, *Eddington: The Most Distinguished Astrophysicist of His Time* (Cambridge: Cambridge University Press, 1983), 83。

121　Sponsel, "Constructing a 'Revolution in Science,'" 463—464.

122　*The Times*, November 8, 1919.

123　Ibid.

124　CPAE volume 9, document 174, "From Adolf Friedrich Lindemann to Einstein, 23 November 1919," 145.

125　*Punch*, November 19, 1919, 422.

126　CPAE volume 9, document 186, "From Arthur S. Eddington to Einstein, 1 December 1919," 159.

127　A. S. Eddington, "Einstein's Theory of Space and Time," *Contemporary Review* 116 (1919): 639.

128 "From an Oxford Note-Book," *The Observatory* 546 (December 1919): 456.

129 Joshua Nall, "Constructing Canals on Mars: Event Astronomy and the Transmission of International Telegraphic News," *Isis* 108 (June 2017): 280—306, and Pang, *Empire and the Sun*, 52—53.

130 "From an Oxford Note-Book," 452.

131 Ibid., 453.

132 CPAE volume 9, document 186, "From Arthur S. Eddington to Einstein, 1 December 1919," 158—159.

133 Ibid.

# 第十二章

1 A. Vibert Douglas, *The Life of Arthur Stanley Eddington* (London: Thomas Nelson, 1956), 115.

2 "From an Oxford Note-Book," *The Observatory* 546 (1920): 37—38.

3 Ibid., 44.

4 *Nature* 104 (December 25, 1919): 412.

5 F. Schlesinger to Dyson, 16 February 1920, Papers of Frank Dyson, MS.RGO.8/150/123.

6 "From an Oxford Note-Book," *The Observatory* 560 (January 1921): 234—235. See Jeffrey Crelinsten, "William Wallace Campbell and the 'Einstein Problem': An Observational Astronomer Confronts the Theory of Relativity," *Historical Studies in the Physical Sciences* 14, no. 1 (1983): 1—91, and Jeffrey Crelinsten, *Einstein's Jury* (Princeton: Princeton University Press, 2006).

7 Douglas, *Arthur Stanley Eddington*, 42.

8 Andrew Warwick, *Masters of Theory: Cambridge and the Rise of Mathematical Physics* (Chicago: University of Chicago Press, 2003), 480—499.

9 Douglas, *Arthur Stanley Eddington*, 52.

10 Ibid., 51.

11 Ibid., 107; Warwick, *Masters of Theory*, 482.

12 Douglas, *Arthur Stanley Eddington*, 117—118.

13 Ibid., 44.

14 Ibid., 105.

15 Marshall Missner, "Why Einstein Became Famous in America," *Social Studies of Science* 15, no. 2 (1985): 270.

16 Katy Price, *Loving Faster than Light: Romance and Readers in Einstein's Universe* (Chicago: University of Chicago Press, 2012), 18, and *The Observatory* 557 (October 1920): 375.

17 Abraham Pais, *Subtle Is the Lord: The Science and Life of Albert Einstein* (Oxford: Oxford University Press, 1982), 310.

18 Price, *Loving Faster than Light*, 30, 40.

19 Ibid., 31; Missner, "Why Einstein Became Famous in America," 277.

20 Albrecht Fölsing, *Albert Einstein: A Biography* (New York: Viking, 1997), 447.

21　Missner, "Why Einstein Became Famous in America," 271—272.

22　Fölsing, *Albert Einstein*, 457.

23　CPAE volume 9, document 182, "From Arnold Berliner to Einstein, 29 November 1919," 155—156.

24　CPAE volume 9, document 174, "From Adolf Friedrich Lindemann to Einstein, 23 November 1919," 146.

25　*The Times*, November 28, 1919.

26　Heidi König, "General Relativity in the English-Speaking World: The Contributions of Henry L. Brose," *Historical Records of Australian Science* 17, no. 2 (December 2016): 2006.

27　CPAE volume 9, document 177, "From Robert W. Lawson to Einstein, 26 November 1919," 152.

28　CPAE volume 9, document 185, "From Willem de Sitter to Einstein, 1 December 1919," 158.

29　CPAE volume 9, document 186, "From Arthur S. Eddington to Einstein, 1 December 1919," 159; volume 9, document 216, "Einstein to Arthur S. Eddington, 15 December 1919," 184—185.

30　Douglas, *Arthur Stanley Eddington*, 116—117.

31　Fölsing, *Albert Einstein*, 449.

32　Ibid., 452; Thomas Levenson, *Einstein in Berlin* (New York: Bantam Books, 2003), 219—220; David E. Rowe, "Einstein's Allies and Enemies: Debating Relativity in Germany, 1916—1920," in *Interactions: Mathematics, Physics and Philosophy, 1860—1930*, ed. Vincent F. Hendricks et al. (Dordrecht: Springer, 2006), 221.

33　Rowe, "Einstein's Allies and Enemies," 223.

34　CPAE volume 9, document 175, "Paul Ehrenfest to Einstein, 24 November 1919," 147.

35　CPAE volume 9, document 189, "Einstein to Paul Ehrenfest, 4 December 1919," 161—162.

36　Pais, *Subtle Is the Lord*, 306.

37　CPAE volume 9, document 194, "Einstein to Konrad Haenisch, 6 December 1919," 165—166.

38　CPAE volume 9, document 207, "Einstein to Michele Besso, 12 December 1919," 178.

39　CPAE volume 10 (cited as volume 8), document 152a, "Einstein to Elsa Einstein, 28 October 1919," 140.

40　Suman Seth, *Crafting the Quantum: Arnold Sommerfeld and the Practice of Theory, 1890—1926* (Cambridge, Massachusetts: MIT Press, 2010), 190.

41　Fölsing, *Albert Einstein*, 451.

42　CPAE volume 9, document 198, "Einstein to Max Born, 8 December 1919," 169.

43　Rowe, "Einstein's Allies and Enemies," 198.

44　CPAE volume 9, document 233, "To Heinrich Zangger, 24 December 1919," 197.

45　CPAE volume 10 (cited as volume 9), document 17, "Einstein to Elsa Einstein, 17 May 1920," 163.

46　Alan Friedman and Carol Donley, *Einstein as Myth and Muse* (Cambridge: Cambridge University Press, 1985), 11.

47　CPAE volume 10 (cited as volume 9), document 20, "From Elsa Einstein to Einstein, 20

May 1920," 165.

48  Alice Calaprice, ed., *The Ultimate Quotable Einstein* (Princeton: Princeton University Press, 2010), 234.

49  Albert Einstein, "What Is the Theory of Relativity?" *The Times*, November 28, 1919.

50  CPAE volume 9, document 242, "Einstein to Heinrich Zangger, 3 January 1920," 204—205.

51  Levenson, *Einstein in Berlin*, 224—228.

52  Ibid., 221.

53  Rowe, "Einstein's Allies and Enemies," 199.

54  Friedman and Donley, *Einstein as Myth and Muse*, 18.

55  Rowe, "Einstein's Allies and Enemies," 222.

56  Fölsing, *Albert Einstein*, 457—458.

57  CPAE volume 9, document 84, "Paul Ehrenfest to Einstein, September 8 1919," 84.

58  Fritz Stern, *Einstein's German World* (Princeton: Princeton University Press, 2001), 125.

59  Ibid., 134.

60  L. F. Haber, *The Poisonous Cloud* (Oxford: Clarendon Press, 1986), 291—292.

61  Stern, *Einstein's German World*, 60.

62  CPAE volume 9, document 187, "Einstein to Adriaan D. Fokker, 1 December 1919," 159.

63  CPAE volume 7, document 41, "'On the Quaker relief effort', after 11 July 1920," 192.

64  CPAE volume 10, document 74, "From German Central Committee for Food Relief to Einstein, 9 July 1920, Re: Quaker relief," 207.

65  CPAE volume 7, document 40, "Einstein to the German Central Committee for Foreign Relief, 11 July 1920," 191.

66  CPAE volume 7, document 47, "On the contributions of intellectuals to international reconciliation," published after 29 September 1920, 201.

67  CPAE volume 7, document 69, "Impact of science on the development of pacifism" (before December 9, 1921), 488—491.

68  CPAE volume 9, document 187, "Einstein to Adriaan D. Fokker, 1 December 1919," 159.

69  CPAE volume 9, document 208, "Einstein to Willem de Sitter, 12 December 1919," 179.

70  CPAE volume 12, document 87, "From Fritz Haber to Einstein, 9 March 1921," 70.

71  CPAE volume 12, document 88, "Einstein to Fritz Haber, 9 March 1921," 71.

72  RAS Papers 2, Council Minutes, volume 11, 14 February 1919; 9 April 1920; 11 February 1921.

73  John Heilbron, *The Dilemmas of an Upright Man: Max Planck as Spokesman for German Science* (Berkeley: University of California Press, 1986), 89.

74  RAS Letters 1919, Arthur Eddington to Andrew Crommelin, 28 December; RAS Letters 1921, Arthur Eddington to W. H. Wesley, 30 January.

75  CPAE volume 14 (cited as volume 7), document 36a, "An Exchange of Scientific Literature, between 24 March and 4 April 1920," 3; *Neue Zürcher Zeitung*, 4 April 1920; CPAE volume 10, document 26, "Einstein to Lorentz, 22 May 1920," 169.

76  Levenson, *Einstein in Berlin*, 246—250.

77  CPAE volume 7, document 45, "My Response. On the Anti-Relativity Company," 197.

78  Rowe, "Einstein's Allies and Enemies," 217.

79 Ibid., 227; Fölsing, *Albert Einstein*, 460—462.

80 CPAE volume 10, document 148, "Einstein to Grossmann, 12 September 1920," 271.

81 Fölsing, *Albert Einstein*, 464.

82 CPAE volume 10, document 148, "Einstein to Marcel Grossmann, 12 September 1920," 271.

83 Levenson, *Einstein in Berlin*, 250.

84 CPAE volume 7, document 57, "How I Became a Zionist," 234; CPAE volume 10, document 238, "Einstein to Jewish Community of Berlin, 22 December 1920," 338.

85 CPAE volume 9, document 207, "Einstein to Michele Besso, 12 December 1919," 178.

86 Pais, *Subtle Is the Lord*, 303.

87 Fölsing, *Albert Einstein*, 475.

88 CPAE volume 10, document 10, "Elsa Einstein to Einstein, 9 May 1920," 157.

89 Fölsing, *Albert Einstein*, 479—485.

90 Eddington to Strömgren. November 1919, quoted in Hertzsprung-Kapteyn, "J. C. Kapteyn," *Space Science Reviews* 64 (1993): 81.

91 A. S. Eddington, "Das Strahlungsgleichgewicht der Sterne," *Zeitschrift für Physik* 7 (1921): 531. 这篇文章的译者不详。

92 August 1921, Manuscript of "Radiative Equilibrium of the Stars," EDDN C1/2, Eddington Papers, Trinity College Library, Cambridge.

93 RAS Papers 2, Council Minutes, volume 11, 14 November 1919; 12 December 1919.

94 RAS Papers 2, Council Minutes, volume 11, 9 January 1920.

95 R. J. Tayler, ed., *History of the Royal Astronomical Society*, vol. 2 (Oxford: Blackwell Scientific Publications, 1987), 20.

96 Eddington to Einstein, January 21, 1920, AEA ALS 9-264.

97 Ludlam to Einstein, January 23, 1920, AEA ALS 9-266.

98 CPAE volume 9, document 293, "Einstein to Arthur S. Eddington, 2 February 1920," 245.

99 S. Chandrasekhar, *Truth and Beauty* (Chicago: University of Chicago Press, 1987), 115.

100 Douglas, *Arthur Stanley Eddington*, 104.

101 Pais, *Subtle Is the Lord*, 305, 310; Fölsing, *Albert Einstein*, 456.

102 Ronald Clark, *Einstein: The Life and Times* (New York: World Publishing, 1971), 270.

103 König, "General Relativity in the English-Speaking World," 188.

104 Fölsing, *Albert Einstein*, 508.

105 Price, *Loving Faster than Light*, 35.

106 Ibid., 37.

107 CPAE volume 14, document 127, "Einstein to Elsa Einstein, 1 October 1923," 123.

108 John Stachel, "The Young Einstein," in *Einstein from "B" to "Z"* (Boston: Birkhäuser, 2002), 21.

# 尾 声

1 For example, see Stephen G. Brush, "Prediction and Theory Evaluation: The Case of Light Bending," *Science* 246 (1989): 1124—1129; Deborah G. Mayo, *Error and the*

*Growth of Experimental Knowledge* (Chicago: University of Chicago Press, 1996), 133—137, 278—293; and Robert Hudson, "Novelty and the 1919 Eclipse Experiments," *Studies in the History and Philosophy of Modern Physics* 34 (2003): 107—129.

2   Karl Popper, "On Reason and the Open Society," *Encounter* 38, no. 5 (1972): 13.

3   Roberta Corvi, *An Introduction to the Thought of Karl Popper* (New York: Routledge, 1996), 4.

4   Richard Bailey, *Education in the Open Society—Karl Popper and Schooling* (New York: Routledge, 2000), 12.

5   Malachi Haim Hacohen, *Karl Popper: The Formative Years 1902—1945* (Cambridge: Cambridge University Press, 2000), 95.

6   Dario Antiseri, *Popper's Vienna* (Aurora, Colorado: Davies Group Publishers, 2006), 25.

7   Michael Gordin, "Myth 27: That a Clear Line of Demarcation Has Separated Science from Pseudoscience," in *Newton's Apple and Other Myths About Science*, ed. Ronald Numbers and Kostas Kampourakis (Cambridge, Massachusetts: Harvard University Press, 2015), 219—225.

8   Popper, "On Reason and the Open Society," 17.

9   Jeffrey Crelinsten, *Einstein's Jury* (Princeton: Princeton University Press, 2006).

10  Dennis William Sciama, *The Physical Foundations of General Relativity* (New York: Doubleday, 1969), 69.

11  C. W. Francis Everitt, "Experimental Tests of General Relativity: Past, Present and Future," in *Physics and Contemporary Needs*, vol. 4, ed. Riazuddin (New York: Springer, 1980), 533.

12  Ibid., 534.

13  Stephen Hawking, *A Brief History of Time* (New York: Bantam, 1988), 32.

14  G. M. Harvey, "Gravitational Deflection of Light," *The Observatory* 99 (December 1979): 195—198.

15  P. A. Wayman and C. A. Murray, "Relativistic Light Deflections," *The Observatory* 109 (October 1989): 189—191.

16  John Earman and Clark Glymour, "Relativity and Eclipses: The British Expeditions of 1919 and Their Predecessors," *Historical Studies in the Physical Sciences* 11 (1980): 49—85.

17  H. M. Collins and Trevor Pinch, *The Golem* (Cambridge: Cambridge University Press, 1993).

18  Ibid., 27—56.

19  Ibid., 52.

20  N. David Mermin, "What's Wrong with This Sustaining Myth?" *Physics Today* 49, no. 3 (March 1996): 11—13; N. David Mermin, "The Golemization of Relativity," *Physics Today* 49, no. 4 (April 1996): 11—13.

21  Daniel Kennefick, "Testing Relativity from the 1919 Eclipse—A Question of Bias," *Physics Today* 62 (2009): 37—42, and Daniel Kennefick, "Not Only Because of Theory: Dyson, Eddington, and the Competing Myths of the 1919 Eclipse Expedition," in *Einstein and the Changing Worldviews of Physics*, ed. Christopher Lehner (Boston: Birkhäuser, 2012), 201—232.

22　Matthew Stanley, *Practical Mystic* (Chicago: University of Chicago Press, 2007), 122—123 and 268 *n181*.

23　Eddington, "Sir Frank Dyson, 1868—1939," *Royal Society Obituary Notices of Fellows* 3 (1940), 167.

24　W. H. McCrea, "Einstein: Relations with the RAS," *Quarterly Journal of the Royal Astronomical Society* 20, no. 3 (1979): 251—260.

25　Hawking, *A Brief History*, 32.

26　Clifford Will, *Was Einstein Right?* (New York: Basic Books, 1993), 76.

27　Gisa Weszkalnys, "Principe Eclipsed," *Anthropology Today* 25, no. 5 (October 2009), 8—12. Also see Richard Ellis, Pedro Ferreira, Richard Massey, and Gisa Weszkalnys, "90 Years On—The 1919 Eclipse Expedition at Principe," *Astronomy and Geophysics* 50, no. 4 (August 2009): 412—315.

# 索 引

（条目后的页码为原书页码，见本书边码）